国防科技图书出版基金

战斗机保障性工程

Fighter Supportability Engineering

王海峰 编著

国防工业出版社
·北京·

图书在版编目(CIP)数据

战斗机保障性工程/王海峰编著. —北京:国防工业出版社,2023.2
ISBN 978-7-118-12874-1

Ⅰ.①战… Ⅱ.①王… Ⅲ.①歼击机-战斗工程保障 Ⅳ.①E926.31

中国国家版本馆 CIP 数据核字(2023)第 039888 号

※

国防工业出版社出版发行
(北京市海淀区紫竹院南路23号 邮政编码100048)
三河市腾飞印务有限公司印刷
新华书店经售
*
开本 710×1000 1/16 印张 26½ 字数 460 千字
2023 年 2 月第 1 版第 1 次印刷 印数 1—1500 册 定价 168.00 元

(本书如有印装错误,我社负责调换)

国防书店:(010)88540777 书店传真:(010)88540776
发行业务:(010)88540717 发行传真:(010)88540762

致 读 者

本书由中央军委装备发展部**国防科技图书出版基金**资助出版。

为了促进国防科技和武器装备发展,加强社会主义物质文明和精神文明建设,培养优秀科技人才,确保国防科技优秀图书的出版,原国防科工委于1988年初决定每年拨出专款,设立国防科技图书出版基金,成立评审委员会,扶持、审定出版国防科技优秀图书。这是一项具有深远意义的创举。

国防科技图书出版基金资助的对象是:

(1) 在国防科学技术领域中,学术水平高,内容有创见,在学科上居领先地位的基础科学理论图书;在工程技术理论方面有突破的应用科学专著。

(2) 学术思想新颖,内容具体、实用,对国防科技和武器装备发展具有较大推动作用的专著;密切结合国防现代化和武器装备现代化需要的高新技术内容的专著。

(3) 有重要发展前景和有重大开拓使用价值,密切结合国防现代化和武器装备现代化需要的新工艺、新材料内容的专著。

(4) 填补目前我国科技领域空白并具有军事应用前景的薄弱学科和边缘学科的科技图书。

国防科技图书出版基金评审委员会在中央军委装备发展部的领导下开展工作,负责掌握出版基金的使用方向,评审受理的图书选题,决定资助的图书选题和资助金额,以及决定中断或取消资助等。经评审给予资助的图书,由国防工业出版社出版发行。

国防科技和武器装备发展已经取得了举世瞩目的成就,国防科技图书承担着记载和弘扬这些成就,积累和传播科技知识的使命。开展好评审工作,使有限的基金发挥出巨大的效能,需要不断摸索、认真总结和及时改进,更需要国防科技和武器装备建设战线广大科技工作者、专家、教授,以及社会各界朋友的热情支持。

让我们携起手来,为祖国昌盛、科技腾飞、出版繁荣而共同奋斗!

国防科技图书出版基金
评审委员会

国防科技图书出版基金
2020 年度评审委员会组成人员

主任委员	吴有生
副主任委员	郝 刚
秘书长	郝 刚
副秘书长	刘 华
委　员 （按姓氏笔画排序）	于登云　王清贤　甘晓华　邢海鹰　巩水利 刘　宏　孙秀冬　芮筱亭　杨　伟　杨德森 吴宏鑫　肖志力　初军田　张良培　陆　军 陈小前　赵万生　赵凤起　郭志强　唐志共 康　锐　韩祖南　魏炳波

前　言

保障力就是战斗力！保障效能是作战效能的重要组成部分，是能打胜仗的重要基础。能够被及时部署、听令出动，并在战斗中完成既定任务的兵力，才是有效的作战兵力。在未来的信息化、体系化作战中，节点的有效运行越发会牵一发而动全身，局部失效导致的"蝴蝶效应"可能会给整体战局带来出乎意料的后果，因此，保障效能的重要性将越加凸显。20世纪60年代以来，战斗机的多用途化发展，使得战斗机在各国作战飞机中的比例不断提高，现已成为空中作战力量的绝对主力，因此，各航空强国都非常重视战斗机维修保障能力与作战能力的同步发展。从本质上看，战斗机的维修与保障能力是战斗机的固有特性，具有设计和使用双重属性，既是设计出来的，也是使用出来的，需要从战斗机论证开始的研制源头狠抓维修与保障相关的设计工作，这将直接影响战斗机全寿命周期战备完好性和经济可承受性水平，也将直接影响战斗机战时任务的适用性和可用度，甚至成为影响战局的关键砝码。

战斗机保障性工程的相关概念由美国国防部在20世纪60年代提出。20世纪80年代以来，我国引入维修与保障相关领域的工程概念、技术、方法，在具有自主知识产权的第三代战斗机——歼-10飞机研制中首次与飞机系统同步开展了保障性工程设计工作，取得了较好的技术效果，飞机交付部署后，其保障能力较第二代战斗机有了大幅提升。随着新一代战斗机的成功研制，使我国首次实现与世界航空强国战斗机同代装备、同台竞技格局的同时，故障预测与健康管理、自主式保障等关键技术相继得到攻克，也代表着我国在战斗机健康状态实时感知、故障诊断与预测、基于状态的维修等方面，达到了与世界主要先进战斗机相当的技术水平。

"他山之石可以攻玉"。我国战斗机保障能力建设取得的显著成就，同国内在战斗机研制中全面贯彻维修与保障工程领域的理论技术与方法有密切关系。考虑到跨代战斗机维修与保障研制所取得的技术成果和积累的工程应用经验来之不易，于是编著此书，供其他装备研制借鉴与参考。与国内其他已出版的维修与保障工程著作不同，本书内容有两个突出特点：一是突出战斗机这一特殊的航空武器装备，其追求的高作战效能所需的高保障能力需要在全寿命周期开展的保障性技术、工程管理活动；二是强调工程应用，重点介绍自主研制的战斗机及其保障性采用的先进理念、技术及工程实现方法。

全书由9个章节构成。第1章为绪论，主要讨论现代战争的特点及其对战斗机保障的要求、战斗机保障在空战中的作用、战斗机保障性工程的定义与内涵，以及发展与应用。第2章为保障性要求确定，详细论述战斗机保障性要求参数体系、要求确定原则、程序与方法。第3章为保障特性分析和设计，综合论述战斗机、系统、设备的保障特性分析、设计，以及保障特性与性能的一体化设计。第4章为保障方案规划，阐述战斗机保障方案的技术内涵、制定过程及要求，并详细介绍战斗机的使用保障方案和维修保障方案。第5章为预测与健康管理系统研制，介绍预测与健康管理技术、系统需求与使用场景、系统架构设计、典型系统设计以及系统验证确认。第6章为保障信息化及系统实现，阐述战斗机保障信息化概况、保障信息系统体系结构设计以及关键功能等。第7章为保障资源规划研制与保障系统建立，介绍保障资源组成要素及相互关系，包括保障资源各要素的需求分析、明确要求、确定配套比例等，以及保障系统建立和运行。第8章为保障性试验与评价，主要介绍战斗机保障特性、保障资源、作战使用保障试验与评价的目的、类型、准则、程序等。第9章为保障性工程管理，主要介绍战斗机保障性工程管理的组织机构、职责，保障性工程要素的接口关系、工作计划及研制程序等。

本书由王海峰编著。其中：全书大纲由王海峰提出和编制；第1章、第2章和第4章由王海峰撰写；第3章由胡晓义、吕刚德撰写；第6章和第9章由王宏亮、阳纯波撰写；第5章由贾大鹏、范增撰写；第7章和第8章由范增、姚燕、付永涛撰写。王海峰参与了第3章、第5章、第6章、第7章、第8章和第9章部分内容的编写，负责全书的统稿、修改，并最终定稿。

吕剑、冷洪霞等负责了稿件的编辑、排版等大量且烦琐的工作，在此表示诚挚感谢。此外，对在本书编写过程中给予关心和支持的各位领导、专家以及同行表示衷心感谢，感谢国防科技图书出版基金评审委员会对本书的支持与关心。

《战斗机保障性工程》是介绍战斗机保障领域技术发展和工程应用现状的专著，可供从事装备维修与保障工程管理、研究、应用的读者参考，对他们了解维修与保障技术发展方向、关键技术攻关、工程应用进展等具有重要意义；同时，本书也适用于其他复杂装备的保障技术领域。希望本书的出版能够促进其他不同类型装备、不同类型产品的各种保障关键技术得到更广泛的深入研究探索，也期望引起更多专业人员的交流讨论，为装备保障领域的跨越提升增加新的动力。

我们衷心希望奉献给读者一本战斗机保障性工程技术方面的高质量佳作，但由于战斗机保障性技术发展日新月异，加之作者水平有限，书中难免存在不足与疏漏，恳请广大读者给予批评指正。

编著者
2021 年 12 月

目 录

第1章 绪论 ·· 1

  1.1 现代战争与战斗机及战斗机保障 ·· 2
    1.1.1 现代战争中的空战 ··· 2
    1.1.2 战斗机保障在空战中的作用 ·· 4
    1.1.3 战斗机保障性的特征 ··· 7
  1.2 战斗机保障性工程的定义与内涵 ·· 8
    1.2.1 战斗机保障性工程的定义 ··· 8
    1.2.2 战斗机保障性工程的内涵 ··· 9
  1.3 战斗机保障性工程的发展与应用 ·· 11
    1.3.1 战斗机保障性工程的发展过程 ··································· 11
    1.3.2 新作战概念中的战斗机保障技术 ································ 17
    1.3.3 战斗机保障性工程的技术发展 ··································· 20

第2章 保障性要求确定 ··· 23

  2.1 战斗机保障性要求参数体系 ·· 23
    2.1.1 装备保障性要求 ·· 23
    2.1.2 战斗机保障性要求及其参数体系 ································ 25
  2.2 战斗机装备系统作战使用保障要求及确定 ···························· 30
    2.2.1 使用可用度要求确定 ··· 30
    2.2.2 出动架次率要求确定 ··· 32
    2.2.3 再次出动准备及等级转进时间要求确定 ······················· 32
    2.2.4 仿真法确定综合参数指标要求 ··································· 33
    2.2.5 使用可用度的分解转换 ·· 34
  2.3 战斗机保障特性要求及确定 ·· 37
    2.3.1 可靠性要求确定 ·· 37
    2.3.2 维修性要求确定 ·· 40

2.3.3 测试性要求确定 ··· 41
  2.3.4 战斗机保障特性定性要求示例 ···························· 42
 2.4 战斗机保障系统要求及确定 ·· 45
  2.4.1 保障设备要求确定 ··· 46
  2.4.2 保障设施要求确定 ··· 47
  2.4.3 人力和人员要求确定 ··· 47
  2.4.4 训练与训练保障要求确定 ···································· 47
  2.4.5 技术资料要求确定 ··· 48
  2.4.6 计算机资源保障要求确定 ···································· 48
  2.4.7 供应保障要求确定 ··· 49
  2.4.8 包装、装卸、贮存和运输要求确定 ····················· 49

第3章 保障特性分析和设计 ·· 50
 3.1 保障特性分析 ·· 50
  3.1.1 故障模式、影响及危害性分析 ····························· 50
  3.1.2 以可靠性为中心的维修分析 ································ 52
  3.1.3 修复性维修分析 ··· 67
  3.1.4 使用与维修任务分析 ··· 71
  3.1.5 修理级别分析 ··· 78
 3.2 保障特性设计 ·· 86
  3.2.1 可靠性设计 ··· 86
  3.2.2 维修性设计 ··· 90
  3.2.3 测试性设计 ··· 94
  3.2.4 充填加挂设计 ··· 97
  3.2.5 自保障设计 ··· 98
 3.3 保障特性与性能一体化设计 ·· 99
  3.3.1 一体化设计需求 ··· 99
  3.3.2 一体化设计流程 ··· 100
  3.3.3 一体化工作接口 ··· 103
  3.3.4 一体化信息流 ··· 104
  3.3.5 一体化设计实施 ··· 106
  3.3.6 一体化设计平台 ··· 107

第 4 章 保障方案规划 ········· 109

4.1 保障方案及其制定 ········· 109
4.1.1 战斗机保障方案的技术范畴 ········· 109
4.1.2 战斗机保障方案的制定过程 ········· 111
4.1.3 战斗机保障方案的制定要求 ········· 113

4.2 战斗机使用保障方案 ········· 114
4.2.1 飞行机务准备方案 ········· 114
4.2.2 战斗机停放保管方案 ········· 123
4.2.3 机动转场保障方案 ········· 124

4.3 战斗机维修保障方案 ········· 128
4.3.1 维修策略 ········· 128
4.3.2 维修级别 ········· 130
4.3.3 维修专业 ········· 132
4.3.4 维修组织 ········· 133

第 5 章 预测与健康管理系统研制 ········· 137

5.1 预测与健康管理技术及系统 ········· 137
5.1.1 预测与健康管理技术 ········· 137
5.1.2 预测与健康管理系统 ········· 138

5.2 系统需求与使用场景分析 ········· 141
5.2.1 监测需求 ········· 141
5.2.2 诊断需求 ········· 142
5.2.3 预测需求 ········· 143

5.3 系统架构设计 ········· 143
5.3.1 诊断架构 ········· 143
5.3.2 物理架构 ········· 145
5.3.3 信息架构 ········· 145

5.4 系统建模方法 ········· 146
5.4.1 监测能力建模理论 ········· 148
5.4.2 健康评估能力建模理论 ········· 149
5.4.3 故障诊断能力建模理论 ········· 152
5.4.4 故障预测能力建模理论 ········· 157

5.5 典型系统 PHM 设计 ·· 161
 5.5.1 结构 PHM 设计 ··· 161
 5.5.2 典型机电 PHM 系统设计 ······································· 165
5.6 系统验证与确认 ··· 169
 5.6.1 系统验证内容和过程 ··· 169
 5.6.2 系统试验验证技术平台 ·· 170
 5.6.3 PHM 算法模型验证与确认 ····································· 171
 5.6.4 嵌入式 PHM 系统验证与确认 ································· 173

第 6 章 保障信息化及系统实现 ·· 176
6.1 保障信息化概述 ··· 176
 6.1.1 保障信息化的概念 ·· 176
 6.1.2 国内外保障信息化现状和发展 ································· 177
6.2 保障信息化系统功能需求分析 ··· 184
 6.2.1 数据需求 ·· 184
 6.2.2 业务需求 ·· 185
 6.2.3 实现需求 ·· 186
6.3 保障信息化系统体系结构设计 ··· 187
 6.3.1 基于 DoDAF 建立保障信息系统 ······························ 188
 6.3.2 建立保障信息系统的关键步骤 ································ 189
 6.3.3 保障信息系统的设计方法 ······································· 190
 6.3.4 保障信息系统体系结构 ·· 192
6.4 保障信息系统关键功能 ··· 194
 6.4.1 产品数据管理 ··· 195
 6.4.2 技术状态管理 ··· 196
 6.4.3 业务流程管理 ··· 198
 6.4.4 机动转场保障运输规划 ·· 201
 6.4.5 维修管理 ·· 203

第 7 章 保障资源规划研制与保障系统建立 ·· 205
7.1 保障资源组成要素及关系分析 ··· 205
7.2 保障设备规划与研制 ·· 206
 7.2.1 保障设备需求分析 ·· 207

7.2.2　保障设备规划 ……………………………………………… 210
　　7.2.3　典型保障设备研制 …………………………………………… 216
7.3　保障设施 ………………………………………………………………… 219
　　7.3.1　保障设施需求分析 …………………………………………… 220
　　7.3.2　保障设施要求确定 …………………………………………… 222
　　7.3.3　保障设施规划 ………………………………………………… 223
　　7.3.4　典型保障设施建设 …………………………………………… 224
7.4　人力和人员 ……………………………………………………………… 226
　　7.4.1　人员专业划分 ………………………………………………… 227
　　7.4.2　人力和人员需求分析 ………………………………………… 228
　　7.4.3　人力和人员配备 ……………………………………………… 229
　　7.4.4　典型人员需求 ………………………………………………… 230
7.5　训练与训练保障 ………………………………………………………… 230
　　7.5.1　需求分析 ……………………………………………………… 231
　　7.5.2　训练与训练保障规划 ………………………………………… 232
　　7.5.3　训练设备、设施研制和建设 ………………………………… 235
7.6　技术资料 ………………………………………………………………… 239
　　7.6.1　技术资料体系综述 …………………………………………… 239
　　7.6.2　技术资料需求分析 …………………………………………… 242
　　7.6.3　技术资料规划 ………………………………………………… 243
　　7.6.4　技术资料编制 ………………………………………………… 243
　　7.6.5　交互式电子技术手册 ………………………………………… 251
7.7　计算机资源保障 ………………………………………………………… 255
　　7.7.1　机载系统及设备软硬件设计要求 …………………………… 255
　　7.7.2　计算机资源保障需求分析 …………………………………… 255
　　7.7.3　计算机资源保障规划 ………………………………………… 256
　　7.7.4　典型的计算机保障资源 ……………………………………… 257
7.8　备件保障 ………………………………………………………………… 261
　　7.8.1　备件类别 ……………………………………………………… 261
　　7.8.2　备件的采购与供应 …………………………………………… 262
　　7.8.3　备件规划 ……………………………………………………… 264
　　7.8.4　备件供应链管理 ……………………………………………… 277
7.9　包装、装卸、贮存和运输保障 ………………………………………… 280

- 7.9.1 约束条件 …… 280
- 7.9.2 包装、装卸、贮存和运输需求分析 …… 287
- 7.9.3 包装贮运规划 …… 290
- 7.9.4 制定包装贮运方案 …… 291

7.10 保障系统建立和运行 …… 301
- 7.10.1 保障系统技术特性及影响因素 …… 301
- 7.10.2 保障系统基本设计要求 …… 304
- 7.10.3 保障系统的建立过程 …… 306

第8章 保障性试验与评价 …… 310

8.1 保障特性试验与评价 …… 310
- 8.1.1 可靠性试验与评价 …… 311
- 8.1.2 维修性试验与评价 …… 324
- 8.1.3 测试性试验与评价 …… 329

8.2 保障资源的试验与评价 …… 338
- 8.2.1 保障设备的试验与评价 …… 339
- 8.2.2 保障设施的试验与评价 …… 342
- 8.2.3 人力和人员的试验与评价 …… 342
- 8.2.4 训练与训练保障的试验与评价 …… 342
- 8.2.5 技术资料的试验与评价 …… 343
- 8.2.6 计算机资源保障的试验与评价 …… 345
- 8.2.7 备件保障的试验与评价 …… 345
- 8.2.8 包装贮运试验与评价 …… 345

8.3 作战使用保障要求评估 …… 345
- 8.3.1 战备完好性评估 …… 347
- 8.3.2 战备完好率评估 …… 347
- 8.3.3 再次出动能力评估 …… 349
- 8.3.4 等级转进评估 …… 350
- 8.3.5 出动架次率评估 …… 352
- 8.3.6 使用可用度评估 …… 355

第9章 保障性工程管理 …… 361

9.1 保障性工程管理组织机构及职责 …… 361

9.1.1 空/海军与总体设计单位成立保障性工程联合管理组 ······ 362
9.1.2 空/海军装备主管部门保障性工程管理小组 ······ 363
9.1.3 总设计师系统成立保障性工程工作系统 ······ 365
9.2 保障性工程接口关系 ······ 366
9.2.1 保障性工程的接口分类 ······ 366
9.2.2 保障性工程要素之间的接口 ······ 367
9.2.3 工程学科之间的接口 ······ 368
9.2.4 承制方内部的接口 ······ 372
9.2.5 承制方、订购方的接口 ······ 373
9.3 保障性工程计划与工作计划 ······ 374
9.3.1 保障性工程计划 ······ 374
9.3.2 保障性工程工作计划 ······ 377
9.4 保障性工程研制程序 ······ 378
9.4.1 论证阶段 ······ 379
9.4.2 方案阶段 ······ 380
9.4.3 工程研制阶段 ······ 381
9.4.4 列装定型阶段 ······ 382

缩略语 ······ 385

参考文献 ······ 394

Contents

Chapter 1 Introduction ……………………………………………………… 1

   1.1   Modern War and Fighter/Fighter Support ……………………………… 2
       1.1.1   Air Combat in Modern War ………………………………… 2
       1.1.2   Roles of Fighter Support in Air Combat ……………………… 4
       1.1.3   Features of Fighter Supportability ………………………… 7
   1.2   Definition and Connotations of Fighter Supportability Engineering …… 8
       1.2.1   Definition of Fighter Supportability Engineering ……………… 8
       1.2.2   Connotations of Fighter Supportability Engineering …………… 9
   1.3   Development and Application of Fighter Supportability
       Engineering ……………………………………………………………… 11
       1.3.1   Evolution of Fighter Supportability Engineering ……………… 11
       1.3.2   Fighter Support Technologies in New Operational
              Concepts …………………………………………………… 17
       1.3.3   Technological Development of Fighter Supportability
              Engineering ………………………………………………… 20

Chapter 2 Supportability Requirement Determination ………………… 23

   2.1   Parameter System of Fighter Supportability Requirements …………… 23
       2.1.1   Supportability Requirements for Materiel ……………………… 23
       2.1.2   Fighter Supportability Requirements and Parameter
              System ……………………………………………………… 25
   2.2   Requirements and Determination of Fighter Operations Support …… 30
       2.2.1   Requirement Determination of Operational Availability ……… 30
       2.2.2   Requirement Determination of Sortie Generation Rate ………… 32

  2.2.3 Requirement Determination of Turn Around Time and Operational Readiness Transition ································ 32
  2.2.4 Determination of Integrated Parameter Specifications by Simulation ································ 33
  2.2.5 Decomposition and Transformation of Operational Availability ································ 34
 2.3 Requirements and Determination of Fighter Support Characteristics ································ 37
  2.3.1 Requirement Determination of Reliability ···················· 37
  2.3.2 Requirement Determination of Maintainability ············· 40
  2.3.3 Requirement Determination of Testability ···················· 41
  2.3.4 Exemplified Qualitative Requirements of Fighter Support Characteristics ································ 42
 2.4 Requirements and Determination of Fighter Support System ············ 45
  2.4.1 Requirement Determination of Support Equipment ············· 46
  2.4.2 Requirement Determination of Support Facilities ············· 47
  2.4.3 Requirement Determination of Manpower/Personnel ············ 47
  2.4.4 Requirement Determination of Training and Training Support ································ 47
  2.4.5 Requirement Determination of Technical Publications ·········· 48
  2.4.6 Requirement Determination of Computer Resource Support ··· 48
  2.4.7 Requirement Determination of Supply Support ················ 49
  2.4.8 Requirement Determination of Packaging, Handling, Storage and Transportation ································ 49

Chapter 3 Analysis and Design of Support Characteristics ················ 50

 3.1 Analysis of Support Characteristics ································ 50
  3.1.1 Failure Modes, Effects and Criticality Analysis ················ 50
  3.1.2 Reliability Centered Maintenance Analysis ······················ 52
  3.1.3 Corrective Maintenance Analysis ································ 67
  3.1.4 Operation and Maintenance Task Analysis ······················ 71
  3.1.5 Level of Repair Analysis ································ 78
 3.2 Design of Support Characteristics ································ 86
  3.2.1 Reliability Design ································ 86

  3.2.2 Maintainability Design 90
  3.2.3 Testability Design 94
  3.2.4 Design of Filling and Loading 97
  3.2.5 Self–support Design 98
 3.3 Integrated Design of Support Characteristics and Performance 99
  3.3.1 Integrated Design Requirements 99
  3.3.2 Integrated Design Process 100
  3.3.3 Integrated Working Interfaces 103
  3.3.4 Integrated Information Flow 104
  3.3.5 Integrated Design Implementation 106
  3.3.6 Integrated Design Platform 107

Chapter 4 Support Scheme Planning 109

 4.1 Support Scheme and Formulation 109
  4.1.1 Technical Composition of Fighter Support Scheme 109
  4.1.2 Formulation Process of Fighter Support Scheme 111
  4.1.3 Formulation Requirements of Fighter Support Scheme 113
 4.2 Fighter Operations Support Scheme 114
  4.2.1 Flight Line Maintenance Scheme 114
  4.2.2 Fighter Parking and Storage Scheme 123
  4.2.3 Ferry Support Scheme 124
 4.3 Fighter Maintenance Support Scheme 128
  4.3.1 Maintenance Strategy 128
  4.3.2 Maintenance Level 130
  4.3.3 Maintenance Trade 132
  4.3.4 Maintenance Organization 133

Chapter 5 Development of Prognostics and Health Management (PHM) System 137

 5.1 PHM Technologies and Systems 137
  5.1.1 PHM Technologies 137
  5.1.2 PHM Systems 138
 5.2 Analysis of PHM System Requirements and Application Scenarios 141

  5.2.1 Monitoring Requirement ………………………………… 141
  5.2.2 Diagnostic Requirement ………………………………… 142
  5.2.3 Prognostic Requirement ………………………………… 143
5.3 PHM System Architecture Design ……………………………… 143
  5.3.1 Diagnostic Architecture ………………………………… 143
  5.3.2 Physical Architecture …………………………………… 145
  5.3.3 Information Architecture ………………………………… 145
5.4 PHM System Modeling Method ………………………………… 146
  5.4.1 Monitoring Capability Modeling Theory ……………… 148
  5.4.2 Health Evaluation Capability Modeling Theory ……… 149
  5.4.3 Fault Diagnostics Capability Modeling Theory ……… 152
  5.4.4 Fault Prognostics Capability Modeling Theory ……… 157
5.5 Design of Typical PHM Systems ……………………………… 161
  5.5.1 Design of Structure PHM ……………………………… 161
  5.5.2 Design of Typical EMS PHM System ……………… 165
5.6 PHM System Verification and Validation …………………… 169
  5.6.1 Content and Process of System Verification ………… 169
  5.6.2 Technical Platform of System Test and Validation … 170
  5.6.3 Verification and Validation of PHM Algorithm Model … 171
  5.6.4 Verification and Validation of Embedded PHM System … 173

Chapter 6 Information-based Support and System Implementation … 176

6.1 Overview of Information-based Support ……………………… 176
  6.1.1 Concept of Information-based Support ……………… 176
  6.1.2 Present Situation and Development of Information-based Support at Home and Abroad ……………………… 177
6.2 Functional Requirement Analysis of Information-based Support System ………………………………………………………… 184
  6.2.1 Data Requirement ……………………………………… 184
  6.2.2 Business Requirement ………………………………… 185
  6.2.3 Implementation Requirement ………………………… 186
6.3 Architecture Design of Information-based Support System … 187
  6.3.1 Establishing Support Information System Based on DoDAF ………………………………………………… 188

    6.3.2 Key Steps in Establishing Support Information System ······ 189
    6.3.3 Design Methods of Support Information System ············· 190
    6.3.4 Architecture of Support Information System ····················· 192
  6.4 Key Functions of Support Information System ························· 194
    6.4.1 Product Data Management ·· 195
    6.4.2 Configuration Management ··· 196
    6.4.3 Business Process Management ··· 198
    6.4.4 Ferry Support Transportation Planning ································ 201
    6.4.5 Maintenance Management ·· 203

Chapter 7 Planning and Development of Support Resources and Establishment of Support System ······ 205

  7.1 Elements and Relation Analysis of Support Resources ············· 205
  7.2 Planning and Development of Support Equipment ····················· 206
    7.2.1 Requirement Analysis of Support Equipment ····················· 207
    7.2.2 Planning of Support Equipment ··· 210
    7.2.3 Development of Typical Support Equipment ······················ 216
  7.3 Support Facilities ··· 219
    7.3.1 Requirement Analysis of Support Facilities ························ 220
    7.3.2 Requirement Determination of Support Facilities ············· 222
    7.3.3 Planning of Support Facilities ··· 223
    7.3.4 Establishment of Typical Support Facilities ························ 224
  7.4 Manpower/Personnel ·· 226
    7.4.1 Personnel Trade Division ··· 227
    7.4.2 Requirement Analysis of Manpower/Personnel ················· 228
    7.4.3 Manpower/Personnel Allocation ··· 229
    7.4.4 Typical Personnel Requirements ··· 230
  7.5 Training and Training Support ·· 230
    7.5.1 Requirement Analysis ··· 231
    7.5.2 Planning of Training and Training Support ························ 232
    7.5.3 Development and Establishment of Training Equipment and Facilities ··· 235
  7.6 Technical Publications ·· 239
    7.6.1 Overview of Technical Publication System ························· 239

  7.6.2 Requirement Analysis of Technical Publications ……………… 242
  7.6.3 Planning of Technical Publications ……………………………… 243
  7.6.4 Compilation of Technical Publications ………………………… 243
  7.6.5 Interactive Electronic Technical Manual ……………………… 251
 7.7 Computer Resource Support …………………………………………… 255
  7.7.1 Software and Hardware Design Requirements for Airborne
     System and Equipment ……………………………………… 255
  7.7.2 Requirement Analysis of Computer Resource Support ……… 255
  7.7.3 Planning of Computer Resource Support ……………………… 256
  7.7.4 Typical Computer Support Resources ………………………… 257
 7.8 Spare Part Support ……………………………………………………… 261
  7.8.1 Spare Part Category ……………………………………………… 261
  7.8.2 Purchase and Supply of Spare Part ……………………………… 262
  7.8.3 Spare Part Planning ……………………………………………… 264
  7.8.4 Supply Chain Management of Spare Part ……………………… 277
 7.9 Support in Packaging, Handling, Storage and Transportation
   (PHS&T) ………………………………………………………………… 280
  7.9.1 Constraint Condition …………………………………………… 280
  7.9.2 PHS&T Requirement Analysis ………………………………… 287
  7.9.3 PHS&T Planning ………………………………………………… 290
  7.9.4 PHS&T Scheme Formulation …………………………………… 291
 7.10 Establishment and Running of Support System ……………………… 301
  7.10.1 Technical Features and Influencing Factors of Support
     System ……………………………………………………… 301
  7.10.2 Basic Design Requirements for Support System ……………… 304
  7.10.3 Establishment Process of Support System …………………… 306

Chapter 8 Supportability Test and Evaluation ……………………… 310

 8.1 Test and Evaluation of Support Characteristics ……………………… 310
  8.1.1 Reliability Test and Evaluation ………………………………… 311
  8.1.2 Maintainability Test and Evaluation …………………………… 324
  8.1.3 Testability Test and Evaluation ………………………………… 329
 8.2 Test and Evaluation of Support Resources …………………………… 338
  8.2.1 Test and Evaluation of Support Equipment …………………… 339

       8.2.2　Test and Evaluation of Test Facilities ………………… 342

       8.2.3　Test and Evaluation of Manpower/Personnel ………… 342

       8.2.4　Test and Evaluation of Training and Training Support ……… 342

       8.2.5　Test and Evaluation of Technical Publications ……………… 343

       8.2.6　Test and Evaluation of Computer Resource Support ………… 345

       8.2.7　Test and Evaluation of Spare Part Support ………………… 345

       8.2.8　Test and Evaluation of PHS&T …………………………… 345

   8.3　Evaluation of Operations Support Requirements ……………………… 345

       8.3.1　Evaluation of Operational Readiness …………………… 347

       8.3.2　Evaluation of Operational Readiness Rate ……………… 347

       8.3.3　Evaluation of Turnaround Capability …………………… 349

       8.3.4　Evaluation of Operational Readiness Transition ………… 350

       8.3.5　Evaluation of Sortie Generation Rate …………………… 352

       8.3.6　Evaluation of Operational Availability …………………… 355

Chapter 9　Supportability Engineering Management ………………… 361

   9.1　Organization and Responsibility of Supportability Engineering
        Management …………………………………………………………… 361

       9.1.1　Supportability Engineering Joint Management Team
              Established by Air Force/Navy and Chief Design
              Organization …………………………………………… 362

       9.1.2　Supportability Engineering Management Team of Air
              Force/Navy Materiel Management Department …………… 363

       9.1.3　Supportability Engineering Work System Established by
              Chief Designer's System ……………………………… 365

   9.2　Supportability Engineering Interface Relationship …………………… 366

       9.2.1　Supportability Engineering Interface Type ……………… 366

       9.2.2　Interfaces among Supportability Engineering Elements …… 367

       9.2.3　Interfaces among Engineering Subjects ………………… 368

       9.2.4　Internal Interfaces of Primary Contractor ……………… 372

       9.2.5　Interfaces between Primary Contractor and Purchaser …… 373

   9.3　Supportability Engineering Plan and Work Plan ……………………… 374

       9.3.1　Supportability Engineering Plan ………………………… 374

       9.3.2　Supportability Engineering Work Plan ………………… 377

9. 4　Supportability Engineering Development Process ·················· 378
　　9. 4. 1　Feasibility Study Phase ································ 379
　　9. 4. 2　Conceptual Design Phase ····························· 380
　　9. 4. 3　Engineering Development Phase ···················· 381
　　9. 4. 4　Deployment Finalization Phase ····················· 382

Abbreviations ·· 385

References ·· 394

第1章 绪　　论

当今世界正经历百年未有之大变局,和平、发展、合作、共赢的时代潮流不可逆转,但霸权主义、强权政治、单边主义时有抬头,国际战略竞争呈上升之势,全球和地区性安全问题持续增多,世界并不太平!世界各主要国家纷纷调整军事战略,调整军队组织形态,发展新型作战力量,抢占军事竞争战略制高点。以信息技术为核心的军事高新技术日新月异,武器装备远程精确化、智能化、隐身化、无人化趋势更加明显。以信息互联和高速传输为特征的体系作战是现代战争的主要形态,依托复杂信息网络,现代战场运转的效率不断提高,具有高空、高速特点的战斗机必须精准地按照战场攻击节奏快速机动部署、大规模高强度出动,这就需要战斗机具有良好的保障特性,与之配套的保障系统必须及时维护和维修战斗机,保证战斗机能够按计划快速部署和出动,从而保障战斗机在现代作战体系中发挥关键作用。

杜黑的《制空权》出版至今已近百年,自战斗机高速发展后发生的历次高技术局部战争均不断证明:谁控制了空天,谁就控制了地面和海洋。为此,在海湾战争、阿富汗战争等现代战争中,交战双方无不想方设法夺取并保持制空权;而战斗机扮演着日益重要的作用,是夺取并保持制空权的关键核心装备。纵观世界,实际掌握第三代战斗机研制技术的国家屈指可数,成功研制第四代战斗机的国家更是凤毛麟角。战斗机研制难度大、交付后形成战斗力的周期长、使用期间难以保持战术技术性能。高效、经济的战斗机保障是战斗机完好、高强度出动的关键基础和重要保证,为了让这种技术和资金高度密集的主战装备充分发挥装备价值,同时能够在交付后尽快形成战斗力、保持良好的战技性能,需要重视并不断开展战斗机保障研究。经过几代战斗机跨越式的发展和多次现代战争的锤炼,各国对战斗机保障与战斗机作战能力之间的关系已基本形成以下共识:战斗机保障能力是战斗力的重要组成部分,需要与战斗机研制同步开展,是保证战斗机战术技术性能充分发挥、保持、恢复的重要手段。

本章将简要阐述战斗机保障在现代战争中的作用,以及战斗机保障不同于其他装备的特征;依据标准文件和专业书籍中的已有定义,结合作者战斗机保障工作经验,给出战斗机保障性工程的定义,并详细阐述其内涵;依据其定义和内涵,回顾梳理战斗机保障性工程的发展过程,从新的作战概念出发,分析适应未来战斗机的保障技术,简述系统工程思想在战斗机保障性工程技术发展中的应用。

1.1 现代战争与战斗机及战斗机保障

自 20 世纪 90 年代初的"沙漠风暴"行动到 2020 年 9 月的纳卡冲突,历次高技术局部战争的结果显示,战斗机是赢得现代战争的关键。为了充分发挥战斗机的战斗力,使战斗机具备快速出动和持续攻击能力,战斗机保障的作用变得更加关键。

1.1.1 现代战争中的空战

作为夺取制空权的主要手段和具有极强战术灵活性的纵深打击力量,战斗机可以协同其他军兵种完成多种联合作战任务,可以在整个战场空间对敌方力量进行压制和杀伤,常常作为战争行动的"破门器",第一时间打击敌方关键目标,瘫痪敌方作战体系。因此,战斗机在现代战争中扮演的角色越来越重要,现代战争中的空中战役具有以下特点。

1. 部署规模大,任务强度高

自 1991 年冷战以来,随着国际局势的逐渐缓和以及单机价格的提高,各国战斗机部队整体机队规模有所下降,但在现代战争和近年来的空中作战中,战斗机仍然具有部署规模大和出动强度高的特点。海湾战争中,多国部队对伊拉克和伊拉克驻科威特部队的 43 天空袭,共动用固定翼飞机 2780 多架,出动 11.2 万架次,其中,118 架 F-15C 击落了伊军 33 架飞机("沙漠风暴"行动中伊军总共被击落 38 架飞机),48 架 F-15E 几乎全部在夜间执行任务,投掷了 1700 枚制导炸弹装置(GBU)10/12 激光制导炸弹,251 架 F-16 战斗机约出动 13480 架次,可遂行任务率达 88.8%,是战区作战飞机中出动率最高的飞机。1998 年的科索沃战争,北大西洋公约组织空中力量共出动 38000 余架次,开战首日即投入包括 120 架战斗机在内的 250 架飞机,出动 400 架次对 40 个目标进行了打击,并击落了两架起飞迎战的南斯拉夫联盟共和国战斗机。2018 年,美军第 94 战斗机中队在中东部署的 6 个月时间内,完成超过 590 架次飞行任务,平均每架次飞行约 7.8 个小时,爆发出每天 3 架次的高强度出动。海湾战争中,美国空军总共派往战区 42 个飞机战损修理组,每支部队基层级配备 30 天战备零件箱,以保障战斗机大规模、高强度的空中作战。

面向未来大国竞争,战略和预算评估中心(CSBA)建议大幅增加 F-35A 保有量,按计划获得 PCA/P-EA,大量退役 F-15C/D、F-16 飞机,战斗机总量从

2019年的2025架增加到2030年的2198架,增长约8.5%,战斗机质量和数量均有明显提升,由此可见,战斗机规模仍然是现代战争中获取空中优势的重要因素。

2. 广域机动,快速部署

战斗机作为高度机动灵活的打击力量,在多次作战行动中都进行了快速集结和远程部署,作为首批打击力量,在战争初期对敌方进行强力打击以夺取主动权。海湾战争的"沙漠风暴"行动开始时,美国空军驻弗吉尼亚州兰利空军基地第1战术战斗机联队的48架F-15C/D战斗机,在命令下达后不到53小时就有45架出现在沙特阿拉伯王国,支持美军空袭行动。近年来,美军的F-22和F-35等新锐战机多次前出部署到亚太战区对我国形成威胁。在2015年以来的叙利亚战争中,俄罗斯空天军派出多机型、小编队的混合空中特遣部队远程部署到叙利亚,在地面特种部队协调引导下有力地支持了叙利亚政府军的作战行动,为俄罗斯国家利益在中东的存在起到了显著的支撑作用。这种远程机动部署能力对战斗机的保障资源与组织都是巨大的挑战,良好的保障性设计、最小化的保障资源规划是战斗机能够快速响应作战需求,实现机动部署机动作战的重要前提。

3. 隐身

隐身的根本目的是降低战斗机的可探测性,以提高战斗机的生存能力,从而提高战斗机的综合作战效能。1983年,美国F-117隐身攻击机开启了军用飞机的隐身时代,在海湾战争中,F-117出动架次只占全部参战飞机的2%,却攻击了40%的战略目标,是唯一一种能够攻击巴格达市区所有12类目标的飞机。2005年,美国F-22隐身战斗机投入实战,这标志着第一种全面贯彻隐身设计的战斗机达到了实用化。近年来,美国F-22、F-35和俄罗斯Su-57等隐身战斗机已经多次在阿拉斯加、东北欧、中东和亚太方向部署,甚至投入到了实际战斗行动中。在飞机进攻和防御作战中,隐身均发挥了巨大的作用,但大量的隐身维护工作给飞机保障带来了沉重负担,比如B-2飞机每飞行小时维护时间中,隐身维护的占比一度高达49%,因此,急需减少飞机隐身维护保障工作量、降低维护成本。根据美国海军项目主管2007年的材料显示,F-22飞机采用减少隐身涂料和密封剂的新标准设计,使隐身维护工时降到了0.7每飞行小时直接维修工时(MMH/FH);F-35飞机的隐身涂料具有较高的防腐能力,使隐身维护工时降到了0.3MMH/FH。

4. 无人机的广泛应用

从越南战争开始到阿富汗战争,无人机从最初的侦察任务拓展到了战场上的持续监视与打击,并在近年来叙利亚、利比亚、高加索等地区的局部冲突中成为了战场中不可或缺的一部分,甚至成为了主要角色。而随着通信以及人工智能技术的发展,有人/无人机协同作战概念的提出,无人机开始进入更复杂的制空作战、对面打击任务领域。无人机由于不再受飞行员生理条件限制,出动架次率仅受其完好性影响,保障性设计的作用更加凸显,XQ-58A 无人机为了提高生存力和便于部署发展出在野战条件下起飞(发射)和降落(回收)的能力,无人机的这些特征对战斗机保障性工程提出了新要求。

1.1.2 战斗机保障在空战中的作用

随着现代航空武器装备的高速发展,战斗机的性能、威力都在跨越式提升,使得其在空军现代化建设及未来高技术战争中的地位与作用日益重要,在现代战争中为制空权、制信息权的获取发挥着不可替代的作用。这对战斗机的整体要求越来越高,相应地,战斗机保障也成为了战斗机平时形成战斗力、战时保持和提高战斗力的关键因素。

1. 战斗机保障是提高战斗机战斗力的"倍增器"

根据《军事指南——电子产品可靠性设计指南》(MIL-HDBK-338B),系统效能由可用度(availability)、可信度(dependability)和能力(capability)三个参数共同决定。美国航空无线电公司(Aeronautical Radio Inc.,ARINC)、美国工业界武器系统效能咨询委员会(Weapon System Efficiency Industry Advisory Committee,WSEIAC)和美国海军都给出了效能概念的定义。根据系统效能函数可以看出,战斗机的战斗力不仅与由飞行速度、高度、航程、雷达探测距离、雷达截获面积等性能参数所决定的飞机能力有关,也被可用度和可信度的高低直接影响。战斗机保障正是从可靠性、维修性、测试性等维修保障特性,充填加挂等使用保障特性,以及保障系统的资源配套与供应、维修保障等方面出发,提升战斗机的可用度和可信度,最终达到综合作战能力倍增的效果。

冷战结束后,美国海军最终决定退役 F-14 战斗机,替换成 F/A-18 系列舰载战斗机。除作战需求变化因素外,另一个重要原因是 F/A-18 在设计过程中考虑了保障性,包括:机体结构寿命计算进一步精细化;改进和简化液压系统;新一代航空电子设备和雷达采用了数字化固态元器件以减少零件数,降低了设备故障率和故障检测难度,发热量更低从而降低了环控系统负荷;更重要的是先后采用了后勤复合模型(logistics composite model,LCOM)、飞机综合保障效能评估模型(comprehensive aircraft support effectiveness evaluation,CASEE)和飞机中继级维修系统完好性评估模型(readiness evaluation program for aircraft intermediate repair system,REPAIR)等先进方法,根据使用方案、费用约束、基准比较系统和初始的保障方案等进行建模和仿真分析。以上努力使得航母甲板上 F/A-18

系列舰载战斗机的平均无故障飞行小时数达到F-14战斗机(相同部署环境)的3倍以上,而每飞行小时维护保障工时仅为F-14的40%左右,最高出动架次率较F-14提高了1倍以上,极大地提高了F-18飞机在实际作战中的效能。

保障性的提升除了为战斗力起到"量变"的促进作用外,部分条件下还可起到"质变"的提升效果。实际作战行动中,为了达成战斗目标需要的出动时间和架次,有些情况下可以通过增加总部署数量、临时加强保障资源和进行短时间突击整备来达成架次峰值。但在舰载、岛屿、野战基地等特殊部署场景下,机队规模和保障资源总容量会受到严重限制,而部分作战行动又需要达到一定的最低出动量底线,此时战斗机的保障能力支持对特定战术具有关键性影响。

2. 战斗机保障是有效提高战斗机战备完好性的关键基础

系统效能(availability dependability capability, ADC)模型中的可用度是反映战备完好性的综合参数。工程上,我国战斗机常选用使用可用度(operational availability, A_o)来表征战备完好性,它是与能工作时间和不能工作时间有关的一种可用性参数。在可用度模型中,修复性维修时间、预防性维修时间和保障延误时间对使用可用度有显著影响,这三类时间越高则可用度越低,且三类时间与战斗机的可靠性水平、维修性水平、测试性水平、保障性水平、保障资源配套与保障方案等直接相关。因此,通过不断优化战斗机保障来降低这三类时间是提升战斗机战备完好性的关键。

以美军第一款隐身战斗机F-117为例,由于其在研制过程中注重隐身性能而忽视了维修性水平,致使刚投入使用时,F-117每飞行小时的维修工时达到了150~200小时,每架飞机平均每4天仅能出动1次,能执行任务率不足50%(能执行任务率为美国空军常用的战备完好性参数),战备完好性水平极低。之后,美国花费8年时间对F-117的隐身材料喷涂工艺、航电设备维修口盖等进行改进,最终才使其每飞行小时的维修工时下降到45小时,在"沙漠风暴"行动中能执行任务率达到了86.4%。

3. 战斗机保障是提高战斗机快速出动能力的重要保证

战斗机快速出动主要包括两类场景:一类是战斗机接到作战指令后在本场快速出动执行作战任务;另一类是战斗机根据作战需求实施快速机动转场并执行作战任务。第一类场景要求战斗机具备较低的等级转进时间和再次出动准备时间;第二类场景还对战斗机的部署机动性提出了要求,需要战斗机减少对保障设施、设备等的依赖并降低保障规模,且其所需的携行保障资源能够随同战斗机实施机动,以支持战斗机保障。因此,战斗机快速出动能力的生成,一方面需要通过开展可靠性、维修性、测试性设计和自保障设计等战斗机保障设计工作,提升战斗机本身的保障特性水平,优化减少战斗机出动和维修所需开展的维护维修任务,并降低对各类保障资源的需求;另一方面还需对战斗机的保障设备和工具等进行通用化、集成化、小型化和机动化等设计,并从转场任务需求出发进行保障设备、工具、备件、弹药、油料等各类携行转场资源的规划,从而在满足战斗机保障需求的前提下减小战斗机携行转场的规模。只有通过开展这一系列的战斗机保障工作,才能最终支撑战斗机的快速出动。

  美军的 F-22 战斗机在研制过程中就严格开展了可靠性设计以及自保障设计,在战斗机上配有辅助动力装置(accessory power unit,APU)、机载氧气发生系统(on board oxyen generation system,OBOGS)和机载惰性气体发生系统(on board inert gas generating system,OBIGGS)等,使其不再需要地面电源车、地面液压车、地面气源车和地面液氧车等保障设备。同时,F-22 战斗机上搭载的综合诊断系统也大大提升了自动检测和隔离故障的能力,减少了对专用检测设备工具的配置需求,最终使中队(24 架)级部署 30 天所需的保障资源运力要求,从 F-15A 的 15~18 架次 C141B 运输机运量下降到了 6.2 架次,F-22 战斗机优良的保障特性为其快速出动能力的生成打下了良好的基础。

  在此基础上,保障性的提升为新作战概念创造了条件。2013 年,美军提出了"快速猛禽"概念,阿拉斯加州的埃尔门多夫-理查森联合基地的两名飞行员提出了一个大胆的想法,将每个中队的 F-22 战斗机划分为 4 架为一组的特遣分队,借助于"自备"后勤保障力量,分别部署到一些小型军事基地,从而提高自身在地面的生存能力。按照设想,由地勤人员在最短的时间内把经过优化的一些维护设备、再次起飞所需的燃油和空战所需的机载武器有序地装入 C-17 运输机,与 F-22 战斗机同时飞抵由作战指挥官指定的简易军事基地。2013 年 8 月,埃尔门多夫-理查森联合基地的第 3 战斗机联队对"快速猛禽"概念进行了作战测试和评估任务,初步验证了其可行性,并在 2014 年分别在阿拉斯加和关岛实施了 3 次"快速猛禽"部署演习。2014 年 4 月 23 日,4 架 F-22 战斗机从埃尔门多夫-理查森联合基地起飞,降落在艾尔森空军基地,执行模拟攻击任务。演习中,当地只有一条模拟的简易跑道,无地面保障设施、备用燃料和弹药。通过演习,F-22 战斗机证明了自己能够降落在任何一个具有足够长跑道的地方,并能实现快速再次起飞和执行任务,从而使空军基地成为时间敏感目标来规避远程火力打击。

  战斗机自身可以飞行转场、快速机动到数千公里之外。而配套的保障人员、设备和材料的机动性却成为了战斗机战略机动性的短板,保障资源的机动性对于战斗机部队机动部署能力的影响在各类武器装备中是最大的。保障资源的通用化、轻量化不仅有利于降低战斗机部队的运行费用,而且对战斗机装备的战役战略运用灵活性具有重要意义。对于 F-22 和 F-35 等先进战斗机,美军一直试图提高其快速出动和部署能力,除了"快速猛禽"之外,还提出了"前沿弹药与加油点(forward arming and refueling point,FARP)""快速闪电""基于区域的集群预置工具包(regional base cluster prepositioning kits,RBCP)"等概念,并开展了多次部署演练,获取了一定的实践经验。

1.1.3　战斗机保障性的特征

与其他武器装备相比,由于作战需求和技术发展的不同,不同时期发展的战斗机技术特征存在显著区别,但总体上,战斗机均具有遂行任务多、机动能力强、寿命周期长、可重复使用等特殊的作战使用特点与技术特征。航空、航天、兵器、舰船等武器装备不同的作战使用特点和技术特征,使得不同武器装备的维修保障各不相同、各具特点,其对保障能力的需求也具有不同的应用方向,存在一定差异。

航天装备的主要使用模式为一次性使用或一次发射、长期在轨运行,发射过程若发生故障通常会引起灾难性后果,在轨运行后工况相对稳定,在轨维护则具有极高的难度。因此,航天装备注重发射前的测试与故障诊断,重视单次高可靠,不允许带故障发射。对于发射过程或在轨运行过程中发生的故障,无法及时采取维修工作,也无急迫的使用中和使用后保障需求。

兵器装备的使用主要集中在地面,战斗人员可以自行承担大部分日常维保工作。专业技术保障部队随补给线行动,兵器装备发生故障后可以随时原地停留、等待维修,引起车毁人亡等严重后果的风险较低。在兵器装备内部实现高保障性要求需要一定的代价,需要综合权衡,若广泛深入采用,势必会造成经济可承受性不佳。

舰船装备长期远洋航行,出动频次低、单次出动周期长,航行期间仅能根据舰船修理条件和备件情况开展"部件替换式"的自修,主要结合在港停泊期间的航修以及坞修、厂修等开展定时维修或事后维修,故障排除虽有一定的实时性要求,但对故障快速精准诊断和预测的需求程度较弱。

对于航空装备,尤其是战斗机,因其是制空作战的拳头力量,常采用基地化部署,高频次重复使用,快速出动要求高,空中飞行发生故障可能导致机毁人亡。所以,在飞行前必须确保关键功能完好,以保证飞行安全、任务成功;在飞行中应能主动发现关键功能故障,便于决策备降或返航,一旦战斗机着陆就能及时排除故障,使之快速再次出动。因此,相比其他武器装备,战斗机对高保障能力的依赖度最为迫切。除传统的有人战斗机外,XQ-58A、ATS 等 A/R(可消耗/可重复使用)无人机的野战部署能力也对保障性提出了需求,要求无人机配套的后勤保障规模小,能快速部署至野战场地,在野战场地能快速复装、放飞及回收。

保障资源的通用化不仅有利于降低战斗机部队的运行费用，而且对战斗机作战部署的灵活性、进攻的突然性也有重要影响。

1.2 战斗机保障性工程的定义与内涵

战斗机在交付部队服役后能否尽快形成战斗力，取决于战斗机的保障能力，既要求战斗机本身具有"先天好保障"的设计特性，又要求能够对战斗机实施及时有效的保障。战斗机保障性工程应运而生，来确保在空战中，战斗机的战斗力得到有效发挥，为赢得空战胜利奠定基础。

平时，战斗机主要用于战斗训练和执行低威胁环境下的任务，重点是保障飞机在达到一定完好率的基础上，具有良好的经济性。战时，防御性空战具有及时性、持续性等特性，需要确保战斗机能够快速、持续出动；进攻性制空作战中，需要确保战斗机能够快速部署至前线执行作战任务，战损后能够快速修复，对敌形成部署规模、架次优势；战斗机执行空面任务时，需要保障弹药供给充足、充填加挂迅速，确保战斗机准时到达预定点。

基于保障性工程已有的定义，结合战斗机平时及战时的任务保障需求，对战斗机保障性工程的定义与内涵做出如下阐释。

1.2.1 战斗机保障性工程的定义

战斗机保障性工程的定义源自装备保障性工程，也称"综合保障工程"（简称"综合保障"）。国军标《装备综合保障通用要求》(GJB 3872—1999)将装备保障性工程定义为装备综合保障，即"在装备的全寿命周期内，为满足系统战备完好性要求，降低全寿命周期费用，综合考虑装备的保障问题，确定保障性要求，进行保障性设计，规划并研制保障资源，及时提供装备所需保障资源的一系列管理和技术活动"。2000年，兵器工业出版社出版的《工程装备保障性工程》一书首次对保障性工程的基本概念、理论、方法进行了较为全面系统的论述，以装备形成战斗力为核心，提出保障性工程包括对保障性要求的论证、分析与设计、试验与评定、保障系统的建立与管理以及对保障性工作的科学管理等。

基于以上装备综合保障工程或保障性工程的基本概念或定义，战斗机保障性工程是指从战斗机研制、服役直至报废的全寿命周期内，为满足战斗机战备完好性等使用作战要求，降低全寿命周期费用，综合考虑战斗机的保障问题，确定战斗机装备系统保障性要求，进行战斗机保障性设计，规划并研制保障资源，及时提供战斗机所需保障的一系列技术和管理活动。

在战斗机保障性工程的定义中，重点引出战斗机保障性这个概念，需要通过战斗机保障性工程来落实。结合美国国防部防务采办术语、美军标《后勤保障分析》(MIL-STD—1388)、美国国防部指令 DoDD 5000.39 以及国军标《装备综合保障通用要求》(GJB 3872—1999)对装备保障性的定义,将战斗机保障性定义为战斗机装备系统设计的保障特性和计划的保障资源满足平时或战时战斗机装备系统战备完好性和出动架次率要求的能力。其中,"战斗机装备系统设计的保障特性"是指战斗机本身与保障有关的固有的各种特性,主要包括战斗机可靠性、维修性、测试性等;"战斗机计划的保障资源"是指为保证战斗机得到及时有效的保障而考虑的使用与维修保障所需的各种资源和条件,主要包括战斗机地面保障设备、保障设施、技术资料、人力和人员等;"满足战斗机装备系统平时战备完好性和战时出动架次率要求"是指战斗机在执行平时飞行训练和战时作战任务时可随时并尽可能多地执行预定任务的能力,平时强调保持规定的使用可用度水平,战时并不强调战斗机必须全部处于可执行任务状态,而是更注重有较高的出动架次率。

1.2.2 战斗机保障性工程的内涵

基于战斗机保障性工程的定义及其包含的战斗机保障性概念,战斗机保障性工程主要包括以下五个技术内涵。

1. 战斗机保障性工程贯穿战斗机全寿命周期

战斗机保障性工程的工作任务主要包括科学合理地完成战斗机保障性要求确定、有效地同步将保障考虑纳入战斗机装备系统设计、准确规划研制并及时提供所需的保障资源、在战斗机交付时同步建立保障能力并实施保障等。为此,战斗机保障性工程的工作任务贯穿战斗机从立项论证、工程研制、鉴定定型、交付使用的全寿命周期。在战斗机立项论证时,就应开始进行战斗机保障问题的研究和论证;在战斗机方案设计、详细设计时,同步进行保障方案规划和保障系统设计;在战斗机鉴定定型试验时,战斗机的功能性能及其保障能力也应同时进行配套的试验与考核;在战斗机交付部署时,要建立与之配套的保障系统,保证战斗机尽快形成保障力和战斗力。

2. 战斗机保障性工程研究对象是战斗机装备系统

战斗机本身并不具备持续的作战能力,必须依靠各种保障资源来获得及时有效的保障,从而完成规定的作战与使用功能,发挥战斗力的是战斗机及其保障资源有机组合而成的战斗机装备系统。因此,战斗机保障性工程的研究对象是战斗机装备系统,而非战斗机。战斗机保障工作的多与寡、难与易,与战斗机研制中所赋予的固有设计特性密切相关,也与配套的保障资源的操作性、可用性、适用性关系密切。设计战斗机时,确保战斗机"先天好保障",同时,及时提供保障资源使战斗机"后天保障好",面向战斗机装备系统双管齐下才能发挥出战斗机最佳的作战保障效能。

3. 战斗机保障性需要通过保障性工程落实

战斗机研制是一项复杂的系统工程,战斗机保障性工程是一系列保障性设计技术与保障性管理活动的组合,在重视保障性设计活动有序开展的同时,也应注重保障性管理活动。这是因为战斗机保障性工作与战斗机寿命周期内的其他各项工作密切协调进行,保障性工作取得的效果很大程度上依赖于战斗机保障性问题与战斗机研制项目中涉及的其他工程学科之间的协调与综合程度,工作难度大、头绪多;同时,战斗机保障性设计也需要战斗机论证、研制、使用、维修等众多部门协调一致,组织实施较复杂。因此,必须依靠强有力的组织与管理,通过筹划与协调,建立相应的组织结构和运行机制,并对各项工作实施有效管控,才能确保战斗机保障性要求切实融入到战斗机装备系统研制中。

4. 战斗机保障性的基础是战斗机保障特性设计

战斗机保障性是战斗机"先天好保障"属性的综合体现,受到与战斗机使用保障、维修保障活动相关的、战斗机固有的、便于保障的设计特性的影响和制约,该设计特性就是战斗机的保障特性。凡是能使战斗机便于保障或易于保障的设计特性都属于战斗机保障特性,它反映了战斗机需保障和易保障的程度。战斗机保障特性由与正常使用相关的自保障、充填加挂等使用保障特性以及与故障相关的可靠性、维修性、测试性、预防性及修复性维修等维修保障特性两类构成,是战斗机综合性能不可分割的重要组成部分,从不同层次反映了战斗机的综合性能。

为了以较低的全寿命周期费用实现战斗机的战备完好性目标,战斗机保障特性设计必须与保障性要求相协调,相互之间通过要求或接口关系传递影响、形成制约。为此,一方面战斗机保障特性必须与战斗机的结构、系统、设备进行一体化设计,通过一体化设计将保障特性设计要求落实到战斗机平台设计中;另一方面,保障特性之间也需要一体化设计,尤其是预防性及修复性维修设计分析需要可靠性、维修性、测试性分配、预计与分析的结果作为输入,而预防性及修复性维修设计分析的结果可能又会反过来影响可靠性、维修性、测试性的要求和设计。

从设计目标来看,战斗机保障性设计的目标是提高战斗机的战备完好性、保证任务成功、降低全寿命周期费用,需要通过保障特性设计来具体落实。因此,保障性和保障特性可协调统一于战备完好性和全寿命周期费用等目标范围内,开展战斗机保障性设计的基础是扎实推进战斗机保障特性设计。

5. 战斗机及其保障应同步开展研制

战斗机保障性工程强调战斗机及其保障应同步开展研制。在战斗机研制的发展历程中，由于对战斗机保障的认识不深入等原因，早期采用序贯式研制程序，一般是在战斗机研制出来以后，才开始考虑其保障问题。采用此种方式研制出来的战斗机，不仅使用与保障困难、战备完好性低、保障费用高，而且交付部队后长期不能形成作战保障能力。战斗机保障性工程就是要从研制程序上改变序贯式研制存在的战斗力形成难的状况，用战斗机装备系统的作战使用能力牵引战斗机与战斗机保障研制。在战斗机研制过程中综合考虑保障问题，影响战斗机设计，确保设计出来的战斗机"先天好保障"；并同步规划保障资源的研制，保证在战斗机交付部队使用的同时提供保障资源，及时建立有效的保障系统，使交付后的战斗机"后天保障好"。

1.3 战斗机保障性工程的发展与应用

自20世纪60年代美国最早提出综合保障概念以来，世界各航空强国在战斗机的研制中均重视同步开展保障性工程工作，取得了不错的效果。当前，为适应新的作战需求和战斗机技术特点，战斗机保障性工程正在注入新的技术内容，向着新的应用趋势发展。

1.3.1 战斗机保障性工程的发展过程

战斗机保障性工程的出发点是实现战斗机战备完好性。影响战斗机战备完好性的因素除了战斗机自身的使用保障特性外，更重要的还包括战斗机在使用过程中不可避免地出现故障或失效、退化带来的维修保障特性。故障或失效、退化的特性设计属于可靠性技术领域；故障后便于维修的特性属于维修性技术领域；故障后的快速定位特性属于测试性技术领域；故障或失效及退化对飞行安全、任务成功影响的预防及故障后的修复特性属于保障性技术领域。因此，战斗机保障性工程的形成和发展与可靠性、维修性、测试性、预防性及修复性维修等维修保障特性相关技术领域的发展密不可分，同时也受到战斗机复杂性提升带来的维修工作量大、保障费用高等实际保障问题的推动。从战斗机可靠性工程的形成与发展出发，可清晰地梳理出战斗机保障性工程的渐进式发展过程，为保障性工程的持续应用奠定了良好的基础。

1. 战斗机可靠性技术形成与发展

可靠性的概念出现于20世纪40年代。这个时期，美国提出飞机由于各种失效造成的事故率不应超过每小时0.00001。德国在对V1飞弹的研制中，提出

由 N 个部件组成的系统的可靠度等于 N 个部件可靠度的乘积。1943 年,美国成立了电子管研究委员会,专门用于研究电子管可靠性问题。

20 世纪 50—60 年代,可靠性技术兴起并开始全面发展。美军军用电子设备及复杂导弹系统出现的严重可靠性问题引起了国防部的重视,美国军方及工业界开始有计划、有组织地开展可靠性研究。1952 年,美国国防部成立军用电子设备可靠性咨询组,制定可靠性研究与发展计划,并于 1957 年发布《军用电子设备可靠性》报告。该报告提出了军用电子设备可靠性设计分析与试验评价的方法与程序,成为可靠性奠基性文件,是可靠性技术发展的重要里程碑。F-4、F-100 和 F-105 等早期喷气式战斗机由于没有开展可靠性工作,任务可靠度仅有 0.5,平均每架飞机每天仅出动 1 架次。因此,美军制定和发布《系统与设备的可靠性大纲要求》(MIL-STD-785)等一系列可靠性军用标准,并在 F-14A、F-15A 等战斗机研制中得到应用。这些装备制定了较完善的可靠性大纲,规定了可靠性要求,并开展了可靠性分析、设计和鉴定试验。此外,美军对可靠性基础理论与工程方法的研究也加速开展,产生了大量技术成果。

20 世纪 70—80 年代,美军加强了可靠性集中统一和制度化管理。美国国防部建立了统一的可靠性管理机构,成立数据交换网,并制定了较完善的可靠性设计、试验及管理方法和程序。在武器装备研制中,美军开始重视并逐渐推广采用可靠性研制与增长试验、环境应力筛选和综合环境试验。此外,机械产品可靠性问题、软件可靠性问题等也引起了美军的关注。1980 年,美国国防部颁发第一个可靠性与维修性(reliability & maintenance,R&M)条例《可靠性与维修性》(DoDD5000.40),规定了国防部武器装备采办的 R&M 政策和各个部门的职责,并强调从装备研制开始就应开展 R&M 工作。1986 年,美国空军颁发《R&M2000》行动计划,从管理入手,使 R&M 的管理走向制度化。

20 世纪 90 年代以来,在可靠性技术领域内,美国着重研究和应用了高加速寿命试验(high accelerated life test,HALT)、高加速应力筛选(high accelerated stress screening,HASS)、失效物理分析、过程故障模式与影响分析(failure modes and effects analysis,FMEA)等实用性技术。在新一代战斗机中,软件的质量和可靠性已引起世界各军事大国的关注,开展了大量的研究,制定了有关标准和指南。2008 年 8 月,美国信息技术协会(Information Technology Association of America,ITAA)发布了供国防系统和设备研制与生产用的可靠性标准《系统设计、研制和制造用的可靠性工作标准》(GEIA-STD-0009),进一步强化了战斗机研制的可靠性工作。为了贯彻和实施以可靠性增长过程为核心的 GEIA-STD-0009 标准,2009 年 5 月,美国国防部颁发了《可靠性增长管理手册》(MIL-HDBK-00189A),以替代 1981 年发布的 MIL-HDBK-189 军用手册。此外,美国陆军装备系统分析局(Army Materiel Systems Analysis Activity,AMSAA)开发了一种有效的可靠性评价工具——可靠性评分卡,用于对项目的可靠性工作进行评分,以定性评价项目的可靠性状况。

我国的可靠性技术起源于20世纪60年代,可靠性的研究和普及工作首先在电子工业和国防武器装备领域开展,继而在机械工业等其他领域逐渐推广应用。70年代后期,航空装备开始开展定寿、延寿工作。80年代,我国进一步认识到可靠性的重要性,于1988年发布了《装备研制与生产的可靠性大纲》(GJB 450—1988)。90年代以来,我国提出把可靠性放在与性能同等重要地位的战略思想,颁布相关管理规定,并首次在歼-10战斗机研制全线系统性开展可靠性设计与分析工作,取得较好效果;并在歼-20战斗机上持续推动,引入可靠性仿真、强化、鉴定等试验技术,极大提升了战斗机和机载设备的可靠性水平。

2. 战斗机维修性技术形成与发展

从战斗机战备完好性的观点出发,仅开展可靠性工作不是一种最有效的方法,必须综合考虑战斗机可靠性及维修性才能获得较理想的结果。20世纪50年代,随着武器装备大量采用电子设备,导致系统复杂性逐渐提高,武器装备的维修工作量显著增加、保障费用明显提高。50年代后期,美军罗姆航空发展中心及航空医学研究所等部门对设备维修性设计开展研究,定性提出了设置电子设备维修检查窗口、测试点、显示及控制器等,一定程度上在设计阶段提升了电子设备的维修性;并出版了相关报告和手册,为维修性标准制定奠定了基础。

20世纪60年代,电子管被各种晶体管及固态电路相继取代,显著改善了军用电子设备的维修性;然而,迅速增长的军用电子设备复杂性使得维修性仍是军方研究的重要课题。维修性的定量度量方法成为研究重点,并提出以维修时间作为维修性的定量度量参数,为武器装备维修性的定量预计、维修性设计过程的控制以及维修性设计结果的验证奠定了基础。在此基础上,美国海军、空军分别制定了相关规范,用于保证所研制的武器装备能够满足维修性要求。1966年,美国国防部先后颁发《维修性大纲要求》(MIL-STD-470)、《维修性验证、演示和评估》(MIL-STD-471)和《维修性预计》(MIL-HDBK-472)三个维修性标准,标志着维修性技术已成为一门独立的学科专业,与可靠性技术并驾齐驱。

20世纪70—80年代,故障诊断能力、机内自检测(built-in test,BIT)成为维修性设计的重要内容,并逐渐发展分离出测试性技术。与此同时,维修性设计与分析逐步实现计算机辅助设计(computer aided design,CAD),R&M设计与CAD综合分析软件被广泛用于F-16等战斗机的研制与改进改型中。

20世纪90年代至21世纪初,计算机仿真和虚拟现实技术逐步成为维修性技术领域的新型工具,其通过数字化仿真模型对战斗机维修性进行试验与评价,使得维修性技术向无纸化方向发展,并推动战斗机研制与维修性设计同步开展,显著减少了设计错误,缩短了设计周期,提高了设计质量。该技术广泛应用于F-22、F-35、歼-20等先进战斗机的研制中,大幅缩短了战斗机的平均修复时间和每飞行小时维修工时。

3. 战斗机测试性技术形成与发展

测试性技术起源于20世纪70—80年代,是故障诊断能力、BIT技术成为维修性设计的重要内容后逐渐发展分离出的一门新技术。

20世纪70年代,随着半导体集成电路及数字技术的迅速发展,军用电子设备的设计及维修任务产生了很大变化,设备自测试、BIT、故障诊断概念及重要性引起了维修性工程师的关注,维修性技术的重点从过去的拆卸及更换设计转到了故障检测和隔离设计。BIT技术相继在航空电子设备和其他军用电子设备中得到应用,成为改善航空电子设备维修性的重要途径。1975年,测试性概念形成,并在诊断电路设计等领域得到应用,随后引起美、英等国军方的重视。1978年,美国国防部联合后勤司令部设立测试性技术协调组,负责国防部测试研究计划的组织、协调和实施。同年12月,美国国防部颁发MIL-STD-471通告2"设备及系统的BIT、外部测试、故障隔离和测试性特性及要求的验证评价",规定了测试性的验证及评价方法和程序。20世纪80年代,美国国防部颁发《系统及设备维修性管理大纲》(MIL-STD-470A),强调了测试性对维修性设计产生的重大影响,而且也影响到了武器装备的寿命周期费用。1985年,美国国防部颁发《电子系统及设备的测试性大纲》(MIL-STD-2165),规定了电子系统及设备在各研制阶段应实施的测试性设计、分析与验证的要求及分析方法,标志着测试性成为与可靠性、维修性并列的学科。20世纪80年代中期以后,为解决现役装备存在的诊断能力差、机内自检测虚警率高等问题,美、英等国相继开展综合诊断及人工智能技术应用的研究,并在新一代的武器装备中予以应用。例如,美国空军实施了"综合维修和诊断系统"计划,并应用到F-22战斗机、B-2轰炸机的研制中。1992年,美国国防部正式颁发《综合诊断》(MIL-STD-1814)军用标准,并于1997年修订为《综合诊断》(MIL-HDBK-1814)军用手册,成为提高新一代武器系统的战备完好性、降低使用和保障费用的主要技术途径。1993年,美国国防部将原有的MIL-STD-2165修订为《系统和设备测试性大纲》(MIL-STD-2165A),将测试性扩展到全系统包括机电系统领域,测试性技术得到更大发展。1995年,美国国防部又进一步将MIL-STD-2165A改编为《系统和设备测试性手册》(MIL-HDBK-2165)。进入21世纪,在综合诊断发展基础上,故障预测与健康管理(prognostic and health management,PHM)技术得到快速发展,并在F-35战斗机等装备上得到应用,成为新一代武器装备研制的一项关键技术，以及提高复杂系统测试性水平和降低寿命周期费用非常有前途的一种军民两用技术。PHM 技术大大推动了可靠性、维修性、测试性技术的深入发展，更促进了自主式保障、智能维修和先导式维修等保障技术在新一代装备中的应用。

我国测试性技术的发展过程与美国基本相同。20 世纪 80 年代，我国在武器装备的研制中引进先进的测试性理论，军方和电子、航空、航天等工业部门开始在维修性的基础上开展测试性研究。20 世纪 80 年代中期颁布的《装备维修性通用大纲》（GJB 368—1987），将测试性作为维修性的一种特性，并提出了测试性的相关设计、分析及试验评定方法。1987 年颁布的《飞机维修品质规范》（GJB 312—1987），涉及了测试性的要求。与此同时，在新研战斗机的指标中都提出了测试性的要求。20 世纪 90 年代是测试性飞速发展的关键时期，1994 年颁布的《装备可靠性维修性参数选择和指标确定》（GJB 1909—1994）、《维修性试验与评定》（GJB 2072—1994）、《维修性分配与预计手册》（GJB/Z 57—1994），都对测试性有详细阐述，规定了测试性的参数选择和指标确定方法以及试验与评定方法，使测试性由"鲜为人知"变得"广为人知"。1995 年颁布的《装备测试性大纲》（GJB 2547—1995），规定了测试性的工作目标、工作内容以及与其他特性的协调关系，使测试性由维修性的附属特性变成与可靠性、维修性并列的一种产品设计特性。自《装备测试性大纲》颁发以后，相关武器装备研制部门根据行业特点均陆续颁发了一些测试性、BIT 技术标准，如《可测性总线第一部分：标准测试存取口与边界扫描结构》（SJ/T 10566—1994）、《航空电子系统和设备测试性设计指南》（HB/Z 301—1997）、《航天产品测试性设计准则》（QJ 3051—1998）、《地面雷达测试性设计指南》（SJ 20695—1998）、《军用地面雷达测试性要求》（GJB 3970—2000）、《侦察雷达测试性通用要求》（GJB 4260—2001）等。这些标准的制定和实施对我国测试性、BIT 技术的应用和发展起到了较大的推动作用。2012 年，根据测试性、BIT 技术和工程的发展情况，我国颁布了《装备测试性工作通用要求》（GJB 2547A—2012），以替代《装备测试性大纲》（GJB 2547—1995）。

4. 战斗机保障性工程形成与发展

战斗机保障性工程是在可靠性、维修性、测试性技术基础上发展起来的一门学科专业，其形成的出发点也是为解决电子设备大量运用带来的人员技能要求高、修理难度大、备件需求多等实际保障问题。

第二次世界大战后，美国开始大量部署装有电子设备的战斗机。但电子设备的故障率高，其维修保障费用在战斗机寿命周期费用中的比重高达 60%，甚至 70% ~ 80%，并有不断增长的趋势，而战斗机的战备完好率只有 30% ~ 40%。

究其原因,主要是由于美军当时在役的战斗机存在大量涉及装备研制阶段的可靠性、维修性等固有设计特性的"先天缺陷"问题,即战斗机保障问题在研制过程中没有考虑,等到战斗机投入部队使用出现故障后才开展保障工作。虽然这些战斗机拥有较高的战术技术性能水平,却难以发挥其应有的作战效能,迟迟不能形成战斗力。这些保障问题主要表现在可靠性低、保障规模大、使用和维修保障困难等方面,导致战备完好率低。

上述事实迫使美军开始转变其装备的发展策略,探索解决在装备研制过程中如何把主装备研制与其保障系统建设同步考虑的问题。为此,美国国防部于20世纪60年代颁布《系统和设备综合后勤保障研制》(DoDI 4100.35)指令,首次提出综合保障的概念以及装备全寿命周期管理中的综合保障问题,规定在战斗机设计中必须应用综合保障工程,开展综合保障工程活动。1968年,该指令被修改为《系统和设备综合后勤保障的采办和管理》(DoDD 4100.35G),提出了综合保障的组成要素。1971年,美国国防部颁布军用标准《综合后勤保障大纲要求》(MIL-STD-1369),提出了应将保障性分析作为支持装备保障性工程的一种分析方法。1973年,美国国防部在此基础上颁布《后勤保障分析》(MIL-STD-1388-1)和《国防部对后勤保障分析记录的要求》(MIL-STD-1388-2)。其中,《后勤保障分析》提出了在系统与设备的寿命周期内执行后勤保障分析的要求,《国防部对后勤保障分析记录的要求》提出了执行后勤保障分析的数据要求。20世纪70年代中期,美国在F/A-18A"大黄蜂"舰载机研制过程中全面开展了综合保障工作,使F/A-18A战备完好率比F-4战斗机和A-7攻击机提高了20%,使用和保障费用减少了50%。

伴随着可靠性技术、维修性技术、故障物理学、故障诊断技术等新兴学科的出现,以及概率统计和管理科学的新发展,战斗机维修研究被充实了新的理论基础。在此基础上,美国提出了全新维修理论——"以可靠性为中心的维修",认为可靠性是维修活动的出发点和落脚点,航空维修过程中的一切维修活动归根结底都是为了保持、恢复和改善装备的可靠性。该理论的核心是以少量的维修资源、灵活的维修方式取得满意的维修效果,实现对不同装备的不同故障形式和不同故障后果的机件分别采用不同维修对策的科学维修。此外,以可用度为中心的维修思想、免维修/失效工作时间等新维修思想也随之被提出。

20世纪80年代,美军许多战斗机的战备完好率下降,维修和保障工作任务繁重,美军认识到解决保障性问题仅从设计和分析层面是不够的,还需要在管理方面予以加强。1980年,美军颁布《系统和设备综合后勤保障的采办和管理》(DoDD 5000.39),强调战斗机保障性与性能、进度和费用协调发展,规定综合后勤保障主要目标是以可承受的寿命周期费用实现战斗机的战备完好性目标。80

年代中期,为提高战斗机的保障性,美军在对 F-15A 战斗机的改进改型中推行综合保障,通过改进外挂设计、研制新的航空电子中继级维修车间,使 F-15E 战斗机具有很高的保障性,执行任务率达到 86%,这在海湾战争"沙漠风暴"行动中得到了证实。

1991 年,美国国防部颁布新的《国防采办》(DoDD 5000.1)和《防务采办管理政策与程序》(DoDI 5000.2),废除《系统和设备综合后勤保障的采办和管理》(DoDD 500.39),确定了将综合保障作为装备采办工作的一个组成部分。1997 年 5 月,为强调保障性的重要性,美国国防部颁布《采办后勤》(MIL-HDBK-502),将综合后勤改为采办后勤,明确了保障性是性能要求的一部分,装备保障性分析是系统工程研制过程中的一个重要组成部分。

进入 21 世纪,美军全面开展新一轮采办改革,提出了"基于性能的后勤(performance-based logistic,PBL)"和"基于性能的保障性(performance-based supportability,PBS)",作为装备采办的新策略,以降低使用和保障费用,缩短研制周期;并且把装备性能与保障作为整体来采办,进一步突出了装备保障性的重要性。海湾战争和伊拉克战争后,美军汲取实战经验,提出了更高层次的保障理念和观点,如基于状态的维修(condition based maintenance,CBM)、故障预测与健康管理(PHM)、自主式保障等。基于新理念、新观点逐步开发的技术和方法分别应用到了 21 世纪部署的 F-22 和 F-35 隐身战斗机等中。

20 世纪 90 年代,我国在充分消化和借鉴国外先进经验的基础上,结合我国战斗机研制的实际国情,形成了我国战斗机保障性工程理论的理论体系和工程方法。随着战斗机研制的自主开展,军方用户和工业部门逐渐开始认识和理解战斗机保障性工程的概念,组织引入综合保障概念,翻译大量国外文献,跟踪国外发展动态,先后制定了《装备保障性分析》(GJB 1371—1992)、《装备保障性分析记录》(GJB 3837—1999)和《装备综合保障通用要求》(GJB 3872—1999)等国家军用标准。1998 年,我国首型具备自主知识产权的歼-10 战斗机首飞,标志着保障性工程在战斗机研制过程中得到成功应用,取得了显著的军事效益和经济效益。进入 21 世纪,军方用户和工业部门对战斗机保障性工程的认识进一步加深,通过歼-20 等新一代战斗机的研制,更全面、扎实地推动着保障性工程在战斗机装备系统研制中的应用,为提高战斗机作战能力奠定了技术基础。

1.3.2 新作战概念中的战斗机保障技术

从装备保障发展可以看出,作战模式产生的保障需求以及作战平台特点决定的保障特点是装备保障发展的重要影响因素。通过对未来作战模式和未来作战平台保障需求的前瞻性判断,可分析适应未来装备保障需求的保障技术。

1. 未来作战模式的保障需求

近年来,对于未来作战模式的研究相继提出了分布式作战、多域战、马赛克战等新作战概念,不同的未来作战概念如图1-1所示。

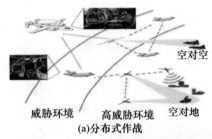

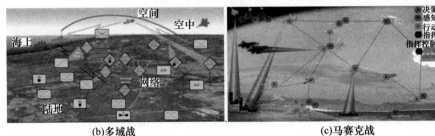

图 1-1 未来作战概念示意图

分布式作战概念强调对战场分布式信息和作战平台火力进行集成综合,对各作战单元在一体规划下分布式使用;多域战概念则是最大限度地利用陆、海、空、天、电磁等领域的联合作战能力,以实现跨域协同、同步跨域火力和全域机动;马赛克战概念旨在根据现有的可用资源进行快速、灵活的组合,根据战时需要快速反应以适应动态变化的敌方威胁;穿透性制空概念利用高隐身的飞行平台,深入敌方由陆基导弹和飞机构成的防空系统保护区域内作战,并为防区外作战平台提供信息支援。

新的作战概念对装备保障提出了新的需求。分布式作战通过协同、自主等方式执行作战任务,要求实时感知装备和保障资源状态,强调资源网络化调度的灵活性和自适应性,供应链不再是简单的线性活动;多域战和马赛克战都属于"决策中心战"范畴,面对目标多变、任务多样的作战特点,决策成为取胜的关键,同样也要求维修保障决策聚焦作战任务,有针对性地提高装备任务执行能力,以体系作战效能为出发点进行维修决策并规划保障任务;对于穿透性制空,核心节点的决策和指挥能力发挥着至关重要的作用,面向制空作战体系的保障效能也高度依赖维修保障决策和资源调度水平。

归纳起来,未来作战模式制胜领域超越传统的物质域和信息域,依靠决策优势占据作战优势,认知域成为制胜领域。面对未来的智能化战争,依靠人工决策为中心的传统保障难以满足要求,在保障的感知、决策、调度、执行等环节都需要人工智能和自主系统发挥支撑作用,形成可感知、自主决策并执行的智能化装备保障。

2. 未来作战平台的保障需求

未来作战平台(以美军正在研制的穿透性制空核心节点战斗机为对象),新的能力要求带来了新的设计特点,如远航、久航能力要求带来了超大油箱设计,高杀伤力和极低隐身能力要求带来了超大尺寸内埋弹舱设计,为飞行员提供决策支持的能力要求带来了智能空战系统设计。未来作战平台的这些设计特点对测试保障提出了以下新需求。

1)快速战损评估能力

未来穿透性制空战斗机作为核心节点,生存能力强并携带大量传感器和武器,对于制空作战体系而言不可或缺。同时,因为执行任务的距离远,单次任务飞行时间长,因此穿透性制空战斗机执行单次任务的成功性要求高。

提高任务成功性一方面是提高平台的固有可靠性水平,另一方面从任务可靠度的角度需提高平台带故障或降级使用的能力,需要以平台的快速战损评估能力为前提。一旦遭遇攻击或发生故障,应能在自身健康状态评估基础上立即评估装备剩余作战能力并根据战场态势实时调整作战规划,使装备能在有限条件下,在作战体系中充当正确战斗角色,实现剩余作战能力的发挥。

2)精准迅速的维修决策能力

穿透性制空战斗机面临着未来空战作战进程空前加快的情况,要求平台具备智能空战决策支持能力。同样,使装备尽可能保持作战体系所需的作战能力、快速形成战斗力也尤为关键,这就要求精确迅速的维修决策能力,既要能根据作战体系需要,精准制定维修任务,还要能迅速做出维修决策。

3)弹性敏捷的保障能力

美国由传统基地作战转变为从任意机场跳跃式作战,可随时从任何方向发起进攻。保障系统以"快"制"快",涉及快速作战资源调动与集结、快速作战任务规划与下达、快速作战飞机起飞准备等方面。

同时,穿透性制空会带来作战资源消耗巨量化,单位时间内武器、弹药、装备等作战资源的消耗量将以裂变的方式增加,对装备供应保障的时效性提出了更高的要求,供应保障开始上升为影响战争胜负的关键。

3. 未来作战与装备的保障技术发展需求

面向未来作战模式和未来作战平台,装备保障智能化需求愈发强烈。未来装备保障应该具备"聚焦战场态势、评估作战需求、智能维修预测、自动保障响应、行动精确高效、动态供应规划"等特征。要实现未来装备保障的能力特征，需要发展新的保障技术予以支撑。

1）精确健康诊断

未来装备保障应能使装备通过自我"学习"具备对已检测过的、未见过的事件或原始数据进行精准故障预报检测处理能力，准确诊断自身健康状态，并针对故障预报结果给出合理的维修建议。

2）自我能力评估

未来装备保障应能使装备在自身健康状态诊断基础上，进行作战能力自我评估，与作战体系各成员间相互协调，完成作战规划实时调整，继续遂行作战任务。

3）智能维修决策

未来装备保障应能使装备在自身健康状态诊断基础上，基于数据驱动感知战场态势，结合作战能力自我评估，智能决策使用维修模式和维修需求的能力，并利用机群大数据分析和飞行员语音理解实时与地面维修保障之间共享数据，自主确定装备使用、维修保障策略和方式，提前准备保障。

4）自动维修管理

未来装备保障应能根据装备智能决策的使用维修模式和维修需求，自动进行维修计划安排、保障资源调度，减少维修管理人员的主观意识参与。

5）分布式维修部署

为适应未来作战需要，未来装备保障需要采用分布式维修保障体系，就近、快速维持作战能力的维修思想，将维修保障力量分布部署，采用"就近维修"的模式，确保装备快速出动执行任务。

6）保障自主实施

保障及时响应、迅速实施维修是提高装备出动能力的主要途径之一，未来装备保障，应能根据装备维修需要，智能、主动响应保障，尽可能实施自动维修，减少维修人员的参与。

7）基于物联网的供应保障

未来装备保障与作战体系、维修保障相关的航材、油料、武器弹药等供应物资，应能根据战场态势和装备维修保障需求，自动生成保障资源需求计划，自动进行供应规划和运输调度，并解决需求、库存、调度、生产、运输起点/目的地/路径等所有参数之间的冲突。

1.3.3 战斗机保障性工程的技术发展

随着战斗机向着综合化、信息化、智能化等方向发展，战斗机的复杂程度进一步加大,传统的战斗机保障性工程方法面临诸多挑战,存在着影响战斗机综合作战效能发挥的技术隐患。因此,需要运用系统工程的方法,面向战斗机保障效能进一步发掘战斗机保障性工程的应用方式。

1. 基于模型驱动开展保障性工程应用

战斗机保障性工程开展是未来战斗机研制和战斗力形成的关注重点。随着战斗机各系统的功能逻辑、架构设计以及容错设计越来越复杂,战斗机已逐渐发展成一个由多系统、多环境、多任务和多资源构成的相互关联、相互支持、相互集成和相互制约的复杂系统,具有多目标、多信息、多专业、多任务、多功能、多资源以及多过程组成的复杂系统构成与管理特征。以人工演绎逻辑推理为主的传统保障性工程分析手段已经越来越不能满足战斗机研制需求,基于模型驱动的分析方法正在成为战斗机等复杂系统进行保障性设计所依赖的重要技术手段。近年来,基于模型的系统工程方法发展迅猛,并已在国内外战斗机研制中得到了初步应用,也为保障性设计分析技术的进一步发展提供了有利条件。

基于模型的系统工程是从以文档为核心的工程化实践模式,转变为对结构、行为、物理和仿真等技术设计过程进行模型化表达、一体化集成和支持全寿命周期各个阶段的逐步演变,并支持前期市场调查、设计校验和系统验证的工程实践模式。随着基于模型技术的出现,现代战斗机设计中开始大量采用电子样机、功能仿真样机、性能仿真样机、多体动力学仿真模型等模型设计分析技术。对保障性工程技术来说,保障特性设计也同样在此基础上发展出基于电子样机的维修性分析,基于多体动力学模型的设备耐久性分析,基于系统性能仿真模型的安全性和任务可靠性分析,基于热、振、磁等环境应力模型下的设备可靠性分析等技术。同时,法国达索公司创作出 Altarica 语言,基于有限状态机技术实现了复杂系统的故障行为建模;以及近年发展出的基于多信号流模型、键合图模型、冲突集模型的测试性建模技术等,基于系统模型完成保障特性的分析设计已成为保障性工程技术的发展趋势。

基于模型的保障性工程技术主要用于在统一的系统模型下完成故障建模,基于统一的故障模型完成保障特性等建模;且建模的数据最终反映到保障效能评估模型中,完成面向作战任务的保障效能分析,并由保障效能的分析结果重新指导战斗机平台及各系统的保障特性综合权衡设计。在不同研制阶段,基于模型的系统工程可实现不同的目标。在型号系统论证中,将任务需求转换为使用要求,通过费用-效能分析和系统各要素的综合权衡,确定保障性目标,以保证在通过最终的保障性评定后,系统能满足使用要求。在系统研制中,运用系统工程方法,进行装备与保障的同步研制,赋予装备良好的设计特性,建立保障系统,并实现保障系统与主装备的良好匹配。在战斗机使用与保障过程中,继续运用各种保障性分析手段,实施使用与维修过程控制,使之与战斗机技术状态变化一致,不断完善和改进保障系统,并为新的装备研制提供信息。

2. 面向保障效能开展保障性工程应用

保障效能是保障系统保障战斗机在预期的使用环境和条件下经济有效地满足平时战备完好性和战时任务持续能力的度量,综合体现了保障系统和主装备协调统一。战斗机保障系统的协调发展状况直接关系到战斗机作战效能的发挥。

战斗机保障系统是为达到既定目标(如装备战备完好性和持续作战的要求)使所需的保障资源相互关联和相互协调而形成的一个系统,其效能如何将直接影响部队的整体作战能力,同时,保障系统效能的高低又决定了其能否对战斗机实施及时、经济、有效的保障。在战斗机本身特性一定的情况下,保障系统效能成为了决定战斗机保障能力的关键因素之一。通过对保障系统协调发展过程的控制以及对协调发展状况的评价,可最终为实现保障系统大幅提高综合保障能力、构建完备的保障系统提供一个良好的发展思路和理论依据。

因此,面向保障效能开展保障性工程设计对战斗机保障具有重要意义。随着战斗机的不断升级改进、保障费用不断提高,通过合理的保障评估并分析评估结果,可以直观地比较各种保障方案的优劣,为保障方案的改进和部队保障决策提供参考,最终使在达到同等保障效果时使用费用最少。通过保障效能评估,还可以较为全面、客观地评价保障装备的优劣,从而促进保障装备的不断发展。此外,经过保障效能的评估,能够知道保障系统完成任务的程度和各保障系统的缺点,从而获得提高保障效能的方法,并建立相关数据库,以了解各个保障设备的情况,从而顺利完成相关保障任务。

第 2 章 保障性要求确定

战斗机保障性工程作为战斗机研制与使用全寿命周期的重要环节,是战斗机系统能否最大程度发挥其效能和降低寿命周期费用的重要基础。在战斗机研制过程中实施保障性工程,应根据用户需求和战斗机作战使用特点,确定战斗机的保障性要求,并量化分解和落实到下一层的要求中。考虑到战斗机系统设计的早期保障性工作策划和实施对战斗机系统交付后的使用保障具有决定性作用,在战斗机研制过程中不仅要考虑战斗机便于保障的问题,也要科学合理地确定能有效提升保障效能的保障性要求。本章从战斗机研制系统实施的角度出发,阐述战斗机保障性要求及其参数体系,提出战斗机保障性定性定量要求的确定方法。

2.1 战斗机保障性要求参数体系

保障性要求包括定性要求和定量要求,其中定量要求有其相应的度量参数。本节从装备保障性要求出发,梳理形成战斗机保障性要求及其参数体系。

2.1.1 装备保障性要求

保障性是装备的设计特性和计划的保障资源满足平时战备完好性和战时利用率要求的能力。根据定义可以看出,在装备及其保障系统构成的装备系统层面,装备系统的作战使用保障要求主要包括战备完好性要求和战时利用率要求两类属性。同时,根据定义可以看出,保障性由装备的设计特性和保障资源构成的保障系统特性共同决定,因此在装备、保障系统层面也需要考虑其影响保障性的特性要求。从装备系统作战使用保障要求、装备保障特性要求、保障系统及资源要求三个方面,对装备保障性要求进行梳理,其组成结构如图 2-1 所示。

装备系统作战使用保障要求主要包括战备完好性要求和战时利用率要求,通常以定量要求的形式提出。

装备保障特性要求包括与正常使用相关的使用保障特性要求和与故障相关的维修保障特性要求。其中,维修保障特性要求包括可靠性要求、维修性要求、测试性要求、预防性及修复性维修要求等;使用保障特性要求包括充填加挂要

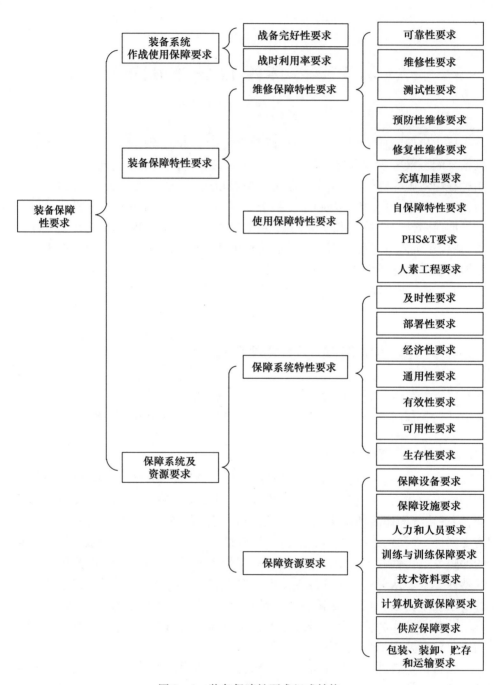

图 2-1 装备保障性要求组成结构

求,自保障特性要求,包装、装卸、贮存和运输(packaging,handling,storage & transportation,PHS&T,简称包装贮运)要求,使用保障相关人素工程要求等。装备保障特性要求通常以定性要求加定量要求的形式提出。

保障系统及资源要求包括保障系统特性要求和保障资源要求。保障系统及资源要求通常以定性要求加定量要求的形式提出。

2.1.2 战斗机保障性要求及其参数体系

在装备保障性要求组成结构的三个方面属性维度范围内,根据战斗机作战使用和维修保障特点进行裁剪,形成战斗机的保障性要求。其中,定量要求部分需要选择相应的度量参数,以便确定定量指标作为设计输入;定性要求部分可直接通过定性描述和设计准则的形式给出相关设计要求。

战斗机保障性要求在战斗机装备系统、战斗机、保障系统三个方面定量要求的度量参数,既有不同层次的上下级传递关系,也有相同层次之间相互影响和制约的关系。在确定战斗机保障性定量要求前,需要建立战斗机保障性参数体系。保障性参数体系的建立,首先应分析战斗机的保障需求,从需求出发分析得到保障要求;然后对保障要求进行度量,形成综合化体系化的保障要求参数,即构建战斗机系统的保障性参数体系。

及时合理地制定出一套相互协调的战斗机保障性参数体系,是进行与保障性有关的设计、验证与评价等一系列综合保障工作的重要前提,也是战斗机保障方案确定、优化和保障资源需求确定的重要输入。由于涉及战斗机的设计特性和保障系统等诸多方面,采用一个或几个参数只能反映战斗机保障性的一个方面或一个局部,不足以对战斗机装备系统保障性进行分析和评价。只有用定量与定性相结合、整体与局部相结合的系统工程思想和方法,才能全面客观地刻画战斗机系统的保障能力,评价使用保障优劣的程度。

对于保障性定量要求,建立系统而全面的保障性参数体系,一般应遵循以下基本原则:

(1)应综合考虑战斗机的类型、特点、使用要求和维修方案。

(2)既要汲取国外先进技术和经验,又要考虑我国战斗机研制、生产和使用的经验。

(3)应具有科学性、先进性、完备性、独立性、简明性、规范性等特点。

(4)应考虑构成战斗机保障性参数体系的保障性参数的可验证性及其验证方式。

从总体上看,战斗机保障性参数体系的建立,就是将战斗机保障性要求进行分析、分类并参数化的过程。对于战斗机保障性要求,其参数体系一般包括针对战斗机装备系统作战使用保障综合参数、战斗机保障特性参数、保障系统参数三个方面,其组成如图2-2所示。

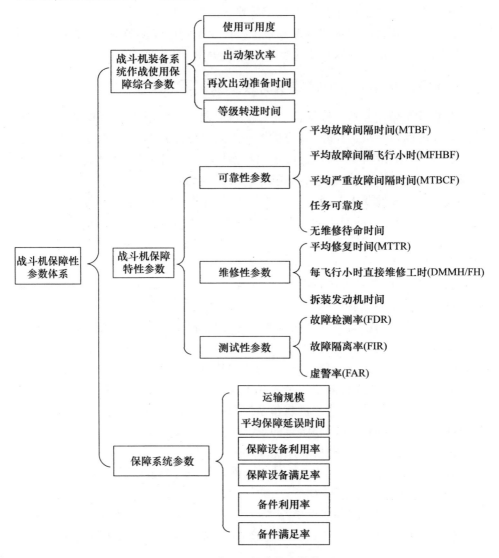

图2-2 战斗机保障性参数体系

战斗机保障性参数体系中的主要参数与定义说明见表2-1。对于战斗机装备系统作战使用保障综合参数,选取了反映战备完好性要求的使用可用度,以及反映战时利用率要求的出动架次率、再次出动准备时间和等级转进时间。

26

表2-1 常用的战斗机保障性参数与定义说明

参数类型	参数名称	定义说明
战斗机装备系统作战使用保障综合参数	使用可用度(A_O)	在任意时刻需要和开始执行任务时,战斗机处于可工作或使用状态程度的概率衡量
	出动架次率(sortie generation rate, SGR)	在规定的使用及维修保障方案下,每架战斗机每天能够出动的次数
	再次出动准备时间(turn around time, TAT)	在规定的使用及维修保障条件下,连续执行任务的战斗机从结束上次任务返回到再次出动执行下一次任务所需要的准备时间
	等级转进时间	战斗机装备系统的战备等级由一个等级到另一个等级的转换
战斗机保障特性参数	可靠性参数 — 平均故障间隔时间(MTBF)	两次相邻故障之间的平均时间
	可靠性参数 — 平均故障间隔飞行小时(MFHBF)	其含义与MTBF基本相同,单位限定为"飞行小时"
	可靠性参数 — 平均严重故障间隔时间(MTBCF)	产品任务总时间与严重故障总数之比
	可靠性参数 — 任务可靠度	任务可靠性的概率度量
	可靠性参数 — 无维修待命时间	规定的使用条件下,按规定的维护工作程序,使飞机达到良好状态后,在预定的环境下,无需任何维修能保持良好并处于待命状态的持续时间
	维修性参数 — 平均修复时间(MTTR)	战斗机由故障状态转为工作状态时修理时间的平均值
	维修性参数 — 每飞行小时直接维修工时(DMMH/FH)	在规定时间内,用于维修战斗机所需的直接工时与同一期间飞行小时数之比,不包括后勤供应和管理所占用工时
	维修性参数 — 拆装发动机时间	在具有一定技术水平的特定数量的人员参加下,当做好有关准备工作后,从顶起飞机开始,到恢复好口盖、发动机完成标定、具备可开车条件为止所需的时间
	测试性参数 — 故障检测率(FDR)	战斗机在规定期间内,用规定的方法正确检测出的故障数与故障总数之比
	测试性参数 — 故障隔离率(FIR)	用规定的方法将检测到的故障正确隔离到不大于规定模糊度的故障数与检测到的故障数之比
	测试性参数 — 虚警率(FAR)	在规定条件下和战斗机工作时间内,发生的虚警数与同一时间内故障指示总数之比,用百分数表示

续表

参数类型	参数名称	定义说明
保障系统参数	运输规模	规定任务所需的基本运输单位数
	平均保障延误时间（mean logistics delay time, MLDT）	在规定时间内,保障资源延误时间的平均值,主要是为获取必要的保障资源而引起的延误时间,如未得到备件、保障设备等所引起的延误时间
	备件利用率（spares utilization rate, SUR）	在规定的时间周期内,实际使用的备件数量与该级别实际拥有的备件总数之比
	备件满足率（spares fulfillment rate, SFR）	在规定的时间周期内,在提出需求时能提供使用的备件数之和与需求的备件总数之比
	保障设备利用率（support equipment utilization rate, SEUR）	在规定的时间周期内,实际使用的保障设备数量与该级别实际拥有的保障设备总数之比
	保障设备满足率（support equipment fulfillment rate, SEFR）	在规定的时间周期内,在提出需求时能提供使用的保障设备之和与需求的保障设备总数之比

对于战斗机保障特性参数,可靠性参数选取了平均故障间隔时间(mean time between failures, MTBF)、平均故障间隔飞行小时(mean flight hours between failures, MFHBF)、平均严重故障间隔时间(mean time between critical failure, MTBCF)、任务可靠度、无维修待命时间;维修性参数选取了平均修复时间(mean time to repair, MTTR)、每飞行小时直接维修工时(direct maintenance man-hours per flight hours, DMMH/FH)、拆装发动机时间;测试性参数选取了故障检测率(fault detection rate, FDR)、故障隔离率(fault isolation rate, FIR)、虚警率(false alarm rate, FAR)。

对于保障系统参数,选取了运输规模、平均保障延误时间、保障设备利用率、保障设备满足率、备件利用率、备件满足率。

有了战斗机保障性要求参数体系,对于如何系统而全面地选取参数指标问题,应在考虑战斗机装备作战使用与保障需求基础上,根据参数类型、适用范围以及如何验证等方面,综合分析论证后选取。常用的供选取的战斗机保障性参数选用集见表2-2,这些参数是现阶段战斗机装备要求论证与确定时应提出的必要的基本定量要求范围。当然,随着可靠性、维修性、测试性(reliability, maintainability, supportability, RMS)工程理论和装备研制技术的发展,针对不同类型战斗机特点和需求,应对所提出的参数进行适当裁剪。

表 2−2 战斗机 RMS 参数指标选用集

参数类型	参数名称	装备系统	飞机整机	保障系统	航空发动机	飞机分系统	机载设备	重要零部件	立项	方案	使用参数	合同参数	状态鉴定	列装定型	作战使用	验证方法
综合参数	使用可用度（A_0）	√							√	√	√			√	√	仿真验证或现场试验
	出动架次率（SGR）	√								√	√			√	√	现场试验
	再次出动准备时间（TAT）与等级转进时间	√								√	√	(√)		√	√	现场试验
可靠性参数	平均故障间隔时间（MTBF）		√		√	√	√	√		√		√		√		实验室或现场试验
	平均故障间隔飞行小时（MFHBF）		√		√	√	√			√	√	(√)		√		现场试验
	平均严重故障间隔时间（MTBCF）		√		√	√	√	√		√		√		√		实验室或现场试验、综合验证
	任务可靠度		√							√	√	(√)		√	√	现场试验
	无维修待命时间		√									(√)		√		现场试验
维修性参数	平均修复时间（MTTR）		√		√	√	√	√		√	√	√		√		实验室或现场试验
	每飞行小时直接维修工时（DMMH/FH）		√		√	√	√			√	√	(√)		√		现场试验
	拆装发动机时间		√								√		√			演示验证或现场试验
测试性参数	故障检测率（FDR）					√	√			√	√	(√)		√		实验室或现场试验
	故障隔离率（FIR）					√	√			√	√	(√)		√		实验室或现场试验
	虚警率（FAR）					√	√			√	√	(√)		√		实验室或现场试验

续表

参数类型	参数名称	适用范围						适用阶段		类别		验证时机			验证方法
		装备系统	飞机整机	保障系统	航空发动机	飞机分系统	机载设备	重要零部件	立项	方案	使用参数	合同参数	状态鉴定	列装定型	作战使用	
保障系统参数	运输规模			√					√	√	√	(√)	√	√	√	现场试验
	平均保障延误时间(MLDT)			√						√	√	(√)		√	√	现场试验
	保障设备利用率(SEUR)			√							√	√		√	√	现场试验
	保障设备满足率(SEFR)			√							√	√		√	√	现场试验
	备件利用率(SUR)			√							√	√		√	√	现场试验
	备件满足率(SFR)			√							√	√		√	√	现场试验

注:√——适用的参数或反映目标;(√)——可用于合同的使用参数。

除了在图2-2中选取的战斗机保障性参数体系外,还可根据战斗机作战使用和维修保障特点,裁剪确定保障性定性要求中进行裁剪。

对于战斗机保障特性定性要求,维修保障特性方面选取可靠性、维修性、测试性定性要求以及预防性和修复性维修定性要求;使用保障特性方面选取充填加挂要求、自保障特性要求、PHS&T要求、使用保障相关人素工程要求。对于保障系统及资源要求,主要针对保障设备/工具、供应保障、技术资料、训练保障、保障设施、软件保障、包装贮运、人员技术水平等八大类保障资源分别提出定性要求。

2.2 战斗机装备系统作战使用保障要求及确定

战斗机装备系统作战使用保障要求的综合参数,分别采用统计推断法、相似产品类比和德尔菲法相结合的方法,以及解析法和仿真法确定指标要求。

2.2.1 使用可用度要求确定

对于使用可用度,采用统计推断法确定指标要求。根据《可靠性维修性保障性术语》(GJB 451A—2005)规定的使用可用度定义和时间要素图解,以及《装备可靠性维修性保障性要求论证》(GJB 1909A—2009)给出的使用可用度式(2-1),采用统计推断法确定使用可用度模型,如图2-3所示。

$$A_O = \frac{T_U}{T_U + T_D} = \frac{T_O + T_S}{T_O + T_S + T_{CM} + T_{PM} + T_{OS} + T_{ALD}} \quad (2-1)$$

式中:$T = T_U + T_D = 24 \times d_1$,$d_1$为总计在编的天数;$T_{CM} = n \times MTTR$,为修复性维修次数,其计算公式为 $n = \frac{T_{FH}}{MFHBF}$,T_{FH}为总飞行小时,MFHBF为平均故障间隔飞行小时,MTTR为平均维修时间;$T_{PM} = T_{周定期} + T_{到寿更换}$,$T_{周定期}$包括按飞行小时、日历时间、起落次数、发动机工作小时确定的预防性维修工作,$T_{到寿更换}$为有寿件控制更换所需要的时间;$T_{OS} = T_{飞行准备} \times d_2$,$T_{飞行准备}$包括飞行前准备、再次出动准备、飞行后准备时间,$d_2$为总计飞行日的天数;$T_{ALD} = n \times T_{MLD}$,$T_{MLD}$为平均每次修复性维修的延误时间,其计算公式为 $T_{MLD} = T_{M_1} \times m\% + T_{M_2} \times (1 - m\%)$,$T_{M_1}$为本场有备件时的延误时间,$T_{M_2}$为本场无备件时的延误时间,$m\%$为备件满足率。

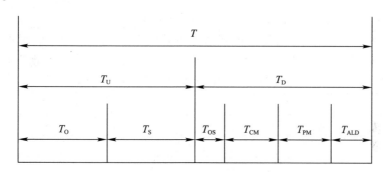

图2-3 使用可用度模型

T—总拥有时间;T_U—能工作时间;T_D—不能工作时间;T_O—工作时间;T_S—待命时间;T_{OS}—使用保障时间;T_{CM}—修复性维修时间;T_{PM}—预防性维修时间;T_{ALD}—延误时间。

最直观的要求确定方法就是统计推断法,但前提是需要有各个周期的时间估算,此方法适用于改进改型的要求论证。

在计算出总拥有时间、修复性维修时间、预防性维修时间、使用保障时间和延误时间后,使用可用度的计算公式可等价转化为

$$A_O = 1 - \frac{T_{CM} + T_{PM} + T_{OS} + T_{ALD}}{T} \quad (2-2)$$

通过式(2-2)计算出使用可用度,即可完成以解析法确定使用可用度指标要求的任务。

2.2.2 出动架次率要求确定

对于出动架次率,采用相似产品类比和德尔菲法相结合的方法确定指标要求。

应用相似产品类比和德尔菲法相结合的方法确定待论证新战斗机装备系统的出动架次率要求,主要步骤包括:

(1) 选择一个或多个已有的相似战斗机装备系统作为参考。

(2) 分析并确定战斗机装备系统出动架次率的主要影响因素。通常的主要影响因素包括:①战斗机装备系统执行任务的时间;②战斗机的可靠性;③战斗机的维修性;④保障系统的改进程度。

(3) 确定影响因素的权重,推选 n 名专家对以上所有 m 个因素的影响程度打分, k_{ij} 为分数 $(i=1,2,\cdots,n;j=1,2,\cdots,m)$,分别计算出各因素的权重:

$$w_j = \frac{\sum_{i=1}^{N} k_{ij}}{\sum_{i=1}^{N} \sum_{j=1}^{m} k_{ij}} \tag{2-3}$$

(4) 建立评分矩阵,对比待论证新战斗机系统与相似战斗机系统间的差异,利用专家对以上各个影响因素进行评分,建立如表 2-3 所列的评分矩阵。

表 2-3 评分矩阵

	μ_1	μ_2	μ_3	$\cdots$	μ_m
E_1	Q_{11}	Q_{12}	Q_{13}	$\cdots$	Q_{1m}
E_2	Q_{21}	Q_{22}	Q_{23}	$\cdots$	Q_{2m}
$\vdots$	$\vdots$	$\vdots$	$\vdots$	$\vdots$	$\vdots$
E_n	Q_{n1}	Q_{n2}	Q_{n3}	$\cdots$	Q_{nm}

n 位专家对各个因素进行打分,可以获得相似战斗机系统的得分矩阵 S,以及待论证新战斗机装备系统的得分矩阵 R。

(5) 得到待论证新战斗机装备系统出动架次率的初始值:

$$\mathrm{SGR}_0 = \mathrm{SGR}_0' \left[\frac{\sum_{i=1}^{n} r_{i1}}{\sum_{i=1}^{n} S_{i1}} w_1 + \sum_{j=2}^{m} \left(\frac{\sum_{i=1}^{n} r_{ij}}{\sum_{i=1}^{n} S_{ij}} \right) w_j \right] \tag{2-4}$$

2.2.3 再次出动准备及等级转进时间要求确定

再次出动准备时间是指在规定的使用及维修保障条件下,连续执行任务的战斗机从结束上次任务返回到再次出动执行下一次任务所需要的准备时间。等级转进时间是指战斗机装备系统的战备等级由一个等级到另一个等级的转换时间。再次出动准备时间和等级转进时间，采用解析法确定指标要求。

再次出动准备时间或等级转进时间根据再次出动或等级转进作业项目、作业逻辑及作业时间进行计算，等于从第一项作业的开始时间到最后一项作业的结束时间。战斗机再次出动或等级转进一般来说涉及充填加挂等飞行机务准备作业，但由于不同型号战斗机再次出动的准备作业有所差异，因此并没有完全固定的公式。

分析再次出动准备和等级转进全过程的任务要素，除考虑再次出动和等级转进检查、简单快速排故、加油、加气、加弹挂弹、惯导对准、任务数据加载等系列使用维护活动工作的时间需求外，还应考虑任务载荷设备构型转换的时间需求。经计算分析，结合作战需求和设计研制实现的可能，优化再次出动准备和等级转进工作内容和流程后，确定再次出动准备时间和等级转进时间，并在战斗机装备研制中设计落实。

2.2.4 仿真法确定综合参数指标要求

随着战斗机保障涉及的要素和数据不断增加，传统基于经验、解析的保障要求确定方法受到挑战。随着计算机技术的发展与应用，仿真法已成为制定、分析、优化战斗机保障方案，确定战斗机保障指标的有效手段和普遍趋势，其本质是运用仿真手段建立能够模拟战斗机使用与保障全要素、全过程的仿真模型，在给定的需求下，评价、分析或优化保障方案。在仿真模型的支撑下，仿真法确定参数的过程与参数权衡的过程可以统一。战斗机装备系统作战使用保障要求的综合指标，在相关模型和数据具备条件的情况下，均可采用仿真法确定指标要求。

仿真法一般不限于具体的仿真技术，但建模过程必须紧密结合最新保障理念，如基于性能的保障、视情维修等。早期的仿真模型一般基于离散事件仿真开发，最新的保障仿真模型已可以基于多智能体技术进行开发。仿真模型一般以保障任务为核心，并且应能描述战斗机保障过程的内在逻辑，如图2-4所示。

仿真法的基本流程如下：

（1）确定战斗机构型、环境、作战任务、使用保障任务和维修保障任务等基本信息。

（2）建立战斗机系统保障能力评价参数集。

（3）建立战斗机RMS相关的仿真模型，模型详细程度同战斗机系统RMS论证的需求相协调，着重确定战斗机故障情况、维修策略、保障状态、RMS参数

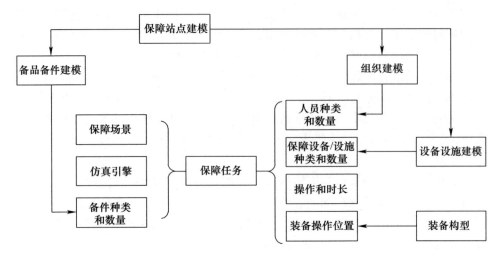

图2-4 保障仿真逻辑

与作战模型间的关系等内容。

(4) 评价不同 RMS 指标方案对战斗机系统作战的影响,并以战斗机系统作战效能或作战持续能力(战备完好性和任务成功性)最优为目标进行综合权衡,确定最优的 RMS 指标方案。

2.2.5 使用可用度的分解转换

发挥战斗机装备系统的作战使用保障要求对战斗机保障特性以及保障系统设计的牵引作用,需要将对战斗机装备系统的综合性要求正向分解到对战斗机的可靠性、维修性(含测试性)要求,以及对保障系统特性的要求。本书主要介绍使用可用度综合参数的分解转换方法。

使用可用度作为使用参数,将其分解为战斗机的可靠性、维修性要求以及保障系统要求,需要借助与可靠性、维修性相关的使用参数作为中间变量进行转化,先将使用可用度分解为可靠性、维修性使用参数,再将可靠性、维修性使用参数转化为设计要求。本书选取的可靠性使用参数为平均维修间隔时间 MTBM、维修性使用参数为平均维修时间 T_{MMT},将它们作为中间变量进行转化。

根据使用可用度的定义,直接用时间关系表示的使用可用度模型不能实现对使用可用度的分解及得出需要的可靠性、维修性参数。因此,需要对用时间关系表示的模型进行转化,转化过程如下:

$$A_O = \frac{T_U}{T_U + T_D} = 1 - \frac{T_D}{T} \quad (2-5)$$

可以看出,在总拥有时间确定的情况下,使用可用度直接由不能工作时间 T_D 决定。不能工作时间 T_D 由总维修时间 T_M 和延误时间 T_{ALD} 组成,总维修时间 T_M 又由修复性维修时间 T_{CM} 和预防性维修时间 T_{PM} 组成。进行转化的关键是将不能工作时间用可靠性、维修性使用参数进行表示。

总拥有时间内的维修次数,可以表示为 $n = \dfrac{T_{OT}}{\mathrm{MTBM}}$;

总维修时间可以表示为 $T_M = n \cdot T_{MMT} = T_{MMT} \cdot \dfrac{T_{OT}}{\mathrm{MTBM}}$。

由于预防性维修按计划开展,因此只有修复性维修会引起延误,则延误次数 $n_d = n \cdot k_d = k_d \cdot \dfrac{T_{OT}}{\mathrm{MTBM}}$,$k_d$ 为修复性维修次数与总维修次数的比率,也可认为是总维修次数中的延误次数比率;

延误时间可以表示为 $T_{ALD} = n_d \cdot T_{MLD} = T_{MLD} \cdot \dfrac{T_{OT}}{\mathrm{MTBM}} \cdot k_d$。

因此,可以得出不能工作时间为

$$T_D = T_M + T_{ALD} = T_{MMT} \cdot \frac{T_{OT}}{\mathrm{MTBM}} + T_{MLD} \cdot \frac{T_{OT}}{\mathrm{MTBM}} \cdot k_d \qquad (2-6)$$

并可得

$$A_O = 1 - \frac{T_{MMT} \cdot \dfrac{T_{OT}}{\mathrm{MTBM}} + T_{MLD} \cdot \dfrac{T_{OT}}{\mathrm{MTBM}} \cdot k_d}{T} \qquad (2-7)$$

该公式将影响使用可用度的时间因素转化为常用的可靠性、维修性、保障性使用参数,其中平均维修间隔时间 MTBM 为可靠性使用参数,平均维修时间 T_{MMT} 为维修性使用参数,而平均延误时间 T_{MLD} 则属于保障系统特性参数。

由式(2-7)进一步可得到下面两个表达式

$$A_O = 1 - \frac{T_{MMT} + T_{MLD} \cdot k_d}{\mathrm{MTBM} \cdot T} \cdot T_{OT} \qquad (2-8)$$

$$\mathrm{MTBM} = \frac{(T_{MMT} + T_{MLD} \cdot k_d) \cdot T_{OT}}{T \cdot (1 - A_O)} \qquad (2-9)$$

通过式(2-8)和式(2-9)就可将给定的使用可用度 A_O 分解为 MTBM 和 T_{MMT} 的组合。

在进行使用可用度分解时,需要首先明确分解的条件假定。对 A_O 分解时,需作如下条件假定:

(1)根据外场作战训练情况,总拥有时间 d_1 天,每天以 24h 计,则总拥有时

间 $T = 24 \times d_1$；

(2) 单架战斗机年飞行小时为 T_{FH}，战斗机整机运行比为 k_2，则工作时间为 $T_{OT} = k_2 \cdot T_{FH}$；

(3) 假定平均保障延误时间为 T_{MLD}；

(4) 修复性维修比率为 k_d。

进行 A_O 分解，可以分为以下几个步骤：

(1) 给定分解目标 A_O；

(2) 给定 MTBM 和 T_{MMT} 的范围及变化步长；

(3) 根据式(2-8)和式(2-9)，计算针对每个不同的 T_{MMT} 的 A_O - MTBM 曲线；

(4) 根据需要分解的实际 A_O 值，计算在不同 T_{MMT} 下的 A_O - MTBM 曲线上对应的点，得到在一定 A_O 下 MTBM 和 T_{MMT} 的组合；

(5) 根据国内外相似战斗机实际指标情况，从不同的 MTBM 和 T_{MMT} 的组合中选择一组作为分解值。

在使用可用度分解为可靠性、维修性使用参数后，还需要将使用参数转化为可靠性、维修性设计参数，进而开展系统、成品的可靠性、维修性设计。将可靠性、维修性使用参数转化为设计参数的模型推导过程如下。

(1) MTBM 转化为 MFHBF 的模型。

根据运行的定义 $\text{MFHBF} = \dfrac{\text{MTBF}}{k_2}$，MTBF 是产品寿命单位总数与该产品计划维修(预防性维修)和非计划维修(修复性维修)时间总数之比，而 MTBF 是产品的寿命单位总数与故障总次数之比，它们的差别主要是 MTBM 在分母一项中有预防性维修次数。因此可以得到下列关系式

$$\text{MTBM} = \dfrac{\text{MTBF}}{1 + f_p \cdot \text{MTBF}} \text{ 或 } \text{MTBF} = \dfrac{\text{MTBM}}{1 - f_p \cdot \text{MTBM}} \quad (2-10)$$

式中：f_p 为预防性维修频率，可根据战斗机维护规程和外场统计数据确定。

因此，可以得出将 MTBM 转化为 MFHBF 的模型为

$$\text{MFHBF} = \dfrac{\text{MTBM}}{k_2 \cdot (1 - f_p \cdot \text{MTBM})} \quad (2-11)$$

(2) T_{MMT} 转化为 MTTR 的模型。

T_{MMT} 是与维修方针有关的一种维修参数，其度量方法为在规定的条件下和规定的时间内，产品预防性维修和修复性维修总时间与该产品计划维修和非计划维修事件总数之比，其度量模型为

$$T_{\text{MMT}} = \frac{T_{\text{PM}} + T_{\text{CM}}}{n_{\text{PM}} + n_{\text{CM}}} = \frac{n_{\text{PM}} \cdot \overline{T_{\text{PM}}} + n_{\text{CM}} \cdot \text{MTTR}}{n_{\text{PM}} + n_{\text{CM}}} \quad (2-12)$$

式中：n_{PM} 为产品预防性维修总次数；n_{CM} 为产品修复性维修总次数；$\overline{T_{\text{PM}}}$ 为平均预防性维修时间。

将式（2-12）分子分母同除以产品的工作时间，即得

$$T_{\text{MMT}} = \frac{f_p \cdot \overline{T_{\text{PM}}} + \lambda \cdot \text{MTTR}}{f_p + \lambda} = \frac{f_p \cdot \overline{T_{\text{PM}}} \cdot \text{MTBF} + \text{MTTR}}{1 + f_p \cdot \text{MTBF}} \quad (2-13)$$

因此，可以得到

$$\text{MTTR} = T_{\text{MMT}} \times (1 + f_p \cdot \text{MTBF}) - f_p \cdot \overline{T_{\text{PM}}} \cdot \text{MTBF} \quad (2-14)$$

根据式（2-14），可以在获得 T_{MMT} 和 MTBM 的基础上，先将 MTBM 转为 MTBF，结合 T_{MMT} 计算出 MTTR 的取值。

分解转换完成后，还可以对分解转换的结果进行权衡分析，对比其与工业发展水平是否匹配，如果不满足要求需要从可行解中重新选择初始点进行转换。如果所有可行解全部尝试完都不能找到适当的可靠性、维修性组合，一方面说明使用可用度指标要求过高；若使用可用度指标要求相对合理，另一方面则需要对保障系统提出更严格的要求，以满足整机使用可用度要求。

2.3 战斗机保障特性要求及确定

战斗机保障特性要求及确定主要介绍与故障相关的可靠性、维修性、测试性定性定量要求确定方法，以及预防性与修复性要求、使用保障特性要求等定性要求确定方法。

2.3.1 可靠性要求确定

1. 可靠性定性要求

可靠性定性要求是为获得可靠的产品，对产品设计、工艺、软件及其他方面提出的非量化要求，如采用成熟技术、简化、冗余和模块化等设计要求，有关元器件使用、降额和热设计方面以及环境适应性、人机与环境工程的要求等。

按照《装备可靠性维修性保障性要求论证》（GJB 1909A—2009），可靠性定性要求应考虑以下几方面内容：不易用定量指标来描述的可靠性要求，如紧固件的锁紧要求、大型装备的门窗开启和关闭时应锁紧的可靠性要求；有关使用操作的可靠性要求，如操纵件位置的准确性要求，操纵件与人的因素有关的设计要求；对具体产品的可靠性设计要求，如某一功能应有冗余的要求，某一产品应进

行某种热设计的要求,采用某种元器件时应有降额设计的要求等;对危及或可能危及到装备安全的故障提出的安全保护或预防措施要求;软件可靠性要求应高于所嵌入硬件的可靠性要求。针对战斗机的具体情况,可将这些方面具体化后纳入可靠性设计准则。

同时,可对重要工作项和设计消除重大故障提出要求。例如,要求战斗机装备所含系统按可靠性安全性指标要求进行可靠性设计分析论证,对性能、可靠性、安全性、维修性、费用和进度等进行综合权衡,以确定最佳机载系统方案。又如,要求在设计过程中同时进行故障模式、影响及危害性分析(failure modes, effects and criticality analysis, FMECA)和故障树分析(fault tree analysis, FTA),尽量消除灾难性故障、致命性故障(严酷度Ⅰ、Ⅱ类故障)或减少其影响程度。

制定战斗机可靠性定性要求,可采取一般要求和详细设计要求相结合的形式。一般要求部分通常是所有机载系统和设备应遵循的,从简化设计、元器件选用与控制、降额设计、余度设计、热设计、环境防护设计、成熟设计、抗变异设计、电磁兼容设计、人机工程设计、防火及防爆设计、防振设计、管路耐受压力设计、软件可靠性和安全性设计,以及其他机内BIT、BIT装置硬件可靠性、故障可靠安全逻辑设计等方面提出。详细设计要求部分是考虑对机载系统逐一地有针对性的可靠性定性设计要求,如是否采用了简化设计、标准零部件设计以及余度设计等。

2. 可靠性定量要求

战斗机可靠性定量要求包括:平均故障间隔时间(MTBF)、平均故障间隔飞行小时(MFHBF)、无维修待命时间,即基本可靠性指标;平均严重故障间隔时间(MTBCF)、任务可靠度,即任务可靠性指标。

对于基本可靠性定量要求,根据2.2.5节介绍的方法,可以通过战斗机装备系统的使用可用度、出动架次率等综合参数分解转换后获取。同时,也可以采取分析类比国内外相似机型可靠性数值的方法确定,或者根据使用需求和设计现实可能性,在对战斗机基本可靠性水平初步分析预计的基础上,提出平均故障间隔飞行时间。还可以对确定的使用可用度值经过计算分析、仿真分析后确定。一般将预计值除以1.25作为成熟期目标值,乘以0.6作为设计定型最低可接受值。

对于任务可靠性要求,应根据战斗机执行任务的作战任务想定来分析确定。根据战斗机预期的作战想定分析任务可靠性需求,考虑执行任务持续时间天数、每天飞行架次数、每架次飞行小时数等因素,按战斗机具体的任务失败定义,分析发生无战斗机执行任务或任务失败的概率,作出失败概率与任务可靠度的关系曲线以及关系曲线的切线曲线,可考虑以切线曲线的拐点作为任务可靠性要求。

取不同的任务可靠度值,分别计算对应的任务失败发生概率,并作出任务失败概率与任务可靠度的关系图,如图2-5所示。

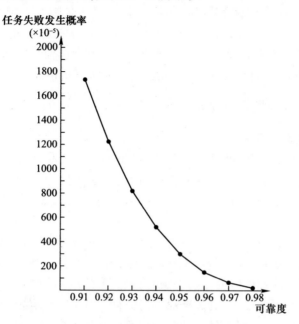

图2-5 任务失败概率与任务可靠度的关系

从图2-5中可以看出,随着可靠度增加,发生执行任务失败概率越低。作出图2-5曲线的逐点切线,其斜率变动曲线如图2-6所示。

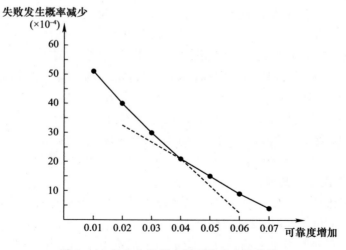

图2-6 任务失败概率随可靠度变化曲线

分析图 2-6 曲线的变化情况,任务失败概率变化趋势的拐点出现在任务可靠度增加量 0.04(任务可靠度为 0.95)处,即当任务可靠度为 0.95 时,能在收益和代价之间取得最佳结果,再提高任务可靠度,任务失败发生概率的减少并不如该拐点之前明显。然后,根据任务可靠度与平均严重故障间隔时间之间的换算关系,得出平均严重故障间隔时间。成熟期目标值和最低可接受值之间的比值通常取 0.72,根据设计成熟与否,取略小于或略大于该值的值。

2.3.2 维修性要求确定

1. 维修性定性要求

维修性定性要求是为能快速、简便、经济地维修产品,而对产品设计、工艺、软件及其他方面提出的要求,一般包括可达性,标准化和互换性,单元体与模块化,标记,安装、固定与连接,紧固件,人素工程,保养,维修环境,维修安全,战场抢修等方面的要求。

按照《装备可靠性维修性保障性要求论证》(GJB 1909A—2009),维修性定性要求应考虑以下几方面内容:不易用定量指标来描述的维修性要求,如需经常调整、清洗、更换的部件应便于拆装或可进行原位维修的要求,检查窗开启和关闭操作应简单方便的要求;具体产品的维修件设计要求,对维修空间、可达性、互换性等提出的要求,包括部件或功能件应可以互换的要求、特殊的防差错及标识要求、具体部件的维修安全要求等;对软件提出可维护性方面的要求,如软件结构、采用的编程语言、代码注释行要求等;有关战场抢修的要求。针对战斗机装备的具体情况,可将这些方面具体化后纳入维修性设计准则。

制定战斗机装备维修性定性要求,可采取一般要求和详细设计要求相结合的形式。一般要求部分是飞机和系统普遍遵循的要求,从系统(或设备)布局及设计要求、可达性要求、标准化通用性要求、互换性要求、模块化设计、软件维护设计要求、防差错和识别标记要求、维修安全要求、人机工程要求、组装和安装要求、调整和校准要求、维护口盖要求等方面提出。详细要求部分,一般是对分机体和机载子系统逐一提出的有针对性的维修性要求,如飞机充填口、检查点应数量适当、布局合理;插头座和接线盒等应布置在不易受潮的位置。

2. 维修性定量要求

战斗机维修性定量要求包括:平均修复时间(MTTR)、每飞行小时直接维修工时(DMMH/FH)、拆装发动机时间等。

平均修复时间可采取两种方法确定。一是给定使用可用度计算分析、仿真分析后,在分析装备实际设计初步方案后确定。二是在对比分析目前国内主要战斗机外场平均修复时间的基础上,对研制战斗机的主要布局安装方式进行分析、预估计算后,考虑继承性水平、研制水平、工业基础等方面,确定提出战斗机平均修复时间要求。

每飞行小时直接维修工时可以根据战斗机装备系统使用可用度指标分解,并结合战斗机任务剖面确定的年飞行小时后确定。

拆装发动机是制约战斗机在部队有效使用的重要因素。对于拆装发动机时间,通过分析维修性设计及发动机的安装方式、发动机布局方式,并与国内类似战斗机进行比对,考虑战斗机以及发动机舱开敞性情况下,提出拆装发动机时间要求。也可以考虑国内设计能力和水平,通过对细分发动机拆装过程的主要工作内容以及耗费时间,采用时线分析法计算分析后提出更换发动机时间要求。

2.3.3 测试性要求确定

1. 测试性定性要求

测试性定性要求是为快速、简便、经济地判断和隔离产品故障,而对产品设计、工艺、软件及其他方面提出的要求,一般包括测试点、划分、测试可控性、测试观测性、被测单元与测试设备的兼容性、测试设备与装备的接口、机内测试等方面。

根据《装备可靠性维修性保障性要求论证》(GJB 1909A—2009),测试性定性要求应考虑以下几方面内容:对机内测试设备和外部测试设备的功能要求,如电子设备的机内测试设备应满足的维修级别要求,机内测试设备和外部测试设备联合应满足的维修级别要求,非电子设备机内测试设备应满足功能检测的要求等;对可更换单元划分的要求;对自动检测设备和外部检测设备的要求,包括功能组合化、计算机测试软件、自检功能、与被测单元自检测兼容、与被测单元的测试接口要求等;被测试的设备应有测试接口的要求;软件测试件应符合《军用软件测试性指南》(GJB/Z 141—2004)要求;其他特殊的要求,如采用油液光、铁谱分析来监控装备战术状况时采集油样的接口要求,涉及装备安全性的有关参数监控、报警的要求等。针对战斗机装备的具体情况,可将这些方面具体化后纳入测试性设计准则。

制定战斗机装备测试性定性要求,可采取一般要求和详细设计要求相结合的形式。一般要求部分,通常包括对测试性/BIT 与功能性能软硬件同步协调的设计要求,BIT 与自动测试设备(automatic test equipment,ATE)、地面设备等测试资源的分配要求,测试接口及其标志要求,检测不导入故障要求,隔离到指定单元迅捷性要求,检测结果的显示与传输要求等。详细要求部分,一般包括对

BIT 的设计要求、防虚警要求、系统划分要求、测试点要求、测试容差要求、传感器及指示器要求、测试可控性要求、测试观测性要求等。

2. 测试性定量要求

战斗机需要对关系到飞行安全和任务执行的重要系统实施状态监控。状态监控的检测判断基础是战斗机的测试性设计以及实现的自检测。战斗机需要对能够实施故障检测监控的电子电气系统实施快速的故障检测和诊断定位,其基础也是战斗机的测试性设计以及实现的自检测。自检测要求是针对战斗机的任务载荷、飞行管理、机电控制系统提出的,一般包括加电自检测(power up BIT,P-BIT)、周期自检测(periodic BIT,PBIT)和维护自检测(maintenance BIT,MBIT)要求。测试性要求和设计,也是战斗机预测与健康管理以及自主保障系统的基础。

测试性的定量要求包括故障检测率(FDR)、故障隔离率(FIR)和虚警率(FAR),通常根据国内相似战斗机测试性要求水平对比分析后提出。

2.3.4 战斗机保障特性定性要求示例

战斗机保障特性要求除了可靠性、维修性、测试性等维修保障特性定性定量要求外,还包括预防性和修复性要求。此外,还有充填加挂、自保障、PHS&T、与使用保障相关的人素工程等使用保障特性要求。

预防性和修复性维修要求方面,包括维修体制与维修策略等要求,也包括预防性维修间隔、维修工作项目、时间等要求。战斗机维修体制的确定非常重要,它是保障性工程的重要输入,影响着战斗机及其系统、设备的模块划分,维修性设计、测试性设计和保障资源的配置,以及维修策略和维修方案的制定。国内研制的军用飞机一般采用三级维修体制。在具体确定战斗机维修体制时,要充分考虑战斗机的部署使用、作战保障需求和系统研制特点,再提出整个战斗机系统采用三级维修还是二级维修体制。通常,维修体制要求由用户确定。战斗机研制方根据维修体制的要求研制装备,并围绕实现保障性目标,进行具体维修级别的模块划分设计、故障检测设计、诊断隔离设计和保障资源的配置。若采用三级维修体制,维修策略上,基层级维修主要开展飞行前准备、再次出动准备、飞行后检查、预先机务准备等日常使用维护保障工作,替换故障设备、外场可更换单元(line replacement unit,LRU)/外场可更换模块(line replaceable module,LRM),以恢复战斗机装备平台完好,以及开展周期间检查、专项检查、定期检查等预防性维修工作;中继级维修主要开展部分故障设备和 LRU 的修复、部分部附件的修理、维修工具的制作和战时抢修等工作;基地级维修主要开展飞机和发动机大修,以及故障设备/LRU/LRM 的修复工作。若采用二级维修体制,维修策略上,按尽可能保证战斗机完好率水平原则,将中继级维修的任务拆分到基层级和基地级进行,并为其研制配套高效的、能实现二级维修的保障资源。例如,可划分基层级维修完成系统日常维护、周期检查、定期检查、发动机更换、有寿件更换、故障排除和轻度战场抢修等工作;划分基地级完成 LRU 的修理、系统翻修、复杂设备改装、零部件制造、飞机和发动机大修,以及平时维修和战时抢修的技术支援等工作。

使用保障特性中包括了与使用保障相关的人素工程要求,维修性定性要求中也包括对维修人素工程的要求。归纳起来,人素工程的相关要求包括使用与维修人员数量和技能的要求、运输要求、使用环境要求以及维修方案、可靠性维修性要求等,这些要求是人机系统设计的基础。当然,详细的、好的人机系统设计还是应该基于人素工程分析的结果。人素工程分析包括功能分析、人机功能分配、确定人素工程设计要求与人机设计方案三个步骤。通过人素工程分析得到的人素工程设计要求和人机系统设计方案,可为战斗机设计阶段的人素工程设计提供输入。在战斗机研制过程中,应连续地评价人机系统的设计,为改进人机关系提出设计更改的建议;可利用样机、模型进行试验和动态模拟,根据试验与模拟结果对存在的人机关系问题提出解决方法。同时,还应进行在预期使用环境中由典型的使用者使用与维修时的人素工程试验与评价,以验证战斗机是否满足人素工程要求,及时发现人机关系问题和提出解决措施。人素工程试验与评价一般不单独进行,而是与研制试验、使用试验及定型试验时的性能试验与验证、可靠性维修性试验与验证一起进行。

为便于理解保障性定性要求确定过程和应遵循的原则,以国内某型战斗机确定保障性定性要求为例,说明其保障性定性要求的确定。针对该型战斗机,具体归纳为维修方案、标准化和通用性要求、人员的技术等级与训练要求、保障设备确定原则、备品备件供应要求、对使用维修工具的要求、对技术资料的要求,其示例见表 2-4。示例给出了用户对研制方的原则性要求条款,实际实施的保障性定性要求是战斗机研制方制定的 RMS 大纲和 RMS 设计准则等全套系统性的顶层定性要求文件。

表 2-4 某型战斗机保障性定性要求

要求	说明
可靠性要求	①依据《装备可靠性工作通用要求》(GJB 450A—2004)制定可靠性工作计划,开展可靠性设计、分析、试验和验证工作。 ②采用成熟技术,进行简化设计、热设计和降额设计,提高系统和设备的可靠性水平。 ③进行环境适应性设计,满足飞机在高原、高寒、沿海等不同环境下的使用需求。

续表

要求	说明
维修性要求	①依据《装备维修性通用大纲》(GJB 368A—1994)制定维修性工作计划,开展维修性设计、分析、核查和验证工作。 ②提高飞机的可达性,需要进行日常维护、检查、拆卸或更换的设备、零部件,维修人员能够不借助梯架接近和实施维修工作。 ③日常维护需经常打开的口盖,应能够不借助工具打开和关闭。对于其他口盖,尽可能减少固定螺钉数量,并使用同型号的螺钉。 ④内场可更换单元(shop replaceable unit,SRU)的设计应满足检测与更换需要,并制定相应 SRU 的检测、验收、包装技术条件,满足 SRU 备件保障要求。 ⑤进行防差错设计,从设计上防止人为原因造成的差错。
测试性要求	①依据《装备测试性大纲》(GJB 2547—1995)制定测试性工作计划,开展测试性设计、分析、评估和验证工作。 ②对测试性进行系统规划,以满足外场和内场测试保障需求。 ③航空电子系统应具备机内测试功能,具有加电自检测、周期自检测和维护自检测三种方式,能通过机内测试将故障隔离到外场可更换单元(LRU)或者外场可更换模块(LRM)。 ④机内检试应能够满足故障模式的可检测、可隔离要求,全机自检信息能够集中处理、显示和下载。 ⑤对 LRU 开展测试性设计,确保通过自动测试设备能够将故障隔离到下一级可更换单元。 ⑥能够对全机机电系统进行状态监控,并具有故障诊断功能。
维修方案要求	采用三级维修体制:基层级维修任务包括平时保养维修、判断故障、故障件更换等;中继级维修任务包括基层级送来的故障件的检测、分解、失效组件的更换调试等;基地级维修任务是装备的大修。
自保障要求	尽可能采用机载制氧、制氮等技术,提高军用飞机的自保障能力,以减少对保障系统的依赖。
标准化和通用性要求	尽量减少工具的种类和数量,尽量减少专用工具的使用;专用工具的研制使用中应尽量考虑人员使用的通用性要求;技术资料的编写格式符合国标或军标要求。
人员的技术等级要求	充分考虑国家和军队的教育水平、兵源素质和兵役制度的具体情况;在研制阶段就要同时考虑使用维修人员的首次培训及培训保障问题。
保障设备确定原则	充分利用现有的保障设备;保障设备也要考虑自身的保障问题;针对不同的维修级别列出检查、测试与诊断设备,校准设备等,在研制过程中和结束后,都应予以分门别类。
备品备件供应要求	备品备件供应要求应在研制过程中体现,同时考虑并确定贮存、作战、使用训练过程中备品备件的种类、数量和库存基数,保证装备使用与维修对备品备件的供应要求。

续表

要求	说明
对使用维修工具的要求	随车工具应配备专用的工具箱,基层级的工具要强调小型多用、轻便灵活;拆装、紧固工具尽量采用简单实用的电动或风动工具,减小劳动强度;应根据装备方案和预防性维修计划所规定的各维修级别的任务分工、维修频度和人员数量情况配置相应的维修工具和设备,不同维修级别的维修工具设备也应有所不同。
对技术资料的要求	按照《军用飞机用户技术资料通用要求》(GJB 3968—2000)的规定编制交付技术资料,资料具备全面性、适用性并及时完善。

2.4 战斗机保障系统要求及确定

战斗机保障系统要求包括对保障系统整体呈现的特性要求以及单项保障资源的要求。保障系统是对战斗机实施保障所需要的资源支持系统,包括由八大保障资源构成的软件、硬件、设备设施和人员,以及相应的管理活动。主要包括保障系统的约束条件、与保障有关的设计要求、对保障方案的要求、保障资源的约束条件、保障资源通用化系列化要求、有关保障单元的运输量要求、有关保障系统生存性的要求等。对于保障系统及其资源要求,应需要遵循的原则条件如下:

(1)满足使用方案、维修保障方案及费用等的约束。

(2)尽可能减少保障工作量,保障工作量体现在保障项目的多少、动用人员、物资的多少以及占用时间的长短等方面。

(3)提高标准化、通用化与互换性程度,设计时优先选用标准化的零部件、设备和工具,并尽可能减少其品种和规格,尽可能提高部件、组件或零件及保障设备的互换性和通用化程度,做到功能和结构上能够互换。

(4)设备及其保障系统需要具有良好的运输性,便于包装、装卸、贮存和运输。

(5)使战斗机具有良好的环境防护能力,能避免恶劣环境的危害,能耐受高温、严寒、潮湿、雨雪、风沙等自然环境。

(6)战斗机与保障系统应能协调配套,并有良好的设计接口。

(7)自身具有一定的保障能力,减少对保障系统的依赖,如应有辅助动力、自制氧、自制高压空气的要求等。

(8)避免或改进现役同类战斗机在使用与维修保障方面的缺陷。

(9)考虑战斗机的特殊保障要求,如应对大风的措施等。

(10)要重视保障资源的继承性和通用性,尽量减少其品种和规格要求。

（11）保障资源应满足充足、配套、简便、适用、安全、快捷、经济、耐用等要求，并与战斗机同步研制、同步交付。

遵循上述条件，经综合考虑战斗机的使用和维护需求后，即可提出对战斗机研制的保障系统及其资源定性保障性要求。

对于保障系统整体表现出的特性，相应的定量要求用保障系统参数度量，其中运输规模指标的确定应根据任务周期、运输方式、目标机场的保障条件等因素确定；平均保障延误时间、保障设备利用率、保障设备满足率、备件利用率、备件满足率等定量参数，一方面由战斗机装备系统作战使用保障综合参数分解转换确定，同时还要考虑经济性因素，进行综合权衡。

对于运输规模指标的确定，考虑战斗机转场可采用多种方式进行：飞机平台可自身飞行空转，也可分解后装箱陆运或海运，保障设备、技术资料、备件等需要装在标准集装箱中直接空运、陆运或海运，或者直接安装在越野车底盘上转场运输，人员可灵活选择运输方式。采用分解装箱运输，需根据飞机平台的外形尺寸、分解安装复杂程度以及对安装人员技术水平要求高低等进行分析权衡后确定。当确需分解后装箱陆运或海运时，应事先根据飞机平台的外形尺寸、预计分解情况以及各分解部件重量等，分析利用标准集装箱的可能性，或研制专用的包装箱。考虑到快速保障和信息化保障需求，空运转场是未来转场的发展趋势。因此，一般按保障设备、航材备件、技术资料、人员等空运转场的运输需求，提出约束设计、控制保障规模的要求。采用空运，则需要通过计算飞机平台体积需求，各方舱的长、宽和高，各方舱重量，地面保障系统的体积、重量等（无人战斗机的话，还需考虑地面控制站），以及运输机运载能力综合计算确定。例如，通过计算飞机平台拆解后的各部分的尺寸大小，所有地面保障系统需要转场的保障资源（保障设备、备件、技术资料和人员）的尺寸规模、重量，以及需要多少个标准集装箱，并考虑转场执行任务时间以及运输机货舱的尺寸，综合分析在重量、体积、长宽高、方舱间运输间歇等方面的需求，确定装载方案和需要的运输飞机架次。

依据《装备综合保障通用要求》（GJB 3872—1999）对保障资源的划分，可具体分为以下 8 个方面的保障资源定性要求，其确定方法如下。

2.4.1 保障设备要求确定

保障设备是指使用与维修战斗机所需的设备，包括测试设备、维修设备、试验设备、计量与校准设备、搬运设备、拆装设备、工具等。保障设备要求包括：采用现役保障设备的要求；对新研制的保障设备的通用化、系列化、组合化要求；对新研制的保障设备费用的限制、保障设备互用性的要求；对各维修级别检测能力的要求;保障设备应具有自测试功能的要求等。

确定保障设备要求,应对保障设备进行整体规划,站在整个飞机角度统筹协调各专业、各系统提出的保障设备需求,编制保障设备总体技术方案,规划一级、二级保障设备目录,以及对场站保障设备的要求。

为实现战斗机机动转场能力的要求,保障要素应符合系列化、通用化、模块化要求,并尽可能减少保障资源的种类与规模,保障设备应尽量可折叠、可拆卸,并减小尺寸,以满足各种运输方式保障规模的要求。

为保证保障系统随战斗机交付时同步形成保障能力,确保飞机战斗力的快速形成,一级保障设备必须随机配套交付;根据目前用户采购体制,二级保障设备不随战斗机配套交付,但必须在设计定型时完成研制,达到可订货状态,确保用户随时能进行采购。

地面电源车、加油车、牵引车和充气车等场站设备,应尽量与现有战斗机保持通用,以确保战斗机系统在使用方面具备较强的适应性;其他保障设备/工具均在"综合化、小型化、通用化"的要求下配套研制。

2.4.2 保障设施要求确定

保障设施是指使用与维修战斗机所需的永久性和半永久性的建筑物及其配套设备。保障设施要求包括对现有保障设施可利用程度的要求,改建、新建保障设施的约束条件以及避免新增加设施的要求。

保障设施的详细技术要求来自于保障性分析结果,应将其内容纳入综合保障建议书。为保证与用户现有场站设施的通用性,应尽量利用已有保障设施或改造已有保障设施来减少使用保障费用。

2.4.3 人力和人员要求确定

人力和人员是指平时和战时使用与维修战斗机所需人员的数量、专业及技术等级。人力和人员要求包括使用维修和其他保障人员的编制数量、技术专业、文化程度、技术水平等的约束条件。

使用与维修任务分析等保障性分析,是确定人员专业划分、能力水平要求和数量配置的依据。对使用与维护人员技术水平、等级的要求应尽量与军方现有飞机使用与维护人员的要求相同,尽量减少使用与维护人员工作的复杂程度,尽量减少使用与维护工作对技能水平的要求,尽量优化人员配置、减少人员数量。

2.4.4 训练与训练保障要求确定

训练与训练保障是指训练战斗机使用与维修人员的活动与所需程序、方法、技术、教材和器材等。训练与训练保障要求包括训练周期的限制,有关训练装置、训练器材(含训练模拟器)的研制和选用的约束条件,有关训练教材应系统配套形成体系的要求等。

为保证战斗机尽快形成战斗力,通常对战斗机提出训练与训练保障的要求:可对需要研制的培训课件、编制的培训教材、配备的高效人机友好的桌面培训系统等提出要求,以满足飞行员/操作人员、维护人员的培养和训练需求;可考虑研制、提供训练模拟器,以高效满足相应训练需求;还应对制定换装培训大纲和培训计划、编写换装培训教材、研制教具和训练器材、实施换装培训等提出要求,包括训练周期限制的要求,有关训练装置、训练器材(含训练模拟器)的研制和选用的约束条件的要求,以及有关训练教材应系统配套形成体系的要求等。

2.4.5 技术资料要求确定

技术资料是指使用与维修战斗机所需的说明书、手册、规程、细则、清单、工程图样等的统称。技术资料要求包括提供的技术资料范围,如装备设计资料、使用维修手册、有关的技术报告、计算机软件文档和各类清单等;还包括明确技术资料的提交日期、使用各种技术资料的对象、有关技术资料编制要求以及其他要求等。战斗机全套技术资料应及早规划编制。

为进一步实现战斗机信息化保障和提高维修保障效率的要求,需要研制交互式电子技术手册,同时,交互式电子技术手册也是用户技术资料的发展趋势。交互式电子技术手册最成熟的标准为《技术出版物国际标准规范》(S1000D),目前,GJB 6600 系列标准已发布《军用交互式电子技术手册 总则》(GJB 6600.1),在 GJB 6600 系列标准实施前,可依据 S1000D 进行交互式电子技术手册研制。为提高技术资料研制效率,提出发布交互式电子技术手册的平台应能基于共源数据库发布纸质技术资料。为适应用户人员的使用阅读习惯,提供的纸质技术资料应能满足《军用飞机用户技术资料通用要求》(GJB 3968—2000)规定的内容构成要求。

2.4.6 计算机资源保障要求确定

计算机资源保障是指使用与维修战斗机中的计算机所需的设施、硬件、软件、文档、人力和人员。

对建立软件保障系统提出的要求,包括:使用与保障战斗机装备系统中的计算机所需的设施、硬件、软件、文档、检测仪器、人力人员等要求;有关计算机操作系统、运行环境、数据库、特殊类型接口、编程语言以及现有平台和数据资源的整合兼容等要求;战斗机装备系统软件更改的要求,如软件的更改应以模块升级方式进行,更改时应考虑操作和维修软件人员的能力等。

2.4.7 供应保障要求确定

供应保障是指规划、确定、采购、贮存、分发并处置备件、消耗品的过程。供应保障要求包括明确对备件、原材料、擦拭材料、油液(包括燃料、润滑油、液压油、特种液体等)等以及对充电、充气(包括高压空气、氧、氮等)等的限制条件。

确定供应保障要求,应在对装备进行 FMECA 分析、维修任务分析和修理级别分析等工作的基础上,根据《备件供应规划要求》(GJB 4355—2002)和相关标准提出备件要求、制定备件目录。根据《军用飞机用户技术资料通用要求》(GJB 3968—2000)制定随机备件目录和初始备件目录。同时,根据维修任务分析和保障资源需求分析结果,给出油液、特种液体等消耗品清单。

2.4.8 包装、装卸、贮存和运输要求确定

包装、装卸、贮存和运输是指为保证战斗机及其保障设备、备件等得到良好的包装、装卸、贮存和运输所需的程序、方法和资源等。包装、装卸、贮存和运输要求包括战斗机及其备件、保障资源在贮存和运输过程中的包装、装卸要求;贮存保障方案的要求,如封存器材、封存和启封时间、贮存周期、贮存期间的维护(含检测)等要求;装备及其保障资源的运输要求,包括运输方式要求(如海运、空运、铁路运输、公路运输)以及所需要的保障车辆、保障船的数量和种类。

战斗机主要考虑飞行转场和装箱(或包装)运输两种方式。在考虑装箱运输时,根据飞机平台分解成机身、机翼、尾翼等情况,设计研制专用包装运输箱,将其分别装载在包装箱内运输。保障资源则装载在标准集装箱内运输。

第 3 章 保障特性分析和设计

为使战斗机"便于保障"或"易于保障",飞机平台必须具备良好的保障特性。无论是战斗机的可靠性、维修性、测试性等维修保障特性,还是飞机充填加挂、自保障等使用保障特性,都是由设计赋予的。因此,在战斗机保障特性要求确定后,开展战斗机的保障特性分析和设计是非常重要的保障性工程活动,通过研制阶段保障特性的迭代分析,优化战斗机与保障系统的设计,达到最优的综合作战效能。

3.1 保障特性分析

战斗机保障特性分析,是指战斗机的设计方案确定后,在初始保障方案约束下为开展战斗机保障特性设计,确定与战斗机保障有关的设计要求,生成保障方案,使战斗机得到经济有效的保障而开展的一系列分析活动。战斗机保障特性分析是战斗机设计和保障系统设计的纽带,通过保障特性分析能够获得战斗机、保障系统、构成保障系统的各保障资源间的最优或最恰当的综合方案。

常用的战斗机保障特性分析方法是指用于确定战斗机各项维修工作类型、进行维修的时机、修理级别及其任务、维修所需的资源等,以及确定保障资源需求和保障系统运行条件的分析方法,包括 FMECA、以可靠性为中心的维修分析(reliability centered maintenance analysis, RCMA)、修复性维修、使用与维修任务分析(operations and maintenance task analysis, O&MTA)和修理级别分析(level of repair analysis, LORA),其相互关系及作用见图 3 – 1。

3.1.1 故障模式、影响及危害性分析

故障模式、影响及危害性分析(FMECA)是分析系统中每一产品所有可能产生的故障模式及其对系统造成的所有可能影响,并按每一故障模式的严重程度及其发生概率予以分类的一种归纳分析方法。FMECA 方法起源于美国,20 世纪 50 年代初,美国格鲁门飞机公司在研制飞机操纵系统时就采用了 FMECA 方法,经过长期的发展与完善,已在战斗机寿命周期不同阶段获得广泛应用。

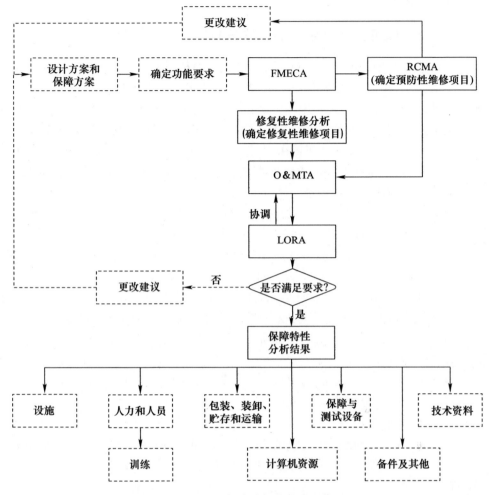

图 3-1 保障特性分析流程

FMECA 作为可靠性分析的工作项目,为提高战斗机的可靠性发挥了重要作用。同时,它也是开展维修性分析、测试性分析、RCMA、O&MTA 和 LORA 等保障特性分析的基础,其结果的准确及全面性直接影响保障特性设计。

在战斗机保障特性分析中,FMECA 的主要作用如下:
(1) 为确定重要预防性维修工作项目和要求提供依据;
(2) 为确定修复性维修工作项目和要求提供依据;
(3) 为确定维修保障资源提供相关信息;
(4) 为确定后续的故障排除程序、编制技术资料提供信息。

鉴于 FMECA 技术在可靠性工程专业的相关书籍和标准中有专门的论述,

本书不再详细介绍。

3.1.2 以可靠性为中心的维修分析

以可靠性为中心的维修分析(RCMA)是一种利用逻辑决断图进行预防性维修分析的方法,用以确认故障状态、故障后果和对应的维修措施,是保障特性分析的重要组成部分。战斗机 RCMA 是按照以最小的维修资源消耗保持战斗机固有可靠性和安全性的原则,应用逻辑决断的方法确定战斗机预防性维修要求的过程。RCMA 强调以战斗机的可靠性为依据,对故障后果进行具有逻辑性的分析,进而确定应采取的预防性维修工作项目。RCMA 的目的是确定在战斗机全寿命周期中适用而有效的预防性维修工作类型及其工作时机和工作间隔期,并提出维修级别的建议;同时对战斗机的可靠性、维修性设计进行一次系统检查,对不能满足保障需求的部分提出改进建议。

战斗机 RCMA 通常包括系统和设备以可靠性为中心的维修分析(系统和设备 RCMA)、结构以可靠性为中心的维修分析(结构 RCMA)和区域检查分析。

系统和设备 RCMA 是通过以可靠性为中心的维修分析方法,确定系统和设备的预防性维修要求,包括需要进行预防性维修的产品、维修工作类型、工作间隔期,并提出开展维修工作的维修级别建议,为制定战斗机系统和设备的初始预防性维修大纲提供依据。

结构 RCMA 用以确定结构项目的检查等级、检查间隔期和维修级别。对战斗机结构进行以可靠性为中心的维修分析,是为了确定结构的预防性维修要求,提出维修级别的建议,并在此基础上制定结构初始预防性维修大纲,以提供合适的方法,保证在战斗机整个使用寿命过程中,及时辨别出结构的潜在问题,避免由于疲劳、环境或偶然损伤而造成的结构恶化,保持战斗机的战备完好性,保障战斗机的安全。

被分析的战斗机结构范围包括所有的不宜按系统和设备分析的承载结构项目(结构组件、结构零件和结构细节),结构件所属的传动部分作为系统和设备进行分析,包括起落架的收放机构、刹车装置和轮胎、飞行控制系统的传动机构和助力器、舱盖的传动部分等。主要有以下几方面:

(1) 基本的机体结构,包括机身、机翼、尾翼、蒙皮、整体油箱等;

(2) 其他承受动力、压(拉)力或操纵载荷的结构项目,包括舱盖、风挡、整流罩、口盖、内部的隔板、地板和撑杆等;

(3) 结构项目本体上与其所属的传动部分相连接的接头部分,包括所有可活动的舵面、起落架、发动机安装等结构件的接头。

区域检查分析用来确定区域检查的要求,通过确定区域检查的产品(项目)、间隔期以及检查方法,汇总形成区域检查大纲。区域检查的目的是对非重要功能产品(non – functionally significant item,NFSI)、非重要结构项目(non – significant structure item,NSSI)以及电缆、导管、接头等,在外场进行定期检查,以发现使用耗损和(或)因维修邻近装置而引起的偶然损伤。战斗机区域划分一般按飞机的梁、隔框、地板等为界,区域检查通常是一般目视检查,即用肉眼对结构、系统/设备、管路、电缆的固定、走向、外表状况进行查看,从机体的外部物理状况和相互关系变化来判断其状况的好坏,以寻找明显的损伤、故障或不正常迹象。区域检查可以在正常光线下进行,如日光、机库内灯光、照明灯,有时也可能需要拆掉或打开检查口盖或舱门等来进行区域检查。为了更好地接近检查区域,某些情况下还需借助工作台、梯子等来完成区域检查。

本节重点阐述系统和设备 RCMA,结构 RCMA 和区域检查分析可参考《装备以可靠性为中心的维修分析》(GJB 1378A—2007)。战斗机系统和设备 RCMA 分析步骤如图 3 – 2 所示。

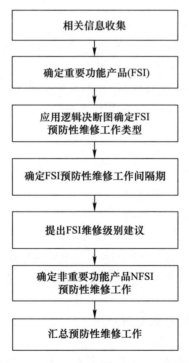

图 3 – 2　系统和设备 RCMA 分析步骤

1. 相关信息收集

信息收集是 RCMA 的基础。在战斗机 RCMA 过程中主要考虑的信息包括:

(1) 产品的设计方案,如产品的构成、功能(含隐蔽功能)和冗余等;

(2) 产品的设计对维修保障的要求信息,如故障检测隔离方法、保养需求等;

(3) 各类保障资源在使用方基层级、中继级和基地级的配备限制条件;

(4) 产品的故障信息,如产品各层次的 FMEA 信息、产品可靠性与使用时间的关系、预计的可靠性水平、潜在故障判据、由潜在故障发展到功能故障的时间、潜在故障或功能故障可能使用的检测方法、相似产品在周定检工作和翻修过程中发现的故障信息等;

(5) 产品的费用信息,包括预计的产品研制费用、预防性维修费用和修复性维修费用,以及维修所需设备、工具等的研制和维修费用等;

(6) 相似产品上述几方面的信息。

2. 确定重要功能产品

对于战斗机这样的复杂装备,考虑到部分产品发生故障后对飞机的影响不大,可以实行事后维修。因此,为了经济有效地开展系统和设备的 RCMA 工作,只需要对会产生严重故障后果的重要功能产品做详细的维修分析。重要功能产品(functionally significant item,FSI)的选定从系统级开始,通常是自上而下从系统、子系统、飞机上可单独更换的最小单元,直到某一层次产品的故障后果不严重时为止。确定重要功能产品的过程是一个保守的过程。

重要功能产品是指其故障符合下列条件之一的外场可更换单元(LRU)或外场可更换模块(LRM):

(1) 可能影响安全(空中或地面);

(2) 可能影响任务的完成(任务降级或任务失败);

(3) 可能导致重大的经济损失;

(4) 产品的隐蔽功能故障与另一有关或备用产品的故障综合,可能导致上述一项或多项影响;

(5) 可能引起从属故障,导致上述一项或多项影响。

重要功能产品通常在故障模式、影响及危害性分析(FMECA)基础上,借助工程人员的经验加以确定。

3. 应用逻辑决断图确定预防性维修工作类型

在 FSI 确定完成后,对 FSI 的每个功能故障按图 3-3 所示的逻辑决断图流程进行分析,以确定必须做的适用且有效的预防性维修工作类型,此项工作是 RCMA 的核心。对于在图 3-3 中没有找到适用且有效的预防性维修工作类型的项目,则需要根据其故障后果的严重程度权衡决定是否需要更改设计。逻辑决断图的分析流程分为上、下两层。

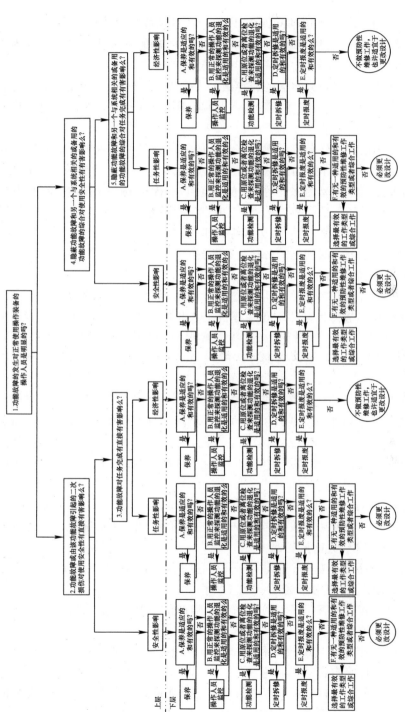

图 3-3 系统和设备以可靠性为中心的维修分析(RCMA)逻辑决断图

图 3-3 中的上层（包括问题 1、2、3、4、5）是根据故障模式和影响分析对每种功能故障进行评定，从而确定其影响类别，即明显的安全性、任务性、经济性影响和隐蔽的安全性、任务性、经济性影响。通过对问题 1、2、3、4、5 的提问，将一个功能故障的后果划定为明显的或隐蔽的安全性、任务性、经济性六类影响中的一类，然后沿该类影响分支的流程进入逻辑决断图的下层，以选择适用且有效的预防性维修工作类型。

图 3-3 中的下层（包括问题 2、3、4、5 的 A～F）是根据每个功能故障的故障原因选择每个 FSI 具体的预防性维修工作类型。对于明显功能故障的产品，可供选择的维修工作类型为保养、操作人员监控、功能检测、定时拆修、定时报废和综合工作。对于隐蔽功能故障的产品，可供选择的维修工作类型为保养、使用检查、功能检测、定时拆修、定时报废和综合工作。

以下分别对每一层问题的分析进行描述。

1) 确定故障影响

逻辑决断图（图 3-3）的上层通过 5 个问题鉴定故障影响的类别。

问题 1：功能故障的发生对正在履行正常职责的操作人员来说是明显的吗？

"正常职责"是指在飞行日与战斗机常规使用相关的职责。问题 1 必须对所分析产品的每一个功能故障都进行提问，其目的是将明显的和隐蔽的功能故障分开。

问题 2：功能故障或由其引起的二次损伤对安全性有直接有害的影响吗？

"直接"是指功能故障或其引起的二次损伤本身产生的影响，不是指和别的功能故障综合的影响（该产品应是无余度的且是放行必备产品）。"对安全性有害的影响"是指后果是极其严重的，有可能是灾难性的，甚至会导致机毁人亡的影响。

问题 3：功能故障对任务完成有直接有害影响吗？

（1）该问题是问功能故障对任务完成是否有下列有害影响：

① 需在下次任务前修复；

② 影响任务的适应性，例如限制飞行包线、限制重量、不能防冰等；

③ 要求飞行员使用非常规或应急程序。

（2）对该问题回答"Y"（是）的功能故障产品，通常是最低限度工作设备或任务关键设备类的产品。

问题 4：一个隐蔽功能故障和另一个与系统相关的或备用的功能故障的综合对安全性有直接有害的影响吗？

该问题考虑了这样的故障情况：一个隐蔽功能（其故障对操作人员来说是不知道的）的丧失，本身并不影响安全性，但当和另一个与系统相关的或备用的功能故障的综合时,就会对使用安全性带来有害影响。

问题5：一个隐蔽功能故障和另一个与系统相关的或备用的功能故障的综合对任务完成有直接有害的影响吗？

该问题考虑了这样的故障情况：一个隐蔽功能（其故障对操作人员来说是不知道的）的丧失,本身并不影响任务完成,但当和另一个与系统相关的或备用的功能故障的综合时,可能会使任务降级或失败。

回答完上层的问题,将功能故障按明显功能故障和隐蔽功能故障进一步划分为六种故障,包括：安全性影响的明显功能故障、任务性影响的明显功能故障、经济性影响的明显功能故障、安全性影响的隐蔽功能故障、任务性影响的隐蔽功能故障和经济性影响的隐蔽功能故障。

2）选择维修工作类型

逻辑决断图（图3-3）的下层是分别针对上层分析确定的6种故障,选择适用且有效的维修工作类型。

（1）各工作类型的选择逻辑。

在六种故障类别中,工作类型的确定都是类似的,主要根据功能故障的原因来确定工作类型。一般情况下,排在后面的工作类型将是更保守、更严格和/或耗资更大的。因此,为同时保证飞机的安全性、可用性和低使用费用的要求,规定了如下选择工作类型时的逻辑：

① 所有分支中,对第一个问题,即"润滑/保养"问题,不论回答为"Y"（是）或"N"（否）,都必须继续第二个问题；

② 在安全性（包括明显的和隐蔽的）的影响分支中,所有后续的问题都必须继续,最后选择一种最有效预防性维修工作或综合工作；其余的分支,除第一个问题外,得出"Y"（是）的答案后,分析工作即告结束；

③ 缺省逻辑,即在缺少适当的资料和信息对问题作出确切回答时,按缺省逻辑,给出"N"（否）的回答,并进入后续问题。

（2）各工作类型的含义及其适用性判别准则。

各工作类型的适用性主要取决于产品的故障特性。可供选择的工作类型有七种,明显功能故障和隐蔽功能故障各有六种,主要区别在于,明显功能故障可选择操作人员监控,隐蔽功能故障选择使用/目视检查的方式来发现。

① 润滑/保养。

润滑/保养是为保持产品固有设计性能而进行的表面清洗、擦拭、通风、添加油液或润滑剂、充气等作业,但不包括功能检查和使用检查、恢复、定时报废等工作。有时需要通过拆卸、分解、再装、调整或通过简捷的维修作业来完成。

润滑/保养可用于所有故障类别。其适用性在于润滑/保养必须是产品设计所要求的,必须能降低产品功能的退化速率。

② 操作人员监控。

操作人员包括飞行员及战斗机或设备的维修人员。操作人员监控是指在正常使用飞机时对其状态进行的监控,其目的在于发现产品的潜在故障。正常使用包括:飞行前检查、对座舱和系统仪表的监控,以及通过感觉(如气味、噪声、振动、温度、视觉、操纵力的改变等)及时辨认或发现异常现象或潜在故障。

操作人员监控可用于明显功能故障。其适用性在于产品抗故障能力的退化必须是可探测的,且存在一个可定义的潜在故障状态,从该状态发展到功能故障必须经历一定的可预测时间;另外,功能必须是操作人员正常工作的组成部分。

③ 使用/目视检查。

使用/目视检查是按计划进行的定性检查或观察,以确定产品能否执行规定功能,其目的在于及时发现隐蔽功能故障,确保规定的隐蔽功能的可用性,尽量减少发生多重故障的可能性。例如,对火灾告警装置、应急设备、备用设备的定期检查等。

使用/目视检查可用于隐蔽功能故障。其适用性在于产品是否已处于故障状态必须是能够确定的。

④ 检查/功能检测。

功能检测是一种定量的检查,以确定一个产品的一种或几种功能参数是否在规定的范围内,其目的在于发现潜在故障,预防其发展为功能故障。检查指的是以下三种情况之一:一般目视检查、详细检查、特殊详细检查。

一般目视检查是对外部和内部的区域、结构及组件进行目视观察,以寻找明显的损伤、故障或不正常的迹象。这种检查可以在正常光线下进行,有时可能需要拆掉或打开检查口盖或门等,或需要拆下整流包皮、整流罩等。

详细检查是对特定的区域、结构及系统和组件进行仔细的目视检查,以寻找损伤、故障或不正常的迹象。这种检查可采取适当的照明措施,必要时可用镜子、放大镜等辅助工具,以及进行表面清洁处理和使用复杂的接近手段。

特殊详细检查是对特定的产品、组件及其安装进行的仔细检查,以寻找损伤、故障或不正常的迹象。它类似于详细检查,不同之处在于该检查要求使用特殊的检查技术和设备,也许还会要求做分解工作。特殊详细检查可用于所有故障类别。其适用性在于产品抗故障能力的退化必须是可探测的,且存在一个可定义的潜在故障状态,从该状态发展到功能故障必须经历一定的可预测时间。

⑤ 定时拆修。

定时拆修指产品使用到规定的时间予以拆修,使其恢复到规定的状态。由于定时拆修工作可以从 FSI(指 LRU)的更换、分解或清洗开始直到产品的全面翻修,因此必须规定每项拆修工作的具体内容。

定时拆修可用于所有故障类别。其适用性在于产品必须有一个可确定的耗损期,到期产品将显示出功能的恶化特性,且该产品的大部分必须能生存到该耗损期,必须能恢复到规定的抗故障能力标准。

⑥ 定时报废。

定时报废指产品使用到规定的时间予以报废。

定时报废可用于所有故障类别。其适用性在于产品必须有一个可确定的耗损期,到期产品将显示出功能的恶化特性,且该产品的大部分必须能生存到该耗损期。报废工作通常适用于所谓的单体零件,如滤芯、壳体等。

⑦ 综合工作。

综合工作指实施两种或多种类型的预防性维修工作。

综合工作可用于安全性和任务性影响的故障。其适用性在于产品满足综合工作中每一项工作的适用性准则。

在确定战斗机及其系统、设备的维修工作类型时,需要特别说明的是关于定时拆修和定时报废工作的选择。对于安全性影响的项目,可以确定多项适用且有效的工作类型,因此对于有寿命要求的产品,可按规定的寿命期限确定定时拆修或定时报废的工作。对于没有寿命要求的产品,应考虑故障模式是否可以通过定时拆修来预防,如分解产品进行清洁、润滑等或更换内部密封件、有寿件等工作;若有必要,应确定定时拆修工作类型。对于任务性或经济性影响的项目,只要有一项工作适用且有效就能满足要求。因此,只有在前几项工作类型都不适用有效的情况下,才按上述思路,考虑是否有必要进行定时拆修或定时报废工作。

(3) 各工作类型的有效性判别准则。

各工作类型的有效性主要取决于该类型工作对产品故障后果的消除程度。对于有安全性和任务性影响的功能故障,若该类预防性维修工作能将故障或多重故障发生的概率降低到规定的可接受水平,则认为是有效的;对于有经济性影响的功能故障,若该类预防性维修工作的费用低于产品故障引起的损失费用,则认为是有效的。

4. 确定 FSI 预防性维修工作间隔期

FSI 预防性维修工作间隔期的确定比较复杂,涉及各个方面的工作,一般先由各种维修工作类型做起,经过综合研究并结合维修级别分析和实际使用进行。因此,首先应确定各类维修工作类型的间隔期,然后合并成产品或部件的维修工作间隔期,再与维修级别相协调;必要时还将影响飞机设计,并在实际使用和试验中加以考核,逐渐调整和完善。

一般来说,对于有耗损期的产品,其定时拆修或定时报废的时间可根据有关经验和设计试验数据确定;对于存在潜在故障状态的随机故障,其工作的间隔期可通过分析潜在故障发展成为功能故障的时间来确定,要保证在此期间至少做两次检查。因此,有关数据是很重要的,应考虑有无实际的和适用的数据用于确定有效的维修工作间隔期,包括其他机型类似系统/设备的经验以及本产品的相关设计试验数据等。若无上述经验或数据,或与其他系统/设备不是足够的相似,则需要通过工程分析,结合设计情况(包括可靠性、余度等)来确定维修工作的间隔期。

战斗机的预防性维修工作时机包括飞行前检查、再次出动前检查、飞行后检查、使用中的定期工作以及其他工作时机。应按照工作的有效性原则将分析确定的工作安排在合适的时机,允许同一工作类型在不同的时机进行,也允许在同一时机开展不同类型的工作。凡定期工作均需确定工作间隔期。

分析确定预防性维修工作间隔期应根据下列信息:

(1) 产品的使用环境和条件;
(2) 产品的故障模式和故障发展规律、发现方式等;
(3) 有关的测试与技术分析数据;
(4) 使用方对维修的要求;
(5) 同型或类似产品的使用和维修经验。

预防性维修工作间隔期应根据故障的后果(包括引起多重故障的后果)及其故障规律确定。不同的工作类型,其间隔期的确定原则不同,具体如下:

1) 使用/目视检查间隔期

按确定的间隔期进行使用/目视检查,应能将多重故障的发生概率降低到规定的可靠性水平。

2) 检查/功能检测间隔期

产品潜在故障发生且可被检测的点称为 P 点,由潜在故障最终发展为功能故障的点称为 F 点,中间的时间间隔称为 $P-F$ 间隔期,检查/功能检测的间隔期可通过分析 $P-F$ 间隔期来确定,间隔期应小于 $P-F$ 间隔期,最好保证在此期间至少做两次检测。

(1) 若产品从新品到 P 点的时间间隔远大于 $P-F$ 间隔期,则检查/功能检测的间隔期应分为首检期和重复间隔期,首检期应小于从新品到 P 点的时间间隔。

(2) 当产品故障的 $P-F$ 间隔期或耗损期值不能确定时,可暂时根据经验确定一个工作间隔期,在战斗机试飞、试用和使用过程中对该项工作的间隔期进行探索,逐步调整。

3）定时拆修和定时报废间隔期

定时拆修和定时报废工作的间隔期一般应不大于产品的耗损期,耗损期时间可根据有关经验和设计试验数据确定,一般以规定的首翻期或使用寿命作为耗损期,在没有首翻期或使用寿命的情况下,可根据具体情况确定能有效预防故障模式发生的工作间隔期。

5. 提出 FSI 维修级别建议

维修级别的选择取决于战斗机作战和使用的要求、技术条件以及维修的经济性。除特殊需要外,一般应将预防性维修工作确定在耗费最低的维修级别。经初步分析后,提出各 FSI 预防性维修工作的维修级别建议。

战斗机的维修通常按三级维修体制进行,即基层级维修、中继级维修和基地级维修。第四代战斗机更多采用两级维修体制,即基层级维修和基地级维修。维修级别的具体定义和每一级维修的工作任务在本书 4.3.2 节中有详细论述。

6. 确定非重要功能产品(NFSI)预防性维修工作

未划为 FSI 的其他产品为非重要功能产品(NFSI)。对 NFSI 不需要进行深入分析,可按以往类似产品的经验,或在采用了新材料、新技术时,按有关承制方的建议确定是否需要做某些预防性维修工作,如果需要,则进一步确定预防性维修工作类型及间隔期,并提出维修级别建议。NFSI 的预防性维修不应显著增加总的维修费用,并应控制在最小范围内。

根据以往相似产品的经验或对特殊产品的建议,某些 NFSI 可能仍需要做一定的、简易的预防性维修工作,这些产品的维修工作包括机会维修和一般目视检查。其中,机会维修是指在邻近产品或所在区域进行计划或非计划维修时趁机所做的与间隔期相近的预防性维修工作。

7. 汇总预防性维修工作

完成 RCMA 后,应根据分析结果,将分析得出的所有预防性维修工作进行汇总,可根据工作时机、维修间隔、可能的检查通道等,可视情将一些维修工作合并为一项,具体工作内容仍然包含这些维修工作的内容,在维修工作说明中进行说明。填写以可靠性为中心的维修分析记录表(格式见表 3-1～表 3-9),表 3-1～表 3-9 的填写应与分析步骤相一致。形成飞机 RCMA 报告,输出结果向使用与维修任务分析(O&MTA)提供输入。

分析后,若没有找到适用且有效的预防性维修工作类型来预防产品功能故障的发生,则：

（1）对于对故障有安全性影响的产品,必须更改设计。

(2) 对故障有任务性影响的产品,根据产品的功能和任务要求考虑是否有必要更改设计。

(3) 对故障有经济性影响的产品,应从经济角度权衡是否需要更改设计。

RCMA 报告主要包括以下内容:

(1) 产品描述及工作原理。对产品进行概要描述,对其功能及其工作原理进行简要说明,并附简图。

(2) 引用相关可靠性、维修性、测试性分析报告,给出报告的编号和名称。

(3) 列出产品的结构层次,分解至 LRU/LRM,分析、阐述 LRU/LRM 应确定为 FSI 或 NFSI 的理由,对分解出的 LRU/LRM,填写表 3 - 1,若产品本身为 LRU,则直接填写表 3 - 1。

表 3 - 1 产品概况记录表

系统:　　　　　　　　　　　　　　子系统:

产品名称	产品型号	单机数量	安装位置	功能	产品类别					简要说明
					FSI				NFSI	
					A（影响安全）	B（影响任务）	C（重大经济损失）	D（隐蔽故障与另一故障综合的上述影响）	E（从属故障的上述影响）		

填表说明:

a. 系统、子系统:产品所属的系统、子系统名称。

b. 产品名称、产品型号:按成品的结构层次,分解得到的 LRU/LRM 一级的产品。

c. 单机数量:填写单架战斗机安装该产品的数量。

d. 安装位置:填写该产品所在的区域或舱位。

e. 功能:填写该产品的各项功能并予以说明,包括输入和输出容限等任何可能的限制因素,且标明所有的隐蔽功能。

f. 产品类别:确定为 FSI 的产品在"FSI"的相应栏内打"√",其中的 A、B、C、D、E 分别代表:A——产品故障会影响安全;B——会影响任务的完成(任务降级或任务失败);C——可能导致重大的经济损失;D——产品的故障为隐蔽功能故障;E——可能引起从属故障,导致上述一项或多项影响。确定为 NFSI 的成品在"NFSI"栏内打"√"。

g. 简要说明:对产品类别的确定进行原因说明。

(4) RCMA 的主要内容包括:

① 对于 FSI,通过逻辑决断,确定 FSI 的预防性维修工作类型,给出工作时机、工作间隔期及依据,提出维修级别建议,填写表 3 - 2。

表 3-2 重要功能产品(FSI)RCMA 记录表

系统：　　　　　　　　　子系统：

产品名称	产品型号	故障模式及原因	故障影响逻辑决断					故障影响类别	工作类型逻辑决断																						维修工作				
			1	2	3	4	5		安全性影响						任务性影响						经济性影响										编号	工作类型	工作时机	维修间隔期及依据	维修级别
									A	B	C	D	E	F	A	B	C	D	E	F	A	B	C	D	E										

填表说明：

a. 产品名称、产品型号：确定为 FSI 的 LRU/LRM 名称和型号。

b. 故障模式及原因：填写在 FMEA 中分析得出的产品故障模式及原因。

c. 故障影响逻辑决断：针对图 3-1，分别对上层所提的问题 1~5 填入"Y"(是)或"N"(否)的回答，其具体说明需要填写表 3-3"故障影响类别分析记录表"。

d. 故障影响类别：根据表 3-3 的分析结果填写由故障影响逻辑决断得到的六种故障影响类别。

e. 工作类型逻辑决断：针对图 3-1，分别对确定的故障影响分支上的工作类型选择 A~F(或 E)填入"Y"(是)或"N"(否)的回答；并针对故障原因，对工作类型的适用性和有效性进行判断后填写，对于回答"Y"的工作类型，需要填写表 3-4~表 3-7 进行说明。

f. 工作类型：填入经过逻辑判断确定的预防性维修工作类型，如有几种预防性维修工作，则分别编号，填入表中。

g. 工作时机：按以下规定的类别填写每项工作的工作时机。若维修工作适用于多个时机，则分别列出，即飞行前检查、再次出动前检查、飞行后检查、使用中的定期工作。若不属于前面四类工作时机时，则填写清楚该维修工作的适用时机。

h. 维修间隔期及依据：对定期工作，填写工作的间隔期，并说明确定的依据。

i. 维修级别：可用代码 O、I、D 分别代表基层级、中继级和基地级。若一项工作类型涉及两个以上维修级别，则在填表时应注意填写清楚。

其中，故障影响类别的判定过程，填写表 3-3；对初步判定适用和有效的工作类型，根据适用性和有效性判断准则，选择填写表 3-4~表 3-7，确认选择的工作类型是否适用和有效。

表 3-3 故障影响类别分析记录表

系统：　　　　　　　　子系统：

产品名称		产品型号	
故障模式			

故障影响问题	序号	回答	说明
1.功能故障的发生对正常使用和操作飞机的操作人员是明显的吗？	1		
2.功能故障或由其引起的二次损伤对使用安全有直接有害影响吗？	2		
4.隐蔽功能故障和另一个与系统有关或备用功能的故障的综合对使用安全有有害影响吗？	3		
3.功能故障或由其引起的二次损伤对任务完成有直接有害影响吗？	4		
5.隐蔽功能故障和另一个与系统有关或备用功能的故障的综合对任务完成有有害影响吗？	5		
明显安全／明显任务／明显经济／隐蔽安全／隐蔽任务／隐蔽经济	故障影响类别		
	备注		

填表说明：

a. 产品名称、产品型号、故障模式：来自表 3-2。

b. 问题序号、回答和说明：按左侧图示逻辑流程回答问题，将"Y"（是）或"N"（否）的答案填入相应问题序号之后，同时在"说明"栏说明原因，未回答的问题在"回答"和"说明"栏填"/"。

c. 故障影响类别：根据问题回答结果，填入最终确定的故障影响类别，可简化写为"明显安全、明显任务、明显经济、隐蔽安全、隐蔽任务、隐蔽经济"。

d. 备注：其他需要说明的事项。

表 3-4 保养工作分析记录表

系统：　　　　　　　　子系统：

产品名称	产品型号	故障模式及原因	故障后果	产品设计要求进行怎样的保养工作	如何降低产品功能的退化速度	保养工作是否适用和有效

填表说明：

a. 前四栏来自表 3-2。

b. 产品设计要求进行怎样的保养工作：填写由于产品设计本身所要求的需对产品进行的具体哪一类保养工作，并对工作进行具体说明。

c. 如何降低产品功能的退化速度：说明该项保养工作基于何种原理能够起到阻止产品功能退化的作用。

d. 保养工作是否适用和有效：根据分析进一步确认保养工作是否适用和有效，填写"Y"（是）或"N"（否）。

表3-5 使用/目视检查工作分析记录表

系统：　　　　　　　子系统：

产品名称	产品型号	故障模式及原因	故障后果	维修工作适用性	维修工作有效性		使用/目视检查工作是否适用和有效
				探测隐蔽功能故障的方法	安全/任务影响	经济影响	
					实施使用/目视检查工作后是否能降低多重故障的发生概率	有无经济效果	

填表说明：

a. 前四栏来自表3-2。

b. 探测隐蔽功能故障的方法：给出该项隐蔽功能故障的具体检测方法。

c. 实施使用/目视检查工作后是否能降低多重故障的发生概率：该隐蔽功能故障与另一功能故障同时发生将影响飞机安全或任务时填写此栏，以规定的间隔期实施使用/目视检查工作后，如果能降低两个故障同时发生的概率则填"是"，否则填"否"。

d. 有无经济效果：该隐蔽功能故障与另一功能故障同时发生将造成重大经济损失时填写此栏，以规定的间隔期实施使用/目视检查工作所需费用如果比两个故障同时发生所造成的经济损失小，则填"有"，否则填"无"。

e. 使用/目视检查工作是否适用和有效：若有具体可行的故障检测方法，且能够降低多重故障的发生概率，或有明显的经济效果，则此栏填"是"，否则填"否"。

表3-6 操作人员监控或功能检测工作分析记录表

系统：　　　　　　　子系统：

产品名称	产品型号	故障模式及原因	故障后果	维修工作适用性				维修工作有效性		维修工作是否适用和有效
				探测产品功能退化的方法	可探测的潜在故障状态	从潜在故障发展到功能故障的时间	是否为操作人员正常工作*	安全/任务影响	经济影响	
								实施该工作后能否降低故障的发生概率	有无经济效果	

* 此栏只适用于操作人员监控工作的分析

填表说明：

a. 前四栏来自表3-2。

b. 探测产品功能退化的方法：给出该项功能故障处于潜在故障状态时的检测方法。

c. 可探测的潜在故障状态：具体说明可被探测的潜在故障状态，如参数范围。

d. 从潜在故障发展到功能故障的时间：填写估计的从可被探测的潜在故障状态发展到功能故障发生的时间间隔。

e. 是否为操作人员正常工作：仅对操作人员监控工作进行分析时填写此栏，如果维修工作是操作人员正常工作的组成部分,并在飞行员手册或各类操作员手册中有明确规定,则填"Y"(是),否则填"N"(否)。

  f. 实施该工作后能否降低故障的发生概率:该故障的发生将影响飞机安全或任务时填写此栏,以规定的间隔期实施操作人员监控或功能检测工作后,如果能降低故障发生概率,则填"Y"(是),否则填"N"(否)。

  g. 有无经济效果:该故障的发生将造成重大经济损失时填写此栏,以规定的间隔期实施操作人员监控或功能检测工作所需费用如果比故障发生所造成的经济损失小,则填"有",否则填"无"。

  h. 维修工作是否适用和有效:若潜在故障状态明确,有具体可行的检测方法,从潜在故障发展到功能故障有合理稳定的时间间隔,对于功能检测工作,此栏填"Y"(是),否则填"N"(否);对于操作人员监控工作,若同时监控工作是操作人员的正常工作,则填"Y"(是),否则填"N"(否)。

表 3-7 定时拆修或定时报废工作分析记录表

系统:　　　　　　　　子系统:

产品名称	产品型号	故障模式及原因	故障后果	维修工作适用性			维修工作有效性		维修工作是否适用和有效
				产品耗损期	是否大部分产品均能正常工作到该耗损期	是否能将产品修复到规定状态	安全/任务影响	经济影响	
							实施该工作后能否降低故障的发生概率	有无经济效果	

*此栏只适用于定时拆修工作的分析

填表说明:

  a. 前四栏来自表 3-2。

  b. 产品耗损期:填写产品的耗损期,一般为规定的首翻期或使用寿命,也可填写根据经验或相关试验确定的耗损期数据。

  c. 是否大部分产品均能正常工作到该耗损期:根据经验,判断是否大部分产品均能正常工作到该耗损期,或者根据概率计算数据,判定产品是否能大概率正常工作到该耗损期,如果"是"则填"Y"(是),否则填"N"(否)。

  d. 是否能将产品修复到规定状态:仅对定时拆修工作进行分析时填写此栏,如果产品经过拆修能够恢复其规定的功能状态,则填"Y"(是),否则填"N"(否)。

  e. 维修工作说明:仅对定时拆修工作能将产品修复到规定状态时填写此栏,填写具体开展的拆修工作,如需要更换的零件、需要进行清洗、润滑、保养的部件等。

  f. 实施该工作后能否降低故障的发生概率:该故障的发生将影响飞机安全或任务时填写此栏,以规定的间隔期实施定时拆修或定时报废工作后,如果能降低故障发生概率,则填"Y"(是),否则填"N"(否)。

  g. 有无经济效果:该故障的发生将造成重大经济损失时填写此栏,以规定的间隔期实施定时拆修或定时报废工作所需费用如果比故障发生所造成的经济损失小,则填"有",否则填"无"。

  h. 维修工作是否适用和有效:对于定时拆修工作的分析,若产品存在明确的耗损期,上述 c、d 两栏均为"是",则此栏填"Y"(是),否则填"N"(否);对于定时报废工作的分析,若产品存在明确的耗损期,上述 c 栏为"是",则此栏填"Y"(是),否则填"N"(否)。

  ② 对于 NFSI。通过经验判断,确定 NFSI 的预防性维修工作类型,给出工作

间隔期及其维修级别建议,填写表3-8。

表3-8 非重要产品(NFSI)分析记录表

系统：　　　　　　　　　子系统：

产品名称	产品型号	该产品有类似产品吗？	根据类似产品的经验确定工作		根据承制方的建议确定工作		工作时机	维修间隔期	维修级别
			编号	工作类型及说明	编号	工作类型及说明			

填表说明：
a. 该产品有类似产品吗：在该栏目中填入"Y"(是)或"N"(否)的回答。
b. 根据类似产品的经验确定工作：填入根据类似产品的经验确定的预防性维修工作类型及说明,如有几种预防性维修工作,则分别编号,填入表中。
c. 根据承制方的建议确定工作：填入根据产品研制经验与试验分析,或转承制方、货架产品生产单位等给出的建议,确定的预防性维修工作类型及说明,如有几种预防性维修工作,则分别编号,填入表中。
d. 最后三栏同表3-2填表说明的g、h、i条。

在前面分析的基础上,对产品的预防性维修工作进行汇总,填写表3-9。

表3-9 预防性维修工作汇总表

系统：　　　　　　　　　子系统：

产品名称	产品型号	安装位置	首翻期	总寿命（使用期限）	维修工作类型	维修工作说明	工作时机	维修间隔期	维修级别	备注

③ 结论及说明。

分析产品的预防性维修工作项目是否过多或基本合理,同时对分析过程中需要说明的问题,如表格中对维修工作的间隔期、维修级别的确定依据等未能详尽说明的内容予以说明。

3.1.3 修复性维修分析

修复性维修是指产品发生故障后,使其恢复到规定状态所进行的全部活动,它包括下述一个或全部步骤：故障定位、故障隔离、分解、更换、再装、调整及检测等。不是所有故障都是可以预防的,若在各类检查工作中发现了产品的潜在故障,或产品发生了偶然的功能故障之后,就需要进行修复性维修工作。因此,需要根据设计要求和经验,对所有系统及其所属产品进行修复性维修分析,确定修复性维修工作类型和工作频率,并提出进行维修工作的维修级别建议。战斗机修复性维修分析是根据FMECA得到的分析结果,例如故障发生部位、对飞机功能的影响程度、发生的概率以及是否可以采取预防性维修措施加以消除或减缓等,进行分析研究,确定应进行的修复性维修工作。

战斗机修复性维修分析步骤,如图3-4所示。

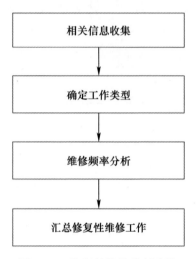

图3-4 修复性维修分析步骤

1. 相关信息收集

进行信息收集是修复性维修分析的基础。战斗机在进行修复性维修分析过程中主要考虑的信息包括:

(1) FMECA分析结果:产品的故障信息(如产品的功能故障模式、故障原因和故障影响)、预计的故障率、潜在故障判据、功能故障或潜在故障可能的检测方法。

(2) 类似产品的维修保障信息:维修的方法和所需人力、设备、工具、备件、油液等。

2. 确定工作类型

产品的修复性维修工作可包括一项或几项工作类型,应根据FMECA结果,了解产品可能要发生的潜在故障或功能故障模式,以此来确定所需要的一种或几种工作类型。

修复性维修的工作类型及其代码如下:

(1) 保养——A,含义同前。

(2) 检查——B,指确定产品故障状况的维修活动。

(3) 调整/定位——C,常作为维修活动的一个组成部分,一般都是与其他维修活动相互配合的,很少单独进行。

（4）功能检测——D，指完成修复性维修活动后进行的状态核实。

（5）拆卸与更换——G，指拆掉某个产品并换上另一相同新产品的维修活动。

（6）故障检测和隔离——H，指按一定的逻辑和程序检测故障并进行故障定位的维修活动。

（7）修理——J，包括使故障产品恢复到规定状态的一系列修复性维修活动，一般包括部件、模块的分解、固定、密封、更换或临时替换等。

（8）翻修——K，指某产品被完全分解、整修、测试并按维修程序将其恢复到规定状态的一系列维修活动。

（9）其他——L，其他类型。

（10）拆卸和再装——M，指因某种原因拆卸并再次安装某一产品的维修活动。

（11）校准——S，指通过精密测量仪器，对产品的工作范围或精度进行校正的维修活动。

3. 维修频率分析

维修频率分析主要是根据产品发生故障的概率来计算维修频率。

若针对产品不同的故障模式，其修复性维修工作类型都相同，则可用下式计算：

$$\text{FREQ} = K_2 \cdot K_3 / \text{MTBF} \qquad (3-1)$$

式中：FREQ 为维修频率，表示每飞行小时需进行的维修次数；MTBF 为平均故障间隔时间，单位为小时；K_2 为运行比，指产品工作小时与飞行小时之比，可从使用经验获得；K_3 为维修因子（>1），产品除因本身可靠性问题发生故障外，还可能受到外部环境的影响而增加故障次数，总的故障次数与产品本身引起的故障次数之比即为维修因子，可从使用经验获得，外部因素包括人员误操作、外来物损伤、维修不当、贮存不当、环境影响（雨水腐蚀、冰雹损坏等）等。

若针对产品不同的故障模式，其修复性维修工作类型也不同，则可用下式分别计算不同工作类型的频率：

$$\text{FREQ} = \alpha_i \cdot K_2 \cdot K_3 / \text{MTBF} \qquad (3-2)$$

式中：FREQ 为针对第 i 种故障模式进行的维修工作的维修频率，表示每飞行小时需进行的维修次数；α_i 为第 i 种故障模式的频数比；MTBF 为平均故障间隔时间，单位为小时；K_2 为运行比，K_3 为维修因子，如式（3-1）的说明。

4. 汇总修复性维修工作

将分析得出的系统、系统内所有产品的修复性维修工作进行汇总,若针对同一产品不同故障模式,分析得出的修复性维修工作类型是相同的,汇总时应将相同的工作类型合并为一项,合并后的维修工作频率为这几项相同的维修工作类型的频率相加。完成修复性维修分析后,填写修复性维修分析记录表 3-10～表 3-12,表的填写应与分析步骤相一致。形成修复性维修分析报告,输出结果向使用与维修任务分析(O&MTA)提供输入。

修复性维修分析报告主要包括以下内容:

(1) 产品描述及工作原理。对产品进行概要描述,对其功能及其工作原理进行简要说明,并附简图。

(2) 引用相关可靠性、维修性、测试性分析报告,给出报告的编号和名称。

(3) 针对产品 LRU/LRM 的故障模式,分析、确定所有产品的修复性维修工作类型,给出建议的维修级别,填写表 3-10。

表 3-10 修复性维修工作类型分析表

系统名称: 子系统名称:

产品名称 /型号	故障模式 及原因	维修工作						技术 依据
		编号	维修工作 类型	工作类型 代码	工作 说明	维修 频率	维修 级别	

填写说明:

a. 系统名称、子系统名称:进行分析的系统名称或子系统名称。

b. 序号、产品名称、产品型(图)号:系统所有产品的顺次排序号、产品的名称、型号或图号,当针对系统级故障模式进行修复性维修分析时,产品名称填系统名称。

c. 故障模式及原因:在 FMEA 中分析得出的产品故障模式及原因。

d. 编号:如针对每个故障模式有几类修复性维修工作,则分别编号,填入表中。

e. 维修工作类型、工作类型代码:按正文 3.1.3 中确定工作类型节的规定填入针对每个故障模式所确定的修复性维修工作类型及其代码,包括:保养——A;检查——B;调整/定位——C;功能检测——D;拆卸与更换——G;故障检测和隔离——H;修理——J;翻修——K;其他——L;拆卸和再装——M;校准——S。

f. 工作说明:对该项维修工作的具体操作进行简要说明。

g. 维修频率:针对某一故障模式的所有修复性维修工作的频率,按表 3-11 中的相应计算结果填写。

h. 建议的维修级别:可用代码 O、I、D 分别代表基层级、中继级和基地级,若一项工作类型涉及两个以上维修级别,填表时应注意填写清楚。

i. 技术依据:填入确定维修工作的依据,如类似产品经验、设计要求等。

(4) 通过填写表3-11估算所有修复性维修工作的频率,并将频率值填入表3-10。

表3-11 修复性维修频率分析表

系统名称:　　　　　子系统名称:

产品名称/型号	故障模式及原因	工作类型代码	频率计算					数据来源
			MTBF	α_i	K_2	K_3	FREQ	

填写说明:

针对产品的每个故障模式确定的各项修复性工作类型,分别填入各项计算数据。其中:

a. 系统名称、子系统名称:进行分析的系统名称或子系统名称。

b. 前四栏同表3-10。

c. 工作类型代码:填入表3-10中针对故障模式的工作类型代码,如针对某故障模式需要进行"A保养""G拆卸与更换"和"J修理"等三项工作,则此栏填"A、G、J"。

d. 频率计算:按3.1.3节中"3. 维修频率分析"的方法计算并填写数据。

e. 数据来源:各项计算数据的来源,如预计值、经验值、协议值等,若各项数据来源不同,应分别写明。

(5) 汇总记录系统内各成品以及系统级的所有修复性维修工作。若维修工作有合并,则注意合并后的维修工作频率应填入相加后的结果。

表3-12 修复性维修工作汇总表

系统名称:　　　　　子系统名称:

产品名称	产品型号	安装位置	MTBF	K_2	维修工作类型	工作类型代码	维修频率	维修级别	备注

填表说明见上述相应表、相应栏的说明。

(6) 结论及说明。

分析保障性设计是否存在问题,同时对分析过程中需要进一步说明的问题予以说明,如维修需求的技术依据,使用经验、可靠性数据、专题研究或类似的依据等。

3.1.4 使用与维修任务分析

使用与维修任务分析(O&MTA)是对战斗机的每项使用与维修任务确定其工序和所需保障资源需求的一种分析方法,是保障特性分析工作中的一项重要内容。

战斗机使用与维修保障是指为保证战斗机正确可用,以便其能够充分发挥规定的作战性能所进行的一系列技术和管理活动,它是一系列满足战斗机使用任务与维修需求且具有一定逻辑和时序关系的保障工作项目(活动)的有机组合。在战斗机研制过程中开展使用与维修任务分析,主要是在预防性维修分析和修复性维修分析基础上,明确战斗机在基层级使用、维修任务的执行步骤和涉及的各类保障资源项目,为飞机保障方案设计提供依据。战斗机基层级需要进行的任务,包括外场放飞、基层级修理、定检等时机进行的使用和维修任务。

在确定预防性维修、修复性维修、使用和其他保障工作时,是以战斗机的硬件和软件为对象的,根据 FMECA 的分析结果,确定修复性维修工作要求;根据 FMECA 和 RCMA 的分析结果,确定预防性维修工作要求;对于不能依据 FMECA 和 RCMA 的分析结果确定的使用和其他保障工作,则需要通过分析飞机的预期使用要求和功能进行确定。

战斗机使用和维修任务分析的主要步骤,如图 3-5 所示。

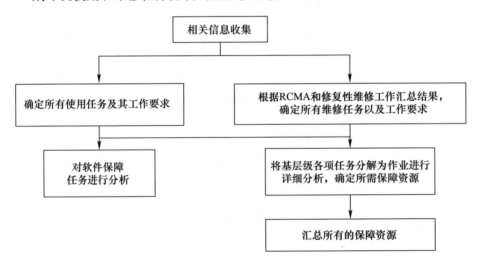

图 3-5 使用与维修任务分析步骤

1. 相关信息收集

使用和维修任务分析需要收集与战斗机使用过程相关的信息,一般包括:

(1) 战斗机的概况,包括战斗机执行的任务、任务剖面及使用场景、系统功能(含隐蔽功能)等。

(2) 战斗机及其系统、设备的设计对使用和维修保障的要求,如使用前准备、使用后保养、测试的主要部位与要求等;维修的方法,如故障检测隔离方法、拆卸更换方法、原位修理方法等,以及所需的人力、设备、工具、备件、材料、油液等。

（3）软件操作、软件修改及配置管理和升级等所需的保障条件。

（4）与使用和维修有关的保障资源在不同维修级别上配备的限制条件和费用信息。

（5）相似战斗机及其系统、设备关于上述几方面的信息。

2. 确定使用任务及其工作要求

根据与战斗机使用相关的信息，特别是战斗机任务完成、系统功能对使用保障的要求，确定出与故障有关的使用任务；并分别针对各项使用任务，确定出任务的详细要求，包括任务名称、工作时机、工作间隔；同时根据 RCMA 结果，明确需要在飞行三个阶段进行的预防性维修工作、保养类工作任务。

战斗机使用任务通常包括：

（1）在飞行三阶段(飞行前、再次出动、飞行后)进行的充填加挂类任务，如充气、加液、挂弹以及数据加载/下载类工作等。

（2）软件保障任务，这主要针对于含有软件的产品，如软件的加载、配置和升级等任务。

（3）其他与使用有关的保障工作。

（4）需在飞行三个阶段进行的预防性维修工作，主要是功能检查类的工作。

（5）定期或非定期的保养类工作。

3. 确定维修任务

通过 RCMA 和修复性维修分析，分别确定飞机、系统以及 LRU/LRM 所有的预防性维修工作类型及其工作间隔、修复性维修工作类型及其维修频率。战斗机维修任务通常包括：

（1）除保养类任务和飞行三个阶段以外的时机需要进行的预防性维修工作。

（2）所有修复性维修工作。

4. 开展使用与维修任务逐项分析

除软件保障类任务外，对前面分析确定的所有基层级使用与维修任务进行逐项分析。具体为:将每一项任务分解为详细的作业步骤，针对每一个作业步骤确定其对保障资源的要求，包括所需的工作条件、技术资料、人员技术水平、数量、工时，以及任务耗时、所需备件及消耗品、相应地面保障设备、测试设备、工具等的要求。

5. 软件保障任务分析

针对战斗机使用任务阶段中所有关于软件的保障任务进行分析。如果在战斗机上需要接口，还必须注意全机各系统接口的统一。

6. 汇总保障资源

根据 O&MTA 结果,将所有使用和维修对保障资源的需求进行汇总,包括保障设备/工具、供应保障、技术资料、训练保障、保障设施、软件保障、包装贮运、人员技术水平等八类资源。填写使用与维修任务分析记录表 3-13~表 3-17,形成使用和维修任务分析报告。

使用和维修任务分析报告主要包括以下内容:

(1) 产品描述及工作原理。对分析对象进行概要描述,对其功能及其工作原理进行简要说明,并附简图。

(2) 引用相关报告。引用的报告包括 RCMA 报告、修复性维修分析报告,并给出报告的编号和名称。

(3) 确定使用任务及其工作要求。将使用任务的确定依据和分析过程表述清楚,若有使用任务则填写表 3-13。

表 3-13 使用任务确定表

系统: 子系统: 产品名称/型号: 序号	使用任务名称	任务用途	工作时机	工作间隔	对设计的要求	技术依据

填表说明:

a. 系统、子系统:产品所属的系统、子系统名称。

b. 产品名称/型号:产品的名称和型号。

c. 序号:多项使用任务时顺次编号,1、2、3……

d. 使用任务名称:该项使用任务的名称,如润滑、通电检查等,这里的使用任务包含飞行三个阶段需要进行的预防性维修工作。

e. 任务用途:执行该项任务的目的,如防止磨损,或因为是重要部件要求进行飞行前通电检查等。

f. 工作时机:按以下规定的类别填写每项任务的工作时机,若该任务需要在多个时机进行,则分别列出:飞行前;再次出动前;飞行后;使用中的定期工作;软件保障;其他,不属于前面五类工作时机时,应填写清楚哪些时机应进行该项使用任务。

g. 工作间隔:对于定期工作,填写工作的间隔期。

h. 维修级别:填写该项使用任务在哪一维修级别进行,可用代码 O、I、D 分别代表基层级、中继级和基地级。若一项工作类型涉及多个维修级别,填表时应注意填写清楚。

i. 对设计的要求:指为了使该项任务能够安全、快捷、准确地操作,对成品、系统和飞机设计的要求,若无要求,则填"无"。

j. 技术依据:需要进行该项使用任务的依据,以及工作时机、工作间隔等确定的依据。

(4) 确定维修任务。根据 RCMA、修复性维修分析结果填写表 3-14,若有将一个工作类型分解为多项工作任务的情况,应进行相关说明。

表 3–14 维修任务确定表

系统:　　　　　　子系统:　　　　　　产品名称/型号:

预防性维修						修复性维修				
工作类型	维修任务序号	维修任务名称	工作时机	工作间隔	维修级别	工作类型	维修任务序号	维修任务名称	维修频率	维修级别

填表说明:

a. 系统、子系统、产品名称/型号:同表 3–13。

b. **工作类型**:由 RCMA 和修复性维修分析得出的预防性维修工作类型和修复性工作类型,分别填入预防性维修和修复性维修的工作类型栏,但不包括飞行三个阶段需要进行的预防性维修工作。

c. **维修任务序号**:多项维修任务时顺次编号,1、2、3……

d. **维修任务名称**:填写由工作类型分解得出的一项或多项维修任务名称。

e. **预防性维修的工作时机、工作间隔、维修级别**:由 RCMA 得出的预防性维修工作类型的工作时机、工作间隔和建议的维修级别,填写与该工作类型相对应的维修任务的工作时机、工作间隔和建议的维修级别。

f. **修复性维修的维修频率、维修级别**:由修复性维修分析得出的修复性工作类型的维修频率和建议的维修级别,填写与该工作类型相对应的维修任务的维修频率和建议的维修级别。

(5)使用和维修任务分析。对表 3–13 和表 3–14 中产品所有的使用和维修任务通过填写表 3–15 进行分析。

表 3–15 使用和维修任务分析表

系统:　　　　　　子系统:　　　　　　产品名称/型号:
任务名称:　　　　执行任务的维修级别:　　　任务地点:
工作区域:　　　　工作条件:　　　　　　需要的技术资料:

作业序号	作业步骤描述	作业耗时(分)	工时(人分)				备件、消耗品及燃料、油料、火工品			地面保障设备及工具			技术资料及器材		注意事项
			初级	中级	高级	总计	名称/型号	数量	生产单位	属性	名称/型号	数量	生产单位	资料名称	器材名称/型号	
1																
2																
…																
累计																

填表说明:

a. 系统、子系统、产品名称/型号:同表 3–13。

b. **任务名称**:进行分析的使用或维修任务名称。

c. **执行任务的维修级别**:建议执行该任务的维修级别,基层级、中继级或基地级。

d. **任务地点**:建议执行该任务的具体地点,如起飞线、机库内、机库外、试车区、任务站等。

e. **工作区域**:执行该任务的区域或舱位。

f. 工作条件:执行该任务所需的电、液、油、气等以及其他特殊条件,并按顺序在作业步骤一栏中列出为满足条件需进行的工作步骤,如没有则填"无"。

g. 需要的技术资料:执行该任务需参考或学习的技术资料名称。

h. 作业序号:将该任务分解出的各作业步骤顺次编号。

i. 作业步骤描述:将任务分解成具体的作业步骤,如上电、打开口盖、检查、保养、清洗、调整、故障检测和隔离、拆卸、安装、修复后的检查等,尽可能将作业分解、填写完整。

j. 作业耗时(分):每一步作业的耗时,以分钟计。

k. 工时(人分):分别填写完成该作业所需的三类技术水平人员的工时。

l. 总计:填写一项作业所需各类技术水平的人员工时的总和。

m. 备件、消耗品及燃料、油料、火工品:完成该项任务所需更换的备件、消耗品及燃料、油料、火工品的名称/型号、数量、生产单位和属性,属性分五类:备件、消耗品、燃料、油料、火工品,其中备件是用于替换装机的各类元器件、零件、组件或部件等;消耗品是该项任务中需要消耗的不属于备件的物品、物件、材料等;燃料、油料、火工品一般是使用任务中需要添加的物品。

n. 地面保障设备及工具:完成该项任务所需地面保障设备及工具的名称/型号、数量和生产单位。

o. 训练资料及器材:若该项任务相对于所要求的人员技术水平仍需要专门训练,则在此栏填写计划编制资料的名称,以及需要的训练器材的名称和型号,若不需要,则填"无"。

p. 注意事项:完成该维修作业需特别注意的事项,如先后次序、工具的使用等,如没有则填"无"。

q. 累计:填写任务各项作业耗时、各类技术人员分别所需工时及总计工时的累计值。

(6) 软件保障任务分析。软件保障任务的分析通过填写表 3 – 16 进行。

表 3 – 16 软件保障任务分析表

系统: 子系统: 产品名称/型号:

序号	软件名称	软件保障任务描述	保障级别	执行该任务的方式			是否需要专用设备及设备名称/型号	机上接口位置	操作人员技术水平要求
				原位	离位				
					拆卸产品	拆卸LRM			

填表说明:

a. 系统、子系统、产品名称/型号:同表 3 – 13。

b. 序号:多个软件时顺次编号,1、2、3……

c. 软件名称:需要保障的软件的名称。

d. 软件保障任务描述:填写在使用过程中软件所需的保障任务名称,最常见的是软件升级,若还有其他任务,则分别列出。

e. 保障级别:软件保障任务执行的维修级别,基层级 O、中继级 I 或基地级 D。

f. 执行该任务的方式:若执行软件保障任务时不需要将产品从飞机上拆下,则在"原位"栏填"√";若需要将产品从飞机上拆下,或需要从产品中将相应的 LRM 拆下,则在"离位"栏中的相应栏填"√"。

g. 是否需要专用设备及设备名称/型号:若执行软件保障任务时需要专用的设备,如专用计算机等,则填"Y"(是),同时填写设备名称和型号;反之,填"N"(否)。

h. 机上接口位置:若执行软件保障任务时是在飞机上原位进行,则填写机上接口的具体位置。

i. 操作人员技术水平要求:执行软件保障任务的人员应具备的技术水平要求,包括学历、需要哪些特殊的培训、应达到的技术级别等。

（7）保障资源汇总。对表 3-15 和表 3-16 中系统所有使用和维修任务所涉及的八类保障资源汇总填入如表 3-17 所示的表中。

表 3-17 保障资源汇总表

产品概述		产品名称		产品型号		单机装机件数		所属系统/子系统	
保障设备	基层级	序号	名称	型号	配套比例/数量	用途	使用时机	研制状态	生产单位	类别	保障设备需求分析报告名称/编号
	中继级	序号	名称	型号	配套数量	用途	使用时机	研制状态	生产单位	类别	
	基地级	序号	名称	型号	配套数量	用途	使用时机	研制状态	生产单位	类别	
供应保障	初始备件	序号	名称	型号	单个产品装该型备件数量	配套数量	安装部位	研制状态	生产单位
	后续备件	序号	名称	型号	单个产品装该型备件数量	配套数量	安装部位	研制状态	生产单位
	消耗品	序号	名称	型号	典型消耗量	用途		生产单位
	燃料、油料	序号	名称	牌号	典型消耗量	用途		生产单位
	火工品	序号	名称	型号	用途			生产单位
技术资料		序号	名称		编号		配置级别	数量
训练保障	训练资料	序号	名称		编号		配置级别	数量
	训练器材	序号	名称	型号	技术指标	配置级别	研制状态	生产单位
保障设施		序号	名称	技术指标			详细技术要求文件名称/编号
软件保障		序号	软件名称	保障任务	软件保障人员专业和技术水平	保障级别	软件编制单位	技术状态控制负责单位
包装贮运								
人员技术水平								
备注								

77

3.1.5 修理级别分析

修理级别分析(LORA)用于确定维修工作在哪一级维修机构执行最为经济有效。战斗机的 LORA 是在战斗机的研制、生产和使用阶段，对预计有故障的产品，进行非经济性和经济性的分析，以确定可行的修理或报废的维修级别的过程。战斗机维修级别是指根据飞机的使用需求、任务特点和组织维修能力等确定的，并在一定时期内相对稳定的维修机构的建制，如广泛采用的三级维修体制中的基层级、中继级和基地级三个实施维修工作的维修级别。

开展 LORA 应遵循以下原则：

(1) 战斗机的修理级别分析工作以非经济性分析为主，在非经济性分析中没有限制因素能确定产品修理级别的情况下，应进行经济性分析，通过比较在不同维修级别的修理费用确定产品的修理级别。

(2) 应对每个 LRU/LRM、SRU、内场可更换子单元(sub-shop replaceable unit, SSRU)的所有故障模式进行 LORA。

(3) 上层次产品的修理级别决定下层次产品的修理级别，即下层次产品的修理级别不能低于上层次产品的修理级别，例如 LRU 选择在基地级修理，那么 SRU 也必须在基地级修理或报废，以避免发生诸如将 LRU 在基地级修理而将其 SRU 又返回到基层级修理的这种矛盾现象。

战斗机 LORA 步骤如图 3-6 所示。

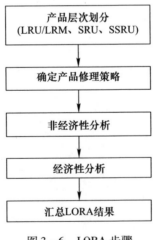

图 3-6　LORA 步骤

1. 产品层次划分

对产品进行 LRU/LRM、SRU、SSRU 各层次的划分，并结合其他工作成果所得数据填入表3-18中,其中MTBF、MTTR可以是协议值或预计值(予以注明),而单价可以是报价值或估计值(予以注明,需有一定依据和可信度)。

表3-18 LRU/LRM、SRU、SSRU清单

产品名称:

产品层次			名称	型号	承制单位	装机数量	单台产品使用数量	MTBF	MTTR	单价	备注
LRU_1/LRM_1											
	SRU_1										
		$SSRU_{11}$									
		……									
		$SSRU_{1N}$									
	……										
	SRU_N										
		$SSRU_{N1}$									
		$SSRU_{N2}$									
		……									
……		$SSRU_{NN}$									

注:LRU/LRM需填写"装机数量",即在飞机上的使用数量;SRU、SSRU需填写"单台产品使用数量",即在所属的LRU上的使用数量。

2. 确定产品修理策略

首先根据产品的设计方案和原理、使用的材料和工艺等,以及可能的修理费用和报废的经济损失等,通过权衡分析,确定产品的修理策略,即故障后修理还是报废,或针对哪些故障模式采取修理的策略,哪些故障模式采取报废的策略。图3-7给出了简化的LORA决策树。

当定性分析不能最终确定修理策略时,可通过定量分析确定,通常采用报废与修理费用粗略计算方法,即报废与修理费用粗略计算,只考虑主要因素。将报废费用C_D与修理费用C_M进行比较,如果$C_D \leqslant C_M$,则确定为报废,否则为修理。

报废费用C_D粗略计算只考虑飞机整个寿命期内替换用的备件费用,不考虑包装与运输费用以及订货与运输期间的备件库存费用。

报废费用C_D按下式计算:

$$C_D = Q_M \times L_O \times 12 \times M \times C_U \tag{3-3}$$

其中:

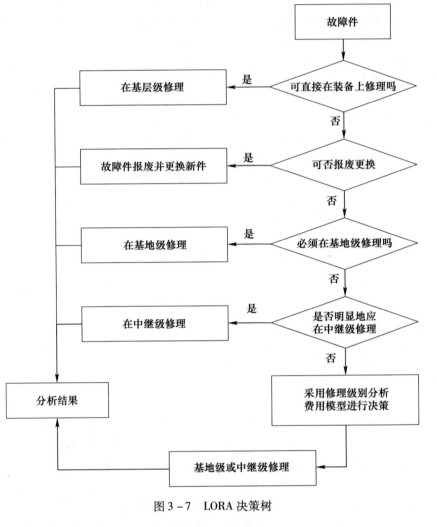

图 3-7 LORA 决策树

$$Q_M = Q_F \times R_U \times Q_P / \text{MTBF} \quad (3-4)$$

式(3-3)、式(3-4)中：C_D 为报废费用；Q_M 为产品在一个场地每月发生的更换任务总数；L_O 为飞机使用寿命；Q_F 为每个场地内配备的飞机数量；R_U 为利用率，约定飞机每架月平均飞行小时，再根据产品的运行比计算产品每月的工作小时，即利用率；Q_P 为在每架飞机上发生故障的该产品的装机数量；M 为场地数；C_U 为产品的单价；MTBF 为产品的平均故障间隔时间。

修理费用 C_M 的粗略计算只考虑保障设备费用、备件的最低投资费用及修理劳务和器材费用，未考虑包装与运输费用、技术投资费用、培训费用、设施费用和备件入库与保管费用等。

修理费用C_M按下式计算：

$$C_M = C_E + C_I + C_W \quad (3-5)$$

式中：C_M为修理费用；C_E为完成修理工作必要的保障设备费用；C_I为备件最低投资费用；C_W为整个使用寿命期内的修理劳务和器材费用。

C_E可根据同类产品的情况来估计，若为新研制的保障设备，可用下式粗略估算：

$$C_E = 保障设备单价 \times 每个场地设备数 \times 场地数\ M + N \times 保障设备研制费用 \quad (3-6)$$

其中，N倍研制费是对保障设备研制费，保障设备硬软件更改、升级研制费及设备全寿命期维修费用总和的粗略估计。

C_I可用下式粗略估算，若按产品需返厂修理，且周转时间不超过S天考虑：

$$C_I = Q_M \times S/30 \times C_U \times M \quad (3-7)$$

C_W可用下式估算：

$$C_W = Q_M \times L_0 \times 12 \times M \times (散件费用 + 维修人时 \times 工资/时) \quad (3-8)$$

式(3-8)中，散件费用按产品单价C_U的百分比计算。

根据下列任一理由，可以将被分析的产品初步确定为报废：

（1）技术上不可行。根据类似产品的使用维护经验，对被分析产品特定的故障模式进行修理在技术上不可行。

（2）经济上不值得。尽可能地按上述方法进行必要的经济性分析，确定产品是否报废，以免作出错误的报废决策。

产品发生故障予以报废的维修决策是在经济性、战备完好性和工程可行性等方面权衡的基础上确定的。错误的报废决策会使备件费用增加，致使全寿命期的报废费用大于修理费用，而正确的报废决策可有以下主要优点：

（1）减少和简化了对保障设备和测试设备的需求；
（2）减少了对技术资料的需求；
（3）减少了替换件数量（零星小件和散件，但非备件）；
（4）降低了培训要求；
（5）减少了基层维修人员数量并降低技能等级要求；
（6）提高了部队的机动性和部署能力。

3. 非经济性分析

非经济性修理级别分析是从非经济性方面的限制因素（如安全性、保密、人力等),或从现有的类似飞机的修理级别分析决策出发,确定修理或报废的维修级别。

修理级别分析的非经济性限制因素是指,将修理或报废的决策限制在特定的维修级别的因素或限定了可用的备选保障方案的那些因素。表3-19列出了有关的限制因素。

表3-19 非经济性修理级别分析的因素

非经济性因素	是/否限制因素	影响或限制的维修级别			限定的原因
		拆换	修理	报废	
1. 安全性 　　存在将产品限制在某特定级别修理的危险因素吗? 　　危险因素包括(但不限于)下列方面:高电压、辐射、极限温度、化学或有毒气体、过强噪声、爆炸物、超重。					(列出具体的危险因素)
2. 保密 　　存在将产品限制在特定级别修理的保密因素吗? 　　保密因素包括:在具有保密设施内进行修理的要求、人员审查以及保密装备的贮存与运输等。					(列出具体的保密因素)
3. 法规或现有维修方案 　　存在影响产品能否在该级别修理的有关法规吗?其中包括类似装备中可用作比较基准的现有维修方案或法规。 　　法规是指约束或限制实施修理或报废工作的修理级别的标准、手册、规范、条例、通报等。					(列出具体的法规名称、编号)
4. 产品修理限制 　　存在将产品限制在特定级别修理或报废级别的保证性内容吗? 　　保证性内容是指产品承制方给订货方提供的某种保证,使产品在规定的时间内能正常地工作。					(列出具体的保证性内容及其所在的文件名称、文件号)

续表

非经济性因素	是/否限制因素	影响或限制的维修级别			限定的原因
		拆换	修理	报废	
5. 战备完好性或任务成功性 　　如果产品在某一维修级别修理或报废,对战备完好性或任务成功性会产生不利影响吗?					(列出具体的不利影响)
6. 装卸与运输 　　存在影响将产品从使用单位送往维修机构进行修理的运输限制因素吗? 　　这些因素包括:重量、外廓尺寸、特殊装卸要求、易损性等。					(列出具体的运输限制因素)
7. 包装与贮存 　　① 产品的尺寸、重量或体积对贮存有限制性要求吗? 　　② 产品有特殊的包装要求吗?(如计算机硬/软件、危险器材、易碎材料的包装、气候限制及运输期间易损性器材的包装)。					(列出具体的贮存要求和特殊的包装要求)
8. 人力与人员 　　① 是否在某一特定的维修级别才有足够数量的能从事修理的技术人员? 　　② 在某一级别修理或报废对现有的工作负荷将造成影响吗?					① 条列出所需技术人员的数量、学历水平、技能水平,包括应受过的培训课程和内容; ② 条列出可能造成的具体影响。
9. 保障设备与测试设备 　　① 存在将产品限制在特定的维修级别修理的特殊工具、测试设备要求吗? 　　② 该产品是否需要校准、从而由于灵敏度要求或在某一级别缺乏相关设备而需要在特定级别修理吗? 　　③ 保障设备和测试设备的适用性、机动性、尺寸或重量限制了维修级别吗?					(列出保障设备、测试设备、工具等的名称、型号、尺寸、重量、价格等,并分别加以说明)

续表

非经济性因素	是/否限制因素	影响或限制的维修级别			限定的原因
		拆换	修理	报废	
10. 设施 　① 有特殊的设施要求吗？ 　包括高标准的工作间、保障设备体积、气候限制、腐蚀限制、锻造/铸造/冲压设备、先进的校准设备、抗核能力要求等。 　② 有特殊的修理工艺要求吗？ 　包括气密封装置、修理次数的影响、磁微粒检查、X线检查等。 　③ 有特殊的测试方法要求吗？ 　包括振动/冲击试验、风洞测试。 　④ 有特殊的调整要求吗？					（列出特殊的设施要求、修理工艺要求、测试方法要求以及调整要求，并分别加以说明）
11. 其他因素					

注：在"拆换""修理""报废"栏中分别填写"O""I"或"D"，表示在哪一级别进行拆换、修理或报废时存在限制因素。

进行非经济性分析时，需要对一个产品各个层次的每一种故障模式都进行分析，即要对被分析产品清单中的任一产品及其下层次产品直到 SSRU 一级都分别列出故障模式，并回答表 3-19 中的问题，故障模式可参考产品故障模式、影响及危害性分析（FMECA）的结果。同时，不一定所有的问题都适合被分析的产品，对表 3-19 中的问题可以裁减。

具体步骤如下：

（1）在表 3-20 中列出每一个 LRU/LRM 的每一种故障模式。

（2）对每一种故障模式（同类的故障模式可以归并为在一起进行）根据表 3-19 所列的约束因素进行非经济性分析，并填写表 3-19。

（3）根据表 3-19 的回答结果，把"Y"（是）的回答及限制原因汇集起来，确定修理级别和修理方案，并根据每一种故障模式所对应的级别填写到表 3-20 中。

（4）在表 3-20 中列出每一个 SRU 的每一种故障模式（即发生频率高、后果严重的）。

（5）对 SRU 的每一种故障模式重复上述过程，确定修理级别和修理方案。

（6）对 SSRU 重复上述过程。

（7）对上述各过程及层次进行权衡、汇总，确定产品修理级别和修理方案。

表 3-20 LRU/LRM(或 SRU、SSRU)的各故障模式对应的修理级别

LRU/LRM(或 SRU、SSRU)名称：　　　　所属系统(或 LRU/LRM、SRU)名称：

序号	故障模式	维修级别(O、I、D)			备注
		拆换	修理	报废	

注：在"拆换""修理""报废"栏中分别填写"O""I"或"D"，表示在哪一级别进行拆换、修理或报废。

4. 经济性分析

实施非经济性分析不考虑费用因素，如果能根据非经济性分析结果提出的建议给出经济性的估价，将使修理方案的确定更为合理。详细的经济性分析方法，可以参见 GJB 2961—1997 附录 B，本书不作详述。

5. 汇总 LORA 结果

通过初步分析、非经济性分析和经济性分析，本着经济、高战备完好性及理想出勤率的原则，综合权衡作出最终的修理级别决策，并把结果按表 3-21 的格式填写，同一产品在同一级别修理的不同故障模式可写在一起。

表 3-21 产品(或系统)修理级别分析结论汇总表

产品层次			名称	型号	故障模式	维修级别(O、D)			简要说明	备注
						拆换	修理	报废		
LRU_1/LRM_1										
	SRU_1									
		$SSRU_{11}$								
		……								
		$SSRU_{1N}$								
	……									
	SRU_N									
		$SSRU_{N1}$								
		$SSRU_{N2}$								
		……								
	……	$SSRU_{NN}$								

注：在"简要说明"一栏说明每项修理级别结论的理由(包括是根据初步分析的何项理由得出的，或根据非经济性分析哪些限定原因得出的，或根据初步的经济性分析得出的，等等)。

产品 LORA 报告中包括以下主要内容：

（1）产品概述及功能原理图或功能框图。

（2）列出产品各 LRU/LRM、SRU、SSRU 清单，按表 3-18 填写。

（3）分析阐述产品修理策略，必要时进行定量分析。

（4）进行非经济性分析，列出每个产品各个层次的各种故障模式所对应的修理级别，填写表 3-19、表 3-20，其中表 3-19 中的限定原因应具体。

（5）对于涉及计算机软件的产品，需对其软件的维护情况单独进行分析说明。

（6）通过非经济性分析不能确定产品修理级别时，需进行经济性分析。

（7）修理级别分析结论汇总，按表 3-21 填写。

3.2 保障特性设计

战斗机保障特性设计是指在战斗机设计中综合考虑维修保障和使用保障问题，使战斗机达到规定的保障性要求。它是在保障特性分析基础上，通过运用可靠性、维修性、测试性等相关专业工程领域提供的方法进行设计，并将有关保障要求和保障资源及费用约束条件反映在战斗机设计方案中。保障特性设计综合了可靠性、维修性、测试性以及保障特性与飞机性能综合等设计，包括飞机维修保障特性设计和使用保障特性设计。

战斗机维修保障特性设计主要针对飞机"故障"引发的相应维修问题，分析其故障规律，将保障特性要求纳入飞机设计过程中，开展可靠性、维修性、测试性设计，使飞机能够满足要求，并与规划和研制的保障资源相匹配。可靠性、维修性、测试性设计技术和方法是可靠性工程、维修性工程、测试性工程的任务，本书不再进行详细阐述，只将有关的设计流程和设计要求作简要介绍。

面向充填加挂、自保障能力等的战斗机设计就是战斗机的使用保障特性设计。使用保障是为保证战斗机正确使用以便充分发挥规定作战性能所进行的一系列技术与管理活动，战斗机的战术性能需要在得到有效的使用保障基础上才能充分体现。因此，在战斗机设计过程中，应该从功能原理、结构方案、系统设计等方面入手，考虑如何方便、顺利地开展使用保障活动，使得战斗机能够正常地行使其功能，从而形成便于充填加挂、自保障能力等的使用保障特性。

3.2.1 可靠性设计

可靠性是指产品在规定的条件和规定的时间内，完成规定功能的能力。战斗机可靠性反映了飞机是否容易发生故障的特性。其中，基本可靠性反映了飞机故障引起的维修保障资源需求,常用故障率、平均故障间隔时间/平均故障间隔飞行时间来度量;任务可靠性反映了飞机功能特性的持续能力,常用任务可靠度、飞行可靠度来度量。此外,高可靠性也是直接降低战斗机全寿命周期维修保障费用的重要手段之一。

可靠性设计是可靠性工程的核心,必须遵循预防为主、早期投入的方针。应在战斗机方案阶段就开展可靠性设计与分析工作,尽可能将影响产品可靠性的因素消除在设计早期;并在战斗机研制过程中不断地认识故障发生规律,采取有效的设计措施,防止故障的发生及其影响的扩展。

在战斗机研制过程中,通过各种可靠性设计、分析和试验手段,可以找出系统/机载设备设计中的薄弱环节以改进设计,满足战斗机的可靠性要求。基本的战斗机可靠性设计流程如图3-8所示,简述如下。

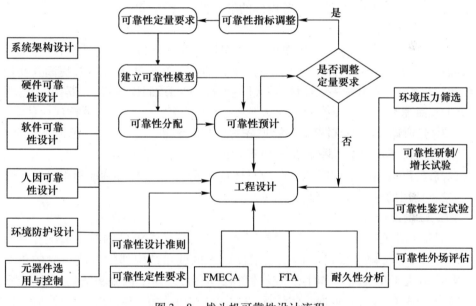

图3-8 战斗机可靠性设计流程

(1)根据已经确定的可靠性定量要求进行系统可靠性指标分配,明确各系统的可靠性设计目标。

(2)按照设计方案建立系统可靠性模型,进行可靠性预计,发现薄弱环节,以改进设计;并判断设计方案能否满足可靠性定量要求。

(3)改进方案/重新进行指标分配,再次进行可靠性预计。如有必要,应与使用方协商,对可靠性指标进行调整。

(4)在设计过程中,制定并贯彻可靠性设计准则,对元器件的选择进行控制。

（5）开展 FMECA、FTA 等，对发现的薄弱环节采取补偿措施，如更改设计等。

（6）结合工程设计，开展一些其他的可靠性设计分析工作。

（7）通过系统/设备可靠性试验和外场使用评估，暴露故障，改进设计，实现可靠性增长，最终达到指标要求。

可靠性设计分析工作应与战斗机及其系统、设备设计工作同步进行，以便将分析结果及时反映到设计中去。通常，战斗机可靠性设计要求包括以下几个方面：

1. 采用成熟的技术和工艺

优先选用经过考验、验证且技术成熟的设计方案（包括硬件和软件）和零部件，充分考虑飞机及其系统、设备设计的继承性。

2. 简化设计

简化设计是可靠性设计应遵循的基本原则，尽可能以最少的元器件、零部件来满足产品的功能要求。简化设计的范畴还包括：优先选用标准件，提高互换性和通用化程度；采用模块化设计；最大限度地压缩和控制原材料、元器件、零部件的种类、牌号和数量等。

3. 元器件、零部件和原材料的选择与控制

元器件、零部件和原材料是构成组件的基础产品，合理选择、正确使用能大大提高产品的优化程度和可靠性，应具体规定元器件、零部件和原材料的优先顺序、禁止使用的种类以及控制方法等。

4. 降额设计

对于元器件，根据有关要求对不同类别的元器件按不同的应用情况和降额要求进行降额。降额设计的概念是指设计的机械和结构部件所能承受的负载（强度）应大于其实际工作时所承受的负载（应力）。对于机械和结构部件，应重视应力－强度分析，并根据具体情况，采用提高强度均值、降低应力均值、降低应力和强度方差等基本方法，找出应力与强度的最佳匹配，提高设计的可靠性。

5. 容错与冗余设计

容错是系统在其组成部分出现特定故障或差错的情况下仍能执行规定功能的一种设计特性。在产品设计中，应避免因任何单点故障导致任务中断和人员损伤，如果不能通过设计来消除这种单点故障模式，就必须设法使设计对故障的原因不敏感（即健壮设计），或采用容错设计技术。冗余设计是常用的容错技术，但采用冗余设计必须综合权衡，并使通过冗余获得的可靠性不被构成冗余布局所需的转换器件、误差检测器和其他外部器件增加的故障率抵消。

6. 防差错设计

人为差错是造成系统事故的主要原因,应采用防差错设计来防止由于操作错误导致的各种危险。在进行防差错设计时,必须对人为差错的特点、类型及后果进行分析,根据分析结果提出防差错设计的有关措施。应避免或消除在安装操作时发生人为差错的可能,即使发生差错也能容易发觉。外形相同而功能不同或安装时容易发生差错的零部件,应从结构上加以限制或有明显的识别标记。

7. 电路容差设计

在进行战斗机可靠性的设计时,应进行电路的容差设计。电路尤其是关键电路的设计,应考虑器件退化后,其性能变化仍在允许的公差范围之内,满足最低性能要求。可以采用反馈技术,补偿由于各种原因引起的元器件参数的变化,实现电路性能的稳定。

8. 防瞬态过应力设计

防瞬态过应力设计也是确保电路稳定、可靠的一种重要方法,必须重视相应的保护设计。例如:在受保护的电线和吸收高频的地线之间加装电容器;为防止电压超过额定值(钳位值),采用二极管或稳压管保护;采用串联电阻以限制电流值等。

9. 热设计

为了使设计的产品性能和可靠性不被不合适的热特性破坏,必须对产品尤其是热敏感的产品进行热分析,以核实并确保不会有元器件暴露在超过应力分析和最坏情况分析所确定的温度环境中。

10. 环境防护设计

环境防护设计包括工作与非工作两种状态。产品出现故障常与所处的环境有关,正确的环境防护设计包括:温度防护设计、防潮湿、防盐雾和防霉菌的三防设计,冲击和振动的防护设计,以及防风沙、防污染、防电磁干扰和静电防护等。此外,应特别注意综合环境防护设计问题,例如采用整体密封结构,不仅能起到三防作用,也能起到对电磁环境的防护作用。

11. 与人的因素有关的设计

除了战斗机及其系统、设备本身发生故障以外,人的错误动作也会造成系统故障。人的因素设计就是将人类工程学应用到可靠性设计中,从而减少人为因素造成的战斗机及其系统、设备故障。

12. 软件可靠性设计

除硬件产品外,对于软件产品也应根据软件设计的特点制定相应的可靠性设计准则并开展设计。

3.2.2 维修性设计

维修性是指产品在规定的条件下和规定的时间内,按规定的程序和方法进行维修时,保持或恢复到规定状态的能力。战斗机的维修性一般用平均修复时间、维修工时、发动机拆装时间等来度量。

维修性设计分析的目的是将成熟的维修性设计分析技术纳入到战斗机的研制过程中。其任务是从分配的各项维修性指标出发,确保最终设计的战斗机技术状态满足其维修性及保障性目标,即战斗机发生故障后,能以最短的维修时间、最少的维修工时与费用和最少的保障资源,使其恢复到规定的技术状态。维修工作是战斗机维修保障的主体,而维修效率、效益主要取决于维修性设计的结果,即关系到维修优化与寿命周期费用最小化。

基本的战斗机维修性设计流程如图3-9所示,简述如下。

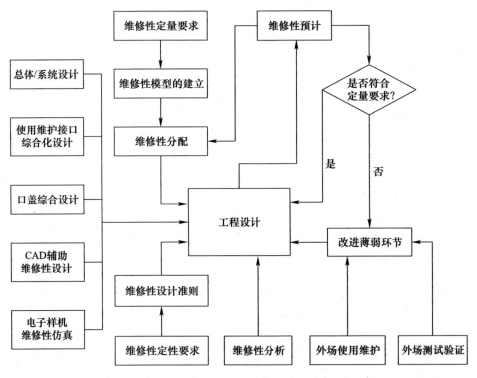

图3-9 战斗机维修性设计流程

(1)按照已确定的维修性定量要求,进行系统维修性指标分配,明确各系统、成品的设计目标。

（2）完成初步设计，进行维修性预计，发现薄弱环节，改进设计。

（3）对改进方案重新进行指标分配，再次进行维修性预计。如有必要，应与使用方协商，进行维修性指标的调整。

（4）制定并贯彻维修性设计准则，进行维修性设计准则符合性检查。

（5）进行维修性分析，对发现的薄弱环节采取设计更改或补偿措施。

（6）通过外场使用或测试验证，暴露维修性问题，分析并改进设计，最终达到指标要求。

通常，战斗机维修性设计要求包括以下几个方面：

1. 系统（或设备）布局要求

（1）插头座、接线盒等应布置在不易受潮的位置。

（2）维修人员在检查、测试和拆装设备、部件时，应提供必要的维修空间或通道。

（3）管路、线路不应妨碍舱门、口盖等活动件的工作。

（4）敷设管路、线路时，两者应相隔一定的距离，一般线路应置于管路上方。不易接近和需要检查的部位，不应敷设管接头和接插件。燃油、液压、气动等管路应排列整齐，尽量避免里外重叠，以便观察和维护；油滤的位置要便于拆卸滤芯和安装。

（5）易被外来物损坏的部位，如天线、传感器、操纵面、空速管以及进气道等，均应有保护措施；而且要保证保护装置的固定方便和可靠，有醒目的标识，以提醒起飞前从机上取下保护装置。

（6）合理布置安装于座舱内的设备和组件，尽可能在不拆卸弹射座椅或座舱盖的情况下拆卸、维修设备和组件。

（7）电气、液压、冷气和环控等系统的外部检测点不得靠近放射源、进气口、排气口、放油点和可动操纵面等部位，应布局在便于接近的位置。

（8）在飞机的各种外挂配置状态下，起落架舱门和外接能源的口盖等，应能自由打开和关闭。

2. 系统（或设备）设计要求

（1）系统（或设备）的设计应便于实行以可靠性为中心的维修思想。综合考虑维修措施，应尽可能减少定时维修的项目。

（2）尽量采用不需要和很少需要进行预防性维修的设备和组件。选材、工艺、结构以及要求的维修环境和条件应与使用部门的维修能力和条件相协调，以便排除故障。

（3）机械组件（如液压作动器）的结构应简单，以便拆装、调整。

（4）使用中容易发生磨损或故障的部件，应设计为可拆卸的。

（5）系统在设计时应把日常维修工作减到最少。

（6）设计时应留有足够的修理余量，并保证修理容差大于制造容差，以保证系统（或设备）修理后可以通过验证。

（7）设备尽量不带电池，若需要，应能在外场级更换电池，而且是在机务人员不打开机箱的情况下即可更换。电池寿命应较长，以减少外场更换次数。

（8）成品与机上连接电缆应有足够的连接空间。

3. 可达性要求

（1）飞机的系统、设备、部件应根据故障频率的高低、调整工作的难易、拆装时间的长短、重量的大小、标牌的位置和安装特点等，将其配置在可达性不同的位置上，尽量做到在检查或拆卸任一故障部件时，不必拆卸其他设备、部件。

（2）接头、开关应尽可能布置于可达性较好的位置上，常需拆卸的接头、开关应设置专用口盖。

（3）设备检测点应布置于设备的外侧，以便打开口盖即可进行检测，常用的检测点应设置专用口盖。

（4）维护口盖的尺寸和位置应符合可达性要求。

（5）尽量不用工具就可打开常用的口盖。

4. 互换性要求

（1）同型号、同功能的部（组）件应具有互换性。

（2）设计人员应根据产品的使用维修条件，提供合理的使用容差，以提高其物理（结构、外形、材料）和功能上的互换性。

（3）战斗机对称安装的部（组）件，应尽可能地把左右件设计成可以互换使用的。

（4）不同工厂生产的相同型号的设备、部件必须具有互换性，设备、部件等的原型产品与改型产品一般应有良好的安装互换性。

（5）应尽量采用标准化设计。在标准选用范围内，尽量选用可靠性高的部件、模块和元器件。

5. 防差错要求

（1）在设计时应充分考虑并采取措施来防止在连接、安装时发生人为差错。做到即使发生连接和安装差错也能立即被发现，避免损坏装置和发生事故等后果。

（2）凡是需要维修人员引起注意的地方或容易发生维修差错的设备或部位，都应在便于观察的位置设置维修标志、符号或说明标牌，标牌上应有准确的数据和有关的注意事项。

（3）对于外场使用中容易发生维修差错的重点设备或部位，应采取"错位装不上"的特殊措施。

（4）在连接、装配、安装、盖口盖和其他维修操作中，可能出现错误的部位，设计上应有防错措施。

（5）对于有固定操作程序的操纵装置，应有操作顺序号码和运动方向的标记。

（6）标记应根据机种的特点及维修的需要，按有关标准规定采用文字、数据、颜色、象形图案、彩圈、符号或数码等表示。在战斗机使用、存放、运输条件下，标记应保持清晰牢固。

（7）应在有流向要求的附件上标明流体方向，以防装反。

6. 人素工程要求

（1）测试点和连接机构要便于识别和维修操作。

（2）尽可能使维修人员在飞机上进行维修时有比较合适的操作姿势。

（3）尽可能使维修人员在飞机上进行维修时有比较合适的照明条件。

（4）设计时应考虑人员搬动部件的重量要求，超过要求的部件，应采取相应的起吊措施。

（5）设计系统及设备时，应设法降低对维修人员的技能等级要求。

7. 维修安全要求

（1）应避免维修人员在接近高温、高电压、毒性物质、微波、放射性物质以及其他有害的环境中进行维修工作。必要时，应有防护措施。

（2）凡是可能发生危险的部位，都应在便于观察的位置设有醒目的标志、文字警告，以防止发生事故，危及人员、设备的安全。

（3）工作舱口的开口和口盖部件的棱边必须是倒角和带圆弧的，并有足够的开敞度便于操作。

（4）应急电门、按钮或把手等应有防护措施，防止因误碰而发生伤人或损坏设备的情况。

8. 组装和安装要求

（1）故障指示器、计时器、手柄和插头等应安装在设备正面的面板上。

（2）应最大限度地按功能划分模块进行组装。

（3）安装时应考虑防错措施。

（4）依据重量考虑把手数量或设置起吊点，并配置起重设备；设备把手的安装位置应满足维护人员使用便捷的需要；设备把手的形式可选择硬把手、软把手或可拆卸式把手。

（5）机载电子设备应设计成快卸的安装形式。

（6）应最大限度地使用插入式模块或组件（使用插入式模块或组件会严重

降低设备可靠性的情况除外)。

(7) 进行模块或组件的维修时,拆卸任一组件,应做到不需拆卸其他组件,应尽可能避免组件或元件堆叠。

(8) 对于因空间限制导致模块或组件必须堆叠的区域,应按预计的拆换频率来安装模块,凡需经常维修的产品,应有较好的可达性。

9. 调整与校准

(1) 安装设备时,应不需要调整和校准。若必须调整和校准,应能迅速、准确地进行。

(2) 应明确调整和校准的要求和频率。

(3) 调整和校准的要求应最少。

(4) 调整点(部位)应可达。

(5) 调整和校准点的位置应与进行该项调整和校准的维修级别相适应。

(6) 应消除调整和校准时的相互干扰因素。

(7) 调整和校准点应有标志。

10. 其他要求

(1) 应备有容器、护罩等,以防系统或设备的脆弱部分在搬运时损坏。

(2) 尽可能选择不需要打保险的紧固件。若必须使用,应尽可能选择小规格的保险丝,应为恢复保险预留足够的空间。

3.2.3 测试性设计

测试性是指战斗机及其系统、子系统、设备或组件能及时准确地确定其可工作、不可工作或性能下降的状态,并能隔离内部故障的一种设计特性。战斗机测试性一般用故障检测率、故障隔离率、虚警率、故障检测时间来度量。

测试性设计分析的目的是将测试性设计与分析技术应用到战斗机的研制过程中,以满足用户提出的战斗机测试性要求。早期的设计决策对战斗机的战备完好性、任务成功性和寿命周期费用将产生重要影响。因此,在战斗机研制过程中,应尽可能早地开展测试性设计分析工作,以提高战斗机的测试性水平。

基本的战斗机测试性设计流程如图 3-10 所示,简述如下。

(1) 按照已确定的测试性定量要求,进行系统测试性指标分配,明确各系统、成品的设计目标。

(2) 完成初步设计,利用 FMECA 和可靠性预计结果进行测试性预计,发现薄弱环节,改进设计。

(3) 对改进方案重新进行指标分配,再次进行测试性预计。如有必要,应与使用方协商,进行测试性指标的调整。

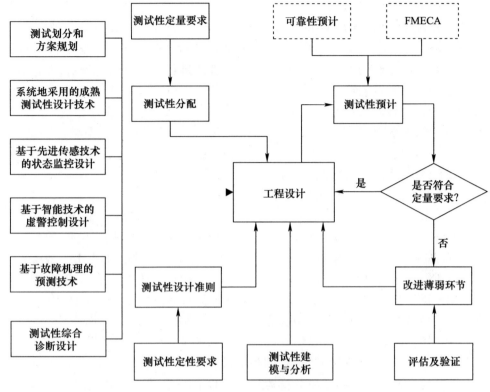

图 3-10 战斗机测试性设计流程

(4) 制定并贯彻测试性设计准则,进行测试性设计准则符合性检查。
(5) 开展测试性建模与分析,对发现的薄弱环节采取设计更改或补偿措施。
(6) 对外场使用或测试验证中暴露的测试性问题,采取改进设计。

通常,战斗机测试性性设计要求包括以下几个方面:

1. 固有测试性和诊断策略设计

固有测试性是指仅取决于产品设计而不受测试激励和响应数据影响的一种测试性度量,它表明产品设计对测试过程的支持程度。固有测试性设计是产品测试性设计的重要部分,主要是使产品的硬件设计便于进行故障检查与隔离。而加入测试激励、测量分析响应数据的故障检测与隔离程序设计,属于诊断设计的内容。

在每个产品的初步(初样)设计阶段,依据诊断方案和测试性要求,进行结构设计,提高测试可控性、可观测性和测试兼容性;确定嵌入式诊断初步设计方案,如系统 BIT 配置、性能监测与传感器布局、测试总线、测试接口考虑、初步选择测试点等;固有测试性的设计过程应与产品测试性设计准则相结合,并进行设计准则的符合性检查和评价。

2. 嵌入式(机内)测试性设计

嵌入式(机内)测试性设计主要包括有关自检测(BIT)、性能监测和PHM系统等设计。设计要求是应使所有系统和设备都能进行满足要求的测试,并达到规定的测试性设计指标。

测试性设计应考虑的影响因素包括:

(1) PHM系统、系统和设备BIT与其他信息系统的综合。

(2) 产品的可靠性设计资料,尤其是故障模式、影响分析和故障率数据等。

(3) 产品使用和维修的有关需求。

(4) 综合诊断、故障预测与健康管理的需求等。

关于BIT详细设计的主要工作内容包括:根据不同系统和设备的特性和测试要求,确定适用的BIT类型和工作模式、具体的测试对象、测试方法、故障判据,进行防止虚警措施的设计以及有关BIT硬件电路和软件的设计、BIT故障检测与隔离能力的分析预计等。如将三种BIT模式(周期BIT、加电BIT、维护BIT)用于同一特定的系统中,将会提高故障检测和隔离能力。如果选用,应进行下面三种BIT软件和硬件的详细设计。

1) 周期BIT

周期自检测(PBIT)在系统运行的整个过程中都在不间断地工作,从系统接通电源开始直到电源关闭之前都将运行。PBIT的任务是检测和隔离系统运行中可能出现的故障,并存储和报告有关故障信息。

PBIT不干扰系统的运行,无需外部介入。在出现故障的时会立即记录和报告,并说明故障的类型。在检测到故障后,PBIT继续运行。如果出现了新的情况(故障消失,或者出现别的故障),PBIT将继续报告。

2) 加电BIT

当给系统接通电源(加电)时,加电自检测(P-BIT)即开始工作。它将进行规定范围的测试,包括对在系统正常运行时无法验证的重要参数进行测试,且无需操作人员介入。在这种状态下,系统只进行自检测。

加电BIT检测出来的故障,以一种与PBIT类似的数据方式进行记录和报告。

3) 维护BIT

维护自检测(MBIT)由操作人员或系统启动,通过座舱内的显示器或外部测试设备进行一系列测试。MBIT与PBIT一起使用,将增加故障检测和隔离的能力,给维护人员提供更多与故障有关的详细信息,并帮助他们查找故障和启动某一测试程序。

3. 外部测试设计

外部测试设计是对被测对象的外部测试进行详细设计,有效地综合各项诊断资源,满足各级维修的外部诊断要求。设计内容主要有测试点和诊断程序详细设计、与外部测试设备的兼容性设计及测试需求文件编写等。

3.2.4 充填加挂设计

战斗机的充填加挂是指在飞机飞行前或上一次飞行结束后准备再次出动,按照任务需求对飞机开展的一系列使用保障工作,以保障飞机能够完成飞行任务或快速连续出动,特别是再次出动准备时间的长短关系到战斗机的作战效能。主要的充填加挂活动包括:必要的保养和检查;安装、拆卸或更换外部的吊舱、外挂(或内挂)导弹、弹药、副油箱及其他装载物;补充燃油、滑油、液压油及其他液体物质和氧气、氮气;数据卡安装、系统参数设置/加载等。

"充"指填充特种航空气体,主要是氧气和氮气两种。氧气分为高纯度氧气和常规呼吸浓度氧气,前者的主要作用是在高空飞行或者发动机空中停车后需要紧急重启时给发动机供给氧气。

"填"指填充航空炮弹,除了挂装导弹武器之外,部分装备航空机炮的战斗机,也需要补充航空炮弹。例如,美国空军的战斗机配备有软式弹链补给车,接上接口就能够自动补给航空炮弹。

"加"指战斗机油类保障品的添加,还包括数据卡安装、系统参数设置/加载等,油品添加分为飞机航空燃油的添加和液压油、润滑油的添加。在第四代战斗机之前,主流的战斗机(如米格-21等)大多采用液压操纵系统,采用移动式液压加注设备完成液压油的添加,其燃油的添加一般采用移动式加油车直接进行加油,而无需返回机库进行油类物品的添加。

"挂"主要指挂载武器导弹、吊舱等,基本上分为机械式和人工式,采用哪一种方式并没有过于严格的规定。如果战斗机外挂点离地距离较小,陆基战斗机机场常用的弹药挂载车辆不好操作的话,就会采用人工/半人工的方式进行挂载。

充填加挂需要保障的工作项目通常通过功能分析确定,并在战斗机设计时加以考虑,包括:

(1)战斗机布局和系统设计应使充填加挂等日常保障工作简单、易行。例如,设计时应考虑采用压力加油;战斗机上必须设置保障所需的重力加油口、压力加油接头、充气接头、座舱气密试验接头、液压系统试验接头、外接能源接头、地面检测设备连接点等充填口或检测接头;飞机充填口、检查点应数量适当、布局合理;应按标准设计充填接头与外接插头。

（2）考虑出动准备、任务检查等方面的时间限制，尽可能减少充填加挂工作项目，缩短充填加挂工作时间。例如，需打开的口盖是快卸式的，再次出动机务准备打开的口盖应尽量做到可徒手开闭；电、液、气接头是快卸/接式；悬挂装置及其附件尽量不拆卸、更换；飞机外挂点的配置，应保证各点可以同时挂卸悬挂物；在变换飞机的悬挂能力中，若需要更换、增加和拆除某些装置、部件时，应将变换工作范围限制到最小；充填加挂后需要检测的项目应尽可能采用自动检测方式；设计应允许炮弹、火箭弹、炸弹和导弹在地面预先准备好后装机；挂/卸悬挂物、补充弹药、加燃油、补氧和通电检查可以与其他工作同时进行。

（3）考虑充填加挂工作点的可达性、可视性以及操作空间。例如，充填加挂无需梯架即可操作；使用频率高而又需要经常充填加挂的部位及通道口应有最佳的可达性；为避免飞机各部分充填加挂时交叉作业，应采用专舱、专柜或其他形式的布局；应尽量做到在检查或充填加挂任一部分时，不拆卸或少移动其他部分；为便于充填加挂和拆装机件使用测试接头或工具，其周围应留有足够的空间。

（4）提高标准化和互换性程度。例如，同一挂点悬挂不同悬挂物的情况下，一般应使用通用挂架；不同架次飞机同挂点同类挂架应能互换等；应尽量减少选用的润滑油/润滑脂品种；选用相同规格润滑油/脂的部件，油脂加注及排放接口应尽可能采用同一标准接口，以便使用相同的油脂加注/排放设备；应尽可能选用同一标准的充气接口，以便使用同一充气设备，尽可能减少充气所需的转接头数量；应统一数据加载接口等。

（5）保证充填加挂安全。例如，加油口的设计应确保加油时可靠接地；充填接口和武器弹药处应标注相应的标识和说明，可能发生危险的部位应有醒目的警示标记、警告灯、声响警告和自动防护措施；运动部件应有防护遮盖，充填加挂时，肢体必经的通道、手孔等不得有尖锐边角；在航炮、导弹、干扰弹和其他武器外挂物的发射、投放控制装置上，应采用有效的措施，在地面退出炮弹，卸下导弹、炸弹等悬挂物之前，防止人为误射、误投等事故的发生。

3.2.5 自保障设计

战斗机的自保障设计是指从设计上保证战斗机在简陋的机场停放时，在较长的时间内，除了补充燃油和弹药外，可以不需要外部保障资源，而是由战斗机自备的保障资源提供保障的能力。自保障设计可以提高战斗机的机动性、灵活性和生存性，在有限的时间内减少使用保障工作项目，降低保障系统的易损性和保障人员的工作负担，减少对外部保障及测试设备和设施的需求和依赖，缩短战斗机的再次出动准备时间。

常见的战斗机自保障技术包括：

1. 机上制氧和制氮技术

在战斗机上由机上制氧系统向飞行员提供呼吸空气,不需要地面的制氧设备,可避免使用氧气瓶时带来的保障问题及危险性;不依赖地面设备而由机载惰性气体发生系统给燃油箱充填氮气,可作为飞行时消耗燃油的一种安全措施。

2. 自身提供起飞线能源技术

机载辅助动力装置可驱动机载发电机和液压泵,从而向战斗机提供维护所需的全部电源和液压源,摆脱对地面电源车和地面液压车的依赖,还可使发动机具备空中启动能力。

3. 机动转场保障吊舱

吊舱可装载常用设备、工具,以保障飞机的日常飞行任务。吊舱可挂装于战斗机的相应挂点,随战斗机执行转场任务。

4. 故障预测与健康管理(PHM)技术

通过利用战斗机各机载系统中的传感器、信息处理设备及其构成的网络平台的硬件与软件,实现故障检测、诊断、预测及评估功能,并将故障隔离到外场可更换单元(LRU)、外场可更换模块(LRM)或外场可更换部件(LRC),驱动自主保障系统工作。PHM系统不依靠地面测试设备,而是通过战斗机扩展自身健康状况的实时检测、故障隔离以及寿命预测等能力,可提高故障检测率、隔离率,降低虚警率,为自主保障系统提供触发源实现视情维修;并有效提高战斗机的保障效能,降低战斗机全寿命周期费用。

3.3 保障特性与性能一体化设计

随着战斗机不断更新换代,对战斗机可靠性、维修性、测试性、充填加挂、自保障的要求也越来越高,保障特性已经成为战斗机的关键质量特性,也是制约战斗机作战效能和经济可承受的"瓶颈"。受工业基础和设计文化影响,传统战斗机研制过程中存在可靠性、维修性、测试性等维修保障特性和使用保障特性数据孤岛,以及与性能不同步等"两张皮"问题,使得战斗机投入使用后出现了故障率高、维护费用高、出动强度低、保障规模大等情况。以系统工程思想为指导,整合现有技术手段,充分发挥技术与管理集成的整体优势,实现保障特性与性能一体化设计,是提高战斗机保障性技术水平的有效手段。

3.3.1 一体化设计需求

保障特性与性能协同设计存在的"两张皮"问题,主要体现在数据、流程、特性和实现手段几个方面：

1. 数据

由于缺乏完整的战斗机性能与保障特性数据、知识的共享和管理方法，使得保障特性数据来源的正确性、版本的一致性、完整性及有效性都得不到保证，造成战斗机研制过程中可靠性、维修性、测试性等保障特性工作效果不够理想。

2. 设计流程

对战斗机研制过程中保障特性工作项目的选用、开展时机和方式缺乏系统认识，同时现有流程集成与管理技术也无法描述性能与保障特性协同及优化设计中存在的大量迭代与反馈特征，导致可靠性、维修性、测试性等保障特性工作不能合理有效地融入战斗机研制过程。

3. 特性

在性能和保障特性协同设计过程中，很难将装备的性能和保障特性统筹考虑和同步设计，存在个别保障特性缺失或滞后的情况。例如，在产品设计阶段，着重于装备的可靠性设计，对产品的维修性和使用保障特性等考虑不足，直到产品投入使用才开始产品的维修性以及使用保障特性设计。

4. 手段

虽然数字化概念已深入到战斗机研制的各个领域，较为普遍地应用了计算机辅助设计与分析工具，但数字化环境大都以性能专业为主，保障特性工具相对游离于数字化环境外，并没有形成性能与保障特性协同设计平台，无法有效支持保障特性数字化设计分析。

由于战斗机性能特性和保障特性之间的"两张皮"现象，给战斗机设计带来了研制流程协同差、设计数据不同源、技术状态不可控等影响。为适应战斗机保障特性的特点，国内外研究机构相继提出了保障特性与性能一体化的设计理念，强调保障特性与性能以及保障特性工作之间的有效关联及相互促进。以数据融合共享为核心特征，建立综合化的保障特性设计环境，实现保障特性设计分析的数据综合、流程综合与特性综合，提高保障特性工作的系统性、综合性、深入程度和工作效率，代表着保障特性技术应用的发展方向。国际先进航空企业已建立了类似的保障特性综合集成系统，并初显成效，如美军在 F-22、F-35 战斗机研制中全面实现和改进综合化的保障特性设计与分析、试验与评价及管理功能，积极推行保障特性设计与管理的职能化和网络化，利用先进的保障特性设计技术和理念提高了战斗机的保障特性水平。

3.3.2 一体化设计流程

保障特性与性能一体化设计是以系统工程思想为主导，实现保障特性与性能设计的同步开展和综合优化。系统工程是指逐步发展并验证含装备、人和过程且满足用户需求的全寿命周期综合平衡解决方案的跨学科方法,是涉及设计、制造、试验、培训、使用、保障、退役处理等相关内容的技术活动综合机制,由技术过程和技术管理过程构成。系统工程的技术过程包括需求分析、技术要求分析、体系结构设计、单元实施、产品集成、验证、移交、确认。系统工程的技术管理过程包括研制策划、需求管理、技术状态管理(configuration management,CM)、接口管理、技术数据管理、技术风险管理、研制成效评估、决策分析等。装备研制系统工程"V"形模型如图3-11所示。

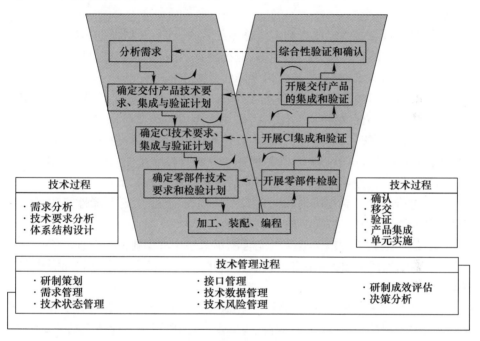

图3-11 装备研制系统工程"V"形模型

系统工程为装备研制提供了规范化的过程。战斗机作为复杂武器装备,其研制过程可用系统工程"V"形模型表示,即自上而下的分解和设计、自下而上的制造集成和验证。在战斗机研制过程中,为了实现从传统的追求战斗机性能向追求综合作战效能的转变,除了考虑战斗机的性能外,还应考虑战斗机的保障特性。将保障特性要求和活动纳入研制过程中,是为了保证可靠性、维修性、测试性、充填加挂、自保障能力等对设计工作施加影响,同时还要将有关保障的要求和保障资源的约束条件反映在战斗机的设计方案中,使战斗机的设计和规划保障同步协调地进行。

101

战斗机保障特性与性能一体化主要的技术过程如下：

（1）在战斗机需求分析阶段，根据战斗机使命任务，对订购方的需求开展分析，识别战斗机在规定的使用环境内应具备的作战能力，除使用构想、主要功能、作战使用性能、使用质量需求等研制需求和费用、进度、技术等方面的约束条件外，还包括使用保障设想以及保障能力需求。

（2）在战斗机技术要求分析过程中，将战斗机研制需求转化为战斗机功能、性能和接口要求的同时，识别、分析、分解和分配可靠性、维修性、测试性、充填加挂、自保障等战斗机保障特性要求；并保证这些要求的可量化、可实施、可验证和可追溯。

（3）在进行飞机逻辑体系和实体体系结构设计时，开展多方案设计，综合考虑功能、性能、保障特性、进度、费用等，权衡择优，评价是否满足包括保障特性在内的技术要求和需求，并进一步开展保障特性要求的分配。

（4）在战斗机单元实施、产品集成、验证、移交、确认过程，逐级开展组成单元、系统、战斗机的保障特性设计分析，采用演示、检查、试验、分析、试验（检测）等方式对单元、系统和战斗机进行保障特性验证，向用户移交符合保障特性需求的战斗机；通过作战试验等确认战斗机是否具备支持满足使命任务的保障能力。

战斗机保障特性与性能一体化主要的技术管理过程如下：

（1）进行战斗机研制策划和制定研制计划时，同步策划保障性工程的各项活动、标准、准则、组织、资源和进度安排。

（2）战斗机需求管理是战斗机能否满足未来作战需要的关键，除功能、性能需求外，也包括保障特性相关需求的版本管理、需求跟踪、变更控制和需求状态跟踪。

（3）基于需求管理将保障特性纳入战斗机全寿命技术状态管理。在战斗机研制规范中规定功能、性能、保障特性等要求，方案阶段结束前建立功能基线；系统/子系统（含成品）研制规范、软件规范中规定技术状态项功能特性、接口特性、保障特性要求，或从高一层技术状态项分配下来的功能特性、接口特性、保障特性要求和附加的设计约束条件等，以及上述特性的验证要求，初步设计阶段结束时建立分配基线；在产品规范、软件规范、材料规范、工艺规范、保障资料等文件中规定技术状态项所必需的功能特性、物理特性和保障特性，以及检验验收、使用、保障和报废要求，设计定型时建立产品基线。

（4）合理规划技术状态项，单一数据源。以设计物料清单（bill of material，BOM）为基础，在全寿命周期各阶段逐步衍生出等价的工艺 BOM（工艺物料清单）、制造 BOM（制造物料清单）、保障 BOM（维护物料清单），将产品设计、工艺生产、制造、试验/试飞以及后续使用数据，按照各类用户的使用要求，进行分列和输出，得到协调一致的设计视图、工艺视图、制造视图、使用保障视图或其他需要的视图。在战斗机正式交付之前建立的保障记录体现在保障BOM中，储存了使用维护对象、要求、资源和过程等信息，通过提取保障记录数据，可以获取当前或历史构型状态、零件的换装历史、更改实施情况、某架飞机当前/历史所在的位置等信息。

（5）在战斗机其他管理，如接口管理、技术风险管理、研制成效评估、决策分析等过程中，保障特性也均是重要的要素和影响因子。

3.3.3 一体化工作接口

战斗机保障特性工作均以故障为核心，但侧重点各有不同。在产品综合设计过程中，可靠性关注产品故障的机理、故障的演变过程、故障的扩散方式及后果、故障的设计改进及补偿措施等内容；维修性关注产品故障的可发现和可定位特性，以及故障件的可更换和可修复特性；测试性关注及时、准确地确定产品状态（可工作、不可工作或性能下降），隔离其内部故障；保障性一方面重点关注产品预防性故障和修复性故障的维修方式以及配套的资源分布情况，另一方面还考虑使用任务相关的活动和配套的资源。鉴于各保障特性工作之间的紧密联系，在产品设计过程中将保障特性工作相互协调、避免重复是非常必要的。保障特性之间的接口如图3-12所示，从图中可以看出：

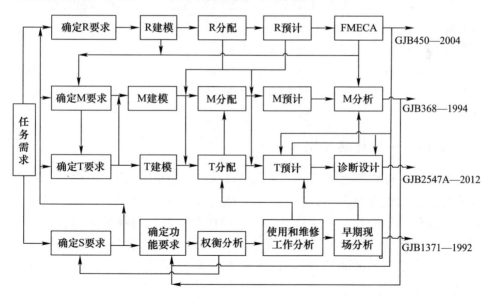

图3-12 保障特性主要工作项目之间的接口

(1) 任务需求粗略地对任务成功性、战备完好性提出要求,为确定任务可靠性、保障性要求提供依据。

(2) 可靠性(R)建模为(R)分配、预计和分析,为确定维修性(M)和测试性(T)要求提供依据。

(3) (R)分配、预计为 M 和 T 分配、预计提供输入。

(4) FMECA 为确定 M 和 T 要求、M 分析、T 预计、保障性(确定功能要求)提供输入。

(5) M 分析为保障性(确定功能要求)提供输入信息。

(6) 确定 T 要求(如确定备选诊断方案)为 M 建模提供输入。

(7) T 分配、预计为 M 分配、预计和分析提供输入。

(8) 保障性分析得出的战斗机战备完好性指标(如使用可用度)为确定 R、M、T 指标提供依据。

(9) 使用与维修工作分析和早期现场分析为 T 分配和预计提供输入。

(10) 保障性分析向 M 和 T 提供保障资源信息,为确定维修和测试设备提供依据。

以故障模式影响及危害性分析(FMECA)为例,在可靠性工程方面,FMECA 是找出产品设计薄弱环节,改进产品设计、预防故障发生,提高产品可靠性的重要手段;在维修性工程方面,FMECA 可以为维修性定性定量分析提供故障模式等基础信息;在测试性工程方面,FMECA 是进行故障隔离率、故障检测率的分析与预计的基础,也是测试性验证试验中故障模拟发生器设计的前提条件;在保障性工程方面,FMECA 是开展以可靠性为中心的维修分析(RCMA)、修复性维修分析、使用与维修任务分析(O&MTA)和修理级别分析(LORA)的一个必要步骤。

3.3.4 一体化信息流

保障特性与性能之间通常有共同的数据来源,在设计过程中也有各种参数传递或数据共享关系,对产品及故障的知识重用及共享是保障特性与性能一体化工作的核心。保障特性与性能之间以及具有紧密数据关联的保障特性工作项目内部之间通过数据实现信息传输,它们之间的输入输出具有强约束关系。在战斗机研制过程中,需保持关联工作项目的输入与输出一致。

保障特性与性能信息流如图 3-13 所示。

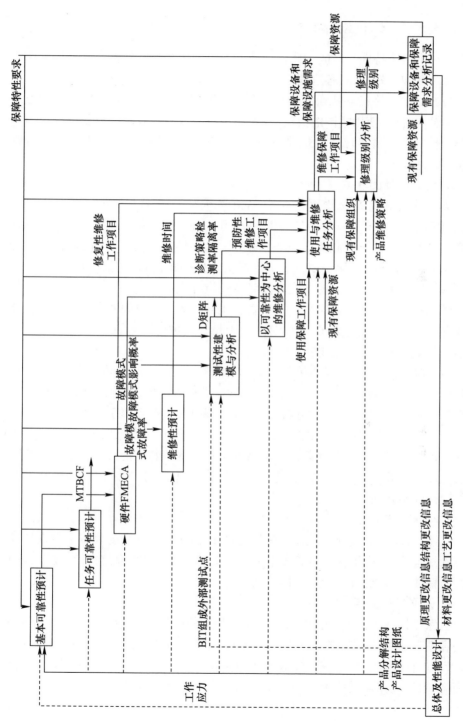

图 3-13 保障特性与性能、保障特性之间的信息流

3.3.5 一体化设计实施

战斗机保障特性与性能一体化设计的关键问题是保障特性设计分析工作实施的及时性和有效性，只有这些设计分析工作真正落实到战斗机研制过程中，才能"影响设计"。在战斗机研制中采用"同一设计团队、面向同一设计对象、处于相同的设计阶段、使用相同的数据、针对系统的性能和保障特性进行统一权衡设计"的研制模式，是实现战斗机保障特性与性能一体化设计的根本途径。可以采取的措施如下。

1. 组建设计团队

从战斗机系统级开始逐级建立飞机系统综合产品组（inegrated product team,IPT）、飞机 IPT 和保障系统 IPT、系统 IPT、设备 IPT 等。所有 IPT 对飞机研制阶段各类产品的研发和验证负责。IPT 团队由性能设计人员、保障特性设计人员等组成，保障特性职责由每个 IPT 成员共同分担，执行与保障特性设计、贯彻、分析、评价和增长相关的功能。保障特性设计人员负责 IPT 内部的可靠性指导，以保证可靠性要求得到执行，并负责各主要系统功能之间的横向综合。性能设计人员与可靠性设计人员一起工作，负责设计的贯彻。

2. 明确设计和工作要求

根据研制需求，确定战斗机的可靠性、维修性、测试性、充填加挂、自保障等保障特性的定性、定量要求，并且随着战斗机研制的进展，将保障特性要求由粗到细逐步明确，由上到下逐层分解到不同的产品层次，起到牵引设计的作用。在战斗机可靠性、维修性、测试性等保障特性和综合保障工作计划中，按照一体化设计流程规划战斗机研制各阶段保障特性工作。保障特性的技术要求和工作要求最终反映在战斗机各层次产品的研制合同及工作说明中，以保证保障特性与性能设计同步开展。

3. 编制规范指南

按照一体化工作顶层策划，从保障特性工作项目对应的技术体系出发构建相应的规范体系，应用技术研究成果并结合工程实践，编制规范指南，规范保障特性与性能一体化工作，指导工作的开展。

4. 开展过程监控

将保障特性工作纳入战斗机研制计划和有关研制合同中，进行计划管理和合同管理。在此基础上，在产品研制各阶段，根据产品层次和工作项目的重要程度，采用过程跟踪、分析复核、技术审查、节点评审等方式对一体化设计实施监督与控制，推进一体化设计。

5. 共享数据信息

保障特性与性能设计统一信息源,保障特性设计分析结果根据技术状态的变化进行更新迭代并影响设计。具有相关性的保障特性设计分析之间信息共享,避免重复和不一致。开展基础数据收集,建立基础信息收集、共享、交换机制和数据库,在战斗机试验、试飞、使用过程中应用故障报告、分析与纠正措施系统(failure reporting,analysis and corrective action system,FRACAS)进行数据收集与分析工作。

6. 应用建模仿真新技术

伴随着数字化、信息化技术的发展,战斗机研制普遍应用了数字仿真、虚拟现实、信息化等技术方法和手段。同时,随着保障特性领域技术的深入发展,采用建模仿真与虚拟现实技术、信息化技术等手段进行指标论证、方案权衡、分析与设计以及试验验证与评价成为可能。因此,在工程设计数字化、信息化的环境下,综合集成(如基于故障物理的可靠性仿真、基于模型的可靠性系统工程等技术)可以有效解决研制流程协同差、数据不同源、技术状态不可控等问题,促进保障特性与性能设计的融合。

3.3.6 一体化设计平台

保障特性与性能一体化设计离不开工具平台的支持。通过全面考虑保障特性与性能设计在数据、文档、过程间的相互关系,并充分利用现有数字化设计技术和保障特性设计分析技术,研发保障特性与性能一体化设计平台,能够为保障特性内部及与性能协同设计提供技术支持和工具手段。

保障特性与性能一体化设计平台,以实现保障特性内部之间及其与性能之间的一体化协同设计为目标,覆盖主要保障特性工作项目,支持各项工作的数据共享与流程控制,图3-14是保障特性一体化设计平台功能分解示例,包括以下几个方面:

(1)保障特性设计过程控制与管理,主要实现对平台的总体管理与控制功能,对工程与产品结构、工作流程或工作指令、工作任务等的管理,保证保障性工作与性能工作同步协调。

(2)保障特性设计状态总览,提供各项保障性工作的结果及状态总览功能、根据结果进行分析和综合权衡的功能,辅助设计人员进行决策。

(3)成品保障特性信息管理,提供成品、器件的保障特性设计分析等信息。

(4)保障特性设计分析工具管理和集成,主要包括保障特性设计分析工具。

(5)保障特性基础数据库管理,对保障特性工作过程中的各类设计知识进行积累,同时为相似产品设计提供信息与知识支持。

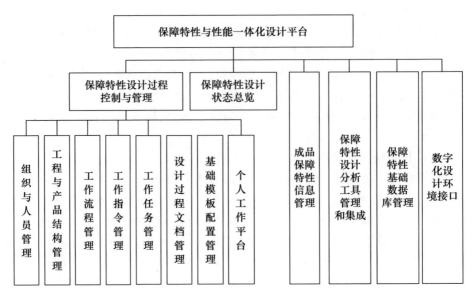

图 3-14 保障特性一体化设计平台功能分解示例

（6）数字化设计环境接口，实现与研制单位的主要数字化设计平台的接口功能。

六个功能协调统一，构建协同设计过程的使能机制，提供保障特性基础设计分析功能，构建协同设计过程的约束机制，构建协同设计过程的数据共享和重用机制，及时和充分地把握保障特性设计技术状态，提高保障特性设计工作效率和工作成效。

第4章 保障方案规划

保障性设计的基础是将保障性要求转化为易于设计到战斗机及其系统、设备等软硬件中的具体要求,关键输入是战斗机使用保障与维修任务的总体规划和基本设想,即保障方案。保障方案是协调保障性要求、开展保障性设计、确定保障资源及建立保障系统等的依据和基础,通常只给出宏观的或者具有约束性的方案内容,如使用保障任务的基本原则或要求、维修任务总体设置等。在此基础上,依据保障方案构建战斗机保障系统。

4.1 保障方案及其制定

按照《装备综合保障通用要求》(GJB 3872—1999)的定义,保障方案是保障系统完整的总体描述,它满足装备的保障要求并与装备使用方案、设计方案相协调,一般包括使用保障方案和维修保障方案。

4.1.1 战斗机保障方案的技术范畴

对战斗机而言,保障方案是完全以战斗机为唯一视角对飞行机务准备、机动转场、停放保管等使用保障以及预防性、修复性维修任务的总体规划与假定。其关键作用是约束战斗机及其系统、设备设计,是落实保障要求的基本技术路径、进行保障性设计的重要技术输入。

战斗机保障方案主要组成如图 4 – 1 所示。

1. 战斗机使用保障方案

战斗机使用保障方案是对完成作战任务、充分发挥战斗机作战性能所需的使用保障工作的总体说明,除包括战时和平时使用保障的一般要求、使用保障的基本原则等内容外,还应重点说明飞行机务准备、机动转场、停放保管等保障场景的工作时机、内容和流程。

飞行机务准备保障,主要是指战斗机执行每次飞行任务前的地面准备方案。它包括飞行前、再次出动、飞行后等保障时机的划分方式和执行时机,各保障时机的工作内容、标准、流程和准备时间,保障飞机正常使用的充填加挂方案,标准的接机/放飞程序等。其中,充填加挂方案具体是指氮气、氧气、压

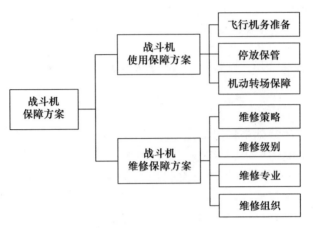

图 4-1 战斗机保障方案主要组成示意图

缩空气等气体的补充方案,燃油、滑油、液压油、冷却液等液体的加注方案,挂架、导弹、炸弹、吊舱、副油箱等武器悬挂物的挂装方案,航空炮弹、干扰弹等弹药的装填方案等。

机动转场保障,主要是指战斗机由常驻基地机动转场至其他非常驻基地执行作训任务所需的保障资源包装、运输方案,具体包括战斗机机动转场保障任务规划、机动转场保障模式、携行保障资源项目规划、携行保障资源包装运输等。

停放保管保障,主要是指因作训任务安排或故障等原因而导致战斗机处于超过一定时间不使用状态所需开展的保障工作,具体包括停放保管的一般要求、停放保管的保障时机划分、各保障时机的工作内容和标准、飞机恢复工作等。

2. 战斗机维修方案

战斗机维修方案是指战斗机采用的维修级别、维修策略、维修间隔、各维修级别的主要维修工作等的总体描述,重点说明维修间隔设置和各维修级别的主要维修工作类型或对象。

维修策略,又称维修原则,主要规定为保持和恢复战斗机及其系统、设备达到规定状态所采用的不同维修组合方式,包括基于状态的维修、以可靠性为中心的维修、修复性维修等。

维修级别,主要规定战斗机全寿命周期内维修机构的分级设置和维修能力,如战斗机是采用三级维修还是二级维修等。

维修间隔,主要规定战斗机全寿命周期首翻期及重复翻修期、翻修期内预防性维修的首次检查期和重复检查间隔。各维修级别的维修工作主要是根据战斗机全寿命周期的维修任务,按照部队编制和各维修机构的能力确定各维修级别的维修任务,包括各维修级别的维护任务、预防性维修任务和修复性维修任务。

不同的维修策略、维修级别将会影响战斗机及其系统、设备的设计要求,同时影响保障系统的设计要求。战斗机维修保障方案主要围绕战斗机的故障而制定,需要在战斗机研制过程中对其在使用条件下的故障规律进行清晰的认识,再运用决断逻辑准确地制定维修保障方案。同时,在战斗机使用阶段,还应逐步归纳总结其故障发生规律,否则维修保障方案难以有效运行。

4.1.2 战斗机保障方案的制定过程

战斗机保障方案规划是保障性工程的重要组成部分,是战斗机立项论证工作的主要内容之一,也是确定保障性要求、建立保障系统、配套保障资源的依据、基础和输入。随着战斗机全寿命周期阶段和技术状态的变化,战斗机保障方案也相应地经历不同的技术状态。具体而言,战斗机保障方案在战斗机研制各个阶段将以不同的形式相继呈现。

1. 战斗机立项论证阶段——战斗机初始保障方案

在战斗机立项论证阶段,军方或使用方需根据战斗机初始使用方案、初步设计方案,通过使用研究并参照基准比较系统或相似产品拟定初始保障方案,总体设计单位视情参与或配合拟定初始保障方案。初始保障方案规定了如何对战斗机实施保障的设想或要求,其中维修级别、保障资源等要素,通常以约束条件的形式作为定性要求给出,是研究战斗机保障问题、战斗机设计的影响因素。

战斗机初始保障方案主要包括:使用保障与维修的环境、限制条件、约束和一般要求;战斗机维修级别设置(三级维修还是二级维修)和各维修级别的保障能力(飞行机务准备、周/定期检查、发动机拆装、故障 LRU/LRM 更换和修理、翻修等);战斗机的使用保障和维修原则(采用换件修理为主还是部件修理);使用与维修战斗机的人力和人员的限制、约束条件;保障设备的选用准则、约束条件;备件的供应方式;油料、特种液体、能源、气体的限制要求;保障设施的利用、改建或新建约束条件;包装运输方案与要求等。

2. 战斗机研制总要求综合论证阶段——战斗机备选保障方案和战斗机保障方案

在战斗机研制总要求综合论证阶段,总体设计单位已经开始进行战斗机方案设计,需根据军方提出的战斗机战术技术指标要求、初始保障方案,结合使用任务需求以及战斗机设计方案,分析研究战斗机在预期的使用环境中必须具备的使用功能,以及必须进行的使用保障与维修工作。在进行分析时,可以参考现役同类战斗机的使用保障与维修任务,根据功能分析确定使用保障工作项目,并采用 FMECA 确定修复性维修工作项目、RCMA 确定预防性维修工作项目,建立战斗机的备选保障方案。备选保障方案应能体现战斗机平时训练任务与战时任务的不同保障需求,体现战斗机新增功能导致的使用保障与维修工作变化,充分考虑战斗机子系统、设备的重大改进带来的影响,适应部队保障体制的改变。

随着战斗机方案设计和保障性设计的不断推进,其保障方案逐步细化,保障资源规划工作越来越具体,需要通过建立评价与权衡准则、评价解析模型、敏感性分析等对不同的备选保障方案进行评价与权衡,优化并确定保障方案,形成保障性要求。

在此阶段,经过制定备选保障方案与优化选定的保障方案等过程后,战斗机保障方案明确了主要的保障功能、组织以及初步的保障资源信息,输出结果(保障方案)从概念上与"功能基线"相对应。

3. 战斗机工程研制阶段——战斗机保障任务规划方案

战斗机保障任务规划方案是关于战斗机保障的详细说明,是战斗机保障方案内容的细化,具体涉及战斗机保障工作的实施、保障资源的配置等。

在战斗机工程研制阶段,总体设计单位继续细化战斗机保障方案与使用保障功能,分析战斗机维修保障功能、训练与训练保障功能,明确战斗机保障资源需求,生成战斗机保障任务规划方案,并开展战斗机保障资源的研制。此时的战斗机保障任务规划方案应包括完整详细的战斗机使用保障和维修保障功能及过程信息、保障资源需求及配置信息,以及训练与训练保障、供应保障功能等信息。此阶段的输出结果(战斗机保障任务规划方案)从概念上与"分配基线"相对应。

4. 战斗机交付部署阶段——修订的战斗机保障任务规划方案

战斗机交付部署阶段对应战斗机保障系统建设、运行及持续优化。修订的战斗机保障任务规划方案描述了战斗机在交付部署后如何进行保障的内容。针对不同的任务会有不同的保障方案,也可能产生与不同装备协同保障的内容,例如针对联合作战、联合军演任务的保障方案等。由于任务模式的变化,交付部署阶段的战斗机保障方案与研制阶段的战斗机保障方案(只考虑战斗机单一装备典型任务模式)相比要复杂得多,其作用也有所区别,后者更多关注的是如何从保障的角度来影响战斗机设计、保障系统研制与规划等,但交付部署阶段的保障方案仍然是战斗机保障系统的描述,只是其组织关系相对复杂、保障功能更加丰富。

综上所述,战斗机保障方案的制定包括拟定初始保障方案、制定备选保障方案、评价权衡确定保障方案、形成完整的保障任务规划方案等过程,如图 4-2 所示。

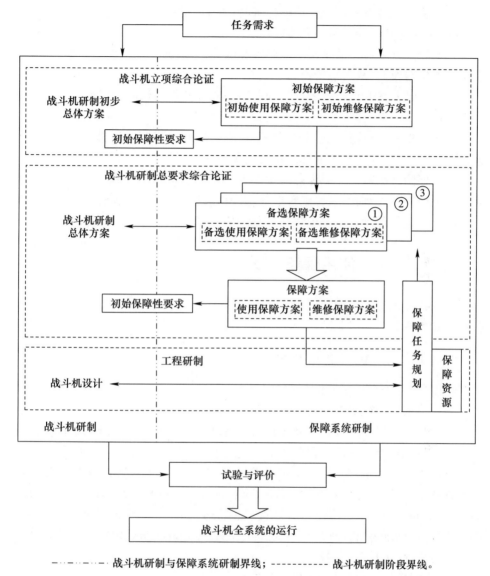

图4-2 战斗机保障方案制定过程示意图

4.1.3 战斗机保障方案的制定要求

战斗机保障方案与保障任务规划方案制定程序与方法的一般要求如下：
（1）保障方案和保障任务规划应通过保障性分析制定,制定的保障方案和保障任务规划应能满足使用保障与维修保障功能要求。

(2) 从保障方案的制定到保障任务规划的形成,是一个逐步细化反复迭代的过程,应保持其间的继承性和连续性。

(3) 保障方案应与系统保障性要求和战斗机的使用方案、设计方案相协调,应通过评价与权衡分析,确定保障方案。

(4) 保障方案和保障任务规划的制定应与部队保障体制和现役战斗机保障系统的特点相适应。

(5) 提出备选保障方案时,应充分考虑工业部门保障的可能性、范围和内容,注意部队建制保障和工业部门保障的关系。

(6) 保障任务规划应以保障方案和产品设计为基础进行制定,按产品组成层次由上向下逐层细化,其详细程度应与硬件、软件的设计进展情况一致。

(7) 制定的保障方案和保障任务规划应经用户认可并形成文件。

4.2 战斗机使用保障方案

战斗机使用保障方案包括飞行机务准备方案、飞机停放保管方案以及机动转场保障方案等。

4.2.1 飞行机务准备方案

1. 典型的飞行机务准备保障阶段划分

战斗机的飞行机务准备是指为满足战斗机战训任务并保证飞行安全,使战斗机经常保持或及时恢复良好状态而进行的使用保障及预防性维修工作。世界各国对飞行机务准备保障阶段的划分不完全相同,但工作内容基本相同。

为区别传统飞机和不同军种定义的检查方法,美军 F-35 战斗机将飞行机务准备划分为作训后检查(post operations servicing, POS)、作训前检查(before operations servicing, BOS)、作训间检查(inter operations servicing, IOS)等三种类型,同时考虑增加标准操作程序(standard operation procedure, SOP)、军种附加要求等两类程序,形成五类活动。

1) 作训后检查(与飞行后检查对应)

POS 主要在战斗机完成每天或每批次的最后一个架次返回基地后以及实施较大维修后执行,保障内容最多,覆盖所有系统,以确保战斗机能执行另一时间段的飞行任务。如果战斗机超过 10 天(240 小时)没有飞行,那么必须执行 POS 并要求地面起动发动机进行检查,以确保战斗机系统处于可用状态。POS 的主要内容包括:确认飞机保养/维修安全、飞机燃油补加、飞机滑油/液压油/冷却液等液体检查、飞机氧气/氮气等气体检查、弹射救生/座舱盖/武器等武器弹药火工品系统安全检查以及绕机检查工作。

2）作训前检查（与飞行前检查对应）

BOS 主要在完成 POS 后第一个飞行架次前且尽可能接近第一个飞行架次前执行，保障内容较少，主要包括最近一次 POS 执行后，状态可能改变的系统/成品检查，典型项目是备用氧气含量检查（以防突然泄漏）、轮胎目视检查（以防气体泄漏）等。BOS 检查的有效期是从工作指令发布开始计算的某一规定时间，如果在规定时间内没有起飞，需要重复执行 BOS 检查。作训前检查的内容与阶段划分如图 4-3 所示。

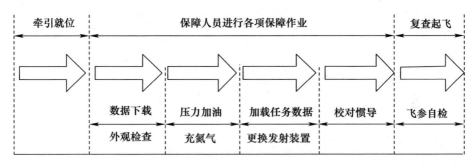

图 4-3　作训前检查的内容与阶段划分

3）作训间检查（与再次出动飞行准备对应）

IOS 主要在同一批次操作时间段内需要进行再次飞行的每一次飞行之后执行。IOS 检查的有效性是从工作执行发布或检查开始算起的某一规定时间，如果在 IOS 完成的规定时间内没有再次飞行，需要重复执行 BOS 检查工作。在某一飞行操作持续规定的一定时间后必须执行 POS 检查工作。作训间检查的有效性判断如图 4-4 所示。

所谓一次出动是指战斗机向起飞点移动（或从任何停放保障地点垂直起飞）开始，到飞行结束返回地面终止。其中，将发动机已停车停转或战斗机已在地面停留 5 分钟（以先到者为准），或者更换机组人员作为飞机返回地面的标志点。

4）标准操作程序

SOP 就是将某一作业依照操作目的、操作步骤、操作要求，以统一的格式描述出来，从而用来指导和规范日常的工作。SOP 是飞行员在航线飞行中必须遵守的行为规范，它用标准的流程和语言，明确了每一飞行阶段飞行员的任务和职责。

5）军种附加要求

略。

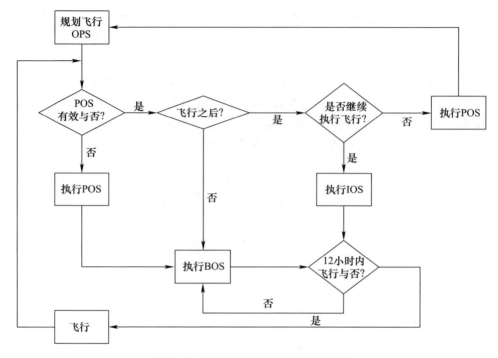

图4-4 作训间检查有效性判断逻辑

2. 典型的飞行机务准备工作内容

1）绕机检查

战斗机飞行机务准备的重点内容是执行绕机检查。检查的关键位置主要包括座舱,进气道,前/主起落架舱及起落架、机轮,主/侧武器舱,机腹、机背等区域。典型的绕机检查线路及关键位置检查如图4-5所示。

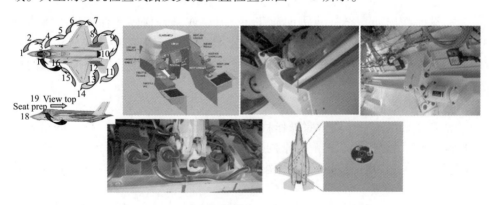

图4-5 典型的绕机检查路线及关键点检查示意图

2）燃油加注

战斗机飞行机务准备的必要内容之一是完成燃油加注。一般情况下,战斗机在执行训练任务时,飞行准备时间相对充裕,采用的是传统的加油方式,即在战斗机发动机关闭、飞行员出座舱后,由地勤人员负责加注燃油。典型的燃油加注采用压力加注方式以及满足国际（或国家）标准的加油接口,确保燃油加注可在通用环境下在不超过4人（如加油车操作员、消防安全员、加油接头对接员、加油控制员）的情况下便能完成。典型的传统燃油加注方式如图4-6所示。

图4-6 典型的传统燃油加注方式示意图

在战时或战训任务紧张时,为了快速完成战斗机再次出动,飞行机务准备可在发动机不停车情况下完成燃油加注,俗称"热加油",是战斗机快速出动必须具备的加油保障能力,能大幅缩短战斗机再次出动准备时间。与采用传统加油方式完成再次出动准备不同,热加油是在战斗机完成上一架次飞行任务着陆后进行再次出动准备时,发动机不停车、座舱盖关闭,系统处于工作状态,飞行员在座舱内等候,由地勤人员进行安全检查、迅速完成燃油加注后便可直接出动,直接减少了系统功能检查、发动机起动等准备时间,快速出动效果显著。

热加油的燃油加注方式与传统加油方式相同,加油口共用。但在发动机不停车状态下进行燃油加注,战斗机燃油系统控制逻辑需支持加油、输油、供油并行,同时发动机进气会给负责加油的地勤人员带来一定的安全隐患。因此,战斗机的燃油加油口在机上的安装位置需要考虑不在发动机进气或流场的危险区域,并规定安全进入和撤出通道,组织地勤人员开展必要的演练,将风险降低到最低限度。图4-7为美军F-35战斗机进行热加油的场景。

3）武器挂装

根据战斗机执行的战训任务需要,飞行机务准备的另外一项必要内容是完成武器挂装,包括导弹/炸弹的挂装、航空炮弹的填充等。一般情况下,出于安全考虑,武器挂装要求在战斗机下电条件下完成。导弹/炸弹的挂装可采用挂弹

图4-7 F-35战斗机进行热加油场景

车、挂弹吊索等方式,航空炮弹的填装方式主要包括更换弹箱、闭合弹带传送等,如图4-8所示。

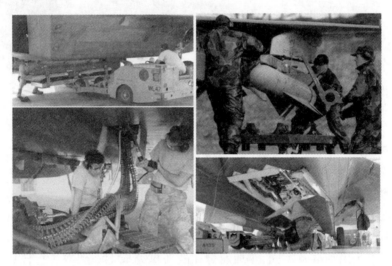

图4-8 典型的武器挂装示意图

与热加油能力相似,在战时或战训任务紧张时,为了快速完成战斗机再次出动,再次出动准备期间的武器弹药补充可在发动机开车、战斗机系统处于工作状态下完成,俗称"热挂弹",通常与热加油协同完成。图4-9为美军F-35战斗机进行热挂弹的场景。

图4-9 F-35战斗机进行热挂弹场景

随着技术的进步,为了提高战斗机的出动能力,除开展热加油、热挂弹能力设计外,还采取了一些其他措施缩短再次出动准备时间,主要包括:增强战斗机自保障能力,应用分子筛制氧技术、武器投放气源装置、全电技术等,取消或者缩减补充氧气和氮气、连接地面液压设备等保障活动;应用航向对准技术、内埋弹仓自动提升挂装技术等,缩减再次机务准备工作的单项时间;提高信息化保障水平,提前准确获取战斗机的健康状态信息,预先调配燃油、武器、消耗品等资源,减少保障延误时间。

3. 飞行机务准备活动分析与统筹方法

飞行机务准备主要是构建或维持战斗机发挥其正常功能的外部条件。例如,发射武器是战斗机的一项功能,关于武器发射的速度、高度、数量的要求在剖面中都有全面的定义,战斗机若要执行这项功能,外部条件就是战斗机需要挂装武器飞行。而战斗机保障对象自身的构型并不包括武器,这就需要在战斗机执行任务前为其进行武器挂装,由此就产生了武器挂装的使用保障要求,包括装弹数量、装弹频率、装弹时间等。因此,相比其他飞机来说,战斗机再次出动准备期间完成的工作项目较多。为了尽可能减少再次出动准备时间,提高战斗机的出动强度,需要根据战斗机的功能对使用保障任务进行分析,再依据再次出动活动经历的时间模型,统筹安排再次出动准备各项活动的工作顺序。

1)战斗机的使用保障任务层次划分

一般来说,战斗机的使用保障任务可分层次进行划分,如图4-10所示。第一层可按战时或平时使用要求进行划分;第二层可按照典型使用任务模式进行划分;第三层按照典型使用任务执行的阶段进一步划分为飞行前检查、再次出动准备和飞行后检查等。

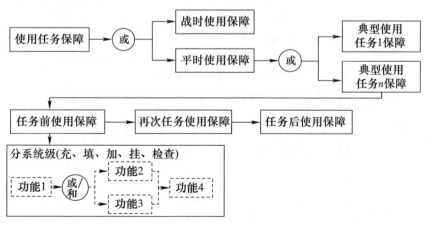

图4-10 使用保障工作项目分类示意图

2）战斗机的使用保障任务功能分解

在完成使用保障工作项目层次划分后,需要根据战斗机寿命周期剖面信息提取的外部条件,再向下进行划分来生成下一层的使用保障功能。在这一层使用保障功能中,主要是从任务剖面提取出来的充填加挂、检查等功能,这些功能受战斗机功能特性的约束,其执行的先后顺序关系随战斗机系统设计的不同会有差异。但这些功能行为的接受实体的最低层次应是分系统级的保障对象,也可以是系统级的保障对象,如充气工作的对象是气动系统。再继续向下进行展开,可抽象出战斗机的使用保障功能和资源获取功能。这一层的使用保障功能在方案设计阶段不必进行展开,可将其作为与若干组件级使用保障功能对应的集合来看待。随着战斗机研制过程的进展,分系统级的使用保障功能可进一步展开,在展开后的保障功能中要体现当前研制阶段保障对象的层次。

另外,在确定完战斗机的使用保障工作项目后,需要开展使用保障工作分析,以分解确定战斗机使用保障工作的步骤,分解层次结构越低,描述工作接口和确认资源需求就越有必要。这些资源以硬件、软件、人员、设备、数据或以它们综合的形式呈现。

3）战斗机的使用保障工作过程分解

使用保障工作分析的过程可以通过一系列框图来定义,其目的是以一种可理解、逻辑化的表述方式来完成使用保障工作的分解。每个框图表达了一个或几个功能的集合,可以帮助确立工作顺序、串并联关系以及定义不同分析层次间的主要功能接口。框图中主要图元的定义如图 4 – 11 所示。

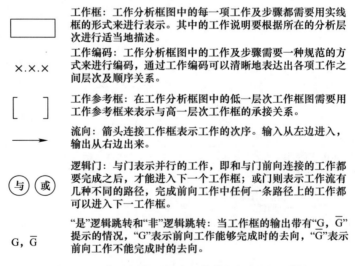

图 4 – 11　战斗机使用保障工作分析框图图元说明

战斗机使用保障工作分析规定了"做什么",即为了实现期望的目标所必须完成的任务。通过绘制每个独立的框图、定义必要的"输入"和期望的"输出"、描述外部控制和约束以及通过要完成的功能将"做什么"转化成"怎么做",为每个功能框图制定具体的定量的效能要素(如时间度量单位)。通过"怎么做"来分析实现功能应具备的资源,需要对硬件、软件、人员、设备、数据或它们的综合进行定义。图4-12表示了一个简单带有分解的工作分析框图的示意。顶层工作项目分解成第二级工作,第二级工作引出了第三级工作,工作框图编号是为了保证自上向下的过程可追溯性以及此后根据这些需求自下向上对资源需求进行论证。

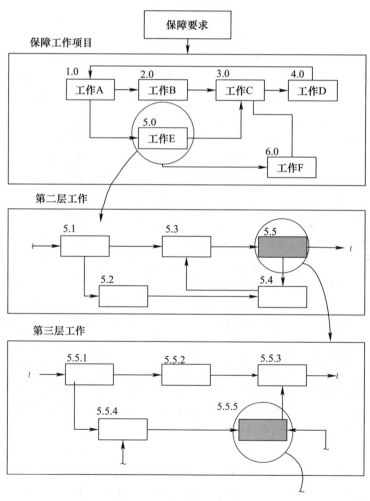

图4-12 使用保障工作分解示意

战斗机的使用保障工作步骤较多,存在不同性质的工作或同一个步骤需要多个操作人员协同配合并行完成的情形。为此,需尽可能地将工作安排为并行开展以减少工作项目的完成时间,可运用时线分析技术对保障工作项目进行安排。时线分析的步骤主要包括:

(1) 按工作项目要求提出备选的工作步骤。完成某个工作项目,可能同时有多个满足要求的工作步骤集合,每个工作步骤集合都是按照工作项目的要求来分解的。工作步骤的分解受工作对象、工作方法、工作环境等因素影响。如战斗机再次出动准备工作,是由挂装方案和再次出动前飞机的状态决定的。在这一段时间要安装、拆卸或更换外部的吊舱、副油箱及其他装载物,补充燃油、滑油、液压油及其他液体和氧气、氮气及其他气体等,并进行飞行前重点项目的保养与检查。战斗机的挂装和准备前的状态不同,其准备工作项目的内容也不同。每一个工作项目都应进行时线分析。

(2) 按备选工作步骤提出操作人员的数量及其专业。操作人员的数量及其专业受到工作项目的约束,不同的工作项目需要操作人员的数量与等级是不同的,工作量的大小决定了操作人员的数量,工作的难易度决定了操作人员的技术水平。例如,再次出动准备方案的作业项目和操作人员的数量及其专业在研制战斗机时确定,除了检查接收飞机、清理现场、清点工具和最后检查外,其他作业应根据悬挂物的挂装方案和再次出动前的战斗机状态来确定。

(3) 按逻辑顺序排列各项作业。为保证在尽可能短的时间内完成工作,需要按照工作步骤之间的逻辑关系排列这些步骤的时序关系。首先应确定每项作业所需的专业人员和作业(工序)时间,然后找出关键时线,即必须按逻辑顺序进行的最长时线。这一时线确定了工作的总作业时间,其他一些作业可根据相互关系,与主要时线并行进行,并按作业顺序画出时线分析表。表中不能有空闲时间,操作人员的空闲时间也要尽可能少,可以同时做的作业要同时进行,除必须由专业人员做的作业外,其他作业均需各专业人员之间相互协作,在作业顺序的排列上要确保作业安全。

时线图的主要要素包括战斗机保障作业的顺序标识、保障作业项目名称、预计完成保障作业项目所需的时间、标记保障作业开始及结束时间的标度、执行保障工作的保障人员工种及数量说明,以及保障作业开始及结束时间的线段,如图4-13所示。

要缩短战斗机的保障工作时间,除了必须进行时线分析外,关键还在于战斗机本身的使用保障设计,主要有以下三个方面的要求:

(1) 减少保障工作项目的作业项目和内容。在设计战斗机时,应尽可能减少作业项目和每项工作的工序,如不用拆装、更换悬挂装置及其附件,就不需要

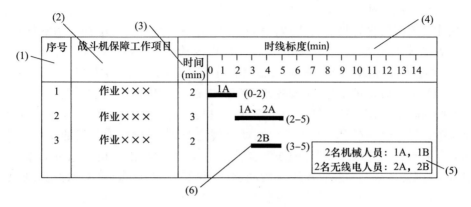

图 4-13 战斗机再次出动准备方案程序图

通电检查功能、外部电源和冷却源(改用自保障)。

(2)缩短各项作业时间。设计时可采取如下缩短作业时间的措施:采用压力加油,提高加油速度;快接、快卸的电、液、气接口;各种充填加挂作业都不需使用梯子,人在地面即可作业等。

(3)各项作业可同时进行。应考虑各项作业在战斗机上的分布情况,并使挂卸悬挂物、加注燃油、补氧和通电检查能够同时进行。

4.2.2 战斗机停放保管方案

停放保管属于战斗机的一种维护工作类别,主要指在役战斗机过站、飞行后、一定时间内不使用或不执行任务时停放所要求的停放环境、停放防护以及停放期间需要开展的维护工作。停放保管要求一般包括停放场所要求,间距要求,防火要求,停放时防护工作,雨、雪、冰雹、沙尘后工作,油封等。战斗机停放期间,机务人员按规定开展维护工作,使战斗机无故障、无缺陷,保证一旦需要便能随时启用。战斗机的停放保管不包括退役战斗机。

(1)停放场所要求:应考虑战斗机的进出方式、与建筑物的关系、发动机运转时气流及噪声、维护工作、防火与应急抢救。

停放场所应便于战斗机的出入与人员的安全;便于维护、保养工作的实施;能有效避免和减少自然环境对战斗机的损害;便于防火与应急抢救等。

(2)停放间隔要求:应考虑战斗机安全停放距离。

停机坪上停放时,相邻战斗机的安全间隔不得小于翼展的五分之一,但最小安全间隔不小于2m;战斗机不应对头停放,临时需要对头停放时,机头方向应相互错开,机头间的相对距离应为翼展的1.5倍。

(3)防火要求:战斗机停放期间应有必要的防火措施。

战斗机停放地点以及工作房、厂房和机库内应按规定配备消防器材；及时清除战斗机周围的易燃物，禁止随地泼洒燃油、滑油、特种液体，乱扔油污的抹布、油纸等；严格控制明火，在距离战斗机25m以内禁止点燃喷灯和加温设备，禁止吸烟；严格遵守加油、充氧、通电、加温和试车等工作的防火安全规则。

（4）停放时防护工作：应按战斗机维护规程或维修手册开展防护工作。

通用防护工作一般包括：关好所有舱门和舱盖，放置好轮挡，插好各种地面保险销，搭地线可靠接地；在大气温度低于规定时，露天停放战斗机的蓄电池应拆下存放到符合要求的场所；地面温度低于零下时，放掉战斗机水箱里的水；根据需要，用夹板或制动装置固定各活动翼面，盖好蒙布、堵盖、堵塞和护套；根据需要，对露天停放的战斗机进行系留。

（5）雨、雪、冰雹、沙尘后工作：应按战斗机维护规程或维修手册开展工作。

常规工作一般包括：清除战斗机上的积雪与积水；检查战斗机外表面是否有损伤；清除战斗机和发动机各部位沙尘，更换附有沙尘的润滑脂；把蒙布和罩布取下晾干；打开舱盖、取下堵盖，使战斗机通风晾晒；检查战斗机，及时排除故障和锈蚀，更换变质的润滑脂；必要时对战斗机有关设备和测试仪器进行通电，加温除潮。

（6）油封：停放的战斗机如果中断使用时间超过战斗机维护规定或维修手册规定，应按相关要求进行油封保管。

油封前，完成战斗机飞行后检查和到期的定期检修工作，排除全部故障，保持战斗机良好状态；油封保管期间，按战斗机维护规程或维修手册的规定内容做好战斗机的维护保养工作；对规定卸下保管的机件、设备，单独封存、包装，并记载封存日期和战斗机型号；油封保管期间所做的工作、油封的日期和期限应及时、准确地记入履历本。

4.2.3 机动转场保障方案

机动转场保障主要是为了适应机动作战需要，将战斗机临时部署到非常驻基地开展作训任务而需随飞机机动转场部署的保障资源携行、包装、运输方案，是实现机动部署作战的关键。

以美军第四代战斗机为例，F-22战斗机的机动转场保障规模较F-15C大幅度降低，部署24架F-22的运输量为7架C-17运输机，运输内容包括221名维修人员、207项保障设备、265项备件，整体规模较F-15C战斗机减少一半。F-35战斗机将机动转场部署能力作为六个关键性能参数之一进行设计，使得F-35战斗机的机动转场运输规模大幅度下降，关键性能参数如表4-1所列。

表4-1 F-35战斗机的六个关键性能参数

指标	型号				
	常规型	舰载型	短距起飞垂直型	门槛值	目标值
互通性	×	×	×	—	—
隐身	×	×	×	—	—
作战半径	×			590nm	690nm
		×		600nm	730nm
			×	450nm	550nm
任务可靠性	×			93%	98%
		×	×	95%	98%
机动部署	×			< 8架C-17	< 6架C-17
		×		< 46,000 ft^3	< 34,000 ft^3
			×	< 8个C-17	< 4个C-17
出动架次率	×			3.0/2.0/1.0 2.5 ASD	4.0/3.0/2.0 2.5 ASD
		×		4.0/3.0/1.0 1.1 ASD	6.0/4.0/2.0 1.1 ASD
			×	3.0/2.0/1.0 1.8 ASD	4.0/3.0/1.0 1.8 ASD

以机动转场保障运输设计为基础,不仅实现了机动转场保障能力,并且利用强大的机动转场能力发展出了多种快速、机动战法。

1. 快速猛禽

美国空军各个联队遍布全球多个基地,时刻枕戈待旦,使空军具备令人生畏的强大战斗力。但与此同时,大型空军基地也是潜在对手优先打击的目标。据俄罗斯《军事评论》文章报道,一旦爆发大规模军事冲突,美军主要基地将面临灭顶之灾。因此,美国空军参谋部提出了新的兵力展开、疏散概念,以解决空军面临的诸多挑战。这些挑战包括:一切离不开空中力量;空军基地是战斗机运作的核心,尤其是现代战斗机日趋复杂,对基地保障设施依赖性加大;日趋完善的"远程侦察-精确打击"体系,弹道导弹、巡航导弹甚至高超等远程精确制导武器的应用,前沿空军基地已经不再安全,开战的前几天"连窝端"也并非杞人忧天;短期内也没有什么逆天技术能确保基地安全。在无法拉开技术代差的情况下,美国空军开始发挥体系效能优势——观察-判断-决策-行动(observation-orientation-determinant-action,OODA,即博伊德循环法)、"快速猛禽""快速闪电"等应运而生。

"快速猛禽"是为F-22"猛禽"战斗机寻求的一种快速部署任务包,以便F-22能在全球任何"一穷二白"的陌生机场得到后勤保障支持,在24小时内具备作战能力,使得美国空军可以具有更灵活分散的部署方式,避免被对手将现有的主要空军基地"一锅端"。"快速猛禽"的一个快速部署任务包至少包括一架C-17"环球霸王Ⅲ"运输机,搭载油料和相关保障物资,让至少4架F-22在一个陌生机场也能维持运作。此外还包括额外的飞行员、增强的维修保障力量、任务油料弹药以及F-22所需要的特殊保障设备。当然还包括与上级保持联络的通信设备、指挥终端和任务规划设备等,以确保能让F-22部署到未知的机场,提供前所未有的灵活性。这样部署的出动时间、任务规划和供应链将更短、更灵活,F-22可以更快地作出反应,提供更迅速的首次打击能力,同时避免被敌人通过首轮打击消灭掉。而对手将越来越难以把握美军下一步的动向,"把敌机消灭在机场"的模式对于对手来说将越来越难。

"快速猛禽"的配置具有一定灵活性,核心是以4架F-22A作为态势感知和多用途攻击平台,另外通过运输机或者加油机携带保障资源,保证4架F-22A在陌生机场也能再次出动且能在大量简易机场间进行转移。除4架F-22A和1架C-17搭配形成的基本配置外,已发展了4架F-22A和1架KC-10"补充者"加油机以及4架F-22A、1架HC-130J战场搜索与救援机、1架C-130J"超级大力神"运输机、1架MC-130J特种作战加油机和数架HH-60G"铺路鹰"救援直升机等更灵活的"快速猛禽"配置,如图4-14所示。

图4-14 不同配置的"快速猛禽"

2. 快速闪电

美国海军陆战队提出的"快速闪电"充分发挥了"F-35B+MV-22B"组合

的垂直短距起降特长。"快速闪电"作战过程:5架F-35B和10架MV-22B从两栖攻击舰上起飞,后者携带全部保障物资、地勤人员,甚至负责安防的特战队员;F-35B机群执行第一波次作战任务,与此同时,MV-22B机群前往临时起降点A,迅速做好保障准备;执行完第一波次作战任务的F-35B前往临时起降点A,与MV-22B机群汇合,进行补给保障;F-35B和MV-22B从临时起降点A起飞,分道扬镳,F-35B继续执行第二波作战任务,而MV-22B机群则前往临时起降点B,开设临时保障点;完成第二波次任务的F-35B前往临时起降点B与MV-22B保障群汇合,进行补给保障;F-35B和MV-22B再从临时起降点B起飞,分道扬镳,F-35B执行第三波作战任务,而MV-22B则返回两栖攻击舰,执行完第三波作战任务的F-35B也返回两栖攻击舰。整个过程要求F-35B在不超过24小时的时间范围内完成3次作战任务,途经两个岸上临时起降点和两个海上起降点,在此过程中两栖攻击舰群在海上不断机动。为了保障"快速闪电"战术,美国已经在亚太地区寻找了343个可供使用的临时起降点,毕竟F-35B和MV-22B具有垂直短距起降的独门绝技,不一定要找大型机场,只要一片空场地就可以,更加防不胜防。美军"快速闪电"的概念如图4-15所示。

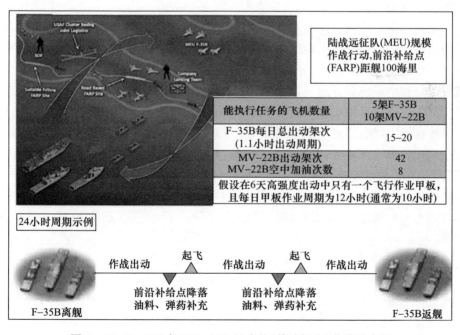

图4-15　F-35B与MV-22B组成的"快速闪电"作战示意图

4.3 战斗机维修保障方案

战斗机维修保障方案作为战斗机维修活动的依据和标准,是进行维护工作的基本文件。规划战斗机维修保障方案作为战斗机保障性工程的重要内容,主要解决战斗机保障性工程如何选择维修方式、如何确定维修组织形式、如何确定维修工作的问题,并影响维修大纲的科学性、维修工作的有效性,同时也对保持战斗机的适航性至关重要。科学合理的战斗机维修保障方案需要从整体上对战斗机的维修进行考虑,并从技术上描述保障系统、保障对象之间的相互关系,以及整体的组织结构。

4.3.1 维修策略

战斗机维修策略是指战斗机进行维修活动所依据的方针和方法,也是指导战斗机维修保障方案制定的依据。目的是使战斗机维持在所需的运行状态,或在发生故障后将其恢复到正常工作状态。战斗机维修主要采取预防和纠正两方面的措施,这也就形成了修复性维修和预防性维修两种维修类型,发展了不同战斗机的维修策略。

修复性维修是指战斗机发生故障后使其恢复到规定状态所进行的全部维修活动,也称故障后维修,是最早应用的维修方式。修复性维修包括一个或几个步骤,即故障定位、故障隔离、分解、更换或恢复、组装、调校及检测等,其最大优点是可充分利用系统部件的设计寿命,减少维修检测工时和费用。

预防性维修是指通过对战斗机的系统检查、检测和消除产品的故障征兆,使其保持在规定状态所进行的全部活动。预防性维修主要包括计划维修(scheduled maintenance,SM)和基于状态的维修(CBM),是指在系统还能够正常工作的情况下,为了消除或减少将来可能的故障对其施行的预防性维修工作,包括设备状态检查和更换已使用一定时间的零部件等。

图4-16展示了这几种维修策略的优缺点和相应方法实施后的设备故障率。

1. 修复性维修

20世纪40年代以前,作为新鲜事物的航空装备故障规律尚未充分暴露,对航空装备的维修主要依靠经验,同时航空装备的复杂程度相对较低、设计余量较大。因此,对于航空装备的维修,人们采用发现故障之后再进行维修的方式,也称为故障后维修。此时,对一些潜在的隐患故障重视不够,导致航空装备故障率较高,这在相当长的一段时间内制约着航空装备维修的发展。

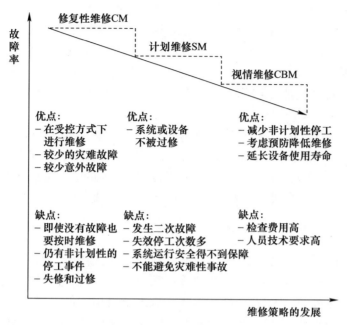

图 4–16　不同战斗机维修策略的优缺点

2. 计划维修

20 世纪 50 年代后,随着航空装备复杂度的提高,仅通过事后维修的方式难以保证航空装备按时执行任务的要求,且随着人们对航空装备维修经验的积累和对故障规律认识的深入,提出了"浴盆"曲线理论,即故障率与使用时间有特定关系,部件进入耗损故障期后故障率会迅速增加。因此,可以通过设计和维修的经验,预计航空装备的故障周期,在故障出现前对其进行检查和维修来预防或消除故障,从而保证航空装备一直处于良好的工作状态。

3. 视情维修

伴随着技术的进步和电子产品的大量运用,航空装备组成从以机械系统为主转变为以电子电气系统为主,并呈现出结构和系统复杂化、集成化、多功能化的特点。人们发现大量的故障模式并不遵循浴盆曲线理论,无法通过定期的预防性维修预防或消除故障,而且频繁的定期维修很容易发生维修过剩、降低航空装备使用寿命和由于人为原因引入新的故障。由于故障频发、维修工作过多,航空维修费用出现了迅速增加的情况,在 20 世纪 60 年代,美国航空公司需要支付的维修费用占到了总费用的 30%。

为了解决航空装备"买得起,用不起"的问题,人们开始考虑维修的经济性与适用性,在传统航空维修策略的基础上发展产生了以可靠性为中心的维修分析(RCMA),通过综合分析航空装备的故障模式和后果,采取不同的维修方式和维修制度,从而实现对航空装备经济有效的维修。在民用航空领域,国际航空运输协会在以可靠性为中心的维修思想基础上,对现有的维修制度和方式进一步修改和重新组合,提出了民用飞机维修指导小组(Maintenance Steering Group, MSG)思想,成为各国航空管理当局、航空装备设计生产方、航空装备运营商共同认可和使用的维修思想。

进入21世纪,新型材料、信息技术和智能传感器技术等在航空装备上的应用越来越多。可以预见,以信息技术为主要手段,对航空装备状态进行监控、故障预测,根据需要灵活进行基于状态的维修决策,大量削减备件库存,使航空装备维修效能最大化将成为未来航空维修思想的发展趋势。

4.3.2 维修级别

战斗机维修级别是指战斗机维修机构的分级设置和维修任务的分工,通常,维修级别分为基层级、中继级和基地级三级,也可只设置基层级和基地级两级,需要根据战斗机的设计特点、部队编制和各维修机构的能力确定各维修级别的任务,各级维修级别需要规定应完成的工作任务,配备与该级别维修工作相适应的工具、维修设备、测试设备、设施及训练有素的维修与管理人员。

三级维修级别如图4-17所示。基层级是战斗机的使用操作人员和战斗机所属分队的保障人员进行维修的机构,在该维修级别中只限定完成较短时间的简单维修工作,如战斗机保养、检查、测试及更换可原位拆卸的故障部件、轻度战伤快速抢修等,仅配备使用维修所需的有限保障设备,由操作人员和少量维修人员实施维修。中继级是比基层级有较高的维修能力(有数量较多和能力较强的人员及保障设备)的维修机构,主要承担基层级原位拆卸的故障部件或定时拆修部件的修理工作。基地级(含制造厂)是具有更高修理能力的维修机构,承担战斗机、发动机的翻修,机体结构等大部件的修理、备件制造,以及中继级所不能完成的维修工作。

三级维修采用以较大的保障规模来获得较高的战备完好性,但相对存在着人力、物力、财力消耗大、维修周期长、费用高等缺点。因此,F-22、F-35和歼-20等军用战斗机采用两级维修机构,通过电子设备的综合化、模块化和测试性等设计,将机箱式的外场更换单元(LRU)设计为模块式的外场可更换单元(LRM),如图4-18所示,大幅减少了需要在中继级进行修理的机载设备,取消了中继级维修,保留的少量中继级维修任务少部分转移到基层级,大部分由基地级完成。两级维修采用保障速度取代保障规模来获得较高的战备完好性和机动保障能力,可以缩短维修保障补给线,简化战斗机的维修内容和维修人员编制,

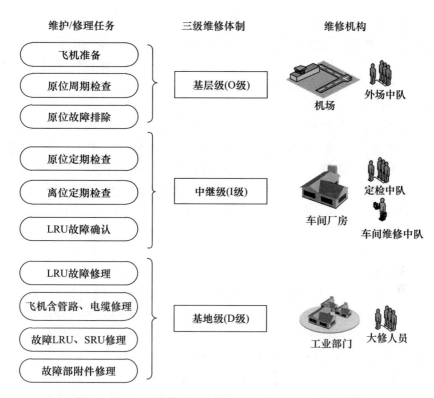

图 4-17　三级维修设置与其对应的维修任务、维修机构

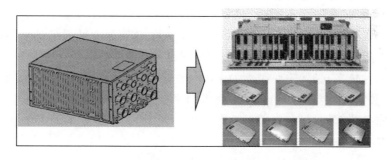

图 4-18　机箱式的 LRU 向模块化的 LRM 转变

减少维修设备和备件的贮存量,降低维修费用,提高快速反应能力。但是,两级维修要求战斗机或者一级维修机构具有快速、准确的故障检测、维修决策、故障件更换等能力,同时需要具备快捷的备件供应能力。

对于战斗机来说,确定战斗机的维修级别需要考虑战斗机特点、平时和战时使用与保障要求、部队的编制和体制等诸多方面的因素。如果部队需要高机动性,则要求维修机构特别是基层级和中继级不能有庞大的人力和物力编配,因而也限制了其可执行的维修工作范围。一般在战斗机特性和使用要求没有重大改变时,在一个时期内,既定的维修级别是不变动的。在确定维修级别时主要考虑维修任务、部队编制体制、维修深度等因素。

1. 维修任务

维修机构是一种执行维修任务的组织机构,设置什么机构首先得考虑其任务,而任务是由一系列分析研究确定的,不论任务如何复杂,不外乎预防性维修、修复性维修和战损维修等。执行这些任务所需人员和设备必须互相匹配,同时又要与作战与训练任务相互协调,也就是说不仅要考虑人力和物力的可能性,还要考虑环境和条件(如修理时间限制等)的可能,例如基层分队只能承担维修工作量小而简单的工作。

2. 部队编制体制

维修机构隶属于部队组织机构,存在着指挥系统与服务范围等问题,因此维修级别的设置要考虑部队的编制与体制。从管理上来说,维修机构要便于整个部队实施管理,它不仅要考虑人员数量、设备能力和设施要求等的规模大小应适合于所属部队指挥与管理(包括平时和战时支援和调遣等),还应与各级维修机构的管理在业务上分工协作,保证各项维修任务能顺利执行。所以,维修机构通常是部队编制序列的重要组成,服从部队编制要求(如人员限制等)。此外,维修机构还应与其他业务工作机构(如物资供应、运输以及人员训练等机构)协作,这些都涉及部队的管理体制。

3. 维修深度

战斗机的部件和组件设计成全部可修复的、不可修复的或是部分可修复的,不仅影响战斗机设计,也影响保障问题,同时与维修级别有关。如果要求全部可修复的部件较多,必然需要很大的保障工作量,对保障设备及人员水平要求也较高,大多数情况下要设立基地级维修机构才能完成这样的任务。相反,如果多数为不可修复的部件,只有一般的拆卸更换工作,那么只需较低的维修级别即可,当然还要考虑备件费用问题。

4.3.3 维修专业

战斗机维修专业是根据维修对象的不同将维修人员进行结构化组合的分类方法,用以区分不同维修人员的工作内容和工作界面。维修专业的设置应注重维修效益的最大化,力求以较低的维修保障规模和费用实现较大化的军事效益。维修专业的设置除了应遵循提高作战和维修保障综合效益、维修管理与维修技术分离等基本原则外,还应根据维修工作性质和人员技术层次的不同,设置粗细有别的维修专业。维修专业划分以战斗机功能为主,兼顾战斗机系统原理和维修工作量。

一般来讲,维修管理需要较深的理论基础和一般的维修知识,主要负责维修计划、控制等工作,注重管理和技术分离,有利于加强维修管理、发挥维修保障的整体效能;从事周/定期检查和离位维修的人员专业划分很细,要求维修人员技术精湛,以保证维修质量;直接保障飞行的维修人员不细分专业,业务上通用,利用率较高,保障人员较少,以保证飞机出动较快;但也可采用与周/定期检查、离位维修的维修人员大致一致的划分方式,这与部队的编制体制关系较大。

美军维修专业设置的基本依据是美国军标 MIL-ST-881A 附录 A 中规定的系统和设备功能划分方式,即机体、推进装置、通信设备、导航设备、飞行控制系统、武器投放等。具体来讲,以维修 F-16 战斗机的电子设备为例,就划分为攻击控制、仪表和飞控、通信导航和突防、电子设备测试、电子战五个专业。除战斗机维修本身外,还包括维修地面设备、贮存保管弹药、维护保养保障车辆和伞勤等。美军高度重视地面保障设备的维护保养,设有地面设备维修专业。因此,F-22 战斗机将维修专业划分为地面保障设备、飞机维修、军械、航空电子、离机系统、电气/环境控制、燃油、生命保障、弹药、无损检测、液压气动、动力装置、结构和救生设备等。

我国空军维修专业划分总体上沿袭俄罗斯空军的模式,维修专业设置依据的是战斗机构造和机载设备功能、工作原理而不是面向系统进行划分,主要分为飞机和发动机、航空武器、航空设备和无线电电子设备四大专业,也与机械、军械、特设、航电四大类相对应,该维修专业划分方式有利于专业干部的培训和专业工作的管理。随着战斗机的更新换代,机载设备的数量显著增加,对新增加的机载设备确定其归属,并尽量分别划分到四大专业内。虽然从发展来看,专业划分趋向也逐渐以功能为主兼顾其他,并在必要时设置新专业,但仅就战斗机本身的系统功能而言,并未对大的维修专业产生重大影响,只是在作业层面维修专业划分得相对更细。研究表明,过于严格的维修专业分工,会造成战斗机维修保障中存在十分严重的忙闲不均现象。要充分利用人力,必须改变维修专业划分方式,打破过去的专业分工,以综合性的技术保障岗位组织飞行,将战斗机的飞行机务准备工作分为工作量相等的 4~5 条路线,每条路线由 1 人执行,每人掌握 2~3 条路线的工作技能,以保证人员可以替换,提高维修工作效率。

4.3.4 维修组织

维修组织是战斗机维修保障模式的基础核心部分,是实施维修管理、执行维修作业的关键作业体制。世界各国空军的维修组织都在随着军事战略调整和战斗机发展不断优化调整,重点解决面临的维修人员紧缺、维修水平低、维修效果差等保障问题,实现通过维修组织结构优化提高维修作业效率的保障目标。

按照组织理论,找不到一种完美的组织结构适用于所有组织及所有情况,但职能型、事业部制、矩阵型是三种长期演变而成的公认的基本组织结构。其中,按职能型组建的组织结构,任务按照职能专业或技能进行分配,所有关键职能都向一个决策人报告,该决策人在一个集中的参谋班子协助下负责协调各种职能,这种组织结构有利于发展特定专业的高水平技术能力和效率,但同时也使专业分工过于狭窄。基于产品按事业部制组织结构,其主要思想是将一个较大的实体分成多个较小的部门,各部门处理自己的产品、资源等,共享一定核心资源,可以加快竞争环境下的战略决策,但每个部门都需要一个精通多种技能和专业知识的管理者。矩阵型组织试图通过以上两种方式的结合取得最佳效果,下属部门既归属于一个职能领域,也归属于一个项目,增加了组织的灵活性,提供了职能专业化,能集中精力满足于要求。战斗机维修组织结构形式的选择需要考虑战略、文化、背景等关键要素,以实现通过维修组织优化来提高维修效率的目的。

美军飞机维修组织结构大致经历了三个阶段的发展演变。第一阶段从美国空军独立建军的1947年—20世纪70年代初,美军航空维修由地勤组长制逐渐向集中控制的专业化维修组织转变。这种组织形式是一种"派工制"职能型组织结构,其特点是一个部队的维修保障人员,除了保证飞行的部分专业的通用人员外,其他所有维修人员都按专业编入外场、野战、航空电子设备和弹药等四个维修中队,各专业维修中队不分内场和外场。集中化管理的专业维修组织不利于战术空军的行动,缺乏保证战术空军飞机多次大量出动所必需的效率和灵活性。

第二阶段是由集中控制的专业化维修组织向分散式、面向生产与作战的维修组织转变,改革重点是将原来按专业划分的专业维修中队改为按职能划分的放飞、设备维修和机械修理等三个中队,主要是由于飞机的现代化、飞机数量的增加以及突发事件作战架次的增加等因素促使美军采用了集中控制的面向生产的矩阵组织结构。该维修组织主要优点包括:一是有利于提高出动架次;二是维修决策权下放,有利于调动各级维修人员的工作积极性和主动性。但也存在维修人员晋升受限、维修人员和飞行人员混编冲突较多等不足,影响飞机战备完好性。随后美军将面向生产的维修组织向面向作战的维修组织转变,改革重点是取消负责维修的副大队长的集中控制,把控制权放在维修组织的最低层以便更快进行决策,但也由于维修组织中的中层管理人员太多,使美军采取了"目标联队"来减少维修人员,飞行人员和原位维修人员由作战中队领导,取消了负责维修的副大队长,维修组织结构从分散控制的矩阵组织又转变回采用分散控制的事业部制组织。

第三阶段是在"目标联队"基础上,为适应未来作战的需要,采用新的标准联队结构。飞行联队是美国空军的基本编制单位,一般一个联队集中驻训一个基地,其编制结构如图4-19所示,一个联队包括飞行大队、维修大队、保障大队和医务大队四个大队。其中,维修人员全部编入新产生的维修大队以加强联队的维修工作,在这种分散控制的矩阵维修组织结构中,每个由地勤组长和其他维修人员组成的飞机维修队与一个飞行作战中队密切相关,加强团队协作精神,有利于提高飞机任务出勤率。

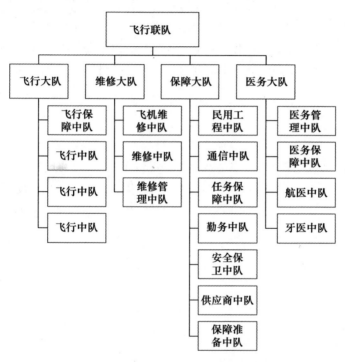

图4-19 美国空军飞行联队编制结构示意图

飞行大队负责执行各种飞行训练和作战任务,下辖3个或4个飞行中队和1个飞行保障中队,其中飞行保障中队主要负责气象、情报等方面的工作,不负责飞机的维修保障工作。

维修大队负责整个联队的飞机维修保障工作,所有的维修保障力量都集中在维修大队,由飞机维修中队、维修中队和维修管理中队构成。其中:

(1)飞机维修中队主要负责飞机的一线维修保障工作,下设若干飞机维修小队,负责飞行中队的飞行保障,包括飞机分队、专业人员分队、武器分队等。飞机分队由飞机维修专业人员组成,每架飞机实行固定机组长负责制,主要任务是飞行前、飞行后和再次出动准备、飞机日常维护与保养。专业人员分队通常由航电、发动机、液压、电气和环控等专业人员组成,主要任务是飞机各系统的检查排故、原位修理、部件拆换等,并配合维修中队完成定检。武器分队由武器挂装人员和武器维修人员组成,主要负责飞行任务的武器挂装和维护保养。

（2）维修中队由制作分队、发动机分队、附件分队、航电设备分队、地面设备分队、军械分队、弹药分队等专业分队组成,主要负责完成飞机和设备的离位维修,包括飞机的定期检修。

（3）维修管理中队下设维修管理分队、维修训练分队、资源与规划分队等,履行维修大队的计划、控制、调度和实施等职责,确保各种资源得到有效利用。

随着长期的战斗机维修保障建设,维修组织理论和维修组织实践相结合,世界各国的维修组织逐渐趋于一致,均建立了具有自身特点的维修组织结构。

第5章 预测与健康管理系统研制

预测与健康管理(PHM)技术是在测试性设计的基础上发展起来的,通过建立层次化的诊断体系架构,应用智能信息技术,实现故障和异常的精确诊断以及对故障和寿命的预测,从而提高战斗机的维修效率,减少维修工时,提高战斗机的可用度和有效利用率。PHM 系统代表了一种方法的转变,即从传统的基于传感器的诊断转向基于智能系统的预测,达到在准确的时间,对准确的部位,采取正确的维修活动。

5.1 预测与健康管理技术及系统

面向战斗机保障性工程需求,设计战斗机 PHM 系统,需要分析战斗机 PHM 需求与使用场景,在此基础上,结合战斗机系统架构,对战斗机 PHM 系统架构进行设计与系统建模。

5.1.1 预测与健康管理技术

PHM 技术经历了外部测试、BIT、智能 BIT、综合诊断、PHM 的发展过程。早期战斗机上的系统彼此独立,依赖人工在地面上利用专用或通用测试设备检测和隔离战斗机上的问题。20 世纪 60 年代,机内测试开始萌芽。70 年代,机内测试进入成型阶段,在参数检测的基础上,实现了自动的故障检测和隔离功能。80 年代,复杂装备在测试性设计方面,逐渐暴露出故障诊断时间长、BIT 虚警率高、使用保障费用高等问题,因此智能 BIT 和综合诊断的概念被提出。把神经网络、专家系统、模糊逻辑等智能理论应用于机内测试的故障诊断中,即智能 BIT。而综合诊断通过考虑和综合测试性、自动和人工测试、维修辅助手段、技术信息、人员和培训等构成诊断能力的所有要素,使武器装备诊断能力达到最佳。20 世纪 90 年代中后期,美军启动的联合攻击战斗机(Joint Strike Fighter, JSF)项目提出了经济承受性、杀伤力、生存性和保障性四大支柱目标,并因此提供了自主保障方案,借此机遇诞生了 PHM 技术。

PHM 技术实现了设备管理方法从健康监测向健康管理(容错控制与余度管理、自愈调控、智能维修辅助决策、智能任务规划等)的转变,从对当前健康状态的故障检测与诊断转向对未来健康状态的预测,从被动性的反应性维修活动转向主动性、先导性的维修活动,从而确保在准确的时间对准确的部位采取准确的维修活动。PHM 技术的功能主要包括关键系统/部件的实时状态监控(传感器监测参数与性能指标等参数的监测)、故障判别(故障检测与隔离)、健康预测(包括性能趋势、使用寿命及故障的预测)、辅助决策(包括维修与任务的辅助决策)、资源管理(包括备品备件、保障设备等维修保障资源管理)以及信息应需传输(包括故障选择性报告、信息压缩传输等)与管理等方面。

5.1.2 预测与健康管理系统

从 20 世纪 70 年代起,美国等西方国家的故障诊断、故障预测、基于状态的维修、健康管理等系统逐渐在工程中应用,相继开发了健康与使用监测系统(health and usage monitoring system,HUMS)和飞行器综合健康管理系统(integrated vehicle health management,IVHM)等。此外,各军种和国防部门也先后开发和应用了飞机状态监测系统(aircraft condition monitoring system,ACMS)、发动机监测系统(engine monitoring system,EMS)、综合诊断预测系统(integrated diagnostics and prognostics system,IDPS)等大量应用 PHM 技术的系统。例如,美国海军为其飞机开发了综合状态评估系统(integrated condition assessment system,ICAS),B-2 轰炸机、NASA 第 2 代可重复使用运载器采用了 IVHM,P-8A 多任务海上飞机也开发了飞机健康监测系统(aircraft health monitoring system,AHMS)。

美国 ARINC 与 NASA 兰利研究中心合作,开发了与 PHM 类似的原型机系统——飞机状态监测和管理系统(aircraft condition and management system,ACAMS),用于军用和民用飞机系统及其子系统的连续健康状态监测和故障识别,包括飞行子系统、起落架、结构件等。ACAMS 由机内和地面支持系统构成。机内部分从各种数据源中搜集信息,ACAMS 的模型和算法连续实时地分析这些数据,预报故障。通过数据链路传递的诊断和预报结果,按照事先确定的准则自动排序,如果关键的异常事件发生,就自动地发送到地面人员。地面的维护人员根据这些信息及其他相关的数据提出使用和维护方案,并进行相应的纠正性维护。

波音 777/787 机载健康管理系统由霍尼韦尔(Honeywell)公司开发,其核心为机载中央维修计算机,采用基于模型的诊断维修软件,根据各部件 BIT 检测结果进行交叉验证,能够在波音飞机 11000 余种可能的故障中无虚警地确定故障源。飞机落地后可支持维修人员在 5~10 分钟内完成故障诊断与修理。该软件框架具有通用性,可根据机型加载不同的故障诊断模型,能够适应波音和空客等不同型号飞机的需要。此外,波音公司与智能系统公司合作还开发了飞机健康管理软件包,可以根据飞行过程中空地数据链下传的数据、飞机降落后从机载健康管理系统下载的数据,进行综合诊断推理,指导地面维修人员进行修理操作、故障预测。

1. 中央维护系统

中央维护系统(central maintenance system,CMS)最早应用于民航飞机,并经历了四代技术革新。第一代飞机中央维护系统出现在20世纪80年代以前,以波音727、737飞机为代表,主要采用机械/模拟系统,通过指示灯颜色变换提示飞机状态。第二代飞机中央维护系统出现在20世纪80年代早期,以波音757、767飞机为代表。随着计算机和信息技术在飞机上的大量使用,机载设备的软硬件能够实现自检测,开启了机载设备维护的数字时代。系统主要采用机内自检设备(built-in test equipment,BITE)技术,在设备显示器上能够显示故障信息。第三代飞机中央维护系统是在20世纪80年代后期出现的,以波音747-400飞机为代表,开始采用中央维护计算机。它接收并处理各系统/设备的故障信息,分析确定故障源,是一种联合式的系统。第四代飞机中央维护系统是从20世纪90年代开始的,霍尼韦尔公司、航空公司、飞机和航空电子设备制造商联合发布了《机载维护系统》标准(ARINC 624),即机载维护系统设计指南。通过采用综合的中央维护计算技术和数据链技术集中处理、传输各系统/设备的故障和状态信息,能够实现对设备的实时监控。这是一种综合模块化的航空电子架构。

与民航飞机相比,军用飞机的中央维护系统起步较晚,但数据记录和分析工作发展迅速,数据采集、存储与分析已广泛应用于各型各类军用装备系统的研制与使用中,典型的如 E-3B/C、E-2C、P-3 等。针对记录数据的利用,美军已建立了一套完整的数据采集、处理、记录、归档及事后分析系统和流程。

中央维护系统(CMS)的主要功能包括:监测、故障诊断、趋势分析、故障预测、显示/记录、维修指导。CMS 的结构基本由机上中央维护系统(OCS)、中央维护系统地面站(CGS)和便携式维护访问终端(PMAT)三部分组成。

1) OCS

机上 CMS 系统(onboard CMS,OCS)位于模块化综合航空电子系统(integrated modular avionics,IMA)中,采用模块化开放式系统结构,按功能模块可划分为标准模式监控器(common mode monitor,CMM)、控制显示单元(control display unit,CDU)和数据传输单元(data transfer unit,DTU)等部分。OCS 中的各个功能模块,共享一个共用的处理器进行运算,一个共用的数据存储器存储数据,并通过一个共用的数据下载中介向地面站传送数据。

2) CGS

CMS 地面站(CMS ground station,CGS)是飞机地面管理中心的一部分,负责对飞机健康信息进行综合管理,包括对飞机进行故障诊断、分析和预测,根据诊断和预测的信息制定下一步的维修方案和维修计划。此外,还可根据维修中反馈的信息,修改诊断结果和补充维修要求,以保证飞机维修的质量。CGS 必备要素应包括基于计算机工作站的专家系统和完善的中央数据库。

3) PMAT

飞机着陆后,维修人员可将该次飞行的飞机健康信息下载到便携式维护访问终端(portable maintenance access terminal,PMAT)中进行检查。PMAT 中的软件具有对健康信息的辅助分析处理能力,为外场维修提供指南。

2. 健康与使用监测系统

通用的健康与使用监测系统(HUMS)体系架构由机载系统和地面系统两部分组成。机载系统包括旋翼跟踪系统和动平衡监控、传动系统振动监控、外部传感器、主处理器、数据总线、座舱显示模块、数据传输模块、技术模块和外部接口(传感器、数据总线、座舱显示、技术模块、数据传输等)。地面系统主要由网络系统、地面站和维修站组成,地面站对接收到的信息进行便携式显示、存储,并将数据送入网络系统以进行进一步的故障诊断。网络系统进行数据的诊断、预测、自动检测,并查看飞行过程中的数据统计和报告,网络系统完成数据的处理后对数据进行存档,生成维修报告。维修部门根据维修报告查看各部件的剩余寿命和故障情况,进而进行相应的地面维护维修。

HUMS 已广泛应用于欧美军民用直升机领域,可有效提高直升机的可用性和安全性,降低维护维修费用。最早的 HUMS 可以追踪到 20 世纪 70 年代,当时美国国防部开始研究使用振动监测,以提高对直升机传动链故障的探测。英国开发出直升机 HUMS,用来监控旋翼轨迹和动平衡性能及状态、齿轮箱和传动系统状态以及结构使用情况等参数,跟踪疲劳寿命,提供维修趋势信息。

自 20 世纪 90 年代以来,HUMS 就已经取证并且投入使用。经过多年的发展,HUMS 目前已经广泛应用于大、中型民用直升机领域。在军用直升机领域也有一些应用,如欧美研制的军用直升机 AH-64"阿帕奇"、RAH-66、"虎"、EH-101、NH-90 等均采用了 HUMS。HUMS 可有效提高直升机的可用性和安全性,降低维护维修费用。布列斯托直升机(Bristow Helicopters)公司的试验数据表明,安装 HUMS 等监控系统是一种安全投入,可以减少 60% 的维修试飞,减少20%的计划外修理。英国军方CH-47传输轴承的非计划修理费用为78.5万美元,而通过HUMS预先诊断后进行的计划修理费用仅为2.3万美元,每套可节省76.2万美元。美国空军称,西科斯基的MH-53在安装了霍尼韦尔公司的HUMS后,因振动引起的任务取消次数减少了95%,安装HUMS的美国陆军直升机任务完备率提高了10%。

美国陆军已有多种型号的直升机安装了HUMS,陆军已向装备HUMS的飞机颁发了适航证或维修许可证。2007年3月,美国陆军又授予智能自动化(Intelligent Automation)公司合同,将其新开发的超级HUMS引入陆军的RQ-7A/B"阴影"200战术无人机系统中。此外,美国陆军已批准在全部750架"阿帕奇"直升机上安装HUMS。英国国防部也与史密斯航宇(Smiths Aerospace)公司达成协议,为70架未来"山猫"直升机开发HUMS和机舱声音与飞行数据记录仪。这些HUMS应用系统将装到英国陆军战地侦察直升机和英国皇家海军水面作战海上旋翼机上。另外,史密斯航宇公司也将为韩国直升机项目提供价值超过2000万美元的直升机HUMS。

5.2 系统需求与使用场景分析

战斗机在使用过程中,需要满足快速出动作战能力、高强度出动能力、适应多样作战任务能力以及适应复杂战场环境能力等作战能力需求,而上述作战能力需求对战斗机的保障能力也提出了相应的要求。根据保障能力需求和运作流程,总结战斗机PHM系统能力需求,包括监测需求、诊断需求和预测需求等方面。

5.2.1 监测需求

监测需求分为机载PHM能力需求与地面PHM能力需求两部分,主要体现在机载部分。

机载PHM的监测需求包括:具有全机故障检测能力,能对战斗机各系统和设备的故障信息进行处理、分析与综合,实现故障检测、确认(过滤虚警及评价间歇式故障);能对战斗机环境信息、战斗机及其系统和设备的运行状态数据进行采集、处理与综合分析;能对机载软件的关键功能失效进行实时监测;能采集、分析和处理战斗机结构、寿命件寿命的相关信息,监测关键部位裂纹,实现寿命监视;能评估战斗机结构健康状况,提供维修决策支持。

机载PHM的功能包括以下几个方面:

监测数据采集存储功能是利用各类传感器(温度、转速、电流、电压等)对战斗机及其系统开展监测数据采集,并将所采集的数据存储在数据存储模块中。

故障自动检测、隔离和处理指具备战斗机及其系统的故障检测能力,能够对故障信息进行处理、分析与综合,实现故障检测、确认(过滤虚警及评价间歇式故障)和隔离。

信息传输功能是将飞机监测信息传输至地面监控中心和健康管理软件,为健康管理系统提供数据支撑。通过数据链路接收地面决策控制信息,获得任务指令,从而开展相应动作与任务。

地面PHM的监测需求,包括能够根据战斗机各分系统状态数据,结合整个机群的信息,分析确定引起系统功能故障或性能降低的原因。

根据上述系统监测需求,梳理出PHM系统监测能力的度量需求如下:

(1) 故障检测准确性度量:①对故障能有效检测;②误报和漏报应尽可能少。

(2) 故障检测时延度量:检测速度快、延迟时间短。

(3) 故障检测鲁棒性度量。

(4) 置信度度量。

5.2.2 诊断需求

诊断需求主要体现在地面PHM系统部分。地面PHM的诊断需求,主要包括对机上无法确认故障但存在异常现象的情况或机上PHM系统无法隔离的故障,综合采用多种故障诊断手段和多源信息,可靠地将所有故障检测、确认和隔离。其中,数据预处理是指对战斗机监测数据开展预处理,利用滤波、平滑、数据拟合和包络等算法进行初步数据处理。同时,利用野值剔除算法,剔除飞机监测数据野值。故障检测和增强诊断指能够根据数据,分析确定引起功能故障或性能降低的原因;综合采用多种故障诊断手段和多源信息,可靠地将所有故障检测、确认和隔离。

根据上述系统诊断需求,梳理出PHM系统诊断能力的度量需求如下:

(1) 故障诊断准确性度量:①对故障能精确定位;②对关键故障能有效识别。

(2) 故障诊断时延度量:①诊断速度快、延迟时间短;②隔离速度应尽量快。

(3) 故障诊断鲁棒性度量:①诊断对工况稳定;②诊断对背景噪声稳定;

③诊断对故障严重程度稳定。

（4）不能复现率低。

（5）置信度度量：为故障诊断能力的综合度量指标。

5.2.3 预测需求

预测需求主要体现在地面 PHM 系统部分。

对于性能趋势分析，需要根据下载的状态检测数据，结合历史数据，对被监测系统和设备进行性能趋势分析，并给出是否达到了警戒值（建议采取维修工作以保持系统和设备的性能）和门限值（必须采取维修工作以保证系统和设备的正常工作）。基于多源信息，能实现故障趋势分析和性能降级评价。其中：健康状态评估是利用飞机实时监测数据和历史数据，完成对飞机的健康评估，量化其健康状态，给出健康度数值；使用寿命预测是利用机上 PHM 系统记录的数据和历史数据，完成对战斗机机体结构和寿命件的剩余使用寿命预测与管理。

PHM 系统的预测能力需求，可分解为如下几个方面：

（1）应覆盖可行的所有对象。

（2）预测应准确：①预测的准确度高；②预测曲线簇"聚集"。

（3）预测及时性好。

（4）预测置信度高。

（5）对背景噪声和工况变化应足够稳定。

（6）对损失演变敏感。

5.3 系统架构设计

PHM 系统架构设计包括诊断架构设计、物理架构设计和信息架构设计。本节分别从这三个方面对系统架构设计方法进行说明。

5.3.1 诊断架构

诊断构架是实现综合 PHM 系统能力的基础。通过战斗机的综合诊断构架，运用健康管理的知识体系与方法，PHM 系统能实现将这些功能组合，以便相互补充，并提供比任何单一功能独立产生的影响更大和范围更大的维修保障效益。

依托 PHM 系统物理结构创建 PHM 系统的综合诊断架构，如图 5-1 所示。

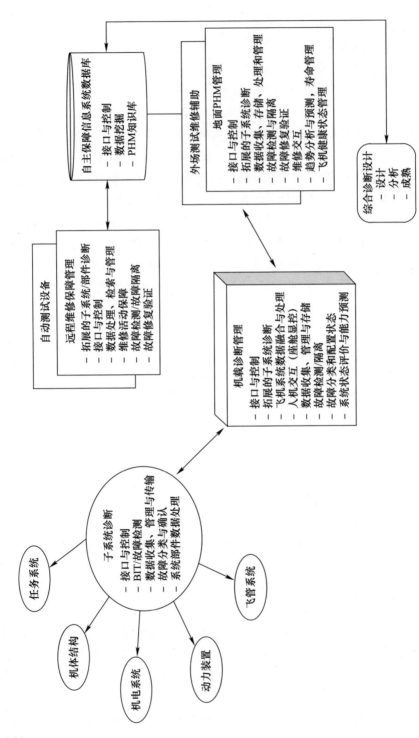

图 5-1 战斗机 PHM 综合诊断构架

5.3.2 物理架构

战斗机PHM系统从物理结构上采用层次化结构和分布式机制,可分为机载和地面两大部分。逻辑上采用分层智能推理结构,且机载PHM推理结构的设置与地面PHM相对应。机载PHM分为成员级、区域级与飞机平台级三级管理。地面PHM为事后处理过程,对机载健康管理的结论进行综合、判别和决策,激活自主保障系统完成维修保障任务。

根据战斗机产品分解结构的系统与结构划分,结合功能控制要求,其PHM系统由下列区域的监控系统构成:

(1) 机电系统PHM;
(2) 飞机管理系统PHM;
(3) 动力装置系统PHM;
(4) 机体结构PHM(以下简称结构PHM);
(5) 任务系统PHM。

其中,机电系统PHM、飞机管理系统PHM和动力装置系统PHM统称为飞机系统PHM。

地面PHM包括中央数据库、专家系统、接口系统。

全机PHM构成如图5-2所示。

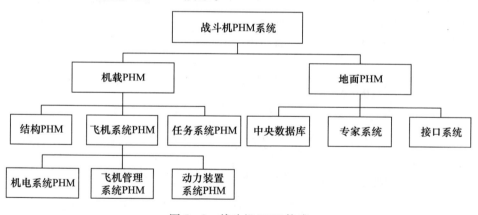

图5-2 战斗机PHM构成

5.3.3 信息架构

战斗机PHM系统是以数据为驱动的一种软件密集型系统,其硬件和软件的研制开发与综合将涉及战斗机和地面自主保障系统的每一个要素。从信息处理的角度,PHM由感知模块、信号处理、状态监测、健康评估、预测以及决策支持几个层次构成：

(1) 感知模块，包括传感器和数据采集；

(2) 信号处理，用于处理来自感知模块的数字数据，将其转换为可以表征数据特征的形式；

(3) 状态监测，根据信息处理的结果和相应的算法确定系统、子系统或部件的当前状态指示；

(4) 健康评估，根据状态监测信息和历史的状态及评估值，确定系统、子系统或部件的当前健康状态；

(5) 预测，根据系统、子系统或部件的当前健康状态、使用条件、模型和推理的能力，以一定的可信度，产生对部件或子系统在给定使用包线下的剩余使用寿命的估计；

(6) 决策支持层，触发一些运行支持和自主保障系统，如任务/运行能力评估和计划，维修规划和维修资源管理等。

5.4 系统建模方法

PHM 系统各层是作为独立的结构模块存在于整个系统中的，而且各个模块通常处于不同的地点，也就是说处理各个模块的计算机是以分布式结构构建的。PHM 系统的典型分布式仿真结构如图 5-3 所示，同样包含了数据采集、数据处理、状态监测、健康评估、预测、决策支持、表示七大模块。

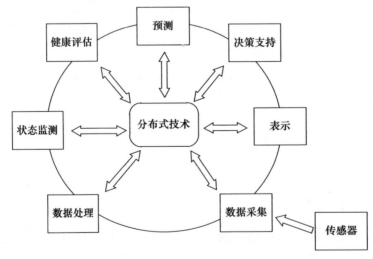

图 5-3　PHM 系统的典型分布式仿真结构

PHM 系统应满足实际的应用,那么 PHM 系统的各层模块应该是一个独立封装的模块,处于系统内的模块需要通过一些数据链路接收和传递数据信息。PHM 系统应建立一个通信模型,各模块间采用请求-应答的方式进行数据传递。图 5-4 为整个 PHM 系统模块间数据传递演示图。

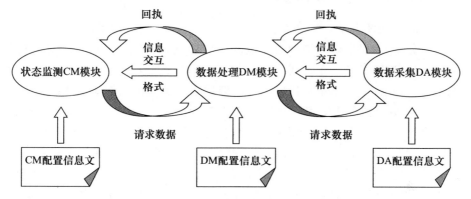

图 5-4　PHM 系统模块间数据传递示意图

为了实现各个模块之间数据传递的便捷,PHM 系统各模块间数据传递按机载和地面不同的要求进行。基于 XML 格式进行数据传递是一种可行的技术途径。各模块间建立一个 XML 解析模块,图 5-5 展示了两种可实施转换方法。直接数据转换方式是通过转换(生成-解析)程序将模块内的数据事件直接转换成 XML 格式数据,或读取 XML 数据文件,将其转换成特定的数据格式。存储式的转换方式是先将数据存储到数据库再进行转换,或读取 XML 文件,解析到数据库,再将其转换成指定的数据格式,该方法易于大量数据的管理。

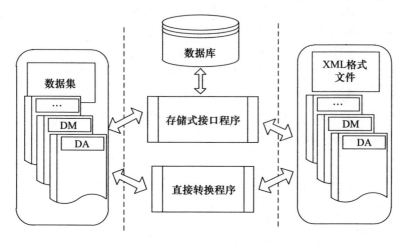

图 5-5　XML 文件的生成和解析过程

综上所述,从 PHM 系统顶层分析,整个系统分为了七层所对应的模块、各层间的通信模块以及各层间 XML 数据的解析模块。针对 PHM 系统核心业务模块,其基本原理与方法如下。

5.4.1 监测能力建模理论

状态监测的任务是了解和掌握战斗机的运行状态,包括采用各种检测、测量、监视、分析和判别方法,结合战斗机的历史和现状,考虑环境因素,对运行状态进行评估,判断其处于正常或非正常状态,并对状态进行显示和记录,对异常状态报警。通常,采用基于自适应统计阈值的方法实现状态监测能力的构建。

1. 基于单参数自适应阈值的状态监测能力建模

根据正常状态下系统的监测数据,结合各类统计分布特性与置信度水平,自适应地生成监测参数的上下限阈值,进而结合实际监测数据实现状态监测。

阈值构建目标参数在正常状态下的监测数据为 $X=[x_1,x_2,\cdots,x_n]$,选择的分布为 D,该分布对应的概率密度函数为 $D(x;\theta)$,其中 θ 为分布中包含的参数。例如,对于高斯分布来说,即为位置参数 μ 和尺度参数 σ。通过参数估计,根据数据观测值 X 确定密度函数中的实际参数值 $\hat{\theta}$,则概率密度函数为 $D(x;\hat{\theta})$。指定阈值置信水平为 $1-\alpha$(如 0.99),则构建得到的阈值上下限分别为

$$\begin{cases} T_{\text{upper}} = z_{1-\alpha/2} \\ T_{\text{lower}} = z_{\alpha/2} \end{cases} \tag{5-1}$$

式中:z_α 代表概率密度函数的 α 分位点,即 $D(z_\alpha;\theta)=\alpha$。

阈值上下限构建完毕之后,根据战斗机实际运行的监测数据以及判异准则,当实际数据超出阈值范围并满足一定条件时,即说明其系统发生异常。

2. 基于多参数自适应关联阈值的状态监测能力建模

结合参数估计、分布拟合等统计学习手段,构建多参数在正常状态下的统计关联关系,刻画战斗机在正常状态下的基线并生成自适应关联阈值,进而结合多参数的实际监测数据实现关联性状态监测。

通常,关联性健康基线解析模型一般包括线性型、积分型、二次函数型等。

线性型可以表示为

$$y = F(x) = a + bx \tag{5-2}$$

式中:a 和 b 分别为线性函数常数项和一次项系数。

积分型可以表示为

$$y = F(x) = C + k\int_s^e x\mathrm{d}t \tag{5-3}$$

式中:C 和 k 分别为常数项和积分项系数。

二次函数型可以表示为

$$y = F(x) = a + bx + cx^2 \qquad (5-4)$$

式中:a、b 和 c 分别为二次函数的常数项、一次项系数和二次项系数。

关联性健康基线阈值指以函数的方式限定关联性健康基线的关联上限和关联下限。分别记关联上限和关联下限函数为 $\bar{y} = \bar{F}(x)$ 和 $\underline{y} = \underline{F}(x)$,记参与关联性状态监测计算的两个参数序列为 $X = (x_1, x_2, \cdots, x_p)$ 和 $Y = (y_1, y_2, \cdots, y_p)$。根据关联性健康基线解析方程 $y = F(x)$、关联性健康基线阈值下限 $\underline{y} = \underline{F}(x)$ 和关联性健康基线阈值上限 $\bar{y} = \bar{F}(x)$,分别计算对应于每一个自变量参数值的因变量参数关联值、关联阈值下限和关联阈值上限,$\hat{y}_i = F(x_i)$、$\underline{y}_i = \underline{F}(x_i)$、$\bar{y}_i = \bar{F}(x_i)$。其中,$\hat{y}_i$、$\underline{y}_i$、$\bar{y}_i$ 分别代表对应于 x_i 的因变量参数关联值、关联阈值下限和关联阈值上限。

针对所有数据点计算得到因变量参数的关联值序列、关联阈值下限序列和关联阈值上限序列,$\hat{Y} = (\hat{y}_1, \hat{y}_2, \cdots, \hat{y}_p)$、$\underline{Y} = (\underline{y}_1, \underline{y}_2, \cdots, \underline{y}_p)$、$\bar{Y} = (\bar{y}_1, \bar{y}_2, \cdots, \bar{y}_p)$。

分别计算每个因变量参数实际值与关联阈值下限和关联阈值上限之间的关系,对于每个数据点,计算产生一个超限标志位 ε_i,其中

$$\varepsilon_i = \begin{cases} 0, & \underline{y}_i \leq y_i \leq \bar{y}_i \\ 1, & y_i > \bar{y}_i \text{ 或 } y_i < \underline{y}_i \end{cases} \qquad (5-5)$$

计算每个数据点的标志位,得到整个参数序列的超限标志位序列 $E = (\varepsilon_1, \varepsilon_2, \cdots, \varepsilon_p)$;计算整个序列中超限点总数 $s = \mathrm{sum}(E) = \sum_{i=1}^{p} \varepsilon_i$;计算整个序列超限点总数占序列总长度的比例 $c = \dfrac{s}{p}$,其中,p 是参与计算的经过时间标定的参数序列的数据点总数。

将整个序列超限点总数占序列总长度的比例与配置中确定的超限比例判异阈值 t 进行比较:若 $c > t$,则判定结果为异常;若 $c \leq t$,则判定结果为正常。

5.4.2 健康评估能力建模理论

健康评估就是评估当前设备处于其健康退化过程中的哪一种健康状态,包括正常状态、性能下降状态或者功能失效状态。当设备处于性能下降状态时,评估当前的状态偏离正常状态程度的大小,评估设备性能退化的程度,掌握设备的健康状态信息。通常采用基于健康基线与距离度量的方法,实现战斗机健康评

估能力构建。

1. 基于健康基线与距离度量的健康评估能力建模

健康基线是刻画系统健康状态的一种定量表征方法。以高斯混合模型(Gaussian mixture model,GMM)为例,健康基线构建及健康评估能力建模方法如下。

假设一个高维空间(维数为n)的点$x_i(i=1,2,\cdots)$,若这些点的分布近似为椭球体,则可用单一高斯密度函数$N(x;\mu,\Sigma)$来描述产生这些数据的概率密度函数

$$N(x;\mu,\Sigma) = \frac{1}{(2\pi)^{n/2}|\Sigma|^{1/2}}e^{-\frac{1}{2}(x-\mu)^T\Sigma^{-1}(x-\mu)} \qquad (5-6)$$

式中:μ为均值,密度函数的中心点;Σ为密度函数的协方差矩阵。但若这些点的分布不是椭球状,则不适合采用单一高斯概率密度函数来描述这些点分布的概率密度函数。此时,可以使用的变通方法是采用若干个单一高斯概率密度函数的加权平均来表示,即高斯混合模型(GMM)。高斯混合模型定义如下:

$$p(x) = \sum_{i=1}^{m}w_ip_i(x) = \sum_{i=1}^{m}w_iN(x;\mu_i,\Sigma_i) \qquad (5-7)$$

式中:m为模型的混合数;w_i为混合模型的权重系数,且$\sum w_i = 1$;$N(x;\mu_i,\Sigma_i)$为第i个单一高斯概率密度函数。

对于系统的正常状态数据和当前状态数据,分别建立GMM模型,通过计算两个GMM模型的重叠度(overlap),可计算出当前的健康度。两个GMM之间的重叠度可以通过式(5-8)计算得到,以表征两个GMM之间的"接近程度"。

$$\text{overlap} = \frac{\int g_1(x)g_2(x)\mathrm{d}x}{\sqrt{\int(g_1(x))^2\mathrm{d}x}\sqrt{\int(g_2(x))^2\mathrm{d}x}} \qquad (5-8)$$

式中:$g_1(x)$和$g_2(x)$分别代表两个GMM的密度分布函数。

正常运行状态的特征分布(这里选取了两个特征)处于一定的空间之内,两个监测运行状态的特征分布也分别处于各自对应的空间。监测状态1是在正常状态下采集的数据,因此它的特征分布空间基本和正常运行状态重合,计算所得健康度值接近于1;监测状态2是在重度退化状态下采集的数据,它的特征分布空间和正常运行状态相比,有显著"偏移",计算所得健康度值大大变小,接近于0。通过式(5-8)可以准确计算出这些健康度值,从而定性、定量地表征系统的

健康程度。

2. 基于深度自动编码器的健康评估能力建模

自动编码器是一种建立输入数据到自身映射的深度神经网络模型。利用系统健康状态数据训练自动编码器至模型能够很好地重构输入数据;在实际评估阶段将监测数据输入深度自编码器模型,将模型从实测数据中自动提取的特征与模型从健康数据中自动提取的特征进行距离度量,偏移度越远,系统的健康状态越差。将距离度量归一化至 0~1 区间内,实现基于深度自动编码器自适应特征空间偏移度量的系统健康状态评估。

深度自动编码器是在自编码器架构的基础上,将一个自编码器压缩提取的特征,作为下一个自编码器的输入数据,重新训练新的自编码器,以实现特征的逐层提取和组合。堆叠自动编码器每一层都以前一层的表达特征为基础,抽取出更加抽象、更加复杂的特征。

深度自编码器通过虚构一个 $x \rightarrow h \rightarrow x$ 的三层网络,能够学习出一种特征变化 $h = f(wx + b)$。实际上,当训练结束后,输出层已经没有什么意义了,一般将其去掉。自编码器原理图如图 5-6 所示。

图 5-6 自编码器原理

将自编码器模型表示为三层的神经网络,这是因为训练的需要,将原始数据作为假想的目标输出,以此构建监督误差来训练整个网络。等训练结束后,输出层就可以去掉,因为关心的只是从 x 到 h 的变换。

已经得到特征表达 h,则可以将 h 再作为原始信息,训练一个新的自编码器,得到新的特征表达,这就是深度自编码器。把多个自编码器堆叠起来,其系统如图 5-7 所示。

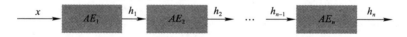

图 5-7 深度自编码器原理图

整个网络的训练逐层进行。如训练一个 $n \rightarrow m \rightarrow k$ 结构的网络,实际上是先训练网络 $n \rightarrow m \rightarrow n$,得到 $n \rightarrow m$ 的变换;然后再训练 $m \rightarrow k \rightarrow m$ 网络,得到 $m \rightarrow k$ 的变换。最终堆叠成深度自动编码器,即为 $n \rightarrow m \rightarrow k$ 的结果。这就是逐层无监督预训练的过程。训练完毕的深度自动编码器具备多层特征逐层非线性提取、组合和自主表征的能力,能够有效从输入数据中挖掘故障敏感特征。当输入数据与健康数据之间出现偏离时,可通过特征之间的偏离被敏锐捕捉,进而实现健康评估。

5.4.3 故障诊断能力建模理论

故障诊断是根据状态监测所获得的信息以及健康评估结果,结合已知的结构特性、参数、环境条件,以及该系统的运行历史(包括运行记录和曾发生过的故障及维修记录等),对可能要发生的故障进行预报或对已经发生的故障进行分析、判断,确定故障的性质、类别、程度、原因、部位。通常采用基于数据驱动的分类器、基于专家知识的方法,实现飞机故障诊断能力构建。

1. 基于数据驱动分类器的故障诊断能力建模

使用健康状态及不同故障模式、不同故障部位下的数据及提取的特征,对机器学习模型进行训练,利用各种优化算法使模型学习到不同故障模式下数据的本征分类方式;故障诊断阶段,将实际监测数据输入到训练好的模型,自适应地完成故障模式分类与诊断。

1)时域特征

时域特征是从时域角度衡量信号特征的指标,详见表 5-1。

表 5-1　时域特征

特征名称	特征计算方式	特征描述
均值	$\mu_x = \frac{1}{N}\sum_{i=1}^{N} x(t_i)$	均值特征具有计算简便的特点,其反映了信号变化的中心趋势,也称之为直流分量特征。
均方根值	$X_{\text{rms}} = \sqrt{\frac{1}{N}\sum_{i=1}^{N} x^2(t_i)}$	均方根值可以有效表征时序信号波动的烈度。
方差	$\sigma_x^2 = \frac{1}{N}\sum_{i=1}^{N}[x(t_i) - \mu_x]^2$	方差特征反映了信号围绕均值基准的波动程度。
峭度	$K = \frac{1}{N}\sum_{i=1}^{N}[x(t_i) - \mu]^4$	峭度特征可以敏锐地捕捉信号中的高幅值冲击成分,在基于振动信号的异常检测中广泛使用。
波形因子	$K = \frac{X_{\text{rms}}}{|\bar{X}|}$	波形因子属于无量纲特征,其物理意义为有效值与绝对平均幅值的比值。
峰值因子	$C = \frac{\hat{X}}{X_{\text{rms}}}$	峰值因子属于无量纲特征,其物理意义为峰值与有效值的比值。
脉冲值	$I = \frac{\hat{X}}{|\bar{X}|}$	脉冲值的物理意义为峰值与绝对平均幅值的比值。
裕度	$L = \frac{\hat{X}}{X_r}$	裕度特征的物理意义为峰值与方根幅值的比值。

续表

特征名称	特征计算方式	特征描述
偏态因子	$K_3 = \dfrac{\dfrac{1}{N}\sum_{i=1}^{N}[x(t_i)-\mu]^3}{S^3}$	偏态因子特征的物理意义为偏度和标准差三次方的比值,主要用来检验时序信号偏离正态分布的程度。
峭度因子	$K_4 = \dfrac{\dfrac{1}{N}\sum_{i=1}^{N}[x(t_i)-\mu]^4}{S^4}$	峭度因子特征的物理意义为峭度和标准差四次方的比值。

2) 频域特征

频域特征是从频率的角度衡量信号特征的指标,详见表 5-2。

表 5-2 频域特征

特征名称	特征计算方式	特征描述
均方频率	$\mathrm{MSF} = \dfrac{\sum_{i=1}^{N}f_i^2 x(f_i)}{\sum_{i=1}^{N}x(f_i)}$	对于振动序列而言,均方频率特征可以作为信号的综合表示。在实际应用中,均方频率对于颤振现象极为敏感,可以作为颤振检测的特征量。
均方根频率	$\mathrm{RMSF} = \sqrt{\mathrm{MSF}}$	均方根频率特征,其物理意义为均方频率特征的开方,在实用角度同样具有均方频率的良好属性。
频率方差	$\mathrm{VF} = \dfrac{\sum_{i=1}^{N}(f_i-FC)^2 S(f_i)}{\sum_{i=1}^{N}S(f_i)}$	频率方差特征主要从频谱幅值波动性的角度考量,作为信号的度量信息。
频率标准差	$\mathrm{RVF} = \sqrt{\dfrac{\sum_{i=1}^{N}(f_i-FC)^2 S(f_i)}{\sum_{i=1}^{N}S(f_i)}}$	频率标准差特征拥有和频率方差特征类似的属性,并且由于开方运算,其在稳定性上略优于频率方差。

3) 支持向量机分类器

支持向量机是由线性可分情况的最优分类面发展而来的,常用于分类问题。

如果一个线性函数就完全可以把两类所有样本分开,那么就称这些数据是线性可分的;否则称非线性可分。假设两类线性可分的训练数据样本 $\{(x_1,y_1), (x_2,y_2), \cdots (x_N,y_N)\}$,$x_i \in R^d$($d$ 代表样本 x_i 的长度),$y_i \in \{+1,-1\}$($i=1, 2, \cdots, N$)。其线性判别函数的一般表达式是 $f(x)=wx+b$,该函数对应的分类面方程为

$$wx+b=0 \qquad (5-9)$$

线性判别函数的值一般是连续的实数,而分类问题需要输出的是离散值。

例如,利用数值 -1 表示类别 C1,而用数值 +1 表示类别 C2,所有的样本都只能用数值 -1 和 +1 表示。这时,可以设置一个阈值,通过判别函数的值是大于或者小于这个阈值来判断属于某一类。若取这个阈值为 0,即当 $f(x) \leq 0$ 时,判别样本为类别 C1(即 -1);当 $f(x) \geq 0$ 时,判别样本为类别 C2。

利用支持向量机作为故障诊断模型,以数据或特征为输入,输出模型判别的故障模式类别信息,实现数据驱动的自适应故障诊断。

2. 基于专家知识的故障诊断能力建模

基于测试性模型与推理机的故障诊断方法,是基于专家知识的故障诊断代表性方法。

首先,根据产品或系统的组成和 FMECA 结果,确定被分析产品的功能故障模式。在方案和初步设计阶段,重点是进行系统级产品的故障模式分析工作;在详细初步设计阶段,重点是进行 LRU 和 SRU 的故障模式分析工作;在详细设计阶段,重点是进行战斗机组成部件的故障模式分析工作。在确定故障模式之后,进一步分析确定测量参数和测试点。测试点应能进行定量测试、性能监控、故障隔离、校准或调整,通过确定合理的测试参数和测试点,实现对故障模式的有效检测和隔离。在满足故障检测与隔离要求的条件下,测试点的数量应尽可能少。在分析确定测量参数测试点的基础上,进一步分析研究适用的测试方法。针对不同的测试对象、不同的维修级别,选用最经济有效的方法及手段检测和隔离故障。

在进行系统故障模式与测试分析研究的基础上,以分析结果作为输入数据,研究系统的相关性建模(相关性图形模型、相关性数学模型)方法,建立其相关性模型。然后对模型进行分析,实现模型简化与测试点优选,并最后得到诊断策略,包括诊断树与故障字典。对于诊断树、故障字典等诊断知识,研究其诊断逻辑及关键参数,形成系统可用于诊断系统的诊断树、故障字典等诊断知识的电子文件,为系统对象的综合故障诊断推理技术提供诊断逻辑数据。

以诊断树、故障字典等诊断知识作为系统综合诊断系统的诊断算法,以收集的系统历史测试数据或实时采集数据作为输入数据,对系统进行综合诊断推理,实现系统综合故障诊断推理技术的研究。综合故障诊断推理技术应实现四部分功能:系统对象的状态监测功能,即可监测系统状态(正常/故障/性能下降);故障模式的故障检测;故障隔离;诊断推理结果数据统计(故障检测率、故障隔离率等)。综合故障诊断推理技术除可实现对系统的诊断推理功能,还可对系统的测试性设计进行验证。

3. 基于深度卷积神经网络的故障诊断能力建模

卷积神经网络(convolutional neural network,CNN)本质上是一种具有多层网络的人工神经网络(artificial neural network,ANN),许多相互独立的神经元组成了一个个二维平面,而这些二维平面则组成了每一层网络。CNN 由子抽样层和卷积层两种类型的 ANN 组成。每一层网络都有一个特定的拓扑图结构,给不同神经元赋予不同的输入权值,并将这些神经元布置在每层网络的不同位置,使得前后两层网络上神经元的输入权值相互关联。此外,对 CNN 的结构加上了一些约束限制,使其对比例缩放、旋转、平移以及其他形式的变换产生不变性。和传统 ANN 一样,CNN 的最终目的也是寻求输入与输出之间的映射关系,不需要输出与输入之间的确定数学表达式,仅仅依靠已知的数据对 CNN 进行训练,就可以使 CNN 产生输入与输出之间的映射能力。CNN 是一种监督训练算法,在对网络进行训练之前,需要对网络的所有权值进行初始化,一般采用比较小的随机数。

1) 向前传播阶段

在这个阶段,样本信息从输入层向输出层传播。首先从训练集中随机地抽取一个样本,将样本中的 X 值输入 CNN 网络,经过 CNN 网络中的各层,最终到达输出层,得到对应的实际输出。

2) 向后传播阶段

在这个阶段,CNN 网络中神经元的权值从后往前依次进行调整。样本的真实输出与 CNN 网络计算得到的实际输出存在差值。最优的 CNN 网络应该能使这个差值达到最小。因此,采用梯度下降等方法调整网络中神经元的权值,尽可能地使这个差值达到最小。

卷积包括有效卷积和全卷积两种方式。设有两个序列,它们的序列长度分别为 L_1 和 L_2,如果两个序列进行有效卷积,则只计算没有 0 值填充的部分,返回的卷积结果长度为 $\max\{L_1, L_2\} - \min\{L_1, L_2\} + 1$。如果两个序列进行全卷积,需要用 0 值填充卷积部分的缺失值,返回的卷积结果长度为 $L_1 + L_2 - 1$。在信息的前向传播过程中,卷积核与其输入以有效卷积的方式进行卷积;在误差的反向传播过程中,如果当前层是卷积层,那么它的误差是从下一层(降采样层)传播过来,误差传播需要执行降采样的逆过程。假设降采样降幅为 s,那么降采样层的误差需要复制 $s2$ 份,然后对复制过来的误差进行 Sigmoid 求导。如果当前层是降采样层,那么它的误差是从下一层(卷积层)传播过来的,误差传播需要执行卷积的逆过程。卷积的逆过程本质也是通过卷积实现的,具体过程为先将卷积核旋转 180°,然后将卷积核与误差进行全卷积。

利用训练集中不同故障模式下的数据训练 CNN,使其获得特征自学习与分类能力,再将测试数据或实际监测数据输入模型,得到故障诊断结果。

4. 基于层叠降噪自动编码器的故障诊断能力建模

降噪自编码器原理如图5-8所示。

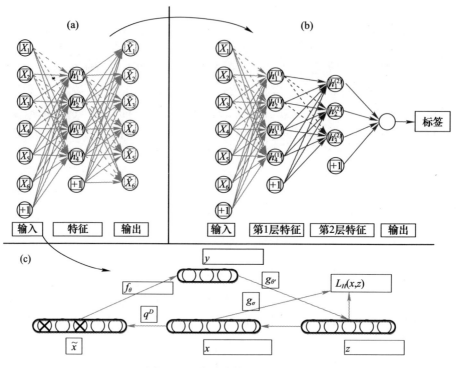

图5-8 降噪自编码器原理图

编码器将原始的 d 维输入,d 映射到 k 维中间或隐藏层 h 中,表达式为 $h = \Phi_e(x)$。解码器将这个 h 映射回要尽可能接近编码器原始输入的 d 维向量:$h_{W,b} = \hat{x} = \Phi_d(h)$,这个过程被称为重构(即使得 $h_{W,b}(x) \approx x$),解码器输出和编码器输入之间的差异称为重构误差。如果 $k < d$,则编码器的目的是降维,因此学习出来的最佳的 k 个特征是通过允许的以最小的重构误差来重构原始的高维输入所得到的。实现自动编码器的简单方法是对编码器和解码器都使用单层感知机。

$$编码:\Phi_e(x) = \sigma_e(w_e x) = h \quad (5-10)$$

$$解码:\Phi_d(h) = \sigma_e(w_d h) \quad (5-11)$$

其中:$\sigma_e(\bullet)$ 表示映射的非线性函数(如 sigmoid 函数:$\sigma(x) = 1/(1 + \exp(x))$),或者可以将 $\sigma_e(\bullet)$ 定义为一个常数,将自动编码过程变成一个简单的线性投影。$\{w_e, w_d\}$ 表示编码和解码是神经网络的权重,网络的训练目标函数为

$$J(W,b) = \left[\frac{1}{m}\sum_{i=1}^{m}\left(\frac{1}{2}\|h_{W,b}(x^{(i)})\|^2 - \hat{x}^{(i)}\right)\right] + \frac{\lambda}{2}\sum_{i=1}^{s_l}\sum_{j=1}^{s_{l+1}}(W_{ji})^2$$

(5 – 12)

使用梯度优化的方式训练自动编码器,将可视层的重构误差慢慢降低,最终得到想要的隐含层(特征层)。

由于实际数据中存在噪声和异常值等情况,在使用上述方法的过程中,学习到具有鲁棒性的样本特征仍具有一定难度。为了迫使隐藏层获取更多的鲁棒性特征,可以用引入噪声重构原始输入的方法来训练得到自编码器,即降噪自编码器。

引入随机噪声后的输入信号 $\tilde{x}$ 服从分布 $\tilde{x} \sim q(\tilde{x}|x)$,经过传输模型 f_θ 的作用后到达隐藏层,对应的输出信号 $y = f_\theta(\tilde{x}) = \mathrm{sigmoid}(W\tilde{x}+b)$,随后经 $z = g'_\theta(y) = \mathrm{sigmoid}(W'y+b')$ 重构输入数据,最后通过最小化平均误差 $L_H(x,z) = \|x-z\|^2$ 对参数进行训练,使得模型输出 z 逐渐接近真实输入 x。

除了无监督自学习以外,考虑到系统数据中的随机波动和噪声等问题,在模型中进行了数据的降噪处理,即对输入数据进行部分遮挡,通过深度学习重构出遮挡前的数据,以强化所学到的高阶特征对数据波动的适应能力。降噪重构的过程如图 5 – 9 所示。

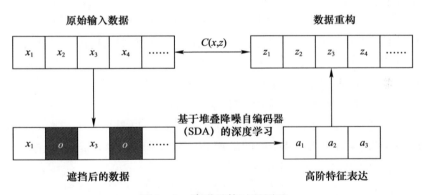

图 5 – 9 降噪重构过程原理

使用堆叠降噪自动编码器(stacked denoise auto encode,SDA)能够使模型学习到输入数据中的鲁棒故障特征,从而增强故障诊断能力,提高模型在噪声干扰、样本量小等不理想条件下的故障诊断性能。

5.4.4 故障预测能力建模理论

预测是检测和监控故障部件的先兆指示,并沿着故障到失效的时间线不断进行精确的剩余使用寿命预计。当系统、分系统或部件可能出现小缺陷和(或)早期故障,或逐渐降级到不能以最佳性能完成其功能的某一点时,选取相关检测方式,设计预测系统来检测这些小缺陷、早期故障或降级,并随着严重性的增长,对其实施监控。

1. 基于时间序列分析的故障预测能力建模

在得到系统健康评估结果(健康度序列、性能指标趋势序列等)之后,通过自回归移动平均、解析函数拟合、循环神经网络等方法,得到系统健康状态的外推趋势,结合预设的故障/失效阈值,实现系统的故障预测。基于自回归移动平均(auto-regressive moving average,ARMA)的故障预测能力建模方法如下。

自回归模型 AR(p):如果时间序列 y_t 满足 $y_t = \phi_1 y_{t-1} + \cdots + \phi_p y_{t-p} + \varepsilon_t$,其中 ε_t 是独立同分布的随机变量序列,且满足 $E(\varepsilon_t) = 0$ $Var(\varepsilon_t) = \sigma_\varepsilon^2 > 0$,则称时间序列为 y_t 服从 p 阶的自回归模型。

移动平均模型 MA(q):如果时间序列 y_t 满足 $y_t = \varepsilon_t - \theta_1 \varepsilon_{t-1} - \cdots - \theta_q \varepsilon_{t-q}$,则称时间序列为 y_t 服从 q 阶移动平均模型。移动平均模型平稳条件是任何条件下都平稳。

自回归移动平均混合模型 ARMA(p,q):如果时间序列 y_t 满足 $y_t = \theta_1 y_{t-1} + \cdots + \theta_p y_{t-p} + \varepsilon_t - \theta_1 \varepsilon_{t-1} - \theta_q \varepsilon_{t-q}$,则称时间序列为 y_t 服从 (p,q) 阶自回归滑动平均混合模型,或者记为 $\phi(B) y_t = \theta(B) \varepsilon_t$。

以当前可观测的系统健康状态序列作为历史数据,对 ARMA 模型中的参数进行估计拟合,进而对未来时间内系统的健康状态变化趋势进行外推预测。当系统健康度低于预设阈值时,对应的时间即为预测得到的系统失效时间,当前时刻距预测失效时间之间的时间差值即为预测得到的系统剩余寿命。

2. 基于深度 LSTM 网络的故障预测能力建模

长短时记忆单元(long short-term memory,LSTM)是加入了门控机制的循环神经网络架构,采用易于求导、中间敏感两端迟钝等特性的 Sigmoid 函数和双曲正切函数,其构造如图 5-10 所示。

图 5-10 中,h_t 为 t 时刻的输出,x_t 为 t 时刻的输入。方框为一个神经网络层,激活函数如方框中所写。圆框则对输入数据按照框中的运算符进行逐点计算。

C_t 是 LSTM 特有的记忆模块,称为 t 时刻的细胞状态。多层模型梯度消失的问题本质上是非线性激活函数造成的,反向传播时经过的激活函数越多梯度衰减越严重。如图 5-10 中所见,C_t 自始至终只进行数乘和相加的线性运算,这使得梯度在反向传播的过程中能有效保存下来,让网络可以追溯到遥远的过去。

图 5-10 中 LSTM 单元中有 3 个以上一层的输出和上一时刻自己的输出作

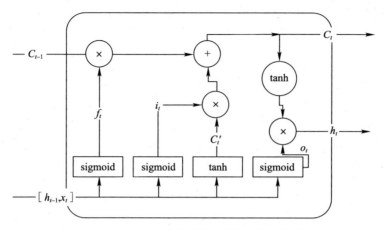

图 5-10 LSTM 构成神经网络的基本单元

为输入的 sigmoid 层,产生 f_t、i_t、o_t 3 个内部输出,分别与上一时刻的细胞状态、本时刻通过一个 tanh 层产生的细胞状态改变、本时刻输出的细胞状态相乘,称为遗忘门、输入门和输出门:

$$f_t = \text{sigmoid}(W_f[x_t, h_{t-1}]) + b_f) \quad (5-13)$$

$$i_t = \text{sigmoid}(W_i[x_t, h_{t-1} + b_i]) \quad (5-14)$$

$$o_i = \text{sigmoid}(W_o[x_t, h_{t-1}] + b_o) \quad (5-15)$$

同时产生 C 的新候选值:

$$C'_t = \tanh(W_c[x_t, h_{t-1}] + b_c) \quad (5-16)$$

从而可以得出当前时刻的输出 h_t 和 C_t:

$$C_t = f_t C_{t-1} + i_t C'_t \quad (5-17)$$

$$H_t = o_t \tanh(C_t) \quad (5-18)$$

由于 sigmoid 函数的取值范围在 0 到 1 之间,C_{t-1} 在与 f_t 相乘时,实际上是在被以一定比例消去影响,如果取到 0 的话则完全遗忘。这使得网络有了筛选掉无用信息、记忆有用信息的能力。而 tanh 可以取到 -1 和 1,所以用于生成输出的变量。

利用 LSTM 单元搭建深度循环网络,通过模型训练使网络学习到系统健康状态趋势数据中的关键时序退化特征[19],进而结合回归寿命映射或自回归趋势外推方法,实现系统的自适应故障预测。

3. 基于深度 GRU 网络的故障预测能力建模

与循环神经网络(recurrent neural network, RNN)一样,故障时间序列在多个门控循环单元(gate recurrent unit,GRU)结构中传递流动。

在时间步为t,更新门z_t计算如下：

$$z_t = \sigma(W^{(z)}x_t + U^{(z)}h_{t-1}) \tag{5-19}$$

式中：x_t为第t个时间步的输入向量,即输入序列X的第t个分量,它会经过一个线性变换(与权重矩阵$W(z)$相乘)。h_{t-1}保存的是前一个时间步$t-1$的信息,它同样也会经过一个线性变换。更新门将这两部分信息相加并投入到 Sigmoid 激活函数中,因此将激活结果压缩到 0 到 1 之间。

GRU 单元结构如图 5-11 所示。

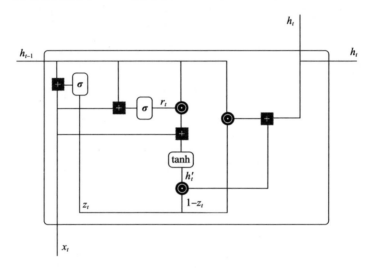

图 5-11　GRU 单元结构示意

GRU 模型中的更新门决定将多少历史数据信息传递到未来,或过去时间步和当前时间步的信息有多少需要继续传递到未来。这一机制的引入,帮助 GRU 模型减轻了对梯度反向传递的依赖,可以直接控制对过去信息的复制情况,由此减少梯度消失的风险。

重置门决定多少过去的信息需要遗忘,其更新计算公式为

$$r_t = \sigma(W^{(r)}x_t + U^{(r)}h_{t-1}) \tag{5-20}$$

重置门在表达式上与更新门基本一致,但其进行线性变换的参数和作用不同。h_{t-1}和x_t先经过一个线性变换,再相加投入 Sigmoid 激活函数以输出激活值。

在重置门的使用中,新的记忆内容将使用重置门储存历史信息,其计算表达式为

$$h'_t = \tanh(Wx_t + r_t Uh_{t-1}) \qquad (5-21)$$

输入 x_t 与上一时间步信息 h_{t-1}，经过一个线性变换，即分别右乘矩阵 W 和 U。计算重置门 r_t 与 Uh_{t-1} 的 Hadamard 乘积，即 r_t 与 Uh_{t-1} 的对应元素乘积。因为前面计算，重置门是一个由 0 到 1 组成的向量，它会衡量门控开启的大小。例如，某个元素对应的门控值为 0，那么它就代表这个元素的信息完全被遗忘。该 Hadamard 乘积将确定所要保留与遗忘的以前信息。将这两部分的计算结果相加，再投入双曲正切激活函数中。

在最后一步，网络需要计算 h_t，该向量将保留当前单元的信息并传递到下一个单元。在这个过程中，需要使用更新门，其决定了当前记忆内容 h'_t 和前一时间步 h_{t-1} 中需要收集的信息是什么。这一过程可以表示为

$$h_t = z_t \cdot h_{t-1} + (1 - z_t) \cdot h'_t \qquad (5-22)$$

z_t 为更新门的激活结果，它同样以门控的形式控制了信息的流入。z_t 与 h_{t-1} 的 Hadamard 乘积表示前一时间步保留到最终记忆的信息，该信息加上当前记忆保留至最终记忆的信息就等于最终门控循环单元输出的内容。

利用 GRU 单元搭建深度循环网络，通过模型训练使网络学习到系统健康状态趋势数据中的关键时序退化特征，进而结合回归寿命映射或自回归趋势外推方法，实现系统的自适应故障预测。

5.5 典型系统 PHM 设计

本节以结构 PHM 和机电 PHM 为典型系统，对其设计和采用的关键技术作重点介绍。

5.5.1 结构 PHM 设计

结构 PHM 技术利用集成在结构中的先进传感/驱动元件网络，在线实时地获取与结构健康状况相关的信息，采用先进的信号信息处理方法和材料结构力学建模方法，提取结构损伤特征参数，识别结构的状态，诊断结构中的损伤，在其结构出现损伤的早期就对结构的不安全因素加以控制，消除安全隐患或控制安全隐患，以延长结构使用寿命。结构 PHM 技术通过对飞机结构状态的在线监测，可提高飞机结构的安全性，降低其维护费用，降低经济损失。

1. 结构 PHM 的关键技术

1）传感器技术

传感器系统是战斗机结构 PHM 的信息源，战斗机结构特性要求所选择的传

感器应具备质量轻、体积小、功耗低、工作温度范围大、环境适应性强、抗干扰等特点,要求传感器布置在最能反映战斗机结构相应参数变化的节点上,准确及时地反映战斗机结构的参数变化。一些新型传感器具有良好的应用前景,如利用光纤技术、微机电技术和纳米技术的传感器。

光纤传感器具有尺寸小、重量轻、灵敏度高、抗电磁干扰强、耐腐蚀等优点,另外在使用中可任意弯曲、多路复用,不受光功率波动的影响,对波长可绝对编码,往往集传感和传输于一体,易于埋入结构内部,在战斗机结构健康管理中得到广泛应用。

近些年,微机电技术迅猛发展,给无线传感器的研制及无线传感网络的应用研究创造了契机,无线传感节点可远端传感采集信号,节点就地处理信息,通过无线传输数据,实现了真正意义上的分布式监测。同时,无线传感器具有体积小、功耗低、组网灵活方便等优点,可灵活配接各种典型传感元件,实现以不同的监测手段和方法对飞机状态进行监测的目的。

基于纳米技术的传感器可从细观方面对对象的状态进行监测,更能从本质上发现对象的缺陷和损伤,从而实现更加准确的监测。纳米碳管是纳米技术在PHM中应用的最典型例子,由于纳米碳管具有很高的强重比和量子输运特性,将其埋设在战斗机结构中可以形成智能结构,实时准确地反映结构内部的状态。

2) 数据融合技术

数据融合是对多个信息的综合与提炼,得出更深层、更准确可靠的结论。战斗机结构PHM系统从信号提取、故障检测、诊断和预测到状态评估、决策支持等各个阶段都需要广泛使用数据融合,其在传感器级、特征级、决策级等多个等级上进行,实现对对象的多层次、多角度、多参数的检测、诊断和预测。决策命令的综合智能化,可采用贝叶斯推论、D-S判据理论、加权融合、模糊逻辑推论和神经网络融合等多种融合算法。在战斗机结构PHM系统中,数据融合对象选择不合理或算法参数选择不合理,容易导致融合后诊断精度下降、故障被掩盖、出现虚警等问题。在实际应用中需深入理解数据间的关联,根据需要权衡融合级别,选择或恰当地融合算法和参数,开发一种适合战斗机结构PHM的融合体系架构,从而与战斗机PHM系统集成架构协同一致。

3) 故障诊断预测方法

故障诊断和预测是PHM的核心技术,也是公认的难点。故障诊断和预测方法一般可以分为数据驱动和基于模型两大类:数据驱动的预测方法多是采用人工神经网络对系统建模,以预测系统未来发生的故障;基于模型的预测方法多用于结构完整性的监测诊断。针对战斗机结构的特点,需选择和集成现有的诊断和预测方法,各取所长,提高信息的利用率,实现对故障多角度、多参数的诊断和预测,完善和提高战斗机结构故障诊断和预测的水平。

4) 决策支持技术

决策支持技术是研究开发出解决支持决策活动的智能信息系统。战斗机结构 PHM 系统要求其能够分析和识别结构健康问题,形成备选的决策方案,构造决策问题的求解模型,建立评价决策问题的各种准则,对多方案、多目标、多准则进行比较和优先级划分,综合分析决策方案的作用和影响。

近年来,决策支持技术中引入了人工智能、专家系统和机器学习等,使得决策支持具有了一些基于规则的特点。在健康管理中,知识管理的方法成为决策支持技术的一个新兴的发展方向,智能主体的技术也是决策支持技术研究的一个热点方向。

2. 典型结构 PHM 系统

结构 PHM 系统采取的是"在线记录数据,地面处理分析"的方式,即机载系统主要功能是有关数据信息的采集和记录,数据下载到地面系统进行数据的处理、结构损伤和剩余寿命评估等。

结构 PHM 系统包括机载系统和地面系统两部分:

(1) 机载系统包括:机体载荷测量子系统和机体结构腐蚀监测子系统。

(2) 地面系统为功能分析软件系统,包括飞机使用情况统计、结构载荷识别、超限事件分析、结构疲劳损伤评估和寿命预测等功能。

下面对子系统原理和方法进行简述。

1) 机体载荷测量子系统

机体载荷测量子系统采用成熟的应变电桥测量法获取飞行载荷,验证"飞参－载荷"方程,是开展机体结构关键部位疲劳损伤评估和剩余寿命预测的基础。

载荷传感器组件的应变片通过专用胶粘贴在测量位置机体结构上,通过接线端子和连接线组成惠斯通全桥测量电桥,由机上供电,并完成数据采集和存储。记录数据在地面下载后,由结构 PHM 系统地面数据处理软件分析,利用地面标定试验确定的载荷方程,得到战斗机各主要部件受到的载荷。

2) 机体结构腐蚀监测子系统

机体结构腐蚀监测子系统的功能:通过定期监测腐蚀监测传感器的腐蚀情况,监测机体结构腐蚀情况。通过定期对腐蚀监测传感器进行检测,定量评估机体结构腐蚀情况。结合外场检查情况,通常选择腐蚀情况较为严重的部位作为监测结构。

3) 结构 PHM 地面系统

结构 PHM 地面系统为功能分析软件系统,可实现以下功能:

(1) 量化评定维护/断裂关键件的损伤状态,预测关键结构剩余寿命;

(2) 为完成和更新载荷/环境谱测量、单机跟踪等结构完整性大纲规定的任务累积可靠的数据;

(3) 识别和记录结构超载情况;

(4) 跟踪记录单机结构维护、更换、修理情况。

结构 PHM 地面系统的技术途径如图 5-12 所示,具体步骤如下:

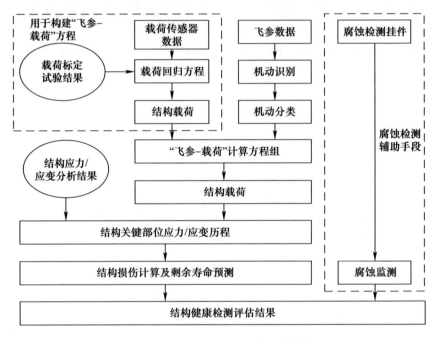

图 5-12　结构 PHM 地面系统的技术流程

(1) 通过地面载荷标定试验,构建"应变-载荷"方程,以机体载荷测量子系统采集的数据为输入,获取飞行中的关键结构载荷,并用于构建和验证"飞参-载荷"方程。

(2) 以机载飞行参数和结构载荷为样本数据,通过机动识别技术完成机动分类,采用神经网络或多元线性/非线性回归等数学分析方法,构建"飞参-载荷"方程。

(3) 以外场战斗机机载飞参数据和机体载荷测量子系统数据为输入,采用"应变-载荷"方程和"飞参-载荷"方程,获取结构关键部件的载荷历程。

(4) 在此基础上,开展"部件载荷-关键部位应力/应变"模型的构建及验证,获取关键部位应力应变历程。

(5) 根据各结构关键部位的高精度损伤计算模型进行损伤评估,获取战斗机各结构关键部位的损伤累积情况,并预测剩余寿命。

(6) 结合机体结构腐蚀监测子系统提供的结构腐蚀状态和腐蚀检测数据,给出结构健康状态评估结果,为战斗机结构使用、检查和维修建议提供数据支撑。

5.5.2 典型机电 PHM 系统设计

国内典型机电系统已具备基本的故障检测能力,但在健康管理前沿技术方面,仍处于理论研究和工程探索阶段。本章节以作动器为对象,介绍开展故障检测、健康评估技术研究,突破基于数据驱动方法的作动器故障检测、健康评估等关键技术,实现作动器自适应故障检测与健康状态评估。

1. 基于双级观测器的故障检测

首先,针对作动器的对象特性,在作动器工作原理分析和故障模式分析的基础上,开展作动器故障检测技术方案研究。考虑到作动器的闭环反馈控制特性,结合现有监测参数,提出基于双级观测器的故障检测方法。基于双级观测器的故障检测方法,利用现有传感器监测数据即可实现故障检测,无需建立精确的系统模型,且能保证较高的故障检测率。

基于观测器方法的故障检测,其基本思想是利用观测器估计系统输出,将估计输出值与实际输出值比较,产生残差,对残差进行定量分析,结合历史数据实现故障检测。

作动器有两个线性可变差动变压器(linear variable differential transformer, LVDT)的检测信号,建立双级故障观测器:一个是外回路故障观测器,以控制指令及 RAM_LVDT(random access memory,随机存取存储器)的信号为基础,建立外回路故障观测器,基于作动器控制输入和输出开展故障检测;另一个是内回路故障观测器,以 DDV1 指令及 DDV_LVDT(direct drive valve,直接驱动阀)的信号为基础开展故障检测。利用双级观测器可提升故障检测算法的准确度。

基于双级神经网络的故障观测器思路如图 5-13 所示。

基于双级观测器的故障检测过程如下:通过外回路故障观测器,实时检测整个作动器回路的性能状态;通过内回路检测结果,检测内回路相关部件的性能状态。基于内外回路检测结果,联合判定作动器是否发生故障,当内外回路均为正常时,检测结果输出为正常。

同时,由于环境噪声、随机干扰等因素的影响,若采用固定阈值来进行故障检测,则会出现虚警问题。所以,引入自适应阈值来降低检测虚警率,自适应阈值由神经网络产生。

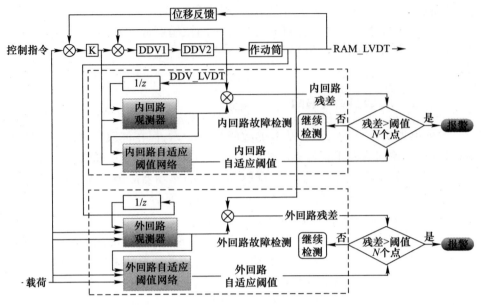

图 5-13 基于双级观测器的故障检测思路

1) 故障观测器构建

一般而言,可以利用反向传播(back propagation, BP)神经网络、径向基函数(radial basis function, RBF)神经网络、支持向量机等作为观测器。其中,RBF 神经网络一般采用高斯函数作为基函数,使用最小二乘准则作为目标函数,使用梯度下降法来迭代调节每个节点的参数。同传统的 BP 神经网络相比,RBF 神经网络具有很多优点:收敛速度很快、网络规模较小、计算量较小、具有鲁棒性和无局部极小值等。鉴于这些特点,RBF 神经网络辨识器可以很快地逼近被控对象的模型,并实时精确跟踪模型的变化,这样基于 RBF 神经网络辨识器的神经网络观测器就能够及时跟踪作动器的变化。考虑到作动器本身的复杂特性以及 RBF 神经网络的优势,选用 RBF 神经网络作为观测器。基于 RBF 神经网络的观测器使用正常情况下系统的输入输出数据作为观测器的训练样本。假设系统输入信号为 x_n,输出信号为 y_n,则训练输入样本为 $X_n = \begin{bmatrix} x_n \\ y_{n-1} \end{bmatrix}$,训练输出样本为 $Y_n = [y_n]$。在利用训练样本训练 RBF 神经网络之前,需要对数据进行归一化处理,利用归一化函数将数据归一化到[-1,1]之间。训练并保存神经网络之后,对观测器的估计输出进行反归一化,即可获得系统的估计输出。将实际输出和估计输出相减,获取此时系统的残差。

2) 自适应阈值网络构建

对于作动器来说,自适应阈值影响因素主要包括系统输入、输出、不确定因素(参数漂移、建模误差、随机噪声)等。但在实际系统中,这些不确定因素难以测量,定量计算中通常被忽视。此时,可以近似认为阈值主要受到系统输入输出的影响,从而可以建立作动器输入、输出与阈值的映射关系。基于 RBF 神经网络的优势,以及降低系统的冗杂程度,此处仍然采用 RBF 神经网络综合阈值的影响因素作为输入,从而得到阈值。

在训练自适应阈值神经网络时,所采用的数据为系统正常运行的数据。假设系统的输入信号为 x_n,观测器的估计输出为 $\hat{y}_n$,系统正常时的残差为 r_n,该残差为基准残差;同时,经过多次仿真实验,获取自适应阈值的修正系数,设修正系数为 β,则自适应阈值为 $th_n = r_n + \beta$。训练时,训练的输入样本为 $X_n = \begin{bmatrix} x_n \\ \hat{y}_n \end{bmatrix}$,训练输出样本为 $Y_n = [th_n]$,在训练前,将输入和估计输入归一化到 $[-1,1]$,然后训练 RBF 神经网络。

2. 基于残差与自组织映射神经网络的健康评估

针对作动器的对象特性,在基于双级观测器故障检测的基础上,开展作动器健康评估。考虑到在作动器故障检测中,双级观测器的残差信号中蕴含着大量的故障信息,所以从中进行关键退化特征提取,继而将提取出的特征组成特征向量,利用自组织映射网络的无监督聚类特性,建立作动器健康基线,进而完成基于自组织映射(self - organizing maps,SOM)的作动器健康评估,实现作动器的健康状态估计与识别。

基于残差和 SOM 神经网络的作动器健康评估方法如图 5 - 14 所示。

对于作动器这类特殊对象,由于其结构紧凑,中间难以加装任何传感器,只能获取输入指令信号、DDV1 指令信号、力马达电流信号、DDV_LVDT 信号和RAM_LVDT 信号。同时,由于作动系统属于反馈控制系统,即使系统发生故障,其输出位移信号也因为存在反馈修正环节,使得输出信号包含的故障信息少之又少。因此,选择基于残差和 SOM 神经网络的作动器健康评估技术。残差信号中包含了大量的故障信息,同时,由于考虑到输入指令幅值和频率的变化会导致残差发生一些改变,因此,将输入信号也考虑在内。在利用残差进行性能评估之前,需要对残差信号进行特征提取。主要提取其时域特征,如均值、最大值、最小值、有效值、峰峰值、峭度等信息。

在获取了作动器正常运行状态下残差的时域特征之后,通过计算当前状态下作动器残差的时域特征与正常情况下残差的时域特征之间的偏移度来实现作动器健康评估。偏移越大说明当前运行状态偏离正常状态越远,将偏移度归一化为健康度,表征作动器的健康状态。

1) 关键退化特征提取

利用从残差中提取的时域指标来进一步训练 SOM 神经网络,分别选择均方

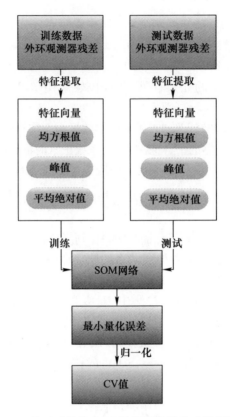

图 5-14 基于残差和 SOM 神经网络的作动器健康评估

根(root mean square,RMS)值、峰值和平均绝对值作为残差的三个特征;同时,保证输入指令的数据长度与残差时域特征的数据长度相同,对于输入指令取 RMS 值。特征计算公式如下。

假设 $x(t)$ 为一组非连续参数 $x_1,x_2,x_3\cdots\cdots x_N$,则时域特征参数的计算公式为

均方根值特征

$$X_{\text{rms}} = \sqrt{\frac{1}{N}\sum_{i=1}^{N}x_i^2} \qquad (5-23)$$

峰值特征

$$X_{\max} = \max\{|x_i|\} \qquad (5-24)$$

平均绝对值特征

$$|\overline{X}| = \frac{1}{N}\sum_{i=1}^{N}|x_i| \qquad (5-25)$$

2）基于SOM神经网络的健康评估

利用正常状态下输入指令的RMS值以及残差的特征值来训练SOM神经网络。在神经网络训练并保存之后，输入故障数据残差特征进行健康评估。

对于每一种故障数据残差特征X，在已训练的SOM网络中都会有一个最佳匹配单元（best matching unit，BMU）与其相对应，通过计算所输入故障数据特征X与BMU之间的距离，即最小量化误差（minimum quantization error，MQE），可定量得出故障数据与正常数据的偏离状况，即故障运行状态与正常状态分别对应的特征空间的偏移度。

运用归一化，将所得MQE转化为0到1的健康度（confidence value，CV），此时的CV值就能表征作动器当前的健康状态，CV值接近于1表明设备健康状态良好，CV值下降时表明作动器健康处于性能退化阶段。

5.6 系统验证与确认

PHM系统验证与确认非常复杂，系统涉及飞机的每一个系统、子系统、维修单元，但系统验证与确认的核心还是PHM模型以及PHM机载软件。本章节主要论述PHM系统设计过程中的验证与确认，不涉及外场使用评价以及故障检测率指标评估等内容。

5.6.1 系统验证内容和过程

1. 系统验证内容

PHM系统验证内容包括算法模型验证、机载PHM系统验证以及机载和地面系统综合验证。其中，算法模型验证是PHM系统试验验证的重点。

故障诊断模型算法验证应对故障诊断的实时性、正确性、定位能力、鲁棒性等内容进行验证。

故障预测模型算法验证应对预测的准确性、置信度等内容进行验证。

2. 系统验证过程

PHM系统验证过程按研制过程和系统集成过程区分，包括部件级试验、系统综合试验和专项试验。

1）部件级试验

单部件试验是针对战斗机成员级产品单一对象，在实验室环境下模拟其实际使用环境条件或在使用方规定的环境条件下，针对成员级PHM系统相关验证需求进行试验。

2) 系统综合试验

系统综合试验是在区域级 PHM 试验平台下,在实验室环境下模拟其实际使用环境条件或在使用方规定的环境条件下,针对成员级和区域级 PHM 系统相关验证需求进行试验。

3) 专项试验

专项试验是在指定试验单位(包括试验基地、飞行试验中心等),按照批准的试验大纲,在实际使用环境或接近实际使用环境下,进行飞机级 PHM 系统的专项试验,以确定其技术水平是否达到规定要求。

5.6.2 系统试验验证技术平台

PHM 系统试验验证技术平台是一个集试验规范、试验方法、试验方案、试验环境,以及软件工具、故障模型、数据库于一体的平台,典型的 PHM 系统试验验证技术平台框架图如图 5-15 所示。在相关软件产品和硬件支撑环境的基础上,构建成员级/区域级/飞机级 PHM 试验验证技术平台,用于对 PHM 系统的故障诊断、寿命预测等关键技术进行验证。

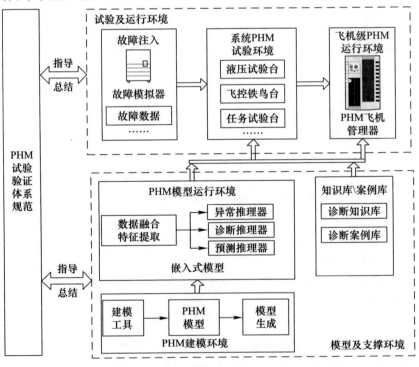

图 5-15 嵌入式 PHM 系统试验验证技术平台架构图

PHM系统试验验证平台采用开放式体系架构,具有良好的通用性和可扩展性;具备运行并验证成员级/区域级/飞机级各层级PHM模型的能力;标准的数据接口能够实现PHM模型、FMECA、安全性和其他相关工具之间的数据交换与共享。

5.6.3 PHM算法模型验证与确认

PHM算法验证可以在综合试验验证过程协同控制平台中完成,包括试验验证方案配置、PHM架构组态配置、验证系统协同控制、试验验证结果评价等四个方面。

1. 验证方案配置

战斗机PHM系统及算法综合试验验证大纲是开展机载PHM系统试验验证工作的指南。试验验证大纲中制定的试验验证方案则是验证系统运行的基础,验证系统需要支持将试验验证方案配置进验证系统,系统按照试验验证方案的要求实现整个验证流程并加以控制。试验验证方案配置包括验证剖面配置、验证指标配置以及相应的人机交互界面。

验证剖面包括不同故障模式的组合逻辑和注入时序等关系。用户通过验证剖面配置界面可将试验验证方案中涉及的故障模式及其时序逻辑进行统一的建模和表达,从而构建完整的验证剖面,以此作为数据模拟器生成验证剖面数据的依据。

验证指标包括PHM系统及算法的故障检测率、诊断准确度、虚警率、预测准确度、预测置信度等能力指标,以及运行延迟、响应时间、中断处理时间、内存分配时间等性能指标。用户通过验证指标配置界面可将试验验证方案中的能力指标和性能指标输入验证系统,验证系统根据PHM系统运行返回的结果和运行状态对技术指标和性能指标进行验证和评价。

2. PHM软硬件架构组态配置

"组态"的含义是配置、设定,是指用户通过类似"搭积木"的简单方式来完成自己所需要的软件功能,而不需要编写计算机程序。设计完成的PHM系统包括软件架构和硬件架构。其中,硬件架构包括参与机载成员级/区域级PHM的飞机管理计算机(vehicle management computer, VMC)、负责综合推理的综合核心处理机(integrated core processor, ICP)及其相互之间交联关系、数据流和指令流,以及硬件组件之间的数据传输途径和接口。软件架构包括VMC、ICP内嵌的PHM算法及其输入数据、输出结果格式及接口。整套PHM软硬件架构在综合试验验证过程协同控制平台完成统一配置,而配置过程通过用户在虚拟工作空间中,对元件进行拖拽、连接、关联已有算法等操作实现,不需编写程序,即完成机载PHM软硬件架构组态配置。

PHM软硬件架构组态配置功能主要包括如下子功能：

1）硬件资源选择

PHM系统成员级、区域级算法执行主要集中在VMC，飞机级算法及综合推理引擎主要集中在ICP。因此，PHM系统占用飞机硬件资源属于机上所有硬件设备的子集。用户可根据设计的PHM系统硬件架构，在可用硬件资源中进行选择，用于构建PHM架构。

2）结构交联定义

PHM系统各硬件功能模块之间存在数据和指令交联关系。软硬件架构组态配置功能支持用户以添加有向连接线的方式对不同功能模块之间的交联关系进行定义，构造指令和数据流图。

3）数据接口定义

在PHM系统的数据流中，不同源头或种类的数据通过不同的数据链路或接口进行传输。用户可根据实际PHM系统及能力验证需求，为不同的数据流定义各自的数据接口。

4）PHM算法关联

VMC和ICP中内嵌的PHM算法存储于PHM数据综合管理平台中，用户可根据实际的各级PHM算法执行需求，将硬件功能模块与数据库中的PHM算法进行关联，在配置下装的时候自动完成算法的嵌入与编译。

5）验证数据定义

用户可根据PHM系统验证要求，在综合试验验证过程协同控制平台完成验证数据及数据剖面的定义，包括指定数据源、选择故障及退化模式、选择注入方式、定义数据剖面结构等。用户通过组态配置功能，将综合试验验证过程协同控制平台定义的验证数据在后续阶段转化为指令，传输至数据模拟器，请求对应的数据。

3. 验证系统协同控制

综合试验验证过程协同控制平台作为验证系统的任务发起端和控制端，首先需要进行的是验证方案的配置，验证系统支持通过PHM系统组态进行待验证对象及算法模型的管理、索引、下装工作。在验证任务运行的过程中，综合试验验证过程协同控制平台需要对数据模拟器、VMC、ICP、地面PHM系统验证平台进行综合管理，实时跟踪多个设备的运行状态和任务运行进度情况，实现对验证系统的协同控制。

验证系统协同控制技术通过时间帧对各设备在时序上的配合加以控制，综合处理数据管理平台、算法运行平台的资源分配以及它们与PHM系统运行机制的协同关系,统一管理战斗机 PHM 验证系统的工作状态和进程;并在显示界面上反馈验证任务运行的阶段信息,提供实时控制任务运行状态的权限和功能,进行任务继续或停止的操作。

4. 验证结果评价

试验验证结果评价功能实现对待验证 PHM 系统故障诊断能力和故障预测能力的验证以及性能评价,根据所配置的不同能力指标和性能指标,采用诊断 ROC 曲线、诊断成功函数、预测统计验证模型、灰色模型等方法进行分析,最后将结果与规定值进行对比判定,得出验证分析结论。

5.6.4 嵌入式 PHM 系统验证与确认

嵌入式 PHM 系统的验证与确认从流程上基本遵循一般 PHM 系统验证的流程,主要区别体现在其执行过程位于嵌入式硬件系统之上。嵌入式 PHM 验证系统的硬件架构如图 5-16 所示。

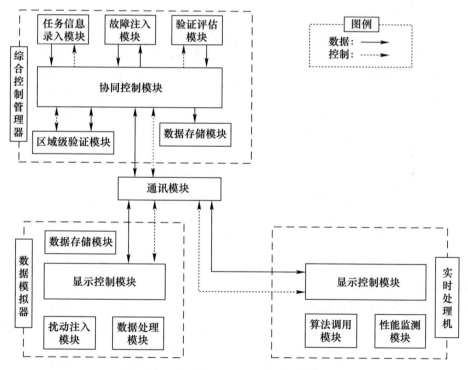

图 5-16 嵌入式 PHM 验证系统硬件架构图

1. 综合控制管理器

综合控制管理器作为试验分析系统的任务发起端和控制端,首先需要进行的是运行任务的配置。任务运行配置需要对当前建立的试验分析任务进行必要的设置。试验分析系统支持通过数据库进行待验证对象及算法的管理、索引工作。在任务运行之前,需要先对待验证对象及相应的算法进行注册,提供待测试对象的名称、型号和建模/运行工况,以及待试验分析的算法功能、算法名称、验证指标和算法模型名称。在上述具体的对象信息确认之后,每次进行任务新建操作之前,针对待试验分析的对象输入每次任务的详细信息,完成任务的新建。

任务运行状态监测与控制模块实现在任务运行的过程中,监测任务运行的阶段并通过交互界面进行反馈,同时提供实时控制任务运行状态的权限和功能,进行任务继续或停止的操作。在任务运行状态监测与控制模块中,通过用户交互界面还能显示当前任务队列状态,并支持选择不同的当前运行任务进行控制。

验证评价功能模块实现对待试验分析诊断推理算法的性能评估能力、故障诊断能力以及故障预测能力的分析评价,根据所选取的验证算法的不同,分别选择度量评价指标进行验证分析,最后将结果与规定值进行对比与合格判定,得出验证分析结论。

主控部分同时作为嵌入式实时处理机的上位机,需要通过工作台(Workbench)环境对嵌入式目标机中的嵌入式实时操作系统 Vxworks 进行配置、下装等操作。在操作系统配置完成的基础之上,任务信息数据库中注册的诊断推理算法需要在满足试验分析系统相关要求的前提下,在 Workbench 环境中完成调试之后,加入到嵌入式实时处理机的算法库中,形成与任务信息数据库中的对应,以支持试验分析任务的调用要求。

2. 数据模拟器

当前试验分析系统主要是针对战斗机机电系统和航电系统进行诊断推理算法的验证分析,因此数据模拟器主要基于上述对象的数据采集与生成方式进行设计,包含旋转试验台数据采集、液压伺服系统仿真数据生成、典型航电系统对象状态图仿真模型数据生成以及公开数据等数据获取方式。

从功能划分角度来说,数据模拟器需要具备数据采集、数据仿真、数据管理以及数据传输功能。其中,数据采集功能需要通过数据采集硬件支持,当前的数据采集通过传感器从试验台故障注入系统进行数据采集,传感器采集到的信号通过数据采集卡传送到数据模拟器中进行存储。数据仿真通过提供仿真软件环境,为机电系统和航电系统仿真对象故障注入提供软件环境,生成诊断数据,在数据模拟器中进行存储。数据管理为上述采集或仿真生成数据提供数据文件管理或数据库管理环境,进行数据建档等操作,记录数据相关信息(采集时间、工况、采样率、采样时间等)。同时,在进行数据建档操作的基础上,通过由综合控制管理器接收到的数据生成命令,从数据库中提取相应的数据并生成符合格式要求的数据文件。数据传输是将生成的符合任务要求的数据通过光纤等介质在数据模拟器和嵌入式实时处理机之间传输。

数据模拟器启动之后便处于等待状态,每隔固定时间读取一次综合控制管理器发出的指令,当未接收到综合控制管理器命令时,数据模拟器一直处于等待状态,一旦数据模拟器接收到综合控制管理器的命令,将开始执行综合控制管理器的命令。首先将综合控制管理器的命令进行解析,以读取所需执行的命令;然后从数据文件库中将综合控制管理器所需的数据读入缓存区,将数据缓存;最后生成符合综合控制管理器要求的数据文件。当数据模拟器生成综合控制管理器所需的数据文件之后,数据模拟器便通过通信模块将生成的数据传送给综合控制管理器。至此,数据模拟器将综合控制管理器的任务完成,然后进入等待状态,等待综合控制管理器下一个命令的到来。

3. 嵌入式实时处理机

嵌入式实时处理机中的软件分为三个主要的模块,分别是等效线程生成模块、诊断推理引擎配置模块以及任务运行状态监测模块。将待试验分析的诊断推理引擎通过上位机加载到实时处理机之后,目标机软件运行,之后进入等待命令状态。

嵌入式实时处理机在启动后处于等待状态,当嵌入式实时处理机接收到综合控制管理器的命令时,启动任务。嵌入式实时处理机通过解析由综合控制管理器发送任务要求后,启动该软件中的三个模块。通过将待验证诊断推理算法在上位机的 Workbench 环境中编译调试,成为符合验证系统要求的规整化诊断推理引擎,并将程序整合到嵌入式目标机整体程序框架下,以支持调用。然后将数据模拟器中生成的符合要求的数据文件读入,进行处理,同时等效线程生成模块也开始工作。等效资源占用计算任务的引入是为了还原真实机载计算环境中非诊断推理算法对于计算资源的挤占,通过解析任务要求的占用等级来设定资源挤占的比例。在嵌入式实时操作系统 Vxworks 中,不同任务之间通过优先级的高低来决定资源使用的权力,在引入的占用任务中,通过注入高优先级的任务来抢占诊断推理任务的计算资源,达到等效资源占用的效果。通过任务运行状态监控实现的功能,对每次诊断推理任务运行期间的软硬件资源占用情况进行统计,通过插桩的方式在程序中加入监控点,最终将各位置信息进行汇总统计,得到任务运行期间的性能监控信息。当诊断推理引擎将任务处理完毕之后,嵌入式实时处理机将诊断推理结果和任务状态监视结果同时发送给综合控制管理器。至此,嵌入式实时处理机完成综合控制管理器的任务,然后进入等待状态,等待综合控制管理器下一个命令的到来。

第6章 保障信息化及系统实现

随着空军装备信息化程度日益提高,对战斗机的维修保障工作提出了更高的要求。与此同时,维修保障工作的模式、方法和手段也发生了深刻变化。积极推进战斗机保障信息化建设,是提升战斗机维修保障能力的倍增器。

6.1 保障信息化概述

6.1.1 保障信息化的概念

保障信息化是指,在维修保障的工作中,运用信息技术,深入开发各类维修信息资源,对维修作业、维修管理和供应保障等各个环节进行信息化建设或改造,改进维修保障工作流程,实现信息技术与现代维修技术的结合;以信息为主导,引导保障资源向待维修战斗机聚焦,提高保障的精确化和科学化水平,进一步提高战斗机的战备完好性。

保障信息化的发展主要受到三个主要因素的驱动:

(1) 现实需求的牵引,即在当前维修模式下,提高战斗机作战使用、技术状态管理、器材供应、维修作业与管理、维修训练等保障效能的现实需求,会需要什么样的保障信息化。

(2) 未来发展需求的牵引,即在未来战斗机发展和作战样式改变的情况下,战斗机保障在基于状态的维修、聚焦保障或感应与响应保障、一体化保障模式下,保障信息化会出现哪些新需求和变化。

(3) 技术发展的推动,即信息技术不断发展使得信息系统的更新换代速度加快,相应地也推动着战斗机保障信息化技术的发展,推动保障信息化高效应用新技术。

当前,加快战斗机保障信息化建设、促进战斗机保障能力跃升,已经成为人们的广泛共识。从各国战斗机保障信息化的发展进程来看,保障信息化主要解决以下三个问题:

(1) 保障信息化建设的全系统问题,包括联合作战的全系统需求,各级指挥机关和保障力量对战斗机技术状态的整体、准确把握问题,战斗机与保障力量的动态编组问题,军民一体化保障问题等。

(2) 全寿命维修保障管理问题。保障问题贯穿于战斗机全寿命周期过程,战斗机维修保障信息化应考虑全寿命周期管理的要求,能够有效集成全寿命周期各阶段的技术信息,使它们在设计、研制与使用阶段得到有效传递。

(3) 保障模式的发展对保障信息化提出新的要求。随着航空电子技术的不断提高、科学技术的发展,以及对战斗机故障机理的进一步认识,战斗机保障模式也在不断发展,以适应新的要求。基于以可靠性为中心的维修思想,适当扩大基于状态的维修范围,发展预测性维修技术,推动战斗机维修保障向精确化、科学化、信息化发展。

6.1.2 国内外保障信息化现状和发展

在战斗机维修保障实践中,各个国家均在不断发展完善自己的维修保障体系。其中,建立健全保障信息系统是战斗机维修保障体系高效运作的基础。保障信息系统是指在战斗机全寿命周期内,充分运用物联网、大数据、云计算和人工智能等现代信息技术,建立数据标准,配套信息技术手段,集成信息系统,构建大数据平台,实现战斗机故障信息及时感知、维修需求准确预测、维修物资精确筹措、保障过程全程可控、保障资源智能调控以及保障态势全面掌控,为战斗机履行各类使命和遂行多样化军事任务提供强有力的保障支持。

以美军为例,通过建立保障信息系统,空军装备司令部虽然不直接领导空军各部队的战斗机维修工作,但却在其中发挥着重要作用。主要体现在:一是对战斗机实行全寿命的系统管理,包括掌握和控制战斗机的技术状态、批准技术资料的修改、发布技术通报、调整和确定维修周期和项目等;二是承担指定战斗机的后方基地级维修,以及器材和零备件的筹措、贮存和供应,并向部队提供保障支援的任务。在具体的维修保障业务工作方面,纵观美国的战斗机维修保障信息化工作,其在维修训练、技术资料、维修级别三个方面充分利用了信息化技术带来的便利,对基本的技术手段和管理手段进行了改革,提升了维修保障系统的工作效率。

(1) 维修训练的改革。

计算机仿真技术、虚拟现实技术和基于各类数据库的专家系统的发展,使得使用者能够利用计算机构筑训练模拟系统,代替真实的战斗机进行维修操作、维修诊断等训练,即智能维修训练。通过虚拟现实构建战斗机的仿真环境,包含可以交互的虚拟部件、系统,扩大了使用者的认识范围,可以让使用者在虚拟的环境中剖析战斗机的组成及原理,而且可以直接进行维修诊断、拆装等操作,能在获得良好训练效果的同时显著降低维修训练的培训费用。

(2) 技术资料的改革。

交互式电子技术手册(interactive electronic technical manual,IETM)一直受到美国国防部和国防工业界的重视,它不仅作为一种电子技术,实现了技术手册的数字化,还具有交互功能,实现了技术手册的智能化。目前,IETM 已经成为信息化战斗机维修保障的综合支撑技术,是战斗机维修保障的重要数字化工具。随着信息技术的发展,IETM 正在向网络化和智能化的方向发展。

(3) 维修级别的改革。

美军在已服役的 F-22、F-15E、A-10 和 F-35 等战斗机上实现了二级维修体制的改革,其他飞机的维修体制也在积极向二级维修过渡,如 F-16、B-52、F/A-18 和 KC-130 等飞机的发动机和部分航空电子设备均采用了二级维修。二级维修体制主要有以下优点。

① 二级维修体制会节约大量经费。由于取消了中继级维修,中继级原先的人力人员、相应的保障设施设备以及相应故障储备的备件等也会被取消,这样减少了在中继级的经费,达到了经费的合理使用。

② 二级维修体制会大大增强部队的机动性。美国的统计表明,以往将 F-16 飞行中队派驻其他地区,其运输机运输的维修设备至少有 137 吨;实施二级维修体制后,相应的维修装备减少到 36 吨,大大增加了部队对应急情况的机动性。

③ 二级维修体制缩短了故障维修周期。以往出现故障后,故障 LRU 需经历二次中转后才转至相应的修理厂或工业部门进行修复,而二级维修体制中减少了中间的管理机构,这样就缩短了后勤保障线,缩短了故障维修周期,提高了部队的战备完好性。

因此,国内外战斗机均不同程度地提升了保障信息化水平,并研制信息化专项设备,建立保障信息系统等。

1. F-22 战斗机的保障信息系统

为了实现 F-22 战斗机的战备完好性、出动架次、再次出动准备时间和部署机动性等保障指标,在 F-22 战斗机研制过程中,运用系统工程方法,深入进行保障性设计与分析,提出了保障信息化方案,如图 6-1 所示。该方案通过综合维修信息系统(integrated maintenance information system,IMIS)、电子技术指令编辑系统、交互式补给系统和工程设计数据库、电子技术指令数据库及后勤保障数据库的综合设计,为外场维修人员进行准确、快速的维修提供飞行数据、故障数据、维修保障数据的收集和报告,以及技术资料、供应保障、培训等,实现了从研制、交付到训练管理、供应保障、保障数据的收集与报告等的综合化和自动化,大大提高了保障效率,确保达到 F-22 战斗机的高保障要求。

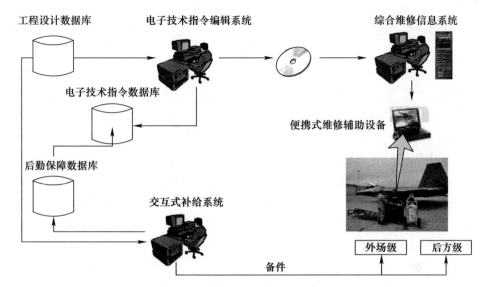

图6-1 F-22战斗机的保障信息化方案

IMIS首次用于F-22战斗机,它将维修技术规程、维修工作表和飞机履历本等要素综合起来,向维修人员提供单一的维修信息来源。该系统有三个主要部分:便携式维修辅助设备(PMA)、野战中队维修保障方舱(maitenance and support cabin, MSC)和内场用的维修工作站(maintenance work station, MWS)。PMA是便携式加固型笔记本电脑,为外场维修人员在战斗机起飞线进行维修提供详细的维修信息,包括:维护规程信息、诊断方法和诊断过程;读写IMIS数据库信息,如技术指令信息;记录每架战斗机的维修活动信息;预定维修所需的部件;显示交互式电子技术手册(IETM)。PMA还是维修人员与战斗机及其各系统的主要接口,进行BIT诊断测试和数据加载等。MSC和MWS都是基于商用计算机硬件,进行机动部署或常驻基地部署时使用,提供飞行后数据下载和故障诊断分析、制定维修任务计划完成维修任务准备、收集战斗机故障和使用维修信息数据等功能。

电子技术指令编辑系统是一组综合的软件工具,提供联机审查、更改、分析和编辑功能,把战斗机及各系统的技术要求、指令及手册等各种技术文件编制成计算机程序,存入存储器中,为外场维修人员提供所需的"无纸"信息。该系统避免了维修人员在维修工作区携带笨重的维修手册,并可自动查找,便于对各种技术文件进行修改,适用于信息快速增长和实施并行工程的新一代战斗机。

交互式补给系统为外场维修和基地维修人员提供战斗机、机载系统及设备维修所需的备件(包括修理和消耗品)数量、类型和利用率,备件的贮存位置、库存量及运输和分配等各种供应保障信息,为 F-22 战斗机的快速出动和高战备完好性提供保证。

2. F-35 战斗机的自主式保障信息系统

F-35 战斗机的自主式保障信息系统是一种新型的全球化保障系统,可以保障美国空军、海军、海军陆战队三种机型以及所有用户的 F-35 战斗机,代表了 21 世纪美军武器装备保障的发展方向。该系统能够辨识综合保障需求、供应链管理、备件可靠性、安全性等一系列相关信息,通过故障预测与健康管理(PHM)系统对战斗机健康状况进行管理,实时对战斗机各部件的剩余寿命进行预测,生成维修决策。整个保障系统通过自主式保障信息系统(autonomic logistics information system, ALIS)建立联系,使信息可以实时到达保障系统的任何地方。此外,该保障系统通过全球供应链,将各级零部件修理基地联结成一个网络,为 F-35 战斗机所有用户提供零部件,支持作战和训练需求。

F-35 战斗机的 ALIS 系统是一种智能化的全球后勤保障网络信息系统,是实现 F-35 战斗机自主后勤全球支持(autonomic logistics global sustainment, ALGS)的核心组件,为数据收集、数据分析、保障决策和行为追踪提供全面的工具,在战斗机、训练系统、保障系统、ALGS、商业企业系统和政府信息技术系统间建立合适接口,使各类资产信息对不同用户具备相关的透明性。ALIS 研发理念是通过综合 F-35 作战和保障的所有信息资源,优化武器系统可用性以及最小化寿命周期成本,其信息化保障方案如图 6-2 所示。

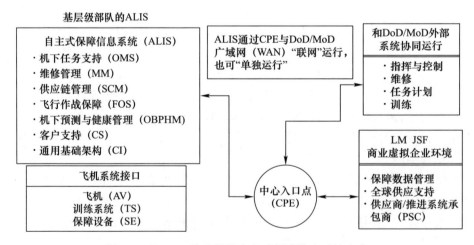

图 6-2 F-35 战斗机的自主式保障信息系统方案

ALIS 包括提升现有政府、商业网络以及基础设施的信息系统技术,为 F-35 战斗机的作战、维护和保障提供全球综合保障支持。基层级 ALIS 功能包括机下任务支持(off-board mission support,OMS)、飞行作战保障(flight operations service,FOS)、维修管理(maintenance management,MM)、供应链管理(supply chain management,SCM)、机下预测与健康管理(off-board prognostic and health management,OBPHM)、客户支持(customer support,CS)以及通用基础架构(common infrastructure,CI),能够与战斗机、外部政府信息技术系统以及洛克希德·马丁企业系统建立通信接口。

F-35战斗机与ALIS的接口是自主保障系统有效性的关键,通过上传/下载任务数据来保障作战,上传/下载战斗机状态和健康信息数据来启动维护和后勤保障规划,以及上传战斗机操作所需的软件和数据文件。该接口必不可少。

F-35战斗机自主式保障信息系统,在满足作战要求的前提下,更关注经济性设计,同时保证系统设计是开放、可共用、可升级、安全且灵活的,以适应未来的需要。系统能力建立在通用商业硬件设施和软件架构上,能与现有的和将来的政府信息系统基础设施协调工作。ALIS硬件使用基于商用货架产品(commercial off the shelf,COTS,或称现货)的设计,而不是成本更高的军事标准整体配置,COTS设计为7×24小时服务提供了高可用性平台。

F-35战斗机自主式保障信息系统如果能正常运作,那么可以大大简化F-35战斗机保障的规模,提高战斗机出动率,减少战斗机服役的全寿命周期费用。但是,从美国政府问责局关于F-35战斗机保障的系列报告可以看出,F-35战斗机自主式保障信息系统还存在一些缺陷,导致F-35战斗机目前执行任务能力和出动率达不到作战要求。该系统的本意是为了提高战斗机维护和保障的效率,但实际效果却不太令人满意,反而给战斗机维护和保障制造了额外的工作量,目前主要存在以下三个方面的缺陷。

1) 自动化程度有限且所需数据不完整或错误

F-35战斗机自主式保障信息系统在接收、跟踪和管理备件时需要维修和供应人员手动输入,有时需要重复工作,非常耗时;若战斗机所需备件的电子数据丢失或不完整,则需要人工进行大量检查和排查,更加耗时、耗力。此外,该系统数据库中零件编号存在错误,根据其嵌入算法计算的结果出现错误,无法确定战斗机是否能安全起飞。美军甚至建议飞行员与维修人员不要依靠该系统来判断是否可以起飞。2018年,美国政府问责局指出,美军应训练飞行员减少对该系统的依赖,加强在该系统切断情况下的战斗机操作能力训练。由此可见,F-35战斗机自主式保障信息系统目前无法为飞行训练提供可靠的保障。

2) 可部署性较弱

F-35战斗机自主式保障信息系统的服务器体积过大,并且连通条件、贮存和运输条件要求高。在过去的军演中,美国海军陆战队发现,放置该系统设备的建筑物必须符合环保要求,并且需要配置足够的冷却系统和电力供应。此外,天气会影响自主式保障信息系统设备的运输。这种情况对于作战环境有一定限制,不利于全天候使用。

3) 信息交流不畅

自主式保障信息系统故障解决方案在F-35战斗机不同基地之间无法共享,导致各基地无法及时解决故障,只能主要依靠承包商来解决。此外,自主式保障信息系统内部的维修和供应系统彼此没有交联,导致备件在同一基地的维修和供应站之间运输时,难以通过电子信息来跟踪。

针对以上问题,2020年1月,美国国防部宣布将用新的"运行数据集成网络(Operational Data Integrated Network,ODIN)"系统取代F-35战斗机自主式保障信息系统。2021年7月16日和8月6日,来自F-35闪电Ⅱ联合项目办公室和洛克希德·马丁公司的人员在2个F-35战斗机中队完成了ODIN系统部署。

3. 国内战斗机保障的信息化程度

目前,国内部队用户使用的与战斗机综合保障工作相关的计算机软件系统包括空军航空维修信息管理系统、机务维修管理系统、电子履历系统、技术资料管理系统、飞参判读软件、油液分析软件、工具设备管理软件、航材管理系统、训练系统等。用户在役在研的与战斗机保障管理方面的信息系统虽多,但相对独立或是重复建设,缺乏整体性规划,对各保障要素的考虑不够协调统一,互联互通困难,信息资源的内容质量和共享能力较差,各类运行数据与战斗机技术状态不能同步,造成这些与战斗机综合保障相关的信息系统无法高效地协同工作,"信息孤岛"现象普遍存在。

随着新型战斗机信息化保障设计水平提高以及维修保障模式的改革,新建立或完善的信息数据体系应紧靠新型战斗机的设计特点,才能更好地满足联合作战使用任务保障要求,提供对战斗机保障决策支持。进行战备完好性、使用可靠性、保障系统能力、使用与维修费用等的评估,根据评估结果,对战斗机及其保障系统进行持续优化改进和完善。

因此,对战斗机保障信息资源进行全面规划,建立一体化的数据结构平台和全寿命周期的数据管理体系,是解决当前战斗机保障信息资源管理中诸多矛盾,从根本上提高其保障能力的必然选择。国内在典型第三代战斗机上突破传统的保障方法和手段,如在保障信息管理和保障流程运行方面,相继规划了以维修保障信息支持系统(maintenance support information support system,MSISS)为中心的信息化保障系统专项,利用MSISS和PMA建立外场使用维修保障的信息化平台;在技术资料编辑出版方面,建立IETM通用编辑出版平台;在培训保障方面,研制综合培训系统(integrate training system,ITS)等;同时扩展原有的保障资源范围,如外场服务保障,充分利用信息化成果,建立远程技术服务保障体系。该保障信息化系统如图6-3所示。

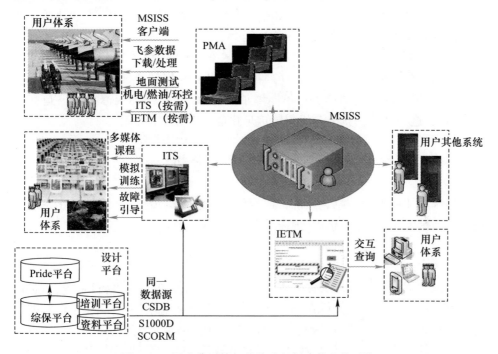

图6-3 国内典型第三代战斗机保障信息化系统

经过多年的努力,目前我军保障信息化建设已经取得了丰富的成果。然而,随着我军新型战斗机研制,战斗机保障信息化建设仍然面临不少挑战,主要表现在以下五个方面:

(1)保障各环节的信息集成问题。战斗机的使用、管理、供应、维修、训练等各个环节相互分离,信息数据存在大量的冗余和不一致,同样的信息内容在不同的信息系统中广泛存在,但编码、格式却不相同。这不仅造成了数据的不准确,而且阻碍了战斗机保障业务的互动和集成。

(2)全寿命周期的信息集成问题。战斗机的维修保障工作贯穿于装备的全寿命周期。战斗机的技术状态产生于研制阶段,在使用保障阶段主要通过维修来保持、恢复或改善其技术状态。目前,战斗机保障信息系统对此的支持能力仍有待提升,全寿命周期各过程和阶段仍处于割裂状态。

(3)保障信息系统的横向联合问题。在信息化条件下,战斗机维修信息的采集、处理和综合应用模式都会发生很大的变化。应对横向的维修保障资源、能力、需求进行统一的指挥控制,从全局上优化配置值和使用维修保障资源,提高保障资源的使用效率,避免重复浪费。

(4)保障信息系统的成长演化问题。大量新型战斗机的列装,使得维修保障的内容和模式发生变化。维修保障信息系统应适应这种变化,柔性地适应新装备的维修保障要求,具备成长演化的能力。

(5)保障模式的变化。随着战斗机技术复杂性的增加,以计划性预防性维修为主的维修保障模式已不能适应新型战斗机的发展需要,随着维修保障工作量、人员技能要求及成本相应地不断增加,实施基于状态的维修需求已迫在眉睫。目前,这仍然是困扰战斗机保障信息化的一个关键薄弱环节。

6.2 保障信息化系统功能需求分析

研制战斗机保障信息化系统,首当其冲需梳理其功能。保障信息化系统功能应从数据需求、业务需求、实现需求等角度进行分析。

6.2.1 数据需求

保障数据和信息是有关保障活动的特征及其变化的表达及陈述。战斗机保障信息是指战斗机在使用保障阶段的战斗机状态信息、使用信息、维修保障信息,以及与使用、维修保障过程有关的政策、法规、标准等信息的总和。一切有关保障活动的事实和现象,一切经过人们利用语言、文字、符号、图纸加工整理出来的有关保障活动的数据、公式、资料、指令、文件、规章制度、理论、含有一定内容的信号和代码等,都是战斗机保障信息。在战斗机保障活动中,保障信息已经成为维修管理的基础。

战斗机保障信息按反映问题的性质可分为9类,即战斗机的状态信息、维修保障情况信息、可靠性信息、维修性信息、维修人员信息、维修物资保障和维修费用信息、技术文件管理信息、机场及其自然环境信息,以及战斗机研制与发展动向信息。

概括地讲,战斗机保障信息有四个方面的作用:

(1)是制定维修计划、决策的基础和依据;

(2)是监督、控制维修活动的依据和手段;

(3)是有组织地协调系统各种维修活动的脉络和纽带;

(4)是检查维修管理部门的决策、指令是否正确,指导设计部门提高战斗机可靠性、维修性设计的重要依据。

战斗机保障信息既是全面地掌握战斗机使用情况的历史资料,又是科学预测战斗机作战性能及所需维修保障的基本依据。不仅对装备的研制论证、设计定型、生产改进、使用保障中的各种决策过程有重要参考价值,而且还会为战斗机保障性工程中的系统运转提供管理和控制的基本保证。虽然目前战斗机维修保障信息比较充分,但基于信息的应用却相对较少,很多信息还有待进一步开发与利用。

6.2.2 业务需求

战斗机保障信息化涉及各相关单位方方面面的业务活动,采用传统信息系统分析方法,难以准确把握总体要求。在构建保障信息化业务体系时,可采用"领域整合、过程集成"的策略来规避传统信息系统分析方法带来的不足。

1. 领域整合

如图 6-4 所示,不同业务部门在战斗机保障运行机制、管理模式上存在较大的差异。保障信息化系统是围绕战斗机使用保障和维修保障这一特定领域开展工作的,存在着诸多共性,都必须完成战斗机保障活动、设备供应、设施保障、

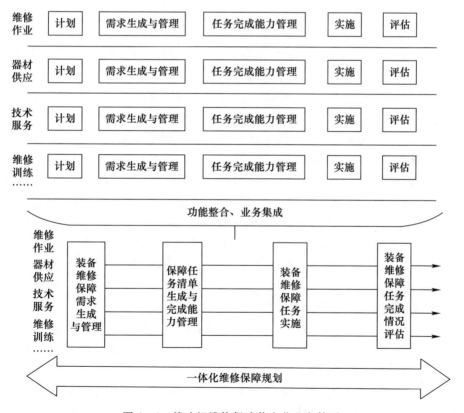

图 6-4 战斗机维修保障信息化业务体系

人员训练等相关业务。因此,可在广泛归纳现有保障信息化建设成果的基础上,进行业务领域整合,忽略局部细节,抓住主要矛盾,构建适合战斗机保障信息化的业务体系。

2. 过程集成

如图6-4所示,从任何一项战斗机保障的业务活动完成情况看,一般都必须经过计划、需求生成与管理实施、评估等基本过程。此外,对某一具体保障对象,完成相应的保障活动需要设备、设施、人员、备件、经费等全方位的支持和配合。由于各项业务活动基本上是相对独立的,形成由上而下相互平行的保障通道,保障线路细长凌乱、保障对象供需分离、保障能力分散,显然与一体化维修保障的要求不相适应。因此,单纯根据业务领域整合构建战斗机保障信息化的业务体系机构是不够的,必须在整合各领域基本功能、过程的基础上进行保障过程集成,建立直达式的、集成化的业务体系结构。

6.2.3 实现需求

1. 保障资源均衡分配

战斗机等航空装备规模庞大,保障资源的匹配和均衡方案在很大程度上决定了其作战使用保障能力。保障资源的冗余会造成浪费,保障资源的不足则会导致保障任务效率的降低甚至停滞。因此,保障资源的均衡分配问题亟待解决,必须用最优方案调配保障资源,保证装备的可靠性。

战斗机保障资源均衡分配属于经典的资源受限项目调度问题。从20世纪50年代开始,网络规划技术在项目的调度领域崭露头角,以网络图表达维修保障项目所需要开展的内容,可以很明确反映出项目中各个活动的前后顺序和所需要的前提条件。在网络图中需要找到影响项目进行的关键路径以及关键路径上的关键活动,调整其他非关键活动的时间安排以及时差的限制,优化项目工期和合理利用资源。网络图在项目活动较少的情况下,可以直观地调整活动的开始与结束。在活动较多的情况下,通过网络图无法直接得到结果,而需要通过算法来解决问题。

常用的算法可以大致分为两类:解析式算法和启发式算法。其中,解析式算法在计算规模较大的时候,可能无法收敛。因此,启发式算法包含有模拟退火算法、遗传算法、蚁群算法和粒子群算法等。模拟退火算法是通过模拟固体的退火过程,以一定概率接受比当前局部最优解要差的解,最终可以搜寻找到全局的最优解,但是搜寻的过程会持续较长的时间。遗传算法是基于达尔文的生物进化理论自然选择和遗传学中基因遗传方式的一种优化随机算法,但是在某种情况下容易陷入局部的最优解。蚁群算法是通过模拟蚂蚁觅食行为的一种搜索算法,其缺点在于搜索速度慢、收敛效率低。粒子群算法是一种群智能算法,搜索能力偏弱,但是操作方式简单易懂。在此基础上,通过多种算法的更新与改进或者在一种算法的基础上混合其他算法的思路,可以显著提高资源均衡分配问题的求解效率。

2. 备件需求预测

为了保证战斗机日常使用,用户会提前购置相应种类和数量的备件,但是备件在贮存或运输过程中也会出现退化或者失效问题,需要及时更换问题备件。

平时,用户一般不会大规模囤积备件,不然会消耗大量的人力和物力,不符合节约成本的目标。所以需要适量的贮存战斗机备件,以保证部队日常维修保障战斗机的需要,提高部队的训练能力和水平。

战斗机备件的使用数量受到多方面因素的影响,可能会受到季节性和天气因素对备件的消耗,也可能会受到多次高强度训练和保障不及时对备件的影响。现阶段用户对于战斗机备件数量的维护,采用的是定时进行适当的采购。但是,这种采购备件的方式比较刻板,不考虑当前仓库中所贮存的已有备件,有时会导致缺少备件影响战斗机维修,从而影响用户的正常训练,同时也会发生备件堆积的情况。国内外研究人员针对此问题采用了回归预测、时间序列预测、专家判断等方式进行了一系列探索,均取得了一定进展。

随着用户信息化建设的深入,使用更加精确的预测算法势在必行,通过对战斗机备件需求数量的预测,可以减轻机务人员的工作压力,更加合理地分配时间和提高工作效率,保证用户的正常训练和装备的完好状态。

6.3 保障信息化系统体系结构设计

战斗机的保障活动开展受到其作战任务、部署能力、保障资源调度能力等因素的制约,往往面临多源信息和多目标优化问题。因此,建立流畅运行的保障信息化系统显得尤为重要。

20世纪90年代初,美军开始在国防部内部制定保障信息系统的体系结构。但是,由于信息系统体系结构的开发没有共同遵守的方法和程序,各军兵种和国防部各部门从各自的角度定义作战概念、确立作战需求、评估指挥过程的改进方案、指导信息系统的开发等。由于缺乏统一的体系结构框架,不同军兵种和部门开发出来的信息系统之间难以进行互通互联,体系结构之间也缺乏相互比较、相互关联和相互沟通的机制,系统技术升级和信息共享存在较大的困难。1995年10月,美军把定义和开发统一的体系结构框架纳入国防部的工作范围,分别于1996年6月和1997年12月颁布了指挥、控制、通信、计算机、情报、监视与侦察(command, control,communications,computer,intelligence,surveillance and reconnaissance,C^4ISR)体系结构框架1.0版和2.0版,最终形成了面向美军军事信息系统开发的国防部架构框架(Department of Defense Architecture Framework,DoDAF)。

对于信息系统体系结构的定义有不同的表述。IEEE STD 610.12定义为"综合电子信息系统各部分的组成、各部分之间的相互联系以及自始至终必须遵守的设计开发原则和指南"。AUSI/IEEE STD1471-2000则认为体系结构是"一个系统最基本的组织方式",这种组织方式要通过系统构成部件、部件之间、部件与环境的关系以及系统设计和演化所遵守的原则来表示,可以抽象出公式(6-1)。

$$体系结构 = 组成部件 + 相互之间的关系 + 原则和指南 \qquad (6-1)$$

体系结构设计的效用可以总结为以下几个方面:

(1)从信息系统管理和实施的角度看,体系结构设计能进一步降低软件开发、技术支持和维护的费用。同时,使系统具备更强的应用移植能力、更新换代能力,也便于系统之间进行互联互通互操作。

(2)从信息系统建设效益和控制建设风险角度看,体系结构设计能减少建设基础设施的复杂性,更充分地利用现有建设成果和货架产品,降低信息系统的总拥有成本。

(3)从信息获取便捷性和快速性角度看,体系结构设计可以更有效地获取进行决策所需要的信息,并随时随地以一致的、不冲突的方式呈现,提高决策过程的准确性和快速性。

6.3.1 基于DoDAF建立保障信息系统

DoDAF是美国国防部提出的信息系统体系结构框架,基于作战视图(operation view,OV)、系统视图(system view,SV)和技术视图(technical view,TV)构建。同时,也提供一个全景视图(all view,AV)来定义公共术语以及上下文、总结和系统级信息等,以融合其他所有的视图。该框架提供了最终产品的描述,并以此作为一致性的指导和规则,确保以"一种公共的标准来比较、集成系统族(family of systems,FoS)或系统的系统(systems of systems,SoS)互操作的体系结构"。在DoDAF1.5版本中将"网络中心战"的概念引入到体系结构设计中,2.0版则向"数据中心化"发展,通过一种一致的、同时包含结构和语义的数据模型来指导规划、开发、管理、维护和控制信息系统体系结构。

利用DoDAF框架建立体系结构产品,应遵循以下指导原则:

(1)体系结构要有明确的目的性。在建立体系结构之前,要确定所建立的体系结构的目的,并且相关人员对这一目的应达成一致。这一原则适用于开发一个完整的体系结构产品,也适用于开发体系结构中的一部分或者其中的某一个视图。

（2）体系结构应能促进人际间的交流。应按照能够快速理解，能够对发现、分析和解决问题提供指导的原则建立体系结构。总的来说，建立体系结构的一个重要目的是使相关人员更容易交换对系统的理解和看法，以便在系统顶层上取得一致和统一。因此，必须删除那些与体系结构主题无关的信息，同时采用通用的术语和定义。由于图形方式是人们迅速理解设计者想法的最佳方式，所以通常采用图形对体系结构进行描述和表达。

（3）体系结构应是相关的、可比较和可集成的。这一原则同样适用于使用通用术语和定义，还应使用通用的体系结构"构造模块"作为开发体系结构产品的基础。另外，尽量要为各种不同体系结构开发相同类型的产品，以相似的格式显示关于相似类型的信息。

（4）体系结构应是模块化、可重用和可分解的。体系结构的描述应该由相对独立但又相互关联的模块组成，经过裁剪可实现重组，以满足不同的场合、不同设计目的的需要。

6.3.2 建立保障信息系统的关键步骤

由于信息系统自身的复杂性，利用体系结构框架建设某种特定的体系结构本身也是一个非常复杂的技术过程。按照上面给出的指导原则，建立体系结构的基本思路如图6-5所示，包括以下关键步骤：

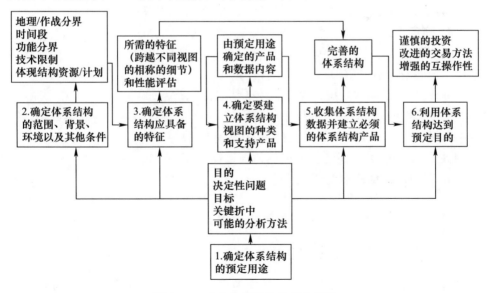

图6-5 建立体系结构的基本思路

1. 确定体系结构的预定用途

在绝大多数情况下,不大可能有足够的时间、经费或者资源来建立从上到下、无所不包的体系结构。因此,体系结构应围绕一个特定的目标来建立,在开始描述体系结构之前,负责构造体系结构的责任单位应尽可能清楚地确定体系结构的目标、期望回答的问题和应用前景。同时,还要考虑需要进一步实施的分析工作和重点问题,以保证体系结构的开发工作更加有效,最终形成的体系结构更加适用。

2. 确定体系结构的范围、背景、环境以及其他条件

一旦确定了体系结构的目的和用途,其内容也就可以随之确定了。要考虑的问题包括:体系结构的范围(行为、功能、组织机构、时间段等)、合适的详细程度、本体系结构在更大范围内的应用背景、要考虑的作战想定、形势和地理区域、项目实施的经济情况、项目的实用性、在限定的时间段内专门技术的能力水平、影响上述问题的项目管理因素以及其他相关因素。

3. 确定体系结构应具备的特征

根据体系结构的目标和用途,需要仔细研究并确定描述体系结构需要哪些特征,如果较多关键的、有用的特征被忽略掉了,则最后形成的体系结构可能就成了无实际用途的空洞文件。如果包含了很多不必要的特征,在给定的可用时间和资源的条件下,开发出来的体系结构的可行性就要受到限制。另外,开发体系结构还应该具备足够的前瞻性,充分考虑预测体系结构的未来用途,以便在有限的资源条件下,建立适应于未来扩展和复用的体系结构。

4. 确定建立体系结构视图的种类和支持产品

很多情况下,可能并不需要建立 DoDAF 框架所给出的全部体系结构视图和产品,需要根据实际问题进行必要的裁剪。

5. 收集体系结构数据并建立必须的体系结构产品

收集、修正并组合必要的体系结构数据,从不同的视图逐步建立体系结构需要的各种产品。在资源允许的条件下,在体系结构开发的各个阶段,进行必要的原理性验证分析,并对所建立的产品的一致性和相关性进行检验。

6. 利用体系结构达到预定目的

建立体系结构的各种产品最终投入使用,对作战过程进行重构和重组,提高运行效率,并为信息系统的规划、开发和使用人员提供文档及支撑。

6.3.3 保障信息系统的设计方法

可以参考通用的装备保障信息化体系结构来设计战斗机的保障信息系统体系结构,其具体的构建方法如图 6-6 所示。

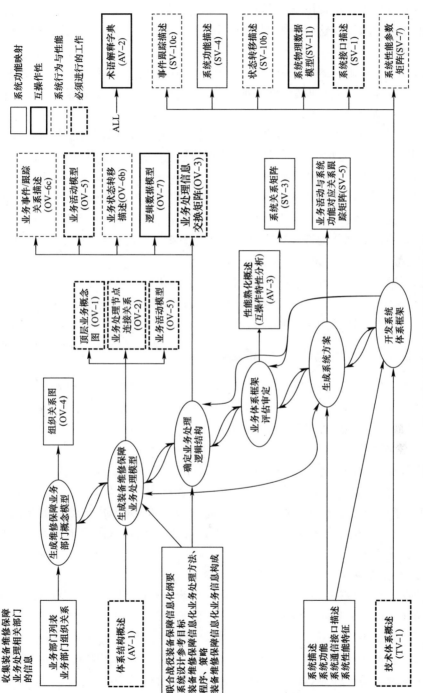

图 6-6 战斗机保障信息化体系结构设计流程

(1) 收集战斗机保障业务处理相关部门的信息,确定完成战斗机保障任务的相关业务部门以及这些业务部门之间的组织关系,生成战斗机保障业务部门概念模型。

(2) 初步确定总体体系框架,分析战斗机保障相关信息,结合业务关系,生成战斗机保障业务处理模型,形成顶层业务概念图、业务处理节点连接关系图和顶层业务活动模型。

(3) 根据战斗机保障业务及相关信息,利用上述业务处理模型,进行业务重组,确定业务处理逻辑结构,包括业务处理信息交换矩阵、逻辑数据模型、业务活动序列与时序关系等。

(4) 对业务体系框架进行评估审定,确定信息化性能指标,组织有关专家进行审定,完善业务体系,分析保障信息化的互操作特性,生成业务体系相关文档。

(5) 根据信息化的性能要求和业务体系,初步确定体系结构框架,包括关于各子系统及其关系,子系统对应的业务及相应功能。

(6) 确定各子系统所需技术,深化保障信息化的体系框架,包括系统性能参数矩阵、系统接口描述、系统物理数据模型、系统运行活动序列与时序。

(7) 统一对体系结构文档进行规范,形成术语字典。

6.3.4 保障信息系统体系结构

战斗机保障人员可充分利用战斗机保障信息系统(aviation maintenance support equipment information system,AMSEIS),对保障活动的计划、组织、指挥、控制和协调等实施管控,以提升保障效能。

1. 总体目标

战斗机保障信息系统的总体目标是确保战斗机保障工作以最佳信息化方式高效运行,在系统内部实现最大化资源共享,合理配置现有信息资源,满足战斗机维修保障需求,规避系统资源分散、信息交流困难、资源共享困难的缺陷。因此,应使战斗机各种维修保障信息资源得到最优分配,最大限度地满足战斗机保障的信息化需求。

2. 体系结构设计

依据战斗机保障信息系统建设的主要内容,通常将战斗机保障信息系统的体系结构设计为3层4级结构,如图6-7所示。

(1) 信息中心是系统的指挥中心,是全部信息的存储、收集、传输中心。

(2) 装备指挥子网即二级指挥中心,按照信息中心所传输的命令,对若干维修点子网进行指挥控制,并将运行情况实时回传给信息中心。

(3) 战储设备周转库装备指挥子网的配给库,用于存放各种设备,在装备指

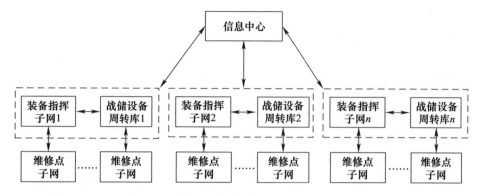

图 6-7 战斗机保障信息化系统体系结构

挥子网的指挥控制下,向各个维修点子网提供各种战储设备和物资。

(4) 维修点子网进行具体的设备维修工作。

3. 应用结构设计

依据战斗机保障信息系统建设的主要内容,其应用结构包括指挥子系统、设备管理子系统、训练子系统、考核子系统4个部分,如图6-8所示。

(1) 指挥子系统:用于对系统进行全程指挥。

(2) 设备管理子系统:用于对全部设备进行信息管理。

(3) 训练子系统:用于对系统进行实战训练时实施管理任务。

(4) 考核子系统:对正常使用和实战训练的应用效果进行评估。

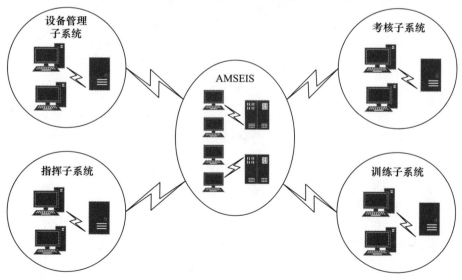

图 6-8 战斗机保障信息化系统应用结构

4. 功能设计

战斗机保障信息化系统功能结构如图6-9所示,其系统功能描述如下:

(1)信息中心向装备指挥子网和战储设备周转库发送信息,完成指挥工作;同时接收装备指挥子网和战储设备周转库传回的反馈信息。

(2)装备指挥子网接收信息中心传来的指令,对战储设备周转库进行调度,同时指挥维修点子网完成具体的维修工作,并将相关信息传回给信息中心。

(3)战储设备周转库接收信息中心和装备指挥子网传来的指令,完成向维修点子网提供相关设备的工作,并接收维修点子网返回的相关设备,同时将相关信息传回给信息中心和装备指挥子网。

(4)维修点子网在装备指挥子网和战储设备周转库的指挥协调下完成具体的维修工作,并返回实时信息。

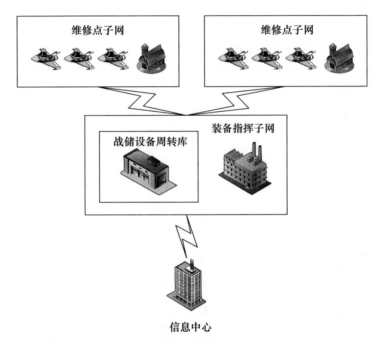

图6-9 战斗机保障信息化系统功能结构

6.4 保障信息系统关键功能

战斗机保障信息系统的关键功能包括产品数据管理与控制、战斗机技术状态管理、关键业务流程设计、机动转场保障运输规划、维修管理。以 F-35 战斗机的 ALIS 为例,其主要功能已涵盖以上这些关键功能,如图 6-10 所示。

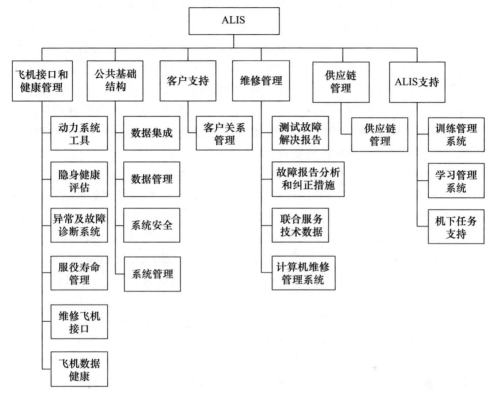

图 6-10　F-35 战斗机 ALIS 功能

6.4.1　产品数据管理

产品数据管理(product data management,PDM)是以软件技术为基础,以产品为核心,实现对产品相关的数据、过程、资源一体化集成管理的技术,主要功能包括数据仓库、变更管理、工作流程管理、产品结构和配置管理、项目管理、网络协同设计等。PDM 提供产品全寿命周期的信息管理,为产品设计与制造建立并行化的协作环境。

以战斗机为例,其各类数据产生于全寿命周期过程,主要包括:设计数据,如研发需求、数据模型、计算仿真、设计方法等;制造数据,如工艺设计、产品加工等;试验数据,如试验设计、测试方法、测试数据等;服役数据,如维修数据、备件数据、故障数据等;资源数据,如情报、材料、成果专利等;环境数据,如气象数据、地理数据、航电数据等;管理数据,如项目管理、业务流程等。

对战斗机全寿命周期的产品数据进行管理与控制,即是对工业大数据进行管理、控制与利用的典型。如在研发与设计阶段,可实现基于大数据的模拟仿真设计,利用虚拟仿真技术,可实现对原有研发设计过程的模拟、分析、评估、验证和优化,减少工程更改量,降低成本;在生产过程中,可进行实时监控与管理,在现代化生产线安装数以千计的小型传感器,通过探测生产设备的工作状态(如温度、压力、振动和噪声等)对设备实时监控,同时将生产制造各环节的数据整合,建立虚拟模型,仿真并优化生产流程;在运行维修阶段,将大量数据用于发动机的预测与健康管理(PHM),如故障检测、诊断及剩余寿命预测,同时将健康管理信息转化为备件需求和维修操作建议。

在民用航空领域,2014年,空客公司成立数据处理与试飞集成中心,与甲骨文公司共同建立了基于Hadoop技术的大数据处理系统及飞行模拟数据分析软件。该软件用于采集并分析飞行样机上传感器在试飞过程中产生的数据,实时监控飞行状态,提供优化建议。这使得空客公司新型飞机的状态监测系统(ACMS)在测试阶段记录的数据量相较于之前增长了50倍。2015年,空客A350被采集的参数将近60万个,每天可采集到的数据已超1.8TB。在采集的数据中,仅有飞行测试阶段的数据用来存储和分析,在服务阶段只有部分状态监控的数据用来存储和分析,其他绝大部分参数并未存储和利用。又如波音787飞机,其仅执行一个航班,所采集的客舱压力、高度、燃油消耗等数据就能达到0.5TB。2015年,波音公司与卡耐基-梅隆大学合作组建了航空数据分析实验室,利用人工智能和大数据来对波音飞机进行全面升级,收集航空飞行中产生的巨量数据,用机器学习的方法来优化飞机的飞行方式,用数据分析的结果来指导未来的设计、制造和运营。例如,基于前一个航段的运行数据,飞机可以自主判断下一个航段中会出现的问题,通知机务进行检查和维修。航空业比其他行业更早进入EB级数据时代,从海量存储中高性能调取、闪电般采集数据、抽取数据、分析数据,并从数据可视化展示等方面对数据分析提出了更高的要求。

6.4.2 技术状态管理

技术状态管理(CM)即配置管理或构型管理,它是指用于控制系统一系列变化的科学,借助一系列技术、方法和手段来维护产品的历史,鉴别和定位产品独有的版本,并在产品的开发和发布阶段控制变化,通过有序管理和减少重复性工作,保证生产的质量和效率。它是一门管理科学,是系统工程管理的一个重要工具,也是质量管理的一个手段,覆盖全寿命周期阶段,如图6-11所示。它的管理对象是技术状态项目,是由用户和工业部门指定作为单个实体进行技术状态管理的硬件、软件或其集合体。战斗机技术状态管理主要是将技术手段、行政手段和管理手段相结合,对战斗机技术进行确定、更改、控制和监督,保障产品质量和使用性能。

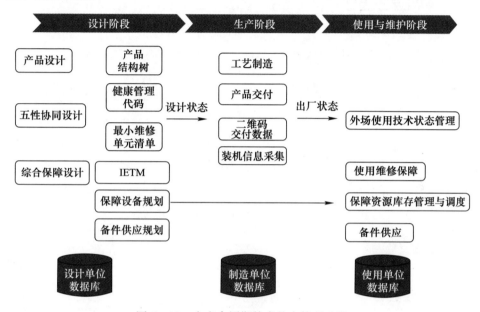

图 6-11　全寿命周期技术状态管理功能

战斗机技术状态管理包含四类基本任务:一是正确标识某一型号产品的功能和特性;二是有效控制产品功能和特性的更改;三是对产品技术状态更改的过程及更改方案的实施情况进行记录;四是对产品的技术状态进行审核和检查。其中,首先应完成技术状态标识。技术状态标识是一个动态的过程,应根据实际情况选择技术状态项目,检验其功能特性、接口特性是否符合规范要求,对与产品生产相关的设备、技术文件等状态进行标识,技术状态标识完成后即可建立产品技术状态基线。技术状态控制是基于产品技术状态基线对技术状态更改的过程进行分析、评价、协调,并对技术状态更改的执行进行控制。技术状态纪实则需要对每个技术状态项目进行记录,以更好满足管理需要,提高管理工作的有效性,提高战斗机技术状态变化和管理的透明化。技术状态审核主要是验证产品技术状态是否符合合同规范要求,只有通过审核才能进行产品定型。

典型的战斗机单机技术状态构型创建与管理如图 6-12 所示、实物构型创建与管理如图 6-13 所示。

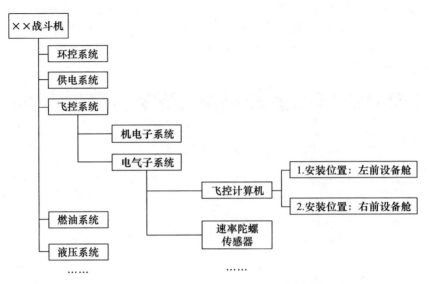

图 6-12　战斗机单机技术状态构型创建与管理

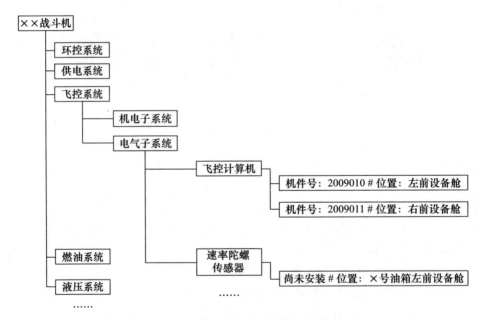

图 6-13　战斗机实物构型创建与管理

6.4.3　业务流程管理

随着新技术在战斗机上的大量应用,其保障工作难度大幅增加,原有的工作模式已无法适应新形势下战斗机保障需求。工业部门不仅要负责组织开展战斗机的升级改装工作,还需承担大量现场技术支持、维修指导、空地勤培训、备件保障等工作,急需依托保障信息系统,实现保障工作与使用过程控制,达到战斗机全寿命过程的有效控制和整体优化。

由于战斗机零部件种类多、数量大、工艺复杂,人员、材料、环境等任何因素或环节均可能导致质量问题发生。在战斗机使用过程中发现的产品设计和制造问题通常难以确定原因,且分析过程复杂、排故工作量大,尤其对于重大质量问题、成批性质量问题的分析和处理,涉及专业面广、持续时间长、参与单位和人员众多,实际工作中容易发生业务单据处理不及时甚至遗漏等问题。

因此,战斗机维修保障要求实现业务过程可控,通过对业务流程的规范化和系统化管理,确保能够及时、彻底地解决技术质量问题。即采用过程方法将活动和相关的资源作为过程进行管理,并以系统方法将相互关联的过程作为系统加以识别、理解和管理。业务流程管理实现难点主要体现为以下三个方面:

(1)过程动态构建。鉴于实际业务过程的复杂性和不确定性,应能够在使用过程中根据具体问题选择、创建其他业务流程。

(2)处理任务自驱动。处理过程不仅应提供责任链机制,还应能够与相应的管理系统集成,提供信息获取、权限管理等方面的支持。

(3)自动多级归零。由系统根据流程层次关系实现自动归零,便于实时、全面地监控处理过程状况。

以空地勤综合培训系统为例,其应在战斗机保障信息化体系结构内开展工作。在设计之初,首先要深入分析战斗机保障业务训练的需求。

(1)战斗机及其保障技术发展方面的需求。随着我军装备逐步更新换代,战斗机保障技术也在飞速发展,传统管理理念、方法和手段已经难以适应。战斗机保障管理人员必须广泛涉猎现代管理学、运筹学、维修工程学、信息技术等知识,通过科学、有效的能力训练,努力做到谋划周密、反应灵敏、判断准确、处置合理、协调畅通。为此,应着眼战斗机及其维修技术的发展,提前开展战斗机保障业务训练、预定情况下保障活动的组织实施,并不断创新训练内容。

(2)制定战斗机保障计划方面的需求。随着我军装备体系结构重大改善和军事需求的牵引,战斗机保障任务量、复杂程度和经费需求都在持续增长。同时,构建军民一体化战斗机保障体系,多元化力量的加入对战斗机保障的总体筹划又提出了新的需求。这些新情况对战斗机保障计划的科学制定提出了更高的要求。为此,应开展战斗机保障计划制定的专项训练,提高战斗机保障管理人员进行任务分解、确定维修方案、分析维修费用、开展计划编制等方面的能力,从而实现利用先进的计划论证方法、有效的成本估算工具等提高战斗机保障计划制定的科学性。

（3）配置装备保障资源方面的需求。随着新型战斗机科技含量和复杂程度不断提高，以及作战和训练强度不断增大，战斗机保障资源需求的数量也大大增加，并伴随着更多的不确定因素。实现战斗机保障资源的时空合理分布，发挥其最大的使用效益，是摆在战斗机保障管理人员面前的重大课题。为此，应开展战斗机保障资源配置的专项训练，提高战斗机保障管理人员综合运用各种现代科技方法，解决各维修级别设施、设备、机工具、器材配备，维修器材储备策略，维修器材库选址与运输，以及战时缩短供应时间等实际问题的能力。

（4）培养战斗机保障管理人才方面的需求。在现代战争保障需求的牵引下和军事科学技术发展的推动下，国内外、军内外创新并发展了大量保障技术和管理的理论、方法和手段，但在我国的应用还不系统、不平衡，甚至尚未得到重视和采用。在战斗机保障工作中推广这些新理论、新技术、新方法和新手段，关键是要在战斗机保障管理人员中进行普及，并将有关内容融入其业务训练过程之中。为此，亟须完善战斗机保障业务训练的环境、内容和手段，为培养高素质战斗机保障管理人才提供有力的支撑。

构建战斗机保障业务训练内容体系，应针对军事需求调整变化、武器装备飞速发展、维修技术水平不断提高给战斗机保障管理带来的新情况、新问题，突出重点环节、新知识、新举措、新技能等要素，确保训练内容的实践性、灵活性和前瞻性。战斗机训练内容体系如表6-1所列。

表6-1 战斗机保障业务训练内容

训练对象	训练环节	训练内容
装备机关——战斗机保障管理人员	计划拟制	年度修理计划，年度训练计划，保障计划，器材请领计划等
	计划控制与落实	送修通知与凭证管理，计划检查，计划调整，质量控制，安全管理，修竣验收组织等
	业务工作总结	年度修理业务工作总结，修理训练情况统计，修理实力统计等
	平战转进	战备方案修订，战备等级转进战斗机保障报告建议，战斗机检（抢）修计划，指导修理机构平战转进有关工作等
	作战准备装备保障	拟制并提出战斗机保障情况与建议，拟制战斗机修理保障计划，组织、检查和督促对战斗机和修理分队的准备等
	作战实施装备保障	掌握各部队战斗机战损信息、战斗机技术保障需求，组织协调战场战斗机的抢救抢修等
	作战结束装备保障	组织抢救或修理战损战斗机，对待救、待修、后送战斗机进行安排，战斗机战损、修复以及器材备件消耗统计、总结上报等

续表

训练对象	训练环节	训练内容
修理机构——战斗机保障管理人员	计划拟制	年度计划拟制,月份计划拟制,周计划拟制,修理机构年度训练计划等
	修理准备	拟制并熟悉修理方案,检查设备机具,准备器材和场地等
	修理实施	接受检查,修竣交接,质量控制,安全管理,器材供应,进度控制等
	业务工作总结	年度战斗机修理修复和自制件统计,年度战斗机修理质量统计,修理实力统计等
	平战转进	战备方案修订,修理机构上报情况并接受机关指导,组织保障部队平战转进等
	作战准备装备保障	修理机构上报情况并接受机关检查指导等
	作战实施装备保障	搜集部队战损战斗机情况,接收上级通报情况,全面掌握技术保障动态,组织战损战斗机现地抢修及集中抢修等
	作战结束装备保障	战斗机战损、修复以及器材备件消耗统计、总结上报等

在当前的形势下,传统的训练模式已经难以满足战斗机保障业务训练的要求,需要充分采用先进的技术成果,设计信息化、网络化的战斗机训练系统。

功能设计考虑主要以专项作业和案例为支撑,按照战斗机保障业务流程,根据受训人员岗位要求,设计战斗机保障业务训练信息系统,将阶段训练和全流程训练功能融为一体,使培训对象掌握各个阶段保障管理工作的基本技能和方法。

(1) 阶段训练各模块根据岗位人员的具体任务,通过专项作业、案例分析、角色扮演、文书撰写、统计计算等方法进行有针对性的训练。

(2) 全流程训练模块重在训练从平时到战时整个业务流程战斗机保障管理的具体工作内容。

6.4.4 机动转场保障运输规划

在现代战争条件下,战斗空间范围不断扩大,战斗的发起更加隐蔽、突然,战场情况变化更为急剧,战斗样式转换更为迅速,战斗行动节奏加快。因战斗机的高速机动和远程作战的特性,要求战斗保障更具突然性、快速性、灵活性、多样性和立体性。机动转场就是在快速、突然的情况下,在一定时期能够隐蔽、安全地转移到新的机场,并能立即投入战斗。

机动转场要求战斗机保障必须有快速反应的能力,受领任务后应迅速开展工作,制定各项工作程序,修订预案,把转场的一切工作科学地安排在规定的时间内,以提高相应的时效性。目前,维修保障资源转运通常采用大型运输机或火车、汽车等进行运输。因此,需要结合配套综合保障资源的规模和运输工具的装载能力,制定出优化的机动转场装载方案,满足不同要求条件下的维修保障资源转运工作,从而为战斗机转场做好保障。

战斗机机动转场运输规划主要目标是用于航空领域保障资源包装运输情况下的装载方案优化设计,根据转场任务类型、任务时间等任务需求,对应不同的目标机场约束条件,通过建立装载对象、运载工具模型以及装载规划模型,采用人机交互或自动的方式进行个性化、基于任务的保障资源选择和确定,应用计算机图形化技术及三维装载优化算法对保障资源的装载进行虚拟仿真和优化,通过人工拖拽或自动的方式生成最优的包装、装载和运输方案。

以美军为例,其运输司令部针对运输指控与运输业务的管理建立综合信息系统——全球运输网络(global transportation network,GTN),收集并集成来自各军种、国防部和商业机构相关系统的运输信息,运用大数据分析和处理技术,对采集的运输信息进行融合处理,提供在运资产的可视监控能力,为国家指挥当局、各战区司令部、运输司令部、运输司令部下属司令部以及国防部各用户平时和战时的运输规划与决策提供信息支撑。GTN体系由GTN服务器、资源系统和客户系统三部分组成。GTN分为机密和敏感但不保密两部分,其中敏感但不保密部分可通过互联网访问,两部分均有各自专用的服务器,保密服务器从保密资源系统中获得保密数据信息,非密服务器从非密资源系统中获得非密数据信息,经过处理和综合后存储于各自数据库。通过一个安全可靠的、由低到高的安全接口,按照安全传输协议,将非密数据写至保密数据库。

同时,机动转场运输规划的重要工作内容之一是输出可行的装载方案。目前,商用市场现有 Loadmaster、Cubemaster 和 Maxload 三款装箱软件(见图6-14),装载优化以使用容器数量、装载量等为优化目标,最终实现最高的空间利用率。三款软件主要用于海运或是货运场景。

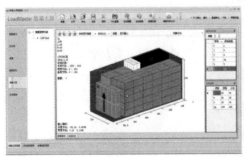 

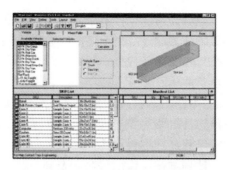

图 6-14　三款商用装箱软件主界面

常用的装载算法有精确算法、随机算法、启发式算法、现代启发式算法以及组合算法等,详见图 6-15。

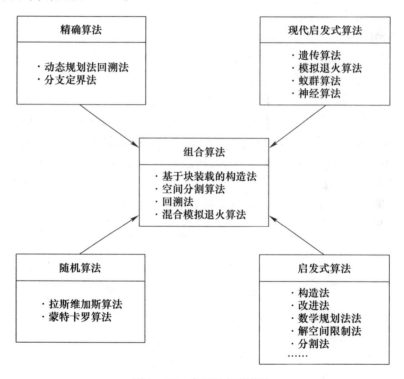

图 6-15　常用的装载算法

6.4.5　维修管理

计算机化维修管理系统目前在各国军用和民用维修领域的应用都十分广泛,它利用客户端-服务器信息技术来管理和控制维修、保障资源,其目标是将

203

庞大繁杂的维修数据组织成为易于查找和使用的信息,主流的维修管理系统都包含以下基本模块:工具、计划制定/时间进度安排、预防性维修、设备历史以及维修器材的管理/采购等,主要功能包括:

(1) 控制可维修设备清单;
(2) 控制设备状态、维修、采购等;
(3) 安排计划的预防性维修工作进度;
(4) 控制预防性维修程序和资料;
(5) 控制计划和非计划维修工作的程序和资料;
(6) 组织维修人员数据库,包括轮班时间表;
(7) 确定对量规、仪器的校准时间进度;
(8) 控制便携式器具测试;
(9) 辅助维修计划管理;
(10) 提供维修预算和费用统计;
(11) 控制维修库存(库存管理、征用和采购);
(12) 处理状态监控输入;
(13) 提供维修执行情况的分析数据。

当前,世界航空维护、修理和大修(maintenance,repair and overhaul,MRO)软件领域的领头羊是 Mxi 技术公司的 Maintenix 软件,该软件提供资产管理、维修大纲管理、维修规划和计划安排、技术状态控制和工作落实等功能。美国海军 F/A-18 项目就成功应用了 Maintenix 软件,积累了丰富的经验。美国 F-35 战斗机自主式保障信息系统中的维修管理核心软件也采用了 Maintenix。

第7章 保障资源规划研制与保障系统建立

保障资源是满足战斗机战备完好性和持续作战能力要求所需的资源,如果配置科学,不仅能有效满足作战任务要求,解决维修保障问题,而且还能缩短维修等待时间、减少经费消耗,大幅提高维修效率。

保障系统包括战斗机所需保障资源的种类、数量以及使用保障资源完成规定保障工作的组织流程与操作方法。完善的战斗机保障系统既要为战斗机使用、维修单位明确使用与维修制度,也要为其规划和配套各种保障资源。

本章主要介绍保障资源的组成要素及其之间的关系,并对战斗机保障相关的设备、设施、技术资料、运输保障等进行阐述,便于读者系统性理解保障资源规划研制与保障系统建立的重点工作项目和流程。

7.1 保障资源组成要素及关系分析

保障资源是使用与维修战斗机所需的硬件、软件与人员等的统称,是构成战斗机保障系统的物质基础,由保障设备、保障设施、人力和人员、训练与训练保障、技术资料、计算机资源保障、供应保障、包装贮运保障八大要素组成。

规划战斗机保障资源时,需根据战斗机的使用和维修任务,根据执行任务的场景(包括工作地点、时机、人员等因素),综合考虑保障资源的规划。例如,工作地点一般包括飞机机库、维修厂房、跑道等;工作时机可分为飞行前、飞行后、再次出动、停放期间等;人员可分为飞行员、放飞人员、维修人员、培训人员等。

战斗机保障资源的八大要素中,人力和人员、保障设备、供应保障是关系密切、不可分割的三大关键保障资源。除了上述三类保障资源外的技术资料、计算机资源保障、训练与训练保障资源等五类保障资源主要用于辅助完成维修保障任务,提供理论与技术支撑。

人力和人员、保障设备、供应保障这三大关键保障资源存在着协调匹配性、有机联动性、时效权衡性等关系。

人力和人员是使用、保障战斗机的主体,是构建战斗机保障系统的重要组成因素。战斗机投入使用后,总需要有一定数量的并具有一定专业技术等级的人力和人员从事战斗机的使用与维修保障工作。使用与维修操作是否正确以及维修保障是否到位,直接关系到战斗机的效能和战斗力。因此,人力和人员的配置非常重要。

保障设备包括使用与维修所用的拆卸和安装设备、工具、测试设备、诊断设备以及工艺装置等,小到一个扳手,大到一个测试装备,都是支持战斗机使用和维修的重要基础。

供应保障主要是由备件和消耗品以及相关管理活动构成,战斗机的使用与维修过程中缺少备件可能会导致战斗机得不到恢复而无法使用。因此,供应保障是战斗机保障资源的一个关键要素,它对保持战斗机具有良好的可用性起着重要作用。

战斗机保障资源八大要素可进一步从覆盖战斗机各层次产品全寿命周期内保障功能进行归纳,有以下三个类别:

(1) 基础设施/条件管理:包括保障设备、保障设施、训练保障、人力和人员。
(2) 技术状态管理:包括技术资料、计算机资源保障。
(3) 寿命周期管理:包括供应保障,包装贮运(PHS&T)。

使用与维修保障是通过技术状态管理明确战斗机使用和维护任务、工作要求、内容等,通过保障设备、保障设施、训练保障、人力和人员等基础设施/条件的调整和配套,来有效保证各项工作项目的完成。并在全寿命周期内,按照包装贮运方案,持续供应油料、备件及耗损件等,保障战斗机在平时和战时的使用条件下,均具备随时可执行预定任务的能力。

7.2 保障设备规划与研制

保障设备的研制是保障资源研制中重要且复杂的工作,一方面是因为战斗机的保障设备,特别是测试设备日益复杂,价格不断攀升;另一方面是因为战斗机本身的维修、备件供应、测试和人员训练要求也越发复杂。

保障设备包含了维修所用的拆卸安装工具、测试设备、诊断设备等。根据保障设备的用途、复杂程度或费用等可分为以下几类:

(1) 按通用性分类,可分为通用保障设备、专用保障设备以及关键保障设备。通用保障设备是指能够广泛适用于各种装备或多项使用与维修工作都需要的设备,可直接采购获得,如压气机、示波器,以及扳手、螺丝刀等通用拆装工具等。专用保障设备是指专为某一装备(或部件)所研制的、完成特定保障功能的设备,如挂弹车、飞机牵引装置等。关键保障设备是指获取时间较长、费用较高、技术风险较大,对达到规定的最终产品交付进度是非常关键的保障设备,如综合自动检测设备(IATE)、便携式维修辅助设备(PMA)、飞行训练模拟器等。

(2) 按保障设备维护的对象分类,可分为战斗机本体保障设备、发动机保障设备、机载设备保障设备以及复杂保障设备自身的保障设备。

(3) 按维修级别分类,若按照三级维修体制,可分为基层级保障设备、中继级保障设备和基地级保障设备;若按照二级维修体制,则分为基层级保障设备和基地级保障设备。

(4) 按保障设备的功能分类,可分为顶支设备,牵引设备,拆装、起吊、运输设备,系留、防护设备,加注充填/排放、清洗设备,动力源、空调设备,测试设备,接近、辅助设备,工具等。

(5) 按用途分类,可分为使用保障设备、维修保障设备,如定检设备、雷达维修设备等。

(6) 按配套状态分类,可分为新研保障设备、改进保障设备和沿用保障设备。

7.2.1 保障设备需求分析

保障设备需求分析包括战斗机的保障需求分析和地面保障设备需求分析。需求分析报告和内容一般可参考《飞机地面保障设备需求分析报告通用要求》(GJB 3274—1998),该通用要求适用于战斗机、运输机、直升机等地面保障设备需求分析报告的编制,主要内容涵盖了以下几个方面:

(1) 报告的幅面和装订:规定报告页面尺寸、页边、页码编排以及报告的装订要求。

(2) 报告的构成:包括概述部分、正文部分和附录的格式和内容要求。

(3) 报告的提交:报告需要按照合同或相关文件向用户提交。

(4) 报告的修订:报告修订换版,需按照要求注明修订页码、版次以及编号等要求,便于用户明确修改部分内容。

1. 战斗机保障需求分析

战斗机的保障需求分析一般包括使用保障需求分析和维修保障需求分析。

1) 使用保障需求分析

主要包括:

(1) 飞行前、再次出动和飞行后的保障工作项目和工作流程;

(2) 飞机停放保管、防护、保养的需求分析。

2）维修保障需求分析

战斗机的维修保障需求分析主要从三个方面考虑：维修体制、维修专业和维修时机。

战斗机维修体制通常采用三级维修体制，即基层级、中继级和基地级。近年来，空军对维修体制进行了改革，从三级维修向两级维修转变，取消中继级，保留基层级和基地级。其中，基层级负责轻度故障和小部分中度故障的维修，故障修复后将更换的 LRU/LRM 送至基地级进行维修；基地级负责重度故障和大部分中度故障的维修。本书结合三级维修体制进行案例阐述。

战斗机维修专业的规划，国内一般分为机械、军械、特设和航电 4 个专业，国外分为结构、发动机、武器、机电、电子 5 个专业。但无论专业如何划分，维修工作的实质工作内容没有太大的差异。

战斗机维修时机的规划，一般按照维修工作的间隔时间来划分。通常有如下几种划分方法：

(1) 飞行时间：50、100、200 飞行小时等；

(2) 发动机工作时间：100、200、400 发动机工作小时；

(3) 日历时间：6 个月、1 年、2 年等；

(4) 起落次数：50、100 起落次数等；

(5) 工作次数：阻力伞使用 100 次后更换；

(6) 按条件触发的工作时机：航炮发射次数达到一定数量后，需完成检查维护工作；发射武器后，需更换抛放弹。

按照本书第 3 章 3.1 节，开展战斗机的 FMECA、RCMA、O&MTA、LORA 分析后，根据分析结果开展战斗机的保障需求分析，过程如下：

(1) 明确战斗机各系统故障模式、影响及危害性等级。

(2) 明确战斗机的测试要求和测试方案，例如：

① 配合 BIT 进行飞行前、后的各项检查；

② 进行飞行前、后的充填加挂等各项保障工作；

③ 进行 LRU/LRM 的拆卸、更换后的各项检测；

④ 进行 SRU 的拆卸、更换后的各项检测；

⑤ 进行各种预防性维修工作；

⑥ 进行特殊的维修、防护和保障工作。

(3) 明确在使用和维修过程中战斗机对地面保障设备的安全性需求及解决措施。

(4) 完成保障任务时所需的方法、功能和要求。

(5) 明确开展维修工作的维修级别。

2. 地面保障设备需求分析

1）战斗机地面保障设备推荐方案

根据战斗机保障需求分析,将战斗机所需保障需求进行分类综合,初步提出战斗机地面保障设备的推荐方案,并对方案中所采用的关键技术的可行性进行说明。

2）比较分析

分析同类型现役战斗机与新研战斗机的异同点及其地面保障设备的优缺点,发现同类型现役战斗机地面保障设备方面存在的问题,以便在新研战斗机保障系统设计过程中加以改进。

3）费用效能分析

重大的战斗机地面保障设备项目,应进行费用、效能分析,并给出该战斗机地面保障设备的价格参考单价。

4）保障需求符合性说明

说明战斗机地面保障设备推荐方案是否满足需求分析中涉及的保障需求。

5）标准化符合性说明

应说明战斗机地面保障设备是否符合下列要求:

（1）选用标准的战斗机地面保障设备;

（2）在无标准的战斗机地面保障设备的情况下,选用现役机种的相应专用战斗机地面保障设备;

（3）在无（1）、（2）两种战斗机地面保障设备的情况下,选用货架产品;

（4）在无（1）、（2）、（3）三种地面保障设备的情况下,利用现有地面保障设备进行改型;

（5）重新研制战斗机地面保障设备。

6）综合化符合性说明

对地面保障设备推荐方案综合化程度作出评价。例如,战斗机地面保障设备是否尽量减少品种,相似功能的地面保障设备是否尽量综合或组合。

7）战术技术指标要求符合性说明

应说明推荐的战斗机地面保障设备是否有助于战斗机达到既定的战术技术指标要求。例如:

（1）在使用环境下的平均停机间隔时间;

（2）在使用环境下的再次出动准备时间;

（3）维修费用和保障费用;

（4）维修人力和维修工时;

（5）战斗机的可修复率;

(6) 人员技能水平要求。

7.2.2 保障设备规划

保障设备规划即确定使用和保障战斗机所需保障设备配套项目与数量,并提出保障设备研制要求。保障设备的功能要求和数量要求是保障设备研制要求的两大组成部分。在研制和使用保障设备时,应对预定使用情况进行分析,根据保障任务的需要,确定保障设备的功能、保障设备的配套项目与数量以及制定保障设备的维修方案,对预定使用情况进行分析,开展战斗机使用与维修保障设备的配套工作,包括外场级保障设备/工具、中继级保障设备/工具和场站设备等。

在实际的保障任务中,应尽量采用已有的或通用的保障设备,只有当已有的保障设备不能满足保障工作的需要时,才改进或新研满足需要的保障设备。在满足使用要求的条件下,应尽量减少保障设备的种类和压缩保障设备的数量,使战斗机保障效率最优。

保障设备配套优先级应按照以下原则:
(1) 货架:成熟的货架产品,具有可靠性高、采购周期短、成本低等特点。
(2) 沿用:可直接选用已定型的保障设备。
(3) 改进:在原有保障设备的基础上进行适应性更改,新增或删减功能模块,使其适应于新的保障需求。
(4) 新研:需重新研制的保障设备。

1. 保障设备种类优化方法

当确定战斗机保障设备的配套项目时,为减少保障设备种类,应对保障设备种类进行优化。本小节介绍两种决策优化方法。

1) 保障设备归并优化方法

对于较为简单的战斗机,所需保障设备种类较少,其保障设备的优化可以依据保障设备之间功能的可替代性,直接选择最优保障设备的种类。但对于较为复杂的战斗机,建立保障设备之间的等价关系相对困难,通过优化目标函数的方法很难得到最优保障设备的种类。在复杂系统的情况下,可将优化过程分段进行,将复杂的决策过程分解为多个相对简单的决策过程。将所有的保障设备种类按照一定的逻辑关系分组,每阶段决策一组保障设备。具体过程如图 7-1 所示。

具体决策过程如下,将 7 种保障设备($SE1\_1$、$SE1\_2$、$SE1\_3$、$SE2\_1$、$SE2\_2$、$SE3\_1$、$SE3\_2$)分为 3 组进行多阶段决策。每个阶段中保障设备种类的组合称为该阶段的一种状态,所有状态的集合记作状态集 S。第 1 阶段的状态集 $S1$ 包含唯一元素——第 1 组保障设备种类清单;第 2 阶段的状态集记为 $S2$,它是根

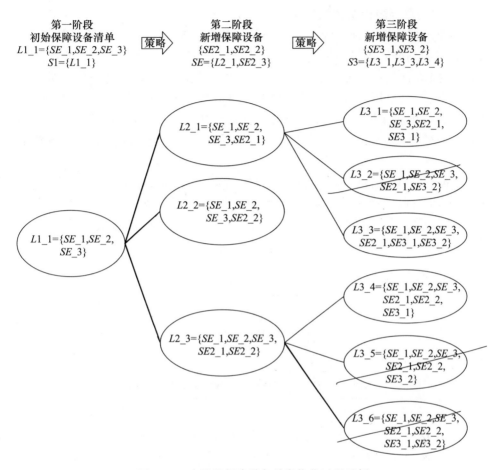

图 7-1 多阶段保障设备种类优化过程示例

据状态集 $S1$ 并排除第 2 阶段不可能成为最优的保障设备组合得到;第 3 阶段的状态集记为 $S3$,它是根据状态集 $S2$ 及一定的策略并排除第 3 阶段不可能成为最优的保障设备组合得到。第 3 阶段为最后一个阶段,因此 $S3$ 集合中每个子集代表了可能成为最优的保障设备种类组合。如果将最优目标函数设定为 V 并给出最优解判定条件,那么基于优化准则不断重复上述过程就可确定最优的保障设备种类清单。在图 7-1 示例中的最后阶段,保障设备种类状态集 $S3$ 共有 6 个元素,因此需要进行最优分析的状态空间有 6 个。如果采用直接寻优的方法,那么 7 类保障设备构成集合的所有非空子集均需要进行最优分析,即待分析对象有 127 个状态空间,而随着集合中元素的增加,待分析状态空间的数量将急速增加。因此,通过多阶段方法进行保障设备种类优化,在最后寻优时的计算量要远远小于直接寻优的过程。保障设备种类数越多,这种优势就越明显。

2）多阶段保障设备种类优化过程

多阶段保障设备种类优化的一个关键问题是确定优化决策阶段的原则。决策阶段的划分原则是按一定的逻辑关系将保障设备分组，可以按照保障设备研制主体、保障设备专业、保障设备所属战斗机的功能系统等划分。对于较为复杂的情况，也可以选择多种逻辑关系来分类。决策阶段划分完成后，还需要确定阶段的决策顺序。此时，将各组保障设备种类数按降序进行排列，依次处理。各阶段的决策工作量受之前决策结果和当前阶段需要决策的设备数量影响。

多阶段保障设备种类的优化过程如图7-2所示，即确定优化目标；规划决策阶段；制定决策策略以及各阶段可能成为最优保障设备种类组合的集合；通过最优目标函数在最后一阶段的状态集合中确定最优的保障设备种类组合。

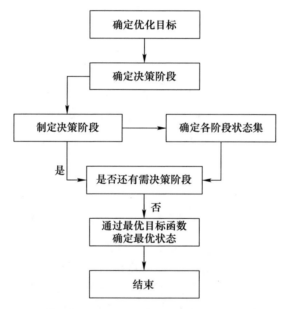

图7-2　多阶段保障设备种类优化过程

2. 保障设备数量的确定

一般地，确定保障设备数量有两种方法：一是经验法，根据以往相似战斗机的维修保障设备需求情况和经验，以及现有战斗机的使用情况确定；二是模型法，运用排队论法并结合战斗机维修要求确定保障设备数量。

下面对以保障活动为中心的保障设备数量用预测法和排队法两种方法进行说明。

1) 以保障活动为中心的保障设备预测方法

在现有的保障设备数量预测模型中,要确定精确的输入系数往往十分困难,通常根据预测者的经验判定。也有基于神经网络的预测方法,但往往需要积累大量的算例才能保证精度。由于战斗机要求的保障任务及时性高,保障任务比较复杂,因此以战斗机的使用任务频度为输入数据,根据保障资源在战斗机任务活动和战斗机保障活动中使用和消耗的特点,提出以保障活动为中心的保障设备预测方法。

保障设备的数量主要取决于与单位任务时间内保障活动发生的次数。主保障活动发生的次数与战斗机的数量、单战斗机的任务强度、单次任务执行时间、总任务持续时间及保障活动发生的频度有关,其计算公式为

$$N_{SA} = N_E \times f_{SR} \times t_m \times T \times f \tag{7-1}$$

式中:N_{SA}为保障活动发生的次数;N_E为保障对象的个数;f_{SR}为保障对象的任务强度,如战斗机任务的强度 1 次/(架·天);t_m为保障对象执行一次任务所需要的时间;T为总任务持续时间;f为保障活动发生的概率。

保障设备的数量计算如下:

$$N = \left\lceil \frac{N_{SA} \sum_{j=1}^{n_{SA}} t_j}{T_\mu \times T} \right\rceil \tag{7-2}$$

$$T_\mu = \min(T_\mu, T_{h\mu})$$

式中:N为保障设备数量的预测值;N_{SA}为保障活动发生的次数;n_{SA}为使用保障活动过程中所包含的子活动个数,例如所计算的保障活动为战斗机发动机的拆卸,共分 10 个步骤(子活动),则$n_{SA} = 10$;t_j为第j个子活动中保障设备被占用的时间;T_μ为经修正的保障设备在单位时间内可以工作的时间;$T_{h\mu}$为与保障设备对应的专业人力人员在单位时间内可以工作的时间;T为当前任务的持续时间;⌈ ⌉为向上取整符号。

由于工时数无法描述保障活动中的子活动是并行开展还是串行开展,预测的结果会带来无法满足单个保障活动需求的情况,所以需要对初步预测的结果做相应的修正,即

$$N' = \max(N_i, n_i) \tag{7-3}$$

式中:N'为保障设备数量的预测值经过修正后的结果;N_i为保障设备数量预测的结果;n_i为保障设备在第i个子活动中被占用的数量。

通过计算可以求得需要的保障设备数量,但很多时候各型战斗机会考虑实

际的维修体制、维修方式、维修专业,用配套比例和配套数量来确定保障设备的配置数量。

2) 利用排队模型法优化保障设备的数量

随着信息化的发展和作战模式的变化,一体化设备是发展的必然趋势,若仅凭借经验来确定维修设备的品种和数量会导致战斗机的战斗力水平下降。在维修等待的过程中,所需要的设备数量越多,对于战斗机战斗力的影响越大。增加保障设备的数量可以减少战斗机等待维修的时间,但与此同时维修保障成本也会上升。怎样平衡维修等待时间和维修成本,是随机服务过程中典型的静态优化问题。这里用排队论,也称为随机服务系统理论的数学工具来确定保障设备的数量。

战斗机的修复性维修主要针对战斗机出现的随机故障,随机故障具有不可预知性,其发生过程具有如下三个特点:

(1) 在不同的时间区间内,发生故障的战斗机数量与所处的时间区间没有关系,即战斗机发生的故障是相互独立的;

(2) 在同一时刻几乎不可能出现多台以上的战斗机同时发生故障,即可认为在某一时刻,有且仅有一台战斗机发生故障;

(3) 故障的发生与时间的累积几乎没有关系,战斗机发生故障的概率与战斗机所处的时刻无关。在尽可能小的时间区间内,战斗机发生故障的概率与时间区间的大小成正比。

以上三个特点表明,战斗机故障符合泊松分布,因此可以用排队理论进行预测。

根据排队理论,保障设备是"服务员",故障战斗机是"顾客",由保障设备为故障战斗机提供维修服务。L_q 为要求的平均维修队长。

$$\begin{cases} L_q = \dfrac{(C \cdot \rho)^C \cdot \rho}{C!(1-\rho)^2} P_0 \\ P_0 = \Big[\sum_{k=1}^{c-1} \dfrac{1}{k!} \Big(\dfrac{\lambda}{\mu}\Big)^k + \dfrac{1}{c!} \dfrac{1}{1-\rho} \Big(\dfrac{\lambda}{\mu}\Big)^c \Big]^{-1} \\ \rho = \dfrac{\lambda}{C\mu}, \quad \rho < 1 \end{cases} \tag{7-4}$$

式中:λ 为需维修率(到达率),单位为次/小时,$\lambda = \dfrac{1}{365 T_C} \sum_{i=1}^{n} f_i$ 其中,f_i 为用到该设备的第 i 项维修任务的频率,单位为次/年;n 为(使用、预防、修复)用到该设备共有 n 项维修任务;T_C 为该设备每天能工作小时数(从参数编辑获取),单位为小时;μ 为平均修复率(服务速率),单位为次/小时,$\mu = 1/\left(\dfrac{1}{n}\sum_{i=1}^{n} T_i m_i\right)$,$T_i$ 为用到该设备的第 i 项维修任务的任务时长,单位为小时;m_i 为用到该设备的第 i 项维修任务中所需的最大设备数,取所有工序中用到该设备数量最大值,从任务建模处获取。

式(7-4)中,C 的求解方法如下:

令 C 从 1 开始取值,逐个增大,在满足下面任何一个条件时即停止,输出最后一个值为 C 的最终解。

(1) 运算的队长值小于等于队长约束;

(2) 在 $C > 30$ 时,计算过程无法进行。

随后,求解总数量 N。

假设该战斗机对该设备的配套比为 $a:b$,那么:

$$N = \dfrac{bN_E}{a} \cdot C \tag{7-5}$$

从上述可知,排队论的前提假设是故障符合泊松分布,但在实际的维修任务中,会出现种类繁多的故障,不同的故障具有的保障特点也不同,在实际确定保障设备数量时要综合考虑维修战斗机各部件所需要的数量。通过保障设备的综合归并,即可以确定出执行某特定任务时所需保障设备的总数量。

3. 保障设备自身的保障

保障设备的种类繁多,复杂程度也大不一样。对于简单的保障设备,如通用工具,一般仅需采购一定的数量,并在供应文件、保障设备的维修手册中加以反映即可。但对于某些复杂的保障设备,如复杂的测试设备,功能强大,系统组成复杂,其保障工作也相对复杂,需尽早开始保障规划工作。

对保障设备的保障应主要考虑如下几方面的问题:

1) 保障设备的供应

保障设备的保障需求一般由供应技术文件来明确。供应技术文件包括保障设备所需备件、配件的品种和数量、供货方式等。保障设备的备件供应工作需与保障设备研制计划相协调,以保证其能够正确地反映保障设备的需求。对于复杂的保障设备还应考虑其可修件的修理与供应等问题。

2) 技术手册

使用和维修复杂的保障设备时需要按照技术手册规定的内容实施。技术手册内容一般包括概述、主要技术性能、组成、结构和原理、安装调试、使用方法、常见故障的分析和排除、注意事项和维护保养等,还包括零部件图解图,分解到可更换部件、组件及附件级。编制技术手册按照统一的编写格式完成,详见本书

7.6节技术资料相关内容。完成技术手册编制后,需验证保障设备技术手册与保障设备的匹配程度。

3）训练

维护保障设备的人员需通过训练,使其具备相应的理论基础和使用维护能力。因此,需制定操作和维修保障设备的训练要求,包括训练的内容、训练所需器材和训练计划。训练计划的进度要和保障设备的研制进度相协调。通常,战斗机的训练计划包含了保障设备的训练,相关要求可参照本章7.5节训练与训练保障。

4）设施

保障设备有其特定的供电、动力、空间等要求,因此制定保障设备研制计划时要与保障设施计划相协调。由于保障设施的完成有时需要较长的时间,因此专用保障设备的设施需求要在研制过程中尽早地予以确定。相关要求可参照本章7.3节保障设施。

7.2.3 典型保障设备研制

为加深读者的理解,下面以便携式维修辅助设备（PMA）为例,简单介绍其研制过程。PMA是战斗机信息化维修保障的关键设备,是保障信息系统的重要组成部分。

1. 保障需求分析

战斗机使用保障需求分析包括：

（1）飞行前、再次出动、飞行后的功能需求。

① 战斗机状态信息管理查询功能,可对飞机状态信息、使用记录等信息进行管理及查询;

② 飞参数据下载及判读,可下载飞参数据、音/视频数据等,并对数据进行管理;并可对飞参数据进行处理,具有飞行信息统计及飞参数据绘图等功能;

③ 战斗机维护引导功能,接收维护工作指令,引导地勤人员进行战斗机的日常维护工作。

（2）战斗机停放保管、防护、保养的需求分析。

战斗机维修保障需求分析包括：

（1）战斗机状态监控及系统检测,可实时监测战斗机各系统工作状态,并对机载系统进行检测。

（2）战斗机故障隔离定位及排故引导功能,通过对战斗机故障代码及飞参数据的分析对战斗机出现的故障进行隔离定位,指导地勤人员进行排故。

（3）IETM使用终端,能够装载战斗机使用与维护有关的交互式电子技术资料,便于地勤人员在战斗机维护过程中进行即时查询相关资料。

保障设备需求分析包括：

（1）可以导入/导出数据包,进行数据库之间数据更新同步。

（2）使用要求,例如 AC220V/蓄电池供电、工作温度、湿度、气压高度、运输贮存方式等。

（3）保障设备应具备自检测功能。

（4）可靠性、维修性、安全性等要求。

2. 明确研制要求

根据签订的技术协议明确 PMA 技术要求,包括：

（1）概述:设备名称、型号。

（2）功能要求:PMA 的主要功能项目。

（3）配套组成:加固笔记本电脑、通信电缆、数据卡读卡器、包装箱及附件。

（4）性能要求:①操作系统、数据库、浏览器要求;②最低持续运行时间要求;③最大反应时间要求。

（5）硬件要求:CPU、内存、硬盘、网卡、显示屏、键盘、输入输出接口、电源等。

（6）接口要求:①与飞机接口;②与读卡器的接口;③与其他保障设备的接口等。

（7）外形、重量、互换性要求。

（8）电磁兼容要求。

（9）寿命、可靠性、维修性、测试性、保障性、安全性要求。

（10）软件要求。

（11）人机工程要求。

（12）质量、标准化、计量要求。

（13）环境适应性要求:高温、低温、温度冲击、低气压(高度)、淋雨、湿热、霉菌、盐雾、砂尘、振动、加速度、噪声、冲击、地面风等。

（14）包装运输要求:可采用公路、铁路、水运和空运等运输方式。

3. 开展 PMA 研制

在进行 PMA 研制时,需按照功能分析结果确定保障设备研制项目,确定 PMA 总体研制规划,按规划安排研制。PMA 研制通常包括以下过程,如图 7 – 3 所示。

在进行 PMA 的研制时,应当遵循以下原则：

1）高可靠性

由于 PMA 的工作环境比较特殊苛刻,对抗震动、抗电磁干扰等有较高的要

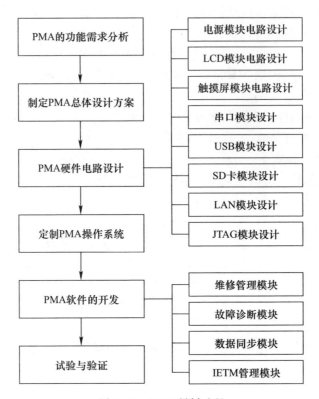

图 7-3 PMA 研制过程

求,因此需要采用高可靠性的结构。

2) 低功耗原则

由于 PMA 在外场工作时,主要依靠电池来供电,功耗的要求非常高,因此在设计研制时需要选择低功耗的器件和良好的供电方案。

3) 模块化设计

模块化设计可以实现更高的可靠性、可测试性和可维护性,具体分为硬件电路模块和软件模块。硬件电路的模块化设计功能划分要明确,电路功能单元之间要相互独立,并且方便系统的扩展;软件设计要通用、开放、易用,选择合理的操作系统,系统可读性和可移植性要好,以方便进行二次开发。

4) 实用性原则

在进行设计研制时,功能设计划分和研制都要考虑到实际的使用场合,以便节约资源和获得良好的使用交互感受。

完成研制的 PMA 分别由加固式计算机、测试电缆、读卡器、贮运箱组成,详见图 7-4。

图7-4 PMA组成图

7.3 保障设施

保障设施同样服务于战斗机的使用保障和维修保障。针对不同的维修级别,保障设施建设的侧重点也不同。例如,基层级保障设施,更侧重战斗机日常作战训练任务实施和故障排除,需配套机场、机库等;而基地级保障设施,涉及机载设备的修理,需配套防尘厂房等。

这里首先介绍保障设施的分类。通常情况下,保障设施按结构与活动能力可分为永久性设施和移动性设施。

1. 永久性设施

永久性设施主要包括机场、机库、试验场、维修车间、供应仓库、弹药库、加油站、训练教室、办公楼等处在固定场所的保障设施,一般是指有关保障的不动产。永久性设施为战斗机提供管理、维修、供应以及训练等方面的保障,其设计及功能均以战斗机及其任务为依据。

2. 移动性设施

移动性设施是为了完成各种保障任务或应对特殊情况而研制和建设的,以保证战斗机处于何处都能实时保障。移动性设施是对永久性设施的补充。一般情况下,移动性设施可包括保障装备使用与维修的各种活动装置,如空调车、液压车、电源车、气源车、吊车、叉车、牵引车、加油车、集装箱等。

按预定的用途,保障设施也可分为维修设施、供应设施、训练设施和专用设施等。

1. 维修设施

维修设施是指执行维修任务所需的设施。在三级维修体制中,基地级的维修设施能够对战斗机进行翻修、大修和组装,其设施通常是永久性的。中继级维修设施既可以是永久性的,也可以是移动性的,取决于其所承担的任务。基层级因其一般要随维修人员机动作业,所以配有较多的移动性维修设施。

2. 供应设施

供应设施是指为战斗机提供供应保障的设施,如器材仓库、弹药补给车、加油车等。基地级供应设施一般是永久性的;基层级供应设施根据其所承担的任务,一般是移动性的。

3. 训练设施

训练设施是指用于训练使用和维修人员的设施,如理论培训教室、飞行模拟器训练教室、实操训练场等。通常被设计成具有多种功能、可供多种专业训练使用的设施,如战斗机的地勤人员训练基地,可供结构、发动机、机电、任务等专业人员训练。

4. 专用设施

由于装备的某些特殊保障要求,有时还需要一些特别的设施,以完成专门的保障任务。专用设施主要是指对温度、湿度、气压、粗糙度等有特殊要求的设施,如光学、微电子、敏感的精密部件或设备的维修间及存储间等。

由于保障设施的研制周期很长,因此应尽早确定使用与维修战斗机所需的保障设施需求,以便有足够的周期和经费开展保障设施的规划和建设。

保障设施涉及场地规划、场地设计、改进、选址、建设、过程监管、设施验收等一系列工作,还需在现有保障设施条件、多机型适用性设计以及经济可承受的前提下,考虑下一代飞机的需求。由于相关内容与本书的关注重点关联性不强,因此本章节内容主要对战斗机对保障设施的具体需求分析及过程进行讨论,有兴趣的读者可以参考《机场道面设计》《机场地势设计》等专业书籍进行深入了解。

7.3.1 保障设施需求分析

针对战斗机开展保障设施规划时,通常从以下几个方面进行分析:

(1)分析战斗机外形、重量、体积等信息,例如战斗机长时间停放和需要建设机库应满足需求。

（2）分析战斗机的性能指标参数等信息，例如战斗机以最大重量着陆的刹车距离、跑道长度应满足最低需求。

（3）分析战斗机执行任务的场景等信息，例如根据空地通信需求应建立地面通信电台、通信雷达等。

（4）分析战斗机及其配套设备的贮存/运输需求，特别是蓄电池、服务器、弹药、燃料等的特殊环境要求。

（5）分析使用和维护过程中安全风险点，制定安全防护措施，例如接地线、消防器材等。

（6）分析人员操作时需具备的水、电、气、基础通信网络等需求。

在完成战斗机的需求分析后，应按照以下原则确定保障设施的设计方案：

（1）沿用原有保障设施。

（2）根据战斗机特殊需求，对原有保障设施进行改造。

（3）根据战斗机以及对未来新装备的能力预测，在现有费用可承受的前提下，建设能尽量兼容多种机型的保障设施。

开展战斗机所需保障设施的分析过程如图7-5所示，具体工作程序和要求如下：

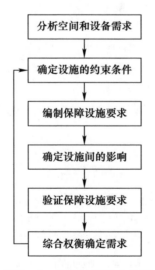

图7-5 保障设施需求分析

（1）在方案论证阶段，应分析空间和设备需求，通过保障性分析确定大致的设施要求。经分析判断现有设施不充分的情况下，则应制定新设施的要求。对于战斗机保障所必需的设施，如跑道、机库等，应及早确定。

(2) 根据现有保障设施有关信息，确定新建和改建设施的约束条件。
(3) 根据约束条件，尽量利用现有的保障设施，编制保障设施建设要求。
(4) 确定战斗机保障设施对其他现役战斗机保障设施要求的影响。
(5) 初步拟定新设施的要求应经过充分验证，以便作为执行的依据。验证可在原有的设施上模拟进行，也可以通过详细数据的分析予以验证，最后提出有关设施要求的详细论证资料。
(6) 考虑未来装备发展的需要，综合权衡后，确定新建和改建设施的需求。

7.3.2 保障设施要求确定

根据保障设施的需求分析结果，按照保障设施预定用途的四种分类，分别给出各类设施的具体要求确定方法。

1. 维修设施要求确定

维修保障需要什么样的设施，需要在维修任务确定之后决定。根据维修工作分析所提供的资料，预测各维修级别的设施年度工作负荷 W，以确定战斗机对现有设施的影响。设施年度工作负荷 W 的计算如下：

$$W = \sum_{i=1}^{N} f_i t_i \tag{7-6}$$

式中：N 为该项设施年维修任务数量；f_i 为第 i 项工作频度；t_i 为第 i 项工作时间。

2. 供应设施要求确定

供应设施主要是仓库。确定仓库的条件时应考虑到装备的零部件最终包装尺寸大小，而不是零部件本身外形的大小。同时，还必须考虑到成套包装，因其可能将多个零部件包装在同一存储单元中。

确定供应设施的要求与确定维修设施的要求的方法类似。计算贮存空间要求 V：

$$V = \left[\sum_{i=1}^{N_S} s_i c_i + \sum_{j=1}^{N_m} \frac{m_j}{q_j} \cdot b_j \right] \cdot \frac{f}{u} \tag{7-7}$$

式中：s_i 为第 i 种单件包装的备件数；c_i 为第 i 种单件包装备件容器的空间；N_S 为单件包装备件的品种数；m_j 为第 j 种多件包装的备件数；q_j 为第 j 种多件包装备件的每一种容器备件数；b_j 为第 j 种多件包装备件的每一容器空间；N_m 为多件包装备件的品种数；u 为空间利用系数；f 为存满率系数。

3. 训练设施要求确定

训练设施的确定方法与上述供应设施的确定相类似。只是确定训练设施的要求是根据训练计划提供的训练课程数、每门课程的频度、每门课程的学员数、训练场所（教室、场地）的类型和每门课程所需的利用率、每个学员的平均教室占用面积、每个学员平均场地占用面积以及训练时间与进度等因素确定。一般情况下,训练进度在确定设施要求的空间大小时起着重要的作用,如各个训练科目同时进行,则设施空间上的要求比平时分开训练时所需的大得多。此外,专用训练设施也会增加设施总的空间要求。

4. 特殊设施要求确定

确定特殊设施要求时,现有设施的利用率不是要探讨的主要因素。特殊设施的需求可以由许多因素引起,但大多数情况下是战斗机技术上的革新或新功能部件的采用,以及任务的变化和地理气候环境等因素造成的,污染及危险物质更是不可忽视的因素。例如肼燃料,具有强氧化性、腐蚀性、有剧毒,且易燃易挥发,因此使用时需建设专门的肼燃料贮存车间、加注车间以及发生燃料泄漏后的报警设施和清洗设施等。

7.3.3 保障设施规划

在进行战斗机保障设施规划时应考虑如下问题:

(1)规划保障设施的基本准则是提高现有保障设施的利用率,充分发挥其作用,尽量减少新的保障设施需求。

(2)在规划保障设施时,应考虑某型战斗机及其不同保障装备对同一设施的要求,同时也应考虑其他型号对设施的要求,因为一种设施可以保障多种设备。

(3)保障设施应建在交通便利、开展保障工作最方便的地点,要具有安装设备和完成作业的足够面积和空间。

(4)应确保作业所需的工作环境(如温度、湿度、洁净度、照明度等)和建造质量,并符合国家规定的环境保护要求。

(5)必须具备安全防护装置和必要的消防设备。

(6)在规划过程中,应进行费用分析,合理确定建造周期、建造费用、维护费用等。

(7)要明确新设施对现有设施的影响。

(8)应尽量减少战斗机所需设施的数量并考虑设施的隐蔽要求,使保障设施在战时受攻击的可能性降低到最低限度。

(9)考虑对保障设施的保障问题,如保障设施的技术资料等。

保障设施的规划过程如下:

(1)保障设施规划过程开始于方案论证阶段,使用方首先提出保障设施的约束条件,并向承制方提供现有设施的数据;承制方通过保障性分析,初步确定设施的类型、空间及配套设备需求,经分析现有设施不能满足要求时,则应制定新的设施需求。

（2）由于新建设施建设周期长,应尽早确定对新设施的要求,经使用方认可后,具体建造一般由使用方完成。同时,还要分析战斗机对现有设施的影响,以确定是否需要改进或扩建设施,以免影响战斗机的正常使用。

（3）在建造设施时应制定设施建设计划。计划文件应包括:设施要求合理性的说明,设施的主要用途,被保障装备的类型和数量,设施地点、面积,设施设计准则,翻建或新建及其基本结构,以及通信、能源、运输等方面的要求。

（4）在战斗机部署前,应基本完成保障设施的建造。

7.3.4 典型保障设施建设

常见的场站设施项目如表7－1所列。

表7－1 常见场站设施项目

序号	分类	名称
1	机场	跑道
2		停机棚/机堡
3		试车坪
4	工作用房	保障设备、工具库房
5		武器外挂库房
6		服务器房
7		维修工作间
8	通信导航设施	电台、卫通工作房及设施
9	油料设施	油料存放设施
10		油液分析室
11	备件设施	备件仓库
12	武器设施	弹药库房
13	专用任务设施	任务规划工作房
14		综合训练室
15		飞行模拟工作房
16	网络设施	局域网
17	其他通用设施	折伞间和库房
18		车库

下面以机场场道、机库为例,介绍其组成和主要功能。

1. 机场场道

机场场道主要由跑道、滑行道、联络道、土跑道、端保险道、平地区、拖机道和各种用途的停机坪组成,详见图7-6。

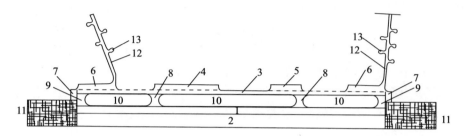

图7-6 飞行场地组成示意图

1—具有人工道面的跑道;2—主跑道;3—滑行道;4—停机线停机坪;5—加油坪;
6—起飞线停机坪;7—警戒停机坪;8—联络道;9—端联络道;10—平地区;
11—端保险道;12—拖机道;13—个体停机坪。

(1) 跑道。跑道长度应满足计划使用该机场的各种飞机安全起飞着陆的要求。

(2) 滑行道、端联络道。滑行道通常与跑道平行;联络道设在便于飞机进入跑道和着陆后迅速脱离跑道的位置,端联络道为设在跑道两端的联络道。

(3) 停机坪按用途分为停机线停机坪、起飞线停机坪、警戒停机坪、过往飞机停机坪等;按停放飞机数量分为集体停机坪和个体停机坪。

(4) 集体停机坪后通常设置防吹坪和导流设施,或只设防吹坪;个体停机坪后防吹坪和导流设施的设置,根据需要确定。

(5) 停机坪上根据需要可设系机环。

(6) 场道灯光。场道灯光设备按安装方式分为固定式和活动式两种,固定式灯光设备采用固定式地面标灯和地下电力电缆;活动式灯光设备采用活动式地面标灯、电缆插件和移动式橡套电缆。

2. 机库

机库的所有设计必须考虑到当地的气候条件和生物活动情况,以保证在任何情况下飞机及相关人员的安全。机库需要具备机修人员在一年四季中安全舒适完成维修业务的温度环境条件。机库内部的灯光设计应符合机修要求,机库设计应保障不危害人体健康,提供安全工作条件。

(1) 机库基本结构:①机库基本结构设计应由具备相关资质的设计单位设计,施工单位也必须是具备相应资质的企业;②机库所用材料必须符合设计要求以及过检要求,生产企业也应具备相应的生产资质;③机库基本结构应将外界和内部区域隔离开,要在现场测算好温度、风速、雨雪量等气候因素;④机库设计应选择隔离能力强的材料,如耐火、耐冷的材料。

(2)灯光设计:①机库要求有自然光;②机库顶棚上安装不发热的安全可靠的照明灯;③机库灯光每平方米照射量应达到400lix。

(3)保温:①机库供暖应使用吹热风系统;②在冬季-30℃、机库门打开或关闭时,应安装在40min内工作环境温度达到18℃的吹热风系统;③热风机吹出的温度不大于55℃;④机库整体常温在14~18℃。

(4)电源。①需要2个电源;②必须有应急备用电源;③停机场应有地灯;④地灯线路应有防水措施,必须能承受很大的压力;⑤机库的维修需要高压,必须配置高压电系统。

(5)冷水和污水系统要同城市管道系统相连接。

(6)消防系统:①应安装防火系统;②应配有消防栓和各种类型的灭火器(需要配置喷泡沫的灭火器);③应设计应急逃生出口。

(7)接地避雷设施:①机库应有防护避雷的设备;②在停机场应设置不少于2个避雷设施。

(8)机库门:①机库门应符合飞机库的门洞设计要求,根据设计采用柔性大门或者钢制平移机库门;②机库门应具备满足抗风抗雨雪等功能;③机库门需要配置手动打开功能,用于特殊情况使用。

(9)地板需要设置能承受1000t、满足重型机械运动的钢筋混凝土结构,地板采用防滑的涂胶漆。

(10)应有4个应急出口,其标识及路标符合设计规范。

7.4 人力和人员

人员是使用和维修战斗机的主体,是影响战斗机保障效能的重要主观因素。因此,为保证战斗机在寿命周期内能得到正常的使用和保障,需要确定使用与维修人员的技能水平和人员数量。

根据工作性质的不同,人员通常可划分为如下几类:

(1)使用人员:一般为飞行员,负责操作战斗机以完成各项预定任务。

(2)维修人员:负责保养、检查和维修战斗机,以保证其处于可用状态。

(3)管理人员:负责行政管理和指挥工作。

(4)其他人员:负责后勤保障的人员(吃穿住用行)等。

本书重点关注直接使用和维修战斗机的人员,对管理人员和其他人员不做进一步探讨。

7.4.1 人员专业划分

一般地,人员专业划分为使用人员和维修人员两大类。

1. 使用人员

战斗机的常规作战任务是承担夺取并保持制空权的任务,并具备对地、对面和对海打击能力。战斗机的使用人员通常为 1~2 名飞行员,根据执行任务的不同,其承担的任务不同。通常,单座战斗机飞行员需完成飞行操作、任务规划和武器投放任务。双座战斗机平时主要用于单座机飞行员改装飞行训练和战术训练,战时用于执行作战任务。由于既定任务不同,双座机飞行员承担的任务也不同:

(1) 由一名飞行员驾驶双座机执行飞行任务时,飞行员坐在前座舱。

(2) 双座机在执行训练任务时,通常学员坐在前座舱,教员坐在后座舱。

(3) 双座机后座舱飞行员也具有操纵飞机的能力,同时对前座舱有一定的超控能力。

当然,由于战斗机装备了复杂的航空电子系统,对于使用人员的任务安排有较大影响。例如美国 F-14 战斗机,为了承担舰队防空任务,安装了强大的 AN/AWG-9 脉冲多普勒雷达,操作比较复杂,还需配合使用 AIM-54A"不死鸟"系列导弹,单靠前座舱飞行员无法完成任务,因此由后座舱飞行员专门完成导航通信和搜索目标的工作。

2. 维修人员

国外通常将维修战斗机的人员分为结构、发动机、机电、武器和航电 5 个维修专业;而国内通常分为机械、军械、特设、航电 4 个维修专业。其主要区别在于,机械专业和特设专业均涉及发动机和应急动力相关工作内容,国外将其纳入发动机专业工作内容。

以基层级为例,维修专业与系统的对应见表 7-2。中继级维修专业的设置原则上与基层级一致,但考虑到战斗机系统比较复杂,且中继级维修深度加大等特点,为了便于维修人员深入理解专业内容、有效维护装备、检测设备、提高维修质量,通常在专业下划分若干小组,对系统专业内容进行深入理解。

表 7-2 基层级维修专业与系统对应表

维修专业	维修内容
机械	机体、发动机、应急动力、燃油系、液压、气动、起落装置、环控、抗荷等
军械	武器、外挂物、舱盖及应急救生系统、电子对抗等
特设	发动机电气、电源、配电、飞行控制、照明、状态监控、氧气系统等
航电	任务管理、显示控制、数据管理、雷达、通信导航等

7.4.2 人力和人员需求分析

使用和维修战斗机需要合格的人员,以随时对必须的行动进行响应和执行。这些人员必须要有必备的知识和技能,才能完成指派的各项任务。因此,在开展战斗机研制初期,需同步开展人力和人员的需求分析。

1. 需求分析

在方案设计阶段,首先收集有关战斗机的信息和数据,例如可靠性与维修性、使用方案、维修体制等;随后进行保障性分析,包括故障模式、影响及危害性分析、维修分析、人力资源分析等,获得保障性要求或约束;同时,依此提出人力和人员要求,作为保障性设计的基本依据。

在初步系统设计阶段,根据战斗机的使用方案、保障方案与设计方案,并在与基准比较系统分析的基础上,对人力和人员要求进行初步估算,以验证是否满足设计要求。

在详细设计与研制阶段,随着设计的深入以及样机的完成,此时有条件进行详细的使用与维修工作分析,通过分析得出更为准确具体的人力和人员的估计值,经试验验证后作为战斗机部署与使用时人力和人员的基本依据。

2. 确定专业类型和技术等级要求

按照需求分析中提出的人力和人员要求,在战斗机研制过程中需确定使用人员和各级维修机构维修人员的实际专业类型和技术等级要求。

通过使用与维修工作分析,对操作使用和维修战斗机所需的各种不同专业类型与技术等级的人员加以归类,并参照现役战斗机人力和人员的实际情况,可以提出:使用人员的专业类型,如飞行员、驾驶员等;维修人员的专业类型,如机械修理工、光学工、电工和仪表工等(如果是新研战斗机,一般要求应尽量不增加新的专业类型),以及相应的技术等级要求。其中,确定使用操作人员的技能要求,还应进行人机工程分析,以保证满足人机系统中人机功能分配要求。

3. 确定使用与维修人员的数量

确定使用人员的数量,需要通过使用工作分析,得到每项工作所需的专业类型、每种岗位需配备多少人员,并经过汇总确定总的人员数量,然后确定该战斗机需要的使用人员数量。

维修人员数量的确定比较复杂。维修人员并没有与战斗机存在一一对应的关系,因而在确定战斗机所需的维修人员数量时,就需要根据装备的特点和维修任务的不同选择不同的模型进行预计。维修人员预计模型有很多,下面给出平时维修人员的预计模型,其采取的方法如下:

(1)利用故障模式、影响和危害性分析及维修分析,确定需实施的全部维修工作。

（2）根据维修工作的频度和完成每项维修工作所需的工时数，预测保障每项工作所需的年度工时数。

（3）根据全年可用于维修的工作时间，预测所需人员总数，其预测公式为

$$M = \frac{NM_H}{T_N(1-\varepsilon)} \quad (7-8)$$

$$M_H = \Sigma TT_{F_i} T_{T_{ij}} N_j$$

式中：M 为维修人员总数；T_N 为年时基数，T_N =（全年日历天数—非维修工作天数）× 每日工作时间；ε 为装备计划维修停工率；N 为保障装备的总数；M_H 为每年每台装备预测维修工作工时数（每台装备维修工时定额）；T_{F_i} 为 i 项维修工作年工作频度；$T_{T_{ij}}$ 为 j 类部件（组件）i 项维修工作的每次维修工作时间；N_j 为被保障的 j 类部件（组件）的数目。

另外，也可以通过使用与维修工作分析汇总表计算不同专业类型总的维修工作量，并按下式粗略估算各专业类型人员数量。

$$M_i = \frac{T_i X}{H_d D_y y_i} \quad (7-9)$$

式中：M_i 为第 i 类专业职务人数；T_i 为维修单台装备第 i 类专业工作量；X 为年度需维修装备总数；H_d 为每人每天工作时间；D_y 为年有效工作日；y_i 为出勤率。

在得到预测结果后还应与现役战斗机的使用与维修人员数量做对比分析，并根据专业培训、使用试验等进行适当调整。

战时由于任务的不确定性，除需完成平时的保障工作外，还需开展人员轮转安排，以保证24h不间断执行任务，并处理由于战斗损伤所引起的结构或系统的评估、更换和修复工作。人力和人员需根据实际任务进展情况进行调整和补充。

7.4.3 人力和人员配备

战斗机的部署，多数情况下是以替换原有战斗机的方式进行的。第一批人力和人员主要从现有战斗机系统的人力资源中获得。由于新型战斗机采用新技术、新材料和新工艺，会与原有战斗机存在较大的差异，因此可能需要增加某些特殊的工种（如隐身保障维护分队），进而需要通过培训或内部的人员调剂来解决上述差异问题，必要时调整编制以满足新研战斗机需要。因此，在研制早期应尽早提出人力和人员要求，这样才能保证战斗机配发部队后，能有足够的、满足技能需求的人员完成使用和维修任务。

7.4.4 典型人员需求

针对战斗机的使用人员需求,可以参考国内空军飞行员的选拔标准,包括自然条件、身体素质、心理素质、政治条件、文化条件五个方面,详细要求如下:

(1) 自然条件:①普通中学应往届高中毕业生,男女均可,年龄不超过20周岁;②学生必须为中华人民共和国公民,具有空军招飞任务地域的正式户籍。

(2) 身体素质:①身高在165~185cm,体重在50kg以上,无纹身、刺字;②平均血压不超过138/88mmHg;③无色盲、色弱,双眼裸视力按照空军招飞"C"字型视力表标准在0.8以上。

(3) 心理素质:①对飞行有较强的兴趣和愿望;②性格开朗、情绪稳定;③思维敏捷、反应灵活、模仿能力强。

(4) 政治条件:拥护党的路线、方针、政策,忠于祖国,热爱军队,志愿从事军事飞行职业;历史清白,思想进步,品德优良,遵纪守法,符合军队招收飞行学员的政治条件。

(5) 文化条件:学生需具有所在学校的正式学籍,参加全国普通高等学校招生统一考试(外语限考英语、俄语),预估成绩在本省、自治区、直辖市本科一批录取控制线以上。

以上只是选拔的基本要求,筛选合格的学员,还需经过理论培训、初教机训练、高级教练机训练、新型战斗机改装训练,才能正式成为战斗机飞行员。本章7.5节将详细介绍训练和训练保障内容。

战斗机飞行员在日常执行任务中,若出现以下身体情况,需停飞,配合治疗和检查,评估合格后方可复飞:

(1) 出现与大过载相关的呼吸问题;
(2) 抗荷应激反应差;
(3) 大过载黑视;
(4) 完成机动动作时对其他飞机的观察有较大问题等。

7.5 训练与训练保障

训练与训练保障指的是为完成战斗机训练任务而采取的各种程序和保障措施,目的是为战斗机训练提供物资、技术条件,保证训练正常实施,提高训练效果。训练与训练保障是战斗机关键保障资源的重要组成之一,通过训练和训练保障,可以使现有人员的技术水平达到战斗机使用与维修的要求。

训练对象为本章7.4节列出的人力和人员,本节将对战斗机的使用人员和维修人员的训练以及训练保障做进一步探讨。

7.5.1 需求分析

训练是将有关战斗机行为必需的思维认知、基本知识和技能教授给受训者的过程。训练通常分为初始训练和后续训练。

初始训练是为了使受训者尽快掌握战斗机及其保障设备，由承制单位提供并实施的使用和维修人员以及后续训练所需的管理和师资人员等的训练。

后续训练是在战斗机及其保障设备使用阶段，由部队或者军队院校为培养战斗机及其保障设备的使用与维修人员而进行的训练，一直延续到战斗机及其保障设备的整个使用过程。

按照受训者的不同，训练可分为三类：对飞行员的训练、对维修人员的训练和对训练教员的训练。

（1）对飞行员的训练，要使飞行员掌握飞行原理、操控技能、武器使用和空空/空地基本战术，发挥战斗机极限性能、最佳性能和系统功能，熟悉相关的飞行和作战知识，获得战斗飞行资格，执行作战任务。

（2）对维修人员的训练，要使维修人员掌握操作和维护战斗机及其保障设备、判断战斗机及其保障设备故障等方面的知识和技能，全面了解维修方案和维修工作，包括对使用和维修保障设备及一些专用工具的训练。训练内容的详细程度根据维修人员的级别应有所区别。

（3）对训练教员的训练，要使训练教员掌握操作和维修战斗机及其保障设备所需的全部知识和技能。对训练教员的训练应是最为广泛和充分详尽的，只有这样才能保证其他类型的训练是有效的。

训练保障是指为战斗机训练任务提供和创造物质、技术条件所采取的各种措施。无论何种形式的训练都需要一定的保障资源，必要的训练保障资源包括：

（1）师资。教员所具备的知识水平、实际工程经验和教课能力等均对训练效果有影响。

（2）设备与设施。具备各种必需的训练设备是促使训练成功的关键因素。训练设备应与训练内容相适应，除了利用实际设备进行培训外，还可以利用视听设备、实体模型、模拟器等进行辅助培训训练。

（3）教材及有关技术资料。除了传统的纸质教材和资料外，挂图、音像教材、多媒体课件以及具有一定互动功能的网络教材等都是可以使用的信息载体。

在进行训练与训练保障的需求分析时，需要进行以下步骤，其流程方法如图7-7所示。

对图7-7流程简述如下：

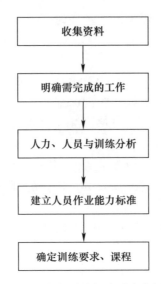

图7-7 训练与训练保障需求分析流程

(1)依据故障模式、影响及危害性分析、使用与维修工作分析、以可靠性为中心的维修分析以及使用与维修人员工作分析获得相应的资料。

(2)根据资料明确战斗机使用与维修所需完成的全部工作。

(3)进行人力人员与训练分析,确定执行每一项使用与维修工作所需的工时、所要求的工作能力、专业类型及技术等级,以及达到所需技术等级需要进行的训练。

(4)依据上述分析结果建立人员作业能力标准,明确使用与维修人员必须具备的知识和技能。

(5)确定训练的要求与训练的课程。

7.5.2 训练与训练保障规划

训练与训练保障规划应遵循以下原则:

(1)确保按计划完成训练;

(2)明确每一阶段使用方和承制方的训练职责;

(3)保证训练设备按时研制与提供;

(4)考虑训练设备和设施、训练场地以及临时训练的保障条件。

训练与训练保障的规划过程具体如下:

(1)在论证阶段,确定训练和训练保障的约束条件;

(2)在方案阶段,初步确定各类人员的训练要求;

(3) 在工程研制阶段,根据受训者需具备的知识和技能,编制训练教材,制定训练计划,提出训练设备与设施的采购和研制建议,进行训练设备与设施的研制,并进行初始训练;

(4) 在定型阶段,根据保障性试验与评价结果,修订训练计划、训练教材,编配训练设备与设施;

(5) 在生产、部署和使用阶段,根据现场使用评估的结果,进一步修订训练计划、训练教材。

1. 战斗机空地勤人员培训大纲制定

训练大纲是规定和描述训练的目的、对象、课程、设施、设备、教员、考核和检查人员、教材、训练方法、检查程序及合格标准的文件,由不同类别训练的内容提纲组成。

1)飞行训练大纲

飞行训练大纲是实施飞行训练的指导性文件,飞行训练大纲开发的基础是飞行训练课程的开发。飞行训练需求分析和课程设计的基本流程包括如下步骤:

(1) 编制战斗机操作任务清单,基于战斗机的基本构型、运行类别和飞行任务,编制操作任务清单。

(2) 操作任务要因分析,对清单中的操作任务进行因素分析,并根据困难性、重要性和频繁性对因素进行定义和分级。

(3) 知识、技能和意识分析,确定操作任务所需知识、技能和意识,并进行定义和分级。

(4) 训练选择分析,依据上述分析结果设计不同知识点的训练方法。

(5) 确定训练目标和训练内容。

(6) 设计课程,根据确定的目标和内容,完成训练课程的设计。

2)维修培训大纲

维修培训大纲为整个机型维修培训提供了明确的方向。维修培训大纲主要流程包括如下步骤:

(1) 培训目标分析,确定维修培训的目的和预期成果。

(2) 维修培训规章分析,对已有的规章进行研究分析,结合培训目标,确定培训重点、学时分布、考核方式等。

(3) 维修培训岗位职责分析,依据不同岗位的职责细化维修培训大纲。

(4) 维修培训人员分析,对维修人员的已有知识和技能水平进行分析,确保培训内容和实施方式能够使不同等级的学员达到预期培训结果。

(5) 维修任务分析,对维修任务所需知识、技能等进行分析,并据此设计不同的维修培训课程。

3）初始训练大纲

（1）明确训练对象分类及其训练科目和训练时间。训练对象的分类至少应满足战斗机使用和维修对人员的需求及后续训练对各类师资人员的需求；同时，要确定各类训练对象的训练科目和训练时间。

（2）明确训练科目的训练条件、内容、标准及考核标准。

（3）明确考核组织方式及实施办法。明确考核的主持单位和监督单位及其要求。

（4）拟制初始训练大纲，依据初始训练方案编写初始训练大纲。

（5）注意事项，对师资人员的考核重点应放在施训能力和效果上。

2. 战斗机空地勤人员培训实施

1）飞行员训练

空勤培训形式分为以下三种：

（1）理论培训。

以理论教员的课堂讲授为主，配备专用教材、编制专用授课讲义，并结合战斗机等实物进行现场教学，教员课堂授课部分包括教员讲授知识点、配合学员自习、对学员的答疑解惑，通过多样的理论教学方式增加学员对理论知识的理解。

（2）仿真模拟培训。

以模拟器实物演练为主，配备模拟培训教员，在模拟培训教员的指导下，学员按照计划的实习科目在仿真模拟器上进行实物操控训练，完成全部计划科目的学习。

（3）机上实习。

配备具备资质的飞行教员担任实习教员，按照计划科目在真实战斗机上进行操控训练。

2）维修人员训练

（1）理论训练。以理论教员的课堂讲授为主，按照机械、军械、特设和航电4个维护专业划分理论授课班级。授课内容一般包括：

① 战斗机构造及工作原理，包括用途、战术技术性能、组成、构造、工作原理、作战运用等；

② 战斗机操作使用，包括使用制度、操作规程、操作使用注意事项、安全技术规则、保管技术要求和方法等；

③ 战斗机维修知识与技能，包括维修制度、维修规程、维修内容、维修工具、设备使用环境控制、故障的分析判断及排除方法、战场抢救与抢修方法等。

（2）操作训练。

以半实物模拟器或实物（飞机、地面保障设施/设备、工具等保障资源）训练为主,分为机械、军械、特设和航电4个专业,按照训练计划科目和时间安排,由实习教员负责教授和带教,其中,实习教员一般由具备资质的维修教员担任。训练一般包括外场工作、通电实习、试车实习和保障设备工具的使用等。

训练内容一般包括:使用操作训练、维护操作训练和维修技能训练。维修技能训练包括战斗机维护、常见故障排除及其他维修保障技能。训练过程需结合实际装备或模拟器材进行维修工具与设备使用、维修操作(含维护、修理、拆装、调试、换件等)、诊断故障、排除故障以及抢救抢修等维修技能方面的训练。

(3)师资人员训练。

根据专业需要安排训练内容,在满足使用人员、维修人员、管理人员训练等相应要求的基础上,还应进行较熟练的操作训练和保障与技能训练。

3. 战斗机空地勤人员培训教材编制

教材及有关技术资料的主要工作内容如下:

(1)根据用户认可的教材及有关技术资料编制要求,组织相关人员编制初始训练教材和挂图、录像、多媒体课件等技术资料;

(2)组织对训练教材的验证和审查;

(3)在训练过程中,完善教材及有关技术资料配套目录,并组织人员修订初始训练教材。

7.5.3 训练设备、设施研制和建设

训练设备、设施研制和建设内容如下:

(1)根据训练设备研制计划,进行相关资源的筹措;

(2)选定训练场所,新建或改建相关训练设施;

(3)组织研制战斗机专用训练设备,与战斗机研制协调一致,确保其自身的可靠性、维修性、安全性和保障问题;

(4)根据初始训练情况和后续训练情况,提出设备研制的调整建议,并对其进行改进。

下面介绍几种典型的训练设备概念和使用方式。

1. 飞行训练模拟器

飞行训练模拟器能够模拟战斗机的全部或部分功能、性能或某类特定系统。它不仅可以为受训人员提供飞行技术、战术训练或者火控武器、精确打击武器等复杂系统的专项模拟训练,还能够进行特定机种、特定型号飞机的座舱模拟、飞行性能仿真、视景模拟、动感模拟、航空电子模拟、综合环境模拟、声音模拟等训练。飞行训练模拟器是战斗机训练系统的重要组成部分,是飞行员训练不可缺少的重要装备。

飞行训练模拟器的组成包括模拟座舱、视景系统、飞行仿真系统、战场系统、音响系统、教员台等,基本覆盖各项飞行科目训练及任务科目训练。

飞行模拟器的主要功能如下:

(1) 模拟座舱:逼真模拟座舱布局、舱内设备,提供真实的座舱操纵环境。

(2) 视景系统:提供大视场角的飞行训练座舱外视觉环境。

(3) 飞行仿真系统:对战斗机飞行特性、飞控系统、航电系统、机电系统、动力装置系统等飞机各系统功能、性能进行仿真。

(4) 航电系统:实现通信导航、综合探测、任务系统、武器系统等仿真。

(5) 战场系统:构建包含地理、气象、电磁、虚拟兵力的虚拟战场环境。

(6) 音响系统:支持飞行员与教员之间语音通信,模拟战斗机告警音及背景音。

(7) 教员台:监测学员的操作,设置故障,设置初始条件、环境条件和飞行条件,并可记录整个飞行训练的数据,以供后续分析和讲解。

利用飞行训练模拟器进行训练已经成为飞行训练发展的重要方向,其原因如下:

(1) 利用实装进行飞行训练的过程需要花费更高的成本,实装训练不仅需要繁杂的保障技术人员和保障设备,而且在训练过程中还会对实装造成损耗。因此,利用飞行训练模拟器可以大大降低训练成本,提高经济效益。

(2) 利用飞行训练模拟器进行飞行训练,可以突破气候条件、地域和环境条件的限制,可以根据特定的飞行训练任务随意挑选受训地点,提高训练的有效性。

(3) 飞行员利用飞行训练模拟器进行飞行训练时,可以根据自身条件对难点科目进行反复练习,提升训练效果。

(4) 利用飞行训练模拟器可以避免飞行员由于操作失误造成的不安全隐患,提高安全性。

由于飞行训练模拟器不可替代的优势,目前世界各军事强国都非常重视飞行训练模拟器的发展,争相发展性能优良的飞行训练模拟器,并积极将其应用到飞行训练的全过程。例如,美军对 F-35 战斗机的模拟训练能力提了严格的要求,一方面原因是 F-35 战斗机的先进能力(包括传感器和航空电子设备)不能在真实环境下开展充分的验证;另一方面原因是 F-35 战斗机是一种在降低成本后仍然高达 8000 万美元的单座机,用实装训练的成本极其昂贵。为此,洛克希德·马丁公司为 F-35 战斗机研发了全任务模拟器(full mission simulators,FMS)详见图 7-8,FMS 采用高保真 360°球幕视景和分布式投影机,并且视景系统可以与头盔显示器结合,为学员提供了全面的态势感知。FMS 的交付与实装保持同步,第一台FMS于2011年交付美军埃格林空军基地。所有任务类型均可在FMS上进行仿真训练,包括模拟电子干扰和模拟机载武器对防空导弹阵地的攻击效果。

图7-8　F-35战斗机全任务模拟器

2. 地勤虚拟训练系统

地勤虚拟训练系统包括维护仿真分系统软件、虚拟座舱分系统软件、辅助训练分系统软件、声音模拟分系统软件以及教员控制台分系统软件;使用基于组件的仿真框架,具体分系统功能由各自的组件集实现;使用动态链接库的形式,满足统一软件接口要求,仿真框架能够根据配置信息加载需要的组件。

仿真框架由配置管理器、接口管理器、组件管理器和场景管理器组成,具备仿真组件管理功能、数据分发功能、时间同步功能、运行控制功能和场景渲染功能。配置管理器负责读取配置信息,根据配置信息加载符合统一接口的仿真组件,设置仿真组件框架时间推进机制、仿真步长等运行信息,配置仿真组件之间的数据通信接口等;接口管理器根据仿真组件的接口描述信息,协调仿真组件之间的数据正确分发,判断仿真模型组件框架是否需要向外部发送数据;组件管理器协调框架内各个仿真组件之间的时间同步,控制仿真正确的运行流程,提供相应的仿真服务,如时间管理服务、运行调度服务、状态持久性服务等;场景管理器根据仿真组件的接口描述信息,加载组件场景内容,融合渲染虚拟场景,并提供人机交互界面。

维护仿真分系统软件的仿真组件按飞机系统/分系统/子系统划分,能模拟飞机各系统的地面工作逻辑、状态变化、故障响应。

虚拟座舱分系统软件的仿真组件按座舱设备/结构划分,能模拟座舱内各座舱设备(包括显示器、控制盒、机械仪表、泛光灯、柱灯等)的工作逻辑、状态变化、动态显示画面及故障响应等,提供虚拟的舱内人机交互界面。该分系统软件通过定制触摸屏、HOTAS和脚蹬实现操作和显示。

辅助训练分系统软件的仿真组件按飞机机体结构、设备舱设备、地面设备/工具等划分,能模拟飞机结构、各设备舱设备、各工作逻辑、状态变化、三维动画显示及故障响应等,提供虚拟的舱外飞机维护交互界面;该分系统软件通过定制触摸屏和鼠键实现操作和显示。辅助训练分系统软件应包含课程组件,主要用于提供课程相关信息操作和显示,引导训练过程。

声音模拟分系统软件的仿真组件主要为声音模拟组件,实时模拟各典型声音效果,根据配置信息加载各种声音文件(含环境音、告警语音和其他提示音的声音数据文件),并为其他分系统提供声音控制接口。

教员控制台分系统软件的功能组件按实操模块功能划分,实现系统数据监控、模拟设置、课程管理、训练档案、配置管理、运行控制、系统维护等功能。

3. 维修训练系统

维护训练系统,国内也称为半实物模拟训练系统,是面向战斗机正常使用、维护和排故任务开发的地勤模拟训练系统,其任务是训练合格的战斗机系统维护人员。

维护训练系统中使用的是战斗机系统维护工作的专用模拟器,包括军械、起落架、座舱和前机身、座椅和座舱盖、后机身、发动机、燃油系统、机上典型结构等。

为了保证训练效果,部分训练设备在设计中直接采用了飞机的部件,通常采用1∶1比例还原,包括体积、重量、安装位置、安装方式、所需要的设备和工具等。

通过充分的地面模拟训练,可以优化维护人员和使用人员的训练质量,提高飞机维护的训练效率和效能,减少训练费用和寿命周期费用,并降低实物训练中的安全性风险。

4. 分布式任务训练系统

分布式任务训练系统,即运用计算机网络技术、远程通信传输技术、分布式交互仿真与多媒体技术,通过网络把各飞行训练中心装备的模拟器联结起来,实现系统资源共享,使参训飞行员能在高度逼真的虚拟战场空间内共同演练大规模联合作战,使模拟训练由侧重飞行训练转为侧重战术训练,同时使模拟训练更加接近实际。

分布式模拟训练系统通常由运行支撑系统、战役级模拟系统、战术级模拟系统以及装备级模拟系统组合而成,可支撑实现战役、战术、装备三级训练需求。其中,运行支撑系统由综合控制系统、虚拟兵力系统、战场环境模拟系统、二维/三维态势显示、综合演练管理系统等组成;战役级模拟系统包括红方指挥系统和蓝方指挥系统,指挥命令包括对空拦截、对舰打击、计划航线、队形变化等;战术级模拟系统通过对单平台传感器系统、指控系统、武器系统的模拟和互联,进行指挥决策、战术运用和攻防对抗等训练;装备级模拟系统由各类平台上的传感器系统、指控系统、火控系统和武器系统等模拟器组成。

训练任务的方案策划人员根据任务想定,通过综合控制系统、战场环境模拟系统设置战场环境和初始态势,在虚拟兵力系统中进行红蓝方兵力资源分配;通过战场环境可视化计算机实时监控红蓝双方综合态势、任务执行情况和战损情况,一旦出现特殊情况立即通过导调控制台及时进行人工干预。指挥人员根据训练任务制定指挥预案,通过作战指挥系统对己方兵力进行实时指挥引导。飞行人员依托飞行模拟器终端进行针对性训练,练战法、练协同,提高战斗技能。综合演练管理系统实时监控、干预系统的运行状态,存储训练的全过程,为训练讲评和研究总结提供依据。

7.6 技术资料

技术资料是使用与维修战斗机所需的说明书、手册、规程、细则、清单、工程图样等的统称,是在全寿命周期内由承制方交付给用户的、保障战斗机使用和维修所需的全部技术资料,包括随机资料和后续资料。

为提供给用户正确、好用的技术资料,编制技术资料前需开展统筹策划,包括开展技术资料需求分析、技术资料项目规划、确定技术资料编写要求等工作。

由于技术资料的编写素材来源于战斗机及其保障设备设计阶段的计算、仿真分析和保障数据等,因此其编制过程是对数据的收集、整理与加工的过程,该过程将随着战斗机及其保障设备设计、研制、试验、生产的进展,不断地充实与完善。

7.6.1 技术资料体系综述

同保障设备的需求一样,根据使用类型不同,战斗机的技术资料可分为以下三种基本类别:

(1)使用保障类资料,用于人员正确使用和维护战斗机和保障设备所需的全部技术文件与数据。

（2）维修保障类资料，用于维修人员按规定程序和要求正确地开展装备维修操作所需的全部技术文件与数据。

（3）保障类资料，用于器材、油料筹措、贮存、供应与管理所需的全部技术文件与数据。

针对战斗机技术资料的用途，国际上主要应用的技术资料体系有三种：

（1）以美国空军为主的美军标技术规程（Technical Order，T.O，亦称技术指令）手册体系。

（2）以欧盟、民航机构为主的美国航空运输协会（Air Transport Association，ATA）系列体系。

（3）我国采用的 GJB 3968 体系。

各体系均能完整覆盖战斗机的正常使用和维修保养过程，但在编码模式、配套方案、内容结构等方面存在较大差异。

1. T.O 手册体系

T.O 手册是美国空军装备使用与维修过程中涉及到的各种技术文件的统称。采用 T.O 体系的现役战斗机以美国空军 F 系列战斗机为代表，包括 F-15、F-16、F-22、F-35 等。每一型战斗机都有一整套专用的 T.O 手册，作为使用和维修工作的基本技术依据。

技术规程规定了使用、维修战斗机工作的全部要求，包括工作的项目和内容、工作时机和周期、工作的方法和程序等。各种文件之间互补使用，构成了一个完整的技术文件体系。技术规程不是按专业划分，而是按系统或设备的功能编制划分的。针对具体型号战斗机，使用和维修用的技术规程主要包括使用和维修技术规程、缩编类技术规程、限时技术规程、商用货架产品（COTS）手册、索引类技术规程和补充手册等几大类。

1）使用和维修技术规程（Operations and Maintenance Technical Order，O&MT.O）

O&MT.O 涵盖了战斗机系统和设备的安装、使用、维修等方面，主要包括以下几类：

（1）飞行手册和缩编飞行手册检查单；

（2）外场原位维修手册；

（3）工作包格式的使用和维修手册；

（4）计划检查及维修要求手册；

（5）其他手册。

2）缩编类技术规程

缩编类技术规程是根据一种或几种基本技术规程缩编而成的，包括以下几类：

（1）检查工作卡；

（2）检查顺序图；

（3）接收和功能检查飞行检查单。

3）限时技术规程

限时技术规程涵盖在限定的期限内执行的任务要求，主要涉及飞机的改装、一次性检查以及其他一些临时性措施。按紧急程度一般分为立即执行、紧迫执行和普通三类。

（1）立即执行的限时技术规程，用于可能导致灾难性事故的安全问题，例如要求飞机停飞等。

（2）紧迫执行的限时技术规程，用于会导致严重事故的安全问题，所确定的执行期限为 1~10 天。

（3）普通的限时技术规程，用于长期使用会有危险或要降低使用效能的问题，要在规定的期限内完成或结合其他维修时机完成。

4）商用货架产品手册

商用货架产品手册包括生产厂家提供的为民用而设计和制造的产品的使用手册、服务通报、适航指令等，其中包括按 ATA100 编写的民用飞行手册。

5）索引类技术规程

索引类技术规程按具体飞机、飞机类型、文件类型等对技术规程进行归类，便于查找，其中包括技术规程索引表、出版物索引、交叉参照表等。

6）补充手册

补充手册要说明该手册是另外哪一本手册（原始手册）的补充。补充手册不同于附录，它有单独的 T.O 编号。如原始手册是非密的，那么可以将涉密信息放到补充手册出版，这样就无需改动原始手册的密级。

2. ATA 系列体系

ATA 系列体系指 ATA100、ATA2200 等标准规范构成的体系，由美国航空运输协会（ATA）于 20 世纪 50 年代首次颁发。使用者包括美国联邦航空局、欧洲民用航空局等管辖范围内的各航空公司和飞机制造商，采用 ATA 体系的飞机以波音公司、空客公司旗下各机型为代表。

ATA 体系按照飞机功能系统进行编排，从业务角度将技术资料分为五大类别：维护要求、维护程序、产品构型管理、培训、飞行操作。

（1）维护要求：说明飞机在指定时间范围内完成相应工作的文件，包括维护计划文件（maintenance planning document，MPD）、维护工作执行计划。

（2）维护程序：指明完成具体维护工作的各类手册以及完成工作所需的支

持数据,包括飞机维护手册、结构修理手册、部件维护手册、无损检测手册、动力装置安装手册、飞机恢复手册、故障报告/故障隔离手册、发动机手册、消耗性器材手册。

（3）产品构型管理:指飞机、发动机、工具设备、动力安装以及相关部件产品的构型信息,包括附件维护手册零部件清单、飞机图解零部件目录、工具和设备手册、发动机图解零部件目录、发动机零部件构型管理、线路图册。

（4）培训:提供飞机系统及子系统的位置、构型、功能、操作控制说明。

（5）操作:提供飞机运行阶段的相关手册,包括飞行手册、飞行机组操作手册、最低设备清单、飞行阶段操作信息数据交换规范(含机组资源管理、飞行操纵品质保障计划、航线运行安全检查)。

3. GJB 3968—2000 体系

《军用飞机用户技术资料通用要求》(GJB 3968—2000)是我国独立使用的技术资料标准规范,于2000年首次颁布并实施。相比 T.O 体系和 ATA 体系,GJB 3968—2000 体系提出时间较晚,在标准体系建立上参考了 T.O 体系和 ATA 体系,并结合长期沿用的苏联标准模式和国内实际情况,最终形成 GJB 3968—2000。目前我国所有的军用飞机均按照该体系编写技术资料。

GJB 3968—2000 将用户技术资料分为随机资料和其他资料两大类,随机资料定义为一级维修所需的资料,其他资料定义为除随机资料以外的、用户需要的资料。

GJB 3968—2000 体系没有按照 T.O 或者 ATA 体系从业务角度对技术资料进行分类,其大致的二次分类为飞行操作类、维护规程(含操作卡)、说明类、维修类、目录类。

7.6.2 技术资料需求分析

技术资料的目的是为安全和有效的使用和维护战斗机、保障设备、测试设备等,提供简明扼要、清晰的介绍;为使用和维修人员提供正确的技术数据、友好的阅读界面和可持续的更新。因此,在战斗机设计阶段初期,根据项目要求,在规划技术资料时需根据战斗机的特点,借鉴其他战斗机已有的技术资料,确定需编制的技术资料类别及初步清单,制定编写要求和编制计划。

技术资料的编写素材来源于战斗机及其保障设备的设计工程、各专业工程和保障性分析的产品定义数据与产品保障数据,其编制过程是对数据的收集、整理与加工的过程,这也是技术资料需求不断确定的过程。该过程将随着战斗机及其保障设备设计、研制、试验、生产的进展,收集的数据与资料不断地充实与完善,技术资料也随之得到修订与完善。随着研制工作的进一步推进,获得的数据更加具体与确定,还会对技术资料进行修订与细化,以反映战斗机实际的技术状态,最终编制出各种保障试验与评价、保障资源研制与生产以及部队使用与训练等活动所需的技术资料。保障这些活动的过程也是进一步验证技术资料完整性和准确性的过程。

7.6.3 技术资料规划

为了保证战斗机交付使用后的正常使用操作和维修保养,需要在论证阶段就开展技术资料的规划。技术资料的规划主要包括技术资料项目规划、编写大纲制定、编写规范制定、编写人员、质量控制流程、交付方式、维护方式等,并且涵盖战斗机研制的各个阶段。

(1) 指标论证阶段。用户根据订购战斗机的综合使用保障需求及方案,由用户和总体设计单位共同协调讨论需要的各类资料项目。

(2) 方案设计阶段。总体设计单位根据协调确定的资料项目,拟定相关合同或协议,制定各项资料的编写计划、规范、要求、质量控制及交付、维护等,明确资料配套目录。

(3) 工程研制阶段。总体设计单位根据相关标准要求和规定,确定各项资料的编写纲目,并根据战斗机设计进度,逐步开展内容细化和完善,征求多方意见,开展阶段性评审。如有可能,应当在样机上进行实操验证。

(4) 设计定型阶段。总体设计单位完成技术资料的设计鉴定试用版本,提交版本至相关机构,开展设计定型评审。评审后进行技术资料正式定型。

(5) 交付使用阶段。使用过程中,总体设计单位根据用户的使用情况对相关技术资料进行有针对性的修订。

7.6.4 技术资料编制

按照规划的技术资料配套目录,针对不同类型的技术资料,需提前明确编写要求,使之统一风格和格式,科学规范各项技术资料的编写内容和逻辑关系,可以使用户方便快捷地查阅所需的内容和数据。编写过程中需注意,技术资料的编写内容与格式应符合标准要求,内容必须与战斗机、发动机和机载设备的技术状态保持一致。技术资料的内容应完整、正确,满足规定的阅读等级与错误率要求。对于飞行员和维修人员使用的技术手册应尽量图文并茂、图物一致、通俗易懂。对要点及关键部位要用分解或放大的图形或特别的文字加以说明。技术资料编写过程如图7-9所示。

下面结合T.O手册的编制,详细介绍技术资料的编写过程。

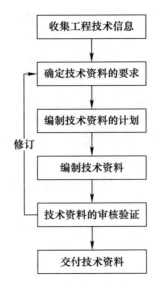

图 7-9 技术资料的编写过程

1. T.O 手册分类

T.O 手册主要分为如下 6 类：

1) 使用和维修技术规程

(1) 飞行手册和缩编飞行手册检查单，包括四种飞行手册和三种缩编飞行检查单。

① 飞行手册；
② 性能数据手册；
③ 任务机组手册；
④ 补充飞行手册；
⑤ 1 级缩编检查单；
⑥ 2 级缩编检查单；
⑦ 3 级缩编检查单。

(2) 外场原位维修手册，逐步给出部附件使用检查、测试、修理、调整、拆卸和更换的详细程序。

① 故障报告(fault report, FR)手册；
② 故障隔离(fault isolation, FI)手册；
③ 通用设备(general equipment, GE)手册；
④ 通用系统(general system, GS)手册；
⑤ 工作指导(job guide, JG)手册；

⑥ 系统原理图(schematic diagrams,SD)手册(编制方法可参考 DOD - STD - 863);

⑦ 布线资料(wiring data,WD)手册(编制方法可参考 DOD - STD - 863)。

(3) 工作包格式的使用和维修手册。采用工作包(work package,WP)和子工作包(son work package,SWP)格式,逐步给出了完成具体维修作业的详细程序,用于中继级和基地级全部设备以及不采用 MIL - M - 83495 维修手册方案的基层级(外场)维修。

① 维修手册:中继级维修手册;基地维修手册;中继级和基地级联合维修手册;视情维修手册。

② 使用和维修说明(细则)手册,可包含但不限于下列内容:一般系统信息 WP;接收与搬运 WP(包括启封、接收检查、搬运、安装、检查等 SWP);保养 WP;使用 WP(包括设备故障隔离(查故)、操作员检查、操作员维修与保养等 SWP);检查 WP(包括定期及特殊检查、目视检查、抽样检查、无损检测、过程中检查等 SWP);维修 WP(包括操作理论、维修准备、故障隔离(查故)、拆卸、清洗、腐蚀预防、润滑、修理与更换、安装、保养、测试、使用检查、后续维修、视情维修、附件维修、计划维修、编程的基地维修等 SWP);运输和贮存准备 WP(包括保存和封装、封闭和密封、运输和贮存等 SWP);飞机图解零部件目录 WP。

③ 专用手册:飞机发动机测试和趋势分析程序手册;飞机动力安装(发动机安装硬件布局)测试程序手册;导弹马达静电放电手册;无损检测(non - destructive inspection,NDI)手册;飞机结构完整性大纲(aircraft structural integrity program, ASIP)手册;ATE 操作员测试程序手册等。

(4) 计划检查及维修要求手册:

① 计划检查及维修要求手册;

② 接收和功能检查飞行程序手册。

此外,使用和维修 T.O 手册还包括飞机结构修理手册、飞机战伤修理技术规程等;缩编类技术规程;限时技术规程;商用货架产品(COTS)手册;索引类技术规程;补充手册。

2. T.O 编码体系

技术规程(T.O)的标准编号可由七组构成,每一组进一步分成若干部分。每一组由数字或数字与字母组成,各组之间由短横"-"隔开。但多数技术规程的编号只用前面的三个或四个组,其余的组主要用于代表分节的 T.O 的节数、辅助手册或具体 T.O 资料在检查、辅助或各种功能中的顺序号。

飞机类的 T.O 资料包括飞行与操作手册、基层级(外场、航线)维修与大修细则(说明)、检查要求和在各种飞机上规定进行的工作程序等,编号方法如下:

示例:T.O 1F-16×-×-××××-××-×
             1   2   3   4   5   6

第1组:编号的第1组由1个数字和1个字母两部分组成,分别代表T.O类别和飞机的任务。对于飞机类技术规程,编号的第一部分数字总为1,表示第1类,第二部分字母表示飞机类型,如表7-3所列。

表7-3 各类别飞机的字母编号

编号	类别
A	强击机
B	轰炸机
C	运输机
E	特种电子战飞机
F	战斗机
G	滑翔机
H	直升机
L	侦察机
P	巡逻机
T	教练机
U	多用机
V	垂直起降飞机

注:侦察机由其基本任务符号L代替首字母O;此外,为避免与数字可能出现的混淆,没有采用字母I和O。

第2组:编号的第2组由两到三部分组成。其中,第一部分包含1个或多个数字,代表飞机的型号;如果第二部分是一个带括弧的字母,代表改型后飞机的任务,见表7-4。如果改型后的任务不适用,本部分省略;第三部分是一个字母,代表飞机的生产系列号(A、B、C、D……)。如T.O 1F-16C-?表示F-16C型战斗机的技术规程。

表7-4 飞机改型的编号表示

编号	类别
A	强击机
B	轰炸机
C	运输机
D	指挥
E	特种电子战飞机

续表

编号	类别
F	战斗机
H	搜索营救
K	加油机
L	寒冷天气
M	多任务
P	巡逻机
Q	遥控无人驾驶飞机
R	侦察
T	教练机
U	多用机
V	参谋
W	天气

第3组:编号的第3组由一或两部分组成,第一部分由1个或多个数字构成,专指飞机类T.O的具体类别。飞机类T.O的主要类别如表7-5所列。

表7-5 飞机类T.O的主要类别

编号	类别
01	适用的出版物清单(list of applicable publications,LOAP)
06	工作单元代号手册
07~09	预留
1	飞行手册
2	维修细则
3	结构修理、基地维修或翻修细则
4	图解零部件目录
5	基本重量检查表和载重数据
6	检查要求
7	冬季换季改装细则
8	测试程序或检查手册
9	载货
12	维修器材管理手册
17	飞机的存放
18	机载设备的维护

续表

编号	类别
20	（机体）标准实施
23	腐蚀控制
36	无损检测手册
37	校验和计量
38	飞机结构完整性大纲
39	飞机战伤修理技术规程
43	飞机任务维修数据
501 以后	限时技术规程

在某些情况下，在第一部分某些专指数字之后还可以有一个或多个字母代表一系列检查单、工作卡、辅助资料和其他功能，如验收或功能检查飞行程序（acceptance and functional check flight procedures，FCF）、检查单（check list，CL）、工作卡（work card，WC）、工作单（work sheet，WS）等。T.O 1F-16C-6WC-? 表示该技术规程是 F-16C 型战斗机的检查工作卡。

第4组：编号的第4组由一到两部分组成，第一部分为一个或多个数字，代表一个辅助手册、分节的 T.O 的节数或具体 T.O 资料在一系列检查、辅助或各种功能中的顺序号。第二部分可有可无，若有，则为一个或多个字母，用于表示一系列检查单、工作卡、辅助资料和其他功能。

第5组：如果 T.O 编号已经延伸到节或建立了辅助编号，就有必要采用编号的第5组。第5组可以由一到两部分组成，用法同第4组编号，代表一个辅助手册、分节的 T.O 的节数或具体 T.O 资料在一系列检查、辅助或各种功能中的顺序号。

第6组：在某些情况下，分节的1类 T.O 将延长采用第6组编号。第6组编号由一部分组成，为一个或多个数字，用法同第4组编号，代表一个辅助手册、分节的 T.O 的节数或具体 T.O 资料在一系列检查、辅助或各种功能中的顺序号。

示例：适用于 F-16A 飞机的辅助手册。

1F-16A-2-93JG-00-1-1

1	1 类
F	基本任务战斗机
16	飞机生产型号
A	飞机生产系列号
2	维修细则专用号

93		对空侦察系统
JG		工作指导手册
00		通用(无具体分系统)
1		系列手册之1
1		第1个辅助手册

3. 内容和编排格式要求

飞行手册是飞机飞行使用的必备资料,属于使用和维修技术规程(O&MT.O),是飞行员驾驶飞机的基本依据和指令性文件,主要介绍飞机的总体、各系统、子系统及主要机载设备,包括它们的使用、特性和限制,着重给出飞机的操纵程序和特殊情况处置及飞行特性,确保飞行员能安全有效地操纵飞机。

飞行手册由7节构成,其主要内容及编排格式如下:

(1) 正文前资料,包括标题页、有效页清单页、飞行手册的安全补充及操作补充状态、总目录、引言(手册的适用范围,使用要求,如何确信拥有最新数据,内容布置,安全补充,使用补充,检查单,如何获得单行本,飞行手册的装订,手册中使用的警告、注意和注释的定义,手册中专用词语的用法),以及飞机三面视图和侧视图。

(2) 第Ⅰ节:使用和说明,说明飞机机体、飞机操作装置和飞机设备。

(3) 第Ⅱ节:正常程序,说明目视飞行规则、夜间和仪表飞行步骤。

(4) 第Ⅲ节:应急程序,说明应急情况处理。

(5) 第Ⅳ节:机组职责,说明机组成员应负的责任。

(6) 第Ⅴ节:使用限制,说明正常使用时必须遵守的所有限制。

(7) 第Ⅵ节:飞行特性,对失速特性、螺旋特性、自转特性和地面共振做全面概述。

(8) 第Ⅶ节:不利天气操作,提供在雪、冰、山、极端温度、紊流大气和沙漠条件下的使用资料。

(9) 附录Ⅰ:性能数据,包括引言、发动机资料、起飞、爬升、巡航、续航时间、下降、进场与着陆和飞行计划等数据。

(10) 术语(包括缩略语、符号)。

(11) 索引(按英文字母顺序编排)。

(12) 折页(飞机总体布局图、总体数据图、座舱布局图、液压系统原理图、燃油系统原理图等)。

4. 一般要求

T.O飞行手册的编写风格和格式应遵循美军标 MIL – STD – 38784 的要求。此外,编写飞行手册还应遵照下列一般要求:

(1) 飞行手册(包括补充手册和任务机组手册)应按节(sections)和子节(subsections)(而非按章 chapters)编排。性能资料应按部分(parts)编排。各节和各部分都应从右页开始。

(2) 关键应急和最快反应项应采用 10 号字、超粗、大写字母。

(3) 性能资料应作为独立的手册出版。当订购部门要求时,可作为飞行手册的附录。

(4) 表、图、曲线都应作为示图,按图统一编号。编号以节序(附录序号)开头,每个编号前冠以"图"字,例如"图 1 – 2""图 A – 3"。性能资料中的图号应包括性能资料字母和部分号,例如性能资料 A 的第 2 部分中的第 1 个图编号为图 A2 – 1。

(5) 段落不编号。

(6) 节和部分的标题应采用 18 号字、粗体、大写字母。

(7) 副标题应遵循下列规定:

① 主副标题:14 号字、粗体、大写字母,正文另起一行。

② 一级次副标题:10 号字、粗体、大写字母,正文另起一行。

③ 二级次副标题:10 号字、粗体、大、小写字母(首字母大写),正文另起一行。

④ 三级次副标题:10 号字、细体、大写字母,正文另起一行。

⑤ 四级及所有后续副标题:10 号字、细体、大写字母,后接正文。

(8) 子节标题应为 16 号字、粗体、大写字母、居中。子节不编号。采用子节时,一节中至少应包含两个子节。子节按要求也可分成主副标题、次副标题。

(9) 飞行手册、辅助飞行手册和任务机组手册的页号应遵守 MIL – STD – 38784 的规定。性能资料的页号应包括性能资料字母和部分号,例如性能资料 A 的第 1 部分第 1 页的编号为 A1 – 1,性能资料 B 的第 3 部分第 2 页编号为 B3 – 2。

5. 其他要求

除一般要求外,还需针对页面、插图、表格、特殊情况标示的使用等作出要求。

1) 页面

(1) 页面为 A4 尺寸。每页的页眉处应标明本系统的 T.O 编码(装订线另侧),奇数页位于右上方,偶数页位于左上方。页脚处标明所属子系统 T.O 编码以及更改页位置(装订线另侧),奇数页页码位于右下方,偶数页页码位于左下方。

(2) 前言和正文部分:分两栏排列,两栏中间空 1cm。

(3) 正文边距:左 2.5cm,右 2.5cm,上 2.5cm,下 2.5cm;页眉距上边界 1.5cm,页脚距下边界 1.5cm。

2）插图

（1）幅面不超过一个 A4 页面。当用一个 A4 页面不能表达时,将该图进一步分解。分解的各个部分分别命名为同一个图形名称,在其后面添加:sheet 1,sheet2……

（2）图号以及名称写在图的下方居中。

（3）尺寸不超过文字版面要求的图形,归在文字内,分两栏排列,超过的不分栏,居中放置。

（4）原则是不同的颜色要对比明显。同一张图中不要使用过多颜色,以免影响阅读。

（5）图形中使用的文字不允许小于 10 号字。

3）表格

（1）表格的幅面不超过 A4 页面,允许续表。

（2）序号以及名称写在表格的上方。

（3）超过一栏宽度的表格,可以居中单独显示,边距和正文保持一致即可。

4）警告、小心、注意的使用

在系统和子系统的介绍中,需要特别提醒用户的内容分三个等级:警告、小心、注意。

（1）警告指必须严格遵循的操作或维护程序、实施应具备的条件、声明等,否则将导致事故或人员伤亡。

（2）小心指必须严格遵循的操作或维护程序、实施应具备的条件、声明等,否则将导致危险、设备损坏或效能丧失。

（3）注意指操作或维护程序、实施条件所应重视的工作要点。

7.6.5　交互式电子技术手册

20 世纪 70 年代,美苏两国争霸世界,美国国防部主持研制了诸如 F-16 战斗机等大型武器系统。这些武器系统先进且复杂,一个武器系统一般由上千个承包商和子承包商参与研制,武器系统一般配备有配套测试、故障分析和诊断等先进后勤保障设备,设计生产和后勤保障产生了大量数据,其中有不少冗余数据,技术文档和手册数量膨胀。例如,一套 F-16 战斗机的技术资料约 75 万页,每套成本约 21000 美元,需使用大量纸张印刷、存储、交付和分发,带来大量重复劳动。国防部管理这些武器系统的技术文档非常困难,装备部队和维护部门使用也很不方便。因而加长了设计、生产和故障修复的周期,增加了武器系统的全寿命周期费用,使得武器系统维护困难,很难形成战斗力。

为了减少存储和分发技术数据所用的纸张数量,减少因此造成的高额费用,提高武器系统的后勤保障能力,1984年,美国国防部和工业界联合签署备忘录,成立了一个由国防部和工业界专家联合组成的特别小组,研究对策。1985年9月24日,根据该特别小组的建议,美国国防部副部长威廉·塔夫特(William H Taft)签署了一个备忘录,要求国防产品的承包商加速后勤保障技术信息数字化的进程,同时指示美国军事部门和有关机构也要提高接收和使用数字式信息的能力。当年,国防部启动了计算机辅助后勤保障(Computer Aided Logistic Support,CALS)计划。随着技术的不断发展,CALS的内涵也不断改变:

(1) 1985年,计算机辅助后勤保障;

(2) 1988年,计算机辅助采办及后勤保障(Computer – Aided Acquisition and Logistic Support);

(3) 1993年,持续采办和后勤保障(Continuous Acquisition and Life – cycle Support);

(4) 1994年,光速商务(Commerce At Light Speed)。

CALS的主要任务之一就是实现技术资料的电子化。1989年8月,美国海军作战中心成立了交互式电子技术手册(IETM)研究中心,开始全面研究IETM技术,鼓励有关IETM采办的思想和方法的交流,制定国防部和商业需要的IETM相关的规范和标准。该组织成员后来扩展到包括美国陆军后勤保障研究所、美国空军产品数据系统现代化办公室、海军陆战队系统司令部,并由美国军方CALS规划办公室和CALS工业指导小组负责联络和协同各军种的IETM研发活动。1992—1995年,美国防部颁布了一系列有关数字化技术文档和技术手册的军用规范和标准,包括MIL – PRF – 87268A、MIL – PRF – 89269A、MIL – PRF – 28000A、MIL – PRF – 2800Lc、MIL – PRF – 28002C,对数字化技术文档和技术手册的内容、格式、用户交互要求、显示风格、图标图示以及技术文档与技术手册的数据库等方面做了规定。这些措施大大推动了IETM的研究与发展。美国海军首先研发了F – 14A战斗机和F/A – 18战斗机的IETM。随后,美国空军把F – 16战斗机高达75万页的技术文档和技术手册制成了39张IETM光盘,并加载于外场使用的便携式辅助维修装置(PMA)。IETM的使用大大提高了外场技术人员的装备使用、维修和保障能力。

1. 功能和特点

IETM就是将技术手册的内容以数字化的格式存储,并以交互方式进行查阅,通过计算机控制的电子显示系统,将维修技术人员或系统操作人员所需的特定信息(如声音、影像、图片等),精确地展现在使用者面前,以促进装备使用和保障活动的实施。

IETM具备以下优点:

（1）直观的使用维护技术指导，降低人员的技能要求；

（2）快速的技术内容查询和定位；

（3）多媒体及三维技术应用，辅助培训/训练；

（4）便携式维修辅助和快速故障诊断；

（5）统一数据规范、集中数据管理，按需数据发布，一致数据使用，实现供应链厂商/用户之间的数据交换、共享和反馈；

（6）内容的规范化与一致性。

2. 总体框架及展现效果

IETM通过对先进的标准规范、技术平台的应用，型号规范的制定，能够实现与系统设计、保障性分析和培训系统开发的数据一体化，实现基于同一数据源发布、同步更改迭代的有效性控制，如图7-10所示。

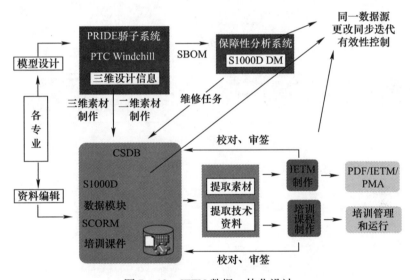

图7-10 IETM数据一体化设计

（1）IETM利用战斗机研制中统一贯彻的PBS编码进行技术信息的结构划分和编码，可以将系统设计的数模、电路图和产品等数据信息进行关联，实现同源数据重用和更改控制。

（2）IETM与保障性分析系统具备相互兼容的字段定义和标记，可以在保障性分析系统直接编写并产生相应IETM数据模块，保存于公共来源数据库（Common Source Data Base，CSDB）中进行管理。

（3）采用不同的数据和素材提取组合、不同的展现样式和打包规范，以实现不同IETM和培训课件的发布。

战斗机技术资料引入数据库管理的系统设计思想,采用数据模块对各类传统手册内容进行模块化管理。数据模块划分到最小数据单元,根据各类手册规划的内容进行编制管理,再通过发布引擎整合到一起,以实现同类数据的不重复编制。模块化的技术资料编制技术有利于数据的集中管理,实现被引用至各类手册的内容同步更新。IETM 的总体框架见图 7-11,展示效果见图 7-12。

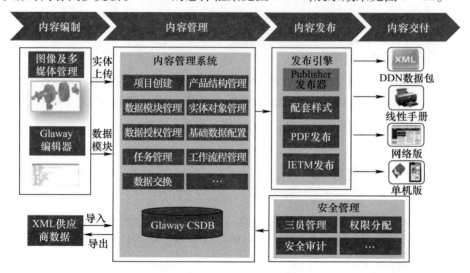

图 7-11 IETM 总体框架

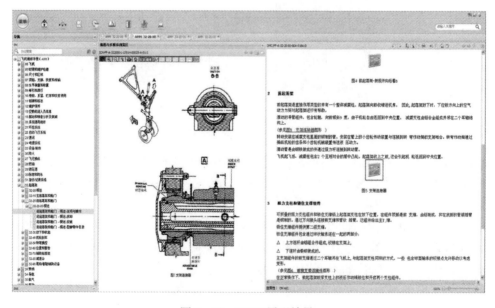

图 7-12 IETM 展现效果

7.7 计算机资源保障

计算机资源保障是指使用和保障战斗机系统、机载设备的计算机硬件和软件所需的硬件、软件、人力和人员、文档、设施和服务的总和。在开展战斗机系统设计和机载设备设计时,应综合考虑后期保障工作的内容,降低维护难度,同步开展保障需求分析,并规划和设计配套保障资源。

7.7.1 机载系统及设备软硬件设计要求

计算机资源保障工作应贯穿装备的整个寿命周期,并与其他保障工作协调统一。计算机软件保障的规划与管理应尤为重视,一般要求如下:

(1) 编制软件应采用全军统一使用或推荐使用的计算机语言。

(2) 设计硬件应采用全军统一使用(或推荐使用)或新的技术成熟的硬件系列、总线体制或接口方式。

(3) 应充分考虑计算机软硬件升级换代和技术更新的要求。

(4) 应尽量保证维修保障软件所用的硬件环境、软件环境与研制软件一致性或相互兼容性。

(5) 计算机的使用与维修应尽量不配备专用设施。

(6) 应尽量降低对计算机使用和保障人员数量和技术水平的要求。

7.7.2 计算机资源保障需求分析

计算机资源保障的对象是战斗机航空电子类系统的计算机硬件和软件。因此,为了保障战斗机能够保持执行任务的能力,需保证各系统硬件状态与软件配置相匹配。

计算机资源保障主要解决以下几类问题:

(1) 战斗机技术状态变化引起的机载系统软件或设备软件升级,以扩展战斗机的功能或提高性能。

(2) 硬件故障,需要通过定位故障的硬件模块,通过更换或修理,使其恢复功能和性能,具备完成任务的能力。

(3) 软件缺陷,需要通过有限维护(例如屏蔽部分功能或参数)、纠错软件代码、升级软件版本来解决。

针对上述问题,需通过不同的解决路径进行处理。

1. 软件加载

机载系统/设备的软件加载升级主要有两种方式:离位加载和在线加载。

（1）机载设备的离位软件加载，是指需断开机载设备与战斗机系统的供电、通信连接，由设备厂家自带的专用维护设备完成软件加载，有些设备甚至需要拆卸返厂才能完成软件加载。但这样会造成资源重复配置，导致浪费和成本提高，且工作效率低下。

（2）机载设备的在线软件加载，是指在不移除机载设备、软件或数据的前提下，通过便携式维修辅助设备连接机上维护接口，完成机载软件在线加载工作，工作效率高。

2. 计算机硬件故障保障

通常，计算机硬件的故障模式主要有如下几个方面：

（1）断裂、磨损、裂纹等机械故障，通常不可检测，只能通过目视或触觉发现。

（2）模块、板卡故障，采用了余度设计、降额设计等冗余措施，计算机依然能完成既定功能，通常情况下可检测，由计算机通过自检方式报出故障代码，可以定位故障模块、板卡；但因计算机性能降级（退化和恶化趋势）的硬件故障，相关性能参数未达到报故门限时，无法进行检测和定位。

（3）主板、电源模块等关键模块故障，计算机无法上电检测并上报故障信息，通常只能通过系统的测试性设计确定其工作状态是否正常。

3. 计算机软件缺陷保障

软件缺陷，通常又被叫作 Bug，即计算机软件或程序存在的某种破坏正常运行能力的问题、错误或者隐蔽的功能缺陷。缺陷的存在会导致软件产品在某种程度上不能满足用户的需要。

软件缺陷保障工作主要有三类：

（1）临时性保障，即短时间内无法修正软件错误或缺陷，通过临时屏蔽功能、参数等方式，保留软件其他正常的功能，满足部分使用需求。

（2）纠正性保障，即诊断并改正软件使用运行过程中一个或多个错误或缺陷的过程。

（3）预防性保障，即为进一步提高软件的可靠性而开展的一系列工作。

7.7.3 计算机资源保障规划

1. 计算机资源保障规划工作

计算机资源保障规划工作是在明确计算机资源保障资源需求情况下，开展计算机资源保障规划与管理，规划工作主要包括：

（1）确定计算机资源保障约束条件；

（2）确定计算机资源保障需求；

（3）制定计算机资源保障规划。

管理工作主要包括：

（1）计算机保障资源研制管理；

（2）计算机资源保障移交管理；

（3）使用阶段计算机资源保障管理。

2. 计算机资源保障规划内容

（1）计算机资源保障的约束，主要包括计算机硬件（主机及外围设备）、系统软件（如操作系统）、程序段模块化、语言、标准与规范，以及设施、软件开发与保障设备、人员等保障资源和保障环境的约束。

（2）计算机与信息系统体系结构的要求，包括与指挥、控制、通信与情报等自动化信息系统的接口。

（3）计算机硬件与软件及接口设计的开放系统环境要求，包括标准化（含数据格式与数据交换标准及通信协议）、兼容性、扩展性及移植性。

（4）计算机硬件与软件的维护要求，包括硬件与软件的修改和维护、硬件与软件故障间的区分能力、诊断系统的故障检测与隔离能力、保障软件、软件维护仿真及人机交互接口。

（5）软件的可靠性和安全性及数据的保护与完整性，包括计算机系统执行功能的可靠性与安全性、信息的保密、存取控制与防止病毒及数据的完整性。

（6）设施、软件开发与保障设备的要求。

（7）操作与维修人员及培训要求，包括人员数量、技术等级、替换率、培训、训练设备（如训练模拟器）及人员接触密级要求。

（8）技术资料，包括软件文档、软件用户手册、程序员手册、计算机系统操作员手册、计算机系统诊断手册等。

3. 计算机资源保障规划流程

（1）确定计算机资源保障的保障环境，即确定保障用软件、保障设备、设施及人员。

（2）确定计算机资源保障所需的操作内容，如操作说明、软件的修改、软件综合和测试、软件质量评估、配置管理、复制、纠正措施、系统和软件生成等。

（3）确定训练计划。

（4）确定软件交付后发生变更的预计层级。

7.7.4 典型的计算机保障资源

（1）硬件故障所需保障资源。

由于机上的空间、重量、功率等资源有限，不能100%实现对检测出的航空电子类产品故障准确定位。为了不影响用户实际使用维护需求,战斗机特别针对航电系统机载设备研制了检测类保障设备,通过在基层级外场或内场的功能、性能检测,辅助人员完成故障件的隔离,例如综合自动测试系统(automatic test system,ATS)等。

(2)软件加载所需保障资源。

随着战斗机数量增加、作战能力提升、维护要求标准提高,对飞机的状态管理、健康管理及预防性维护要求越来越高,机载软件的加载也变得愈加频繁。完成相应的软件加载工作,需配套专业的软件加载设备,例如机载软件在线加载系统和软件离线加载设备。

1. 综合自动测试系统

综合自动测试系统(ATS)是一种可通过不同的适配器测试多种航空电子类外场可更换单元(LRU)的综合性测试保障设备,具备功能检查、性能测试、故障诊断、参数调校等功能,可部署在基层级和基地级维修机构。部署在基层级维修机构,主要用于故障确认、离位定期检修、故障修复、辅助排故、航材检验等工作;部署在基地级修理机构,主要用于确认 LRU 功能性能、进行部件的参数调校和故障修复。

ATS 由自动测试设备(ATE)和测试程序集(test program sets,TPS)组成,如图 7-13 所示。

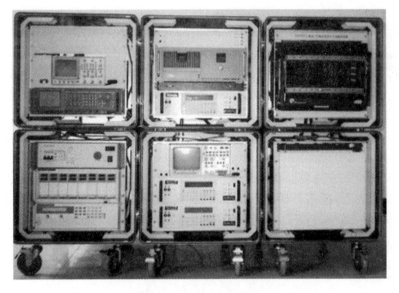

图 7-13 ATS 示意图

1) 自动测试设备

ATE 提供通用软硬件环境,系统架构及资源配置应满足机载设备的测试需求,通过加载不同的 TPS 完成对被测试单元(unit under test,UUT)的功能、性能测试。

(1) 硬件平台:含测试控制计算机、测试硬件资源、测试适配接口、校准适配器、自检适配器等。

(2) 软件平台:含计算机操作系统、TPS 开发环境、TPS 运行环境,信号模型、测试站模型、仪器模型,测试资源控制程序、自检及校准测试程序,以及办公软件等。

2) 测试程序集(TPS)

TPS 主要包括:

(1) 测试适配组件:含测试适配器、测试电缆、测试附件等,主要实现接口适配、信号调理等功能。

(2) 测试程序(Test Program,TP):利用 ATE 平台软件开发,在 ATE 上调试完成,可装载到 ATE 平台系统软件中的测试程序包。

(3) 测试程序集文档(test program sets document,TPSD):包括测试适配组件、TP 的使用维护说明书、技术说明书等。

2. 机载软件在线加载系统

机载软件在线加载工作主体由以下各方组成,包括:

(1) 软件开发商:机载软件一般由机载设备承制单位自行开发或委托开发,软件开发商是软件的生产者。软件开发商将受控的外场可加载软件提供给战斗机总体设计单位,而不直接参与加载到机载设备的过程。

(2) 战斗机总体设计单位:提供机载软件在线加载设备和机载软件管理系统,根据战斗机设计技术状态管理和控制机载软件的版本。

(3) 用户:是软件加载的实施者,加载过程由经过培训取证的维护操作人员来完成。

机载软件在线加载流程如图 7 – 14 所示。

确定待加载对象:测试设备读取"待加载软件数据包",对文件头和数据体进行有效性检查,若检查通过,则提取设备编码字确定升级设备,并控制设备上电;否则退出。其中,文件头是位于文件开头的一段承担一定任务的数据,一般都是开头的部分。

设备对码:升级设备接收到"设备对码"指令后,进行必要的单元测试,并把测试结果和设备编码返回给测试设备,测试设备进行匹配判断,若匹配则进入下一步骤,否则重试;若连续 3 次都不匹配,则报故退出。若待升级设备对象是综

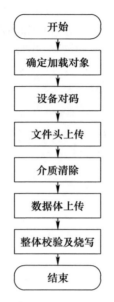

图 7-14 软件在线加载流程

控机,则"设备对码"仅是测试设备和综控机交互通信;若待升级设备对象是综控机之外的其他设备,则"设备对码"是测试设备和待升级设备之间通过综控机转发通信,以下同。

文件头上传:测试设备将文件头上传至升级设备,以供被升级设备获取相应参数,指导后续的介质清除、数据体上传以及程序烧写。升级设备接收到文件头信息后进行 CRC32 校验,若校验结果与文件头数据内部的 CRC32 校验结果一致,则正确应答测试设备;否则报告异常,测试设备进行重试,若 3 次都不正常,则测试设备报故。

介质清除:测试设备通知升级设备对象进行介质清除。升级设备对象通常采用 flash 存储器件,本阶段需进行 flash 器件的清除操作,若为其他不需清除的存储介质,应给予执行正确的指令响应,以保证测试设备软件升级流程的一致性。介质清除启动后,测试设备可通过"介质清除查询"指令,查询设备介质清除进度。

数据体上传:测试设备以 4 个消息为一批,分批向飞行器综控机传输软件数据体和 1188A 消息级校验。若升级对象为综控机,则综控机正确接收 4 条消息后,直接提取出数据体,并向测试设备反馈正确接收结果;若升级对象为综控机之外的其他设备,则综控机正确接收后,从 4 条消息中提取出软件数据体,添加帧号并计算 CRC32 校验,形成一帧数据,通过 422 接口转发给相应设备,相应设备正确接收后通过综控机向测试设备反馈正确接收的应答。测试设备收到正确的应答后发送下一批数据体,直到所有批数据体传输完成。若测试设备收到异常应答,则重传此批数据,若此批数据连续3次都传输不成功,则测试设备报故。

整体校验及烧写:测试设备通知升级设备对整个数据体进行全帧校验及烧写,升级设备在烧写前后分别计算CRC32校验和。该校验和应与文件头中的CRC32校验和吻合,若正确则向测试设备反馈升级校验正常,否则报告校验异常。

7.8 备件保障

随着战斗机设计技术迅猛发展,系统高度综合,机载设备精密复杂,备件保障费用急剧攀升,军方对战斗机作战效能、保障效能以及费效比日益关注,为保障战斗机正常使用的备件也越来越成为保障系统设计过程中的关注重点。备件是装机产品故障或损坏后所需替换的元器件、零件、组件或部件等的统称,备件保障需要从战斗机研制开始就同时开展分析与优化设计,以期用最低的保障费用为战斗机提供最高的效能。

7.8.1 备件类别

备件品种和数量的确定方法与备件类别有关,备件类别从不同角度分类如下:

(1) 根据维修特点,分为可修复备件和不修复备件。

可修复备件是指在出现故障或损坏后,采用经济可行的技术手段修理,能恢复其原有功能的备件,如发电机、液压泵、雷达等。可修复备件在备件规划过程中需要考虑修理周转期、包装运输等问题。

不修复备件:是指在出现故障或损坏后,不能用经济可行的技术手段予以修复的备件,一旦损坏即作报废处理,如螺栓、螺母、销子、垫圈、膜片、活门、油滤、电阻丝、继电器、电容器、灯泡及大多数的电子元器件等。

(2) 按故障的原因,分为易损性备件、消耗性备件、有寿备件和偶然故障备件。

易损性备件是指位于翼尖、平尾、襟翼、副翼、起落架、方向舵等部位,和其他某些部位相比,可能在使用和维修活动中由于使用时间、使用次数、使用过程中的意外情况等容易遭到损伤的,以及在成品安装、拆卸过程中容易遭到损伤的安装用的零件、标准件等。这类备件与人为因素、装机位置等相关,只能基于经验和外场统计数据,按照一定的定性原则进行备件配置,不必利用更复杂的方法去规划。

消耗性备件通常没有明确的寿命、可靠性指标,一类是在预定检查或维修过程中必须拆换的零件,通常包括各类紧固件、防松件、密封件、保险丝等;另一类是具有耗损特征的机械类部件,在使用中会随时间逐渐消耗,如滤芯、软管、大型结构密封件等。这类备件可以根据产品的预防性和修复性维修频率所估算的拆换次数进行备件配备,或根据使用统计数据得到的消耗标准,采用《备件供应规划要求》(GJB 4355—2002)中的消耗标准经验公式来估算。

有寿备件是指具有寿命指标(首翻期或使用期限)的备件,当寿命指标小于所规划的保障期时,一般需要配备件,有寿备件包括可修和不修的类型。

偶然故障备件是指有基本可靠性指标(MTBF 或平均故障时间(mean time to failure, MTTF))、在使用中可能发生偶然故障的备件,偶然故障备件也包括可修和不修的类型。

有寿备件和偶然故障备件的规划方法见 7.8.3 节。

(3) 按备件所属的产品层次,分为机载成品配套备件和飞机配套备件。

机载成品配套备件是指由成品单位提供的、属于成品的零组件,基本都是消耗性备件,用于预防性维修时的零组件更换,或成品拆换时安装用零件的更换,多数成品配套备件由成品单位随成品交付时提交。战斗机配套的备件包括所有其他不属于成品的零件、标准件和成品件,包括按故障原因分类的各类备件。

(4) 按保障战斗机使用的时间,分为初始备件和后续备件。

初始备件是在战斗机初始保障期内使用和维修所需的备件。后续备件是在战斗机初始保障期后的后续保障期内,为了满足使用和维修需求,推荐需补充的备件。

初始备件的品种和数量是在战斗机设计阶段,根据类似产品经验、可靠性预计数据、试飞故障情况,经公式计算和综合分析给出。而后续备件的品种和数量一般要在初始保障期到期之前,根据初始备件的消耗情况、产品的使用可靠性提升情况、人员对飞机使用的熟练程度提高等,以初始备件的品种和数量为基础,经模型计算或经验分析得出。

7.8.2 备件的采购与供应

1. 以往机型的备件采购与供应

以往机型初始备件采购还存在着"四随"(随机设备、随机工具、随机资料、随机备件)的概念,因此将初始保障期内战斗机使用与维修所需的备件分为随机备件和初始备件,分别形成目录。随机备件就是随战斗机交付、计入战斗机成本部分的备件,多为易损件和消耗件;初始备件由用户另外单独采购,以修理周转用的成品件为主,费用较高。后续备件采购基本由使用方负责,各基层单位根据年度备件消耗情况,预计需要补充的备件项目和数量并上报。采购部门依据上报数据进行统筹规划、备件订购。备件除贮存于各基层单位,在更高一级的备件库也会存贮,用于调节使用。若使用中仍有备件短缺的情况出现,一般通过战斗机之间串换件来保证备件的更换,或者向其他基层级单位或上一级库存申请备件的调度,同时临时进行备件的采购。

2. 备件采购模式的改变

从2015年开始,战斗机备件采购模式发生了变化。各机型制定了"保障装备交付目录",其中包括战斗机的大比例备件(备件配套比例是指按几架战斗机进行配套,每架战斗机都需配套的备件为1∶1配套,每4架、8架或其他大于1的飞机架数进行配套的为大比例备件)经审查批准后按此进行采购。也就是除1∶1备件外,备件采购与战斗机采购脱钩,单独下达采购计划,单独签订采购合同。而交付目录清单是制定采购计划、签订采购合同的基础。

3. 备件采购供应模式存在的问题

备件采购模式更改后,仍然存在问题。备件是否随战斗机采购,主要问题不是配套比例,而是费用。初始保障期内所需的1∶1的备件中,有部分属于较贵重的成品件,随机交付不易实施;而大比例备件中也有部分属于消耗性备件,价值较低,可以计入战斗机成本随机交付。

4. 建议的备件采购供应模式

从本质上讲,备件是随使用时间逐渐消耗的一类保障资源,所以在保障资源要素中被列入供应保障。在战斗机的全寿命周期内,一直会涉及备件的采购与供应。但是,备件规划属于设计过程,不应涉及采购的问题,因此备件的规划与采购应分别考虑。其中,"随机备件"的概念就与采购相关。"随机备件"的概念来源于苏联保障模式中的"四随",列入"四随"的保障资源均随战斗机交付,并计入战斗机成本。但"四随"概念已不适应目前先进保障系统的研制需要。在战斗机研制中,保障系统已成为与战斗机系统同等重要、并行研制的系统,与战斗机系统相对独立又紧密联系,在战斗机系统采购的同时,保障系统单独采购才是发展的趋势。

备件的规划配套主要与战斗机的使用时间相关,备件规划也应按照保障期的不同进行规划,在战斗机交付前建议初始保障期内的初始备件;后续按照使用方的需求,根据前期备件消耗数据以及设计更改数据,逐步给出后续使用期的备件建议。因此,对备件的规划建议如下:

首先,在备件的规划设计过程中,应将随机备件、推荐订货备件的说法改为初始备件、后续备件。因为备件的配套设计主要与保障期限相关,不应将采购的方式带入设计过程中,避免概念的混乱。

其次,备件的采购应与保障设备/工具一样,全部与战斗机采购脱钩,与规划的备件配套比例无关;或保留部分随战斗机交付的备件,计入战斗机成本,但这部分备件一定属于价格较低、需求较高的消耗性备件。

最后,初始备件和后续备件如何进行采购、分配、贮存和使用,要考虑运行效率和经济效益。要提升采购、使用、返修整个供应链的效率,可以考虑保障信息系统与部队航材管理系统的交联管理,使备件的消耗统计、可靠性评估、修理周期评估、需求预测等趋于合理准确,采购物流管理更加科学;同时建立基于保障信息系统的军民一体化供应模式,合理设置不同层次备件的库存点,提高供应的效率。

7.8.3 备件规划

1. 规划过程

在了解清楚战斗机备件的不同类别特点及其对备件配套的影响后,可进行战斗机备件供应规划。目前在军方提出的各战斗机型号研制要求中,对备件的供应规划一般只要求按照《备件供应规划要求》(GJB 4355—2002)开展备件需求分析,进行备件规划,制定初始备件目录和后续备件目录,并提出停产后备件保障建议。

在设计阶段,应从备件供应全过程进行分析,考虑各项因素的综合影响,规划备件保障方案。初始保障期的备件,可以根据订购方和承制方商定的原则,一部分在战斗机交付时提供,一部分由订购方自行选择订购。同时,订购方应根据外场的实际使用情况,及时向承制方反馈备件目录中存在的问题以及消耗数据,用于帮助承制方逐步修改和完善备件目录,并编制适用的后续备件目录。在初始保障期之后的全寿命保障期内,订购方可以自行确定后续需补充采购的备件,也可根据承制方编制的后续备件目录进行采购,以保障规定的后续保障期内的备件使用需求。需要注意的是,对于长周期订货备件,承制方应提醒订购方作好充分的准备,根据具体备件的生产加工周期提前订货,以满足使用需要。

另外,生产设备和条件不可能在装备的整个寿命周期内一直保持。在生产部门停产后,战斗机在使用部门还将服役相当长一段时间。因此,停产后的备件供应问题不容忽视,应在停产前留出充足的时间来讨论和解决停产后的备件供应问题,如生产方部分设施的必要保留、由生产方向订购方的转移等。在战斗机装备整个寿命周期内,备件应按图7-15所示的流程进行供应的规划及优化。

备件供应规划与优化过程是从战斗机整个系统的使用要求和保障方案出发,利用保障性分析记录得到的有关数据,在战斗机研制中根据备件供应要求、

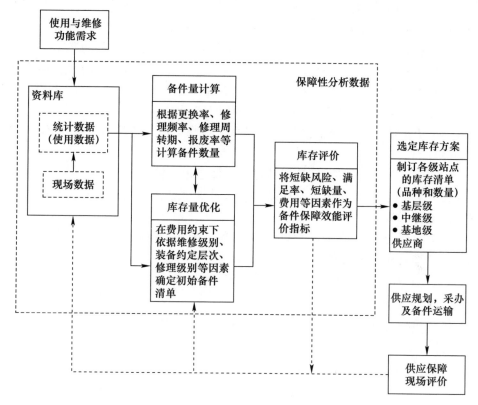

图 7-15 备件保障分析流程

失效率、平均修复时间、备件满足率和利用率、修理周转期、报废率等进行备件计算;根据费用约束、维修级别、约定维修层次等制定初始备件清单。在备件计算和库存量优化的基础上,根据缺备件的风险、备件满足率和利用率、费用等评价每项备件库存量和全系统供应保障的有效性。在评价之后,为各维修级别和供应站制定稳定的库存量清单。在战斗机使用过程中,应对备件供应保障进行持续评价,并为保障性分析、库存量优化与评价提供反馈。

2. 备件需求分析

运用恰当方法,分析出对不同备件的需求量,备件的需求主要分为以下几类情况:

(1) 预防性维修和修复性维修过程中需要更换的部件;
(2) 对实施维修过程中可修复件的补偿;
(3) 对由订购到交货时间内或运输过程中尚未到位的备件的补偿;
(4) 对可修件不适用或报废而进行的补偿等。

确定备件的种类和数量的方法之一是"经验法",即根据过去战斗机的使用情况和所积累的历史数据,得出所需备件的项目和数量,但这种方法往往不适用于新研装备。因此,在历史数据不充分或无经验可借鉴的情况下,可考虑采用以可靠性与维修性为基础的分析方法来初步确定所需的备件种类及数量,然后随着战斗机投入使用,逐步修改和完善,使之更加符合实际。

备件需求确定的具体分析工作可分为以下 5 个步骤:

(1) 根据使用与维修工作分析中记录的维修工作与备件的关系,确定出备件的品种;

(2) 确定备件的属性,区分备件是消耗件还是周转件;

(3) 对消耗件,确定出各维修级别在备件保证期内修复性维修和预防性维修所需备件的数量;

(4) 对周转件,根据各维修级别的修复率,确定出各维修级别在备件保证期内修复性维修和预防性维修所需备件的数量;

(5) 确定出战斗机初始保障的初始备件库存建议。

3. 备件品种确定

确定备件品种应综合考虑多方面因素,如图 7 – 16 所示。

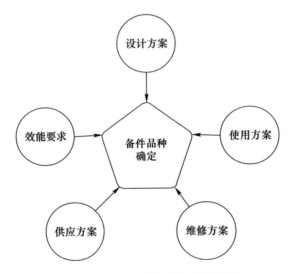

图 7 – 16　备件品种确定影响因素

1) 设计方案

从设计方案可以得到战斗机及部件的设计属性,主要包括可靠性、维修性、关键性、互换性、单价、单机安装数等。

(1) 可靠性。可修复部件的可靠性水平用 MTBF 或故障率来度量,不修复产品的可靠性水平用 MTTF 或失效率来度量。同等条件下,故障率或失效率越大的部件,其备件需求也就越明显,因而越有必要把它作为备件储备。反之,故障率或失效率越小的部件作为备件储备的可能性越小。

(2) 维修性。部件维修性水平用 MTTR 或修复率来度量,故障部件的修复率越小意味着它的维修时间越长,同等条件下备件短缺风险也就越大,因此越有必要作为备件储备。反之,故障部件修复率越高的部件作为备件储备的可能性越小。

(3) 关键性。关键性是部件的综合特性,它体现的是部件功能、复杂性、潜在的故障影响或其他需要特别注意的部件。部件根据其关键性程度可分为关键件、重要件和一般件三类。部件的关键性指标值越高,说明部件越重要,就越有必要作为备件储备。反之,并不重要的部件作为备件储备的可能性越小。

(4) 互换性。互换性是指同一规格的一批部件中,任取其一,不需要任何挑选或附加修配就能装在装备上达到规定的性能要求,它属于标准化的范畴。互换性在装备维修保障中的作用很大,如果部件的互换性高,同等条件下通过拆件维修获得的可用备件数量也就越多,部件作为备件储备的可能性越小。反之,互换性低的部件作为备件储备的可能性增大。

(5) 单价。战斗机部件的单价是影响备件品种确定的重要因素。如果部件的单价过高,则由于费用约束不能将其作为备件储备。同等条件下,部件的单价越高,将其作为备件储备的可能性越小。反之,部件单价较低的部件作为备件储备的可能性增大。

(6) 单机安装数。单机安装数表示战斗机设计方案中相同部件的数量,此参数和部件故障率或失效率的乘积表示部件故障或失效的可能性大小。单机安装数越多表明部件的备件需求也就越明显,就越应作为备件储备。反之,单机安装数较少的部件作为备件储备的可能性越小。

2) 使用方案

使用方案是与使用需求相对应的使用规划,主要内容包括部署方案、任务想定等。

(1) 部署方案。战斗机部署方案是其部署地点和部署数量的统称,战斗机部署地点是影响备件周转时间和订货时间长短的重要条件。同等条件下,备件周转时间和订货时间越长,备件短缺风险越大,部件作为备件储备的可能性也就越大。而战斗机部署数量越多,备件需求也就越明显,就越应作为备件储备。

(2) 任务想定。任务想定的内涵包括任务频率、每次任务时间、任务装备数等,上述参数对备件品种确定决策的综合影响可以用任务强度来度量。战斗机或部件进行修复性维修和预防性维修时通常会有备件需求,因此战斗机备件需求强弱可以用维修频率来表示。战斗机或部件的维修频率与任务强度近似成正比,一方面,战斗机任务强度越大,维修频率就越高,备件需求越明显,就越有必要将其部件作为备件储备;另一方面,任务强度越大,战斗机触发预防性维修产生预防性维修备件需求的可能性也就越大。

3) 维修方案

维修方案包含了装备维修级别、维修原则、维修工作、维修管理等信息的描述。

(1) 维修级别。维修级别确定故障战斗机或部件在保障组织中的修理地点。一方面,保障站点在对故障战斗机或部件进行维修时可能会产生部件或子部件的备件需求,因此需要备件仓库储备相应品种的备件。另一方面,如果拆卸下来的故障部件采取本地修理策略,那么省去了运输时间后,备件周转时间会较短;而异地修理由于运输时间较长造成备件周转时间也相应增加,因而相同部件在不同策略下作为备件储备的可能性是不一样的。

(2) 维修原则。维修原则确定了发生故障后的部件是进行维修还是报废。如果故障部件值得修复,意味着可以通过维修获得新备件,因而部件作为备件储备的可能性降低。如果故障部件需报废处理,则意味着只能通过采购获得新备件。通常情况下,备件的采购时间较长,部件作为备件储备的可能性增大。

(3) 维修计划。维修计划是对战斗机及部件进行定期检查和维护,以预防故障发生或完成修复而确定的规范化文件,维修计划中制定的预防性维修工作项目越多,战斗机对部件或部件对子部件的备件需求也就越强烈,部件作为备件储备的可能性也就越大。反之,部件作为备件储备的可能性越小。

(4) 维修管理。维修管理中的维修管理延误时间是影响战斗机备件品种确定的重要因素,它是备件周转时间的重要组成部分。维修管理延误时间越长,备件周转时间也就越长,同等条件下备件短缺的风险越大,部件作为备件储备的可能性越大。反之,备件短缺风险越小,部件作为备件储备的可能性越小。

4) 供应方案

供应方案是对战斗机部件供应保障方式及策略的描述,综合体现为供应效率和供应管理。

(1) 供应效率。供应效率是对部件供应过程的时间度量,它反应的是备件需求被满足的快速性。备件供应时间越长,同等条件下备件短缺风险越大,部件作为备件储备的可能性越大。反之,备件短缺风险越小,部件作为备件储备的可能性越小。

(2) 供应管理。供应管理延误时间是影响备件品种确定的重要因素,它是备件订购时间的重要组成部分,供应管理延误时间越长,备件订购时间也就越长,同等条件下备件短缺的风险越大,部件作为备件储备的可能性越大。反之,备件短缺风险越小,部件作为备件储备的可能性越小。

5) 效能要求

效能要求中的备件保障指标要求和费用是影响备件品种确定的重要因素。保障指标包括备件保障概率、平均等待备件时间等,费用的主要指标是部件的单价。

保障指标要求是综合参数,计算效能指标需要考虑装备设计方案、使用方案、维修与保障方案中的相关因素。在战斗机设计方案、使用方案、维修与保障方案确定的情况下,保障指标要求越高,部件需要储备备件的可能性也就越大。反之,保障指标要求越小,部件作为备件储备的可能性越小。

备件品种确定流程见图 7 - 17。

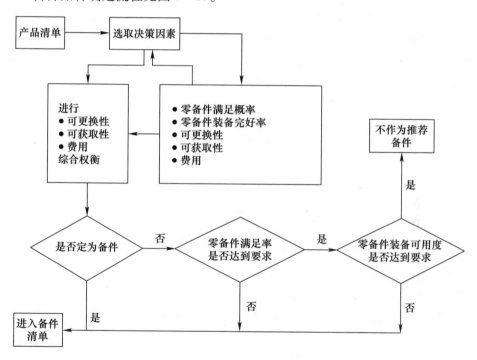

图 7 - 17 备件品种确定流程

4. 备件数量确定

战斗机使用过程中所需备件的品种、数量与产品发生故障的概率、故障原因、修理特性、运输时间、采购成本等多种因素相关,确定方法有工程经验法,也有各类模型算法。由于故障、修理、运输等因素均存在不确定性,不论由何种方法得到的备件方案都是以尽量大的概率满足需求,同时达到尽量大的使用率,但不可能都达到100%。

战斗机整体可看作一个大的系统,要实现飞行任务需要很多子系统协调工作,共同完成。完整的战斗机系统可以看作是一个集群,集群的下一级可定义多个基本作战单元。战斗机执行任务时往往是多个基本作战单元同时或序贯执行同一或多个任务。当战斗机出现故障时,往往是由某些基本作战单元的故障导致的。因此,确定好每个基本作战单元的备件数量对于提高整个系统的可靠性具有重要意义。

根据备件保障分析流程,备件量的确定应该首先由故障率、各单元任务强度、修理周转期、报废率、失效率等参数来进行计算,然后根据备件的维修特点再进行备件量的最终确定。确定备件数量的方法之一是经验法,即根据过去类似装备的使用情况和所积累的历史数据得出所需备件的项目和数量;另一种方法是以保障活动为中心的模型法,通过对战斗机装备运行活动与保障活动之间关系的分析,抽象装备使用保障与维修保障活动的频度特征,针对基本作战单元在活动中的使用特点,建立战斗机基本作战单元数量预测模型,在一个特定阶段内对保障站点内的各备件平均需求量进行预测。接下来分别对这两种方法进行阐述。

1) 利用经验法预测备件数量

备件的需求率 D 是确定备件数量的基本依据,其与可靠性、使用数量及使用方案密切相关。

$$D = \lambda \cdot T_s \cdot S_r \cdot N_a \cdot q \tag{7-10}$$

式中:λ 为所考虑部件每工作小时的失效率;T_s 为单一装备平均每次任务的工作时间;S_r 为单一装备平均每天的任务强度;N_a 为基本作战单元装备数量;q 为单一装备中含有此部件的数量。

在确定备件目录中每一项备件的数量时,N_a 的取值分别为配套比例中的后一项,如 1:1、1:4、1:8、1:24 的 N_a 分别为 1、4、8、24。

若按单一装备年平均任务小时 T_y 计算,则年需求率 D_y 应为

$$D_y = \lambda \cdot T_y \cdot N_a \cdot q \tag{7-11}$$

备件数量的确定是逐项进行的,其基本原理为

$$推荐数量 = 需求率 \times 所考虑的时间长度 \tag{7-12}$$

这里"所考虑的时间长度"包括了对以下各种因素的考虑:

(1) 订购周期,如三年组织一次订货;

(2) 保证期内或保证初始使用的时间范围,如 24 个月;

(3) 订货到交货之间的时间间隔,包括对管理过程、订货渠道、生产加工周

期及交通运输状况的考虑。

对于不修件,即消耗性备件,若以平均值作为其推荐数量,则按式(7-12)计算即可,其推荐数量应为产品刚刚购置或再次购置备件到货时的数量。

对于可修件,备件数量应以满足修理周转用为原则,所以推荐数量应选择满足周转用的合理数量。若以平均值作为推荐数量,且不考虑可修复产品的报废因素,可考虑按式(7-13)计算:

$$推荐数量 = 需求率 \times 该项产品的平均修复时间 \qquad (7-13)$$

此处的修复时间是指自故障部件拆离装备起,到故障件修复至可用状态进入库存时为止的全部时间,如果不考虑管理和后勤方面的延误时间,则主要包括运输时间和故障件的恢复过程所需的修理时间。

可修件的购置一般是一对一的原则,若根据经验能估算出可修件的不可修率 r,则可考虑按式(7-14)计算:

$$推荐数量 = r \cdot D \cdot T_t + (1-r) D \cdot T_m \cdot r \qquad (7-14)$$

式中:T_t 为订购运转周期(订货到交货之间的时间间隔);T_m 为平均修复时间。

如果知道部件的故障(或失效)间隔时间的分布函数,那么可以用备件保障概率公式计算备件数量。备件保障概率表示装备需要的备件能够被满足的概率,在装备设计过程可以通过备件保障指标分配获得 LRU、报废单元(discarded unit,DU)、SRU、报废零件(discarded parts,DP)等类型部件的备件保障概率。常用的计算模型是泊松分布计算模型,它在工程实践中得到了广泛应用。一般来说,指数型寿命分布适用于电子产品、复杂系统及经老炼试验并进行定期维修的产品,而寿命分布为指数分布的产品在计算备件数量时使用的模型为泊松分布。备件保障概率计算如下:

$$P = \sum_{x=0}^{S} \frac{e^{-dt}(dt)^x}{x!} \qquad (7-15)$$

式中:P 为备件保障概率;S 为备件库存量;d 为备件需求率;t 为备件周转时间或订货时间,对于可修复产品,t 为周转时间,对于不修复产品,t 为订货时间。

上述经验法对于某些装备是有参考价值的,但对于新研装备往往难以奏效。因此,在历史数据不充分或无经验可借鉴的情况下,可考虑采用以保障活动为中心的模型法,来初步确定所需的备件项目及其数量,然后随着装备投入使用,逐步修改和完善,使之更加符合实际。

2)利用模型法预测备件数量

该方法从战斗机的使用保障活动和维修保障活动两个方面对战斗机活动进行抽象,建立了基本作战单元备件需求量预测模型,可以在一个特定阶段内对保障站点内基本作战单元备件平均需求量进行预测。

战斗机在一个特定阶段内对于某类消耗性装备备件的平均需求数量 N_R 为

$$N_R = \text{int}\left\{N_E T \sum_{C_i}^{n_{CA}} f_{C_i} N_{R,C_i} P_{R,C_i} + 0.5\right\} \quad (7-16)$$

式中:N_E 为基本作战单元中装备数量;T 为计算时间跨度,如初始保障期,对于周转件而言,T 就是周转期;n_{CA} 为使用该类资源的活动种类数,如起落架修复性维修更换活动和起落架预防性维修更换活动属于两种不同类型的活动,如果在这两类活动中都需要起落架备件,则在计算起落架备件的数量时,取 $n_{CA}=2$;f_{C_i} 为对应单装备的第 c_i 种使用该类资源的活动频度;N_{R,C_i} 为在第 c_i 种活动中需要的某种保障资源数量,也就是被消耗的保障资源数量,此数据可通过 O&MTA 获得;P_{R,C_i} 为该类保障资源在第 c_i 种活动中被消耗的概率,对于有修理次数上限的周转件而言,该参数等同于周转件的报废率。

战斗机的动力主要靠燃油来提供,对于燃油类资源,其消耗量是随时间连续变化的,N_{R,C_i} 为

$$N_{R,C_i} = \int_0^{t_{C_i}} C_{R,C_i}(t) dt \quad (7-17)$$

式中:t_{C_i} 为某类保障资源在相应活动中的使用时间;$C_{R,C_i}(t)$ 为保障资源消耗速率随时间 t 变化的函数,如战斗机飞行过程中燃油消耗速率为 1t/FH。

5. 备件优化

研究备件优化的目的就是在有限的经费支持条件下,最大限度使区域乃至战斗机全局系统战备完好性达到最优化。其基本思想是基于战斗机的设计生产及使用维护数据开展备件品种及数量预测,形成初步的备件规划方案,在战斗机的实际使用过程中考虑地域、气候、环境等因素,以及战斗机使用过程中备件的补给及利用情况,对备件规划方案进行更改和修正。与此同时,还可以对备件满足率和利用率等定量指标进行评估,提出优化备件资源的建议,以此形成备件资源优化的迭代过程。

在进行备件优化时主要的优化参数有使用可用度、备件满足率和备件延期交货量。

使用可用度:对于一架战斗机来说,可修件只是其备件的一部分,因此该指标只能在一定程度上反映备件保障能力的高低,但由于计算简单仍得到广泛应用。

备件满足率是指随时能够满足备件供应需求的概率,它是一个瞬时量,只跟当前的备件数和需求率相关,所以一般对战斗机进行备件保障能力评估时,会选

用期望备件满足率(expected fill rate, EFR),即以备件满足率的均值来度量一个备件系统保障能力。

备件延期交货量是指在一规定时间段内未能满足的备件需求数。备件延期交货量既与本地库存量有关,也受维修能力和维修周期的影响。备件延期交货量的期望值 EBO(expected back order, EBO)反映了没有被满足的备件需求量和等待时间,但是对于缺货成本高昂的系统,使用该参数并不合理。

1) EBO 和备件等待时间的计算

备件等待时间表示从备件请求发出到备件请求被满足所经历的时间。如果在某一时刻,整个库存系统中最后一个备件也被消耗掉了,那么在订购备件到货之前,在这段时间内发生的所有备件需求都不能够被立即满足。等待备件时间与 EBO 相关,考虑到整个库存系统在备件订购周期内的平均库存量,EBO 计算式如下:

$$\mathrm{EBO} = \sum_{x=S+1}^{\infty}(x-S) \cdot P(x|dt) = \sum_{x=S+1}^{\infty}(x-S)\frac{(dt)^x}{x!}e^{-dt} \quad (7-18)$$

式中:d 为表示备件需求率;t 为备件周转时间或订货时间;S 为库存备件量;x 为在 t 时间内的备件需求量。

根据 Little 定律,一个排队系统中的平均项目数等于新项目的到达率乘以项目的平均等待时间,因此平均等待备件时间可以通过 EBO 除以备件需求率计算得出,即

$$\overline{W} = \frac{\mathrm{EBO}}{d} \quad (7-19)$$

式中:$\overline{W}$ 表示平均等待备件时间。

2) 备件满足率的计算

(1) 备件满足率表示装备需要的备件能够被立即满足(手头有现货)的概率,备件满足率计算公式如下:

$$P = \sum_{x=0}^{S-1} P(x, dt) \quad (7-20)$$

式中:P 为备件满足率;S 为备件库存量;x 为在 t 时间内的备件需求量;t 为备件周转时间或订货时间;d 为备件需求率。

与备件满足率相近的概念是备件完备率,它表示库存备件在任意时刻不存在缺货的概率,备件完备率的计算公式如下:

$$R_S = \sum_{x=0}^{S} P(x, dt) \quad (7-21)$$

式中：R_S 为备件完备率。

（2）如果到达库存的备件需求中，需求量不恒等于1，那么需要分情况进行考虑。如果库存备件处于再供应过程中的数量小于或等于 $S-1$，那么库存备件能够满足1个数量的备件需求；如果库存备件处于再供应过程中的数量小于或等于 $S-2$，那么需求的第2个备件也能够被立即满足；同理，其他情况依次类推。不同备件需求的达到时间和需求备件的数量相互独立，因此备件满足率计算公式如下：

$$R_S = \sum_{x=0}^{S-1} P(x,dt) + (1-\mu_1) \sum_{x=0}^{S-2} P(x,dt) + \\ (1-\mu_1-\mu_2) \sum_{x=0}^{S-3} P(x,dt) + \left(1 - \sum_{j=0}^{S-1} \mu_j\right) P(0,dt) \quad (7-22)$$

式中：μ_j 表示备件需求量，确切地说为 j 的概率。

3）优化思路

在备件库存管理理论中，两级或多级供应保障结构是最常见的一种备件供应保障结构，可以通过多级库存模型的优化来获取最佳费效比，有两种方式建立优化模型。

一是在模型上建立费用关系，并且结合各级站点的库存进行优化，包括对订购、运输、贮存和短缺等费用的权衡。这种优化侧重于各种费用权衡，由此构建出经典的可修复备件多级供应技术（multi-echelon technique for recovery item control，METRIC）模型，针对战斗机上的各项备件，计算各个基地的最优库存量、各基地的需求和其他参数，在库存投资额约束下，以系统范围内备件延期交货量最小为目标，即寻求战斗机可用度最高。

二是在一定的限制投资约束条件下，确定每一种产品的库存，使备件总库存最优。该方法侧重于考虑在相同费用投资的情况下，如何在各站点进行备件的部署，以使战斗机的备件保障效能最高。

（1）在满足率约束条件下使库存成本和转运成本最小的库存优化模型。

在已列出的目标函数（备件保障概率、等待备件时间、可用度）中，目标函数要么是增函数要么是减函数。而备件保障概率函数和可用度函数是单调递增函数，等待备件时间是单调递减函数。

在单调递减函数中，用 Δ 表示差分 $\Delta f(n) = f(n+1) - f(n)$，如果目标函数的一阶差分 $\Delta F = F(S+1) - f(S) < 0$，二阶差分 $\Delta^2 F = F(S+2) - 2F(S+1) + f(S) > 0$，那么目标函数是单调递减的凸函数，如图7-18所示。这说明随着备件基数的增加，增加单位数量备件所带来的目标函数值降低值越来越少。

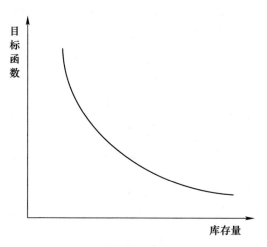

图 7-18　单调递减的凸函数

在单调递增函数中，用 Δ 表示差分 $\Delta f(n) = f(n+1) - f(n)$，如果目标函数的一阶差分 $\Delta F = F(S+1) - f(S) > 0$，二阶差分 $\Delta^2 F = F(S+2) - 2F(S+1) + f(S) < 0$，那么目标函数是单调递增的凹函数，如图 7-19 所示。这说明随着备件基数的增加，增加单位数量备件所带来的目标函数值增加值越来越少。

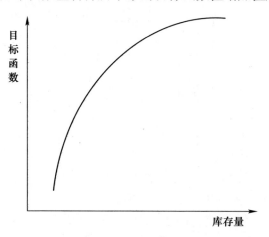

图 7-19　单调递增的凹函数

综合上述两种情况可以看出，如果目标函数符合上述两种情况，那么在进行备件数量优化时，所有产品的备件数量只能一个一个增加。这主要有两方面的原因：首先，每次增加单位数量备件时目标函数对应的费效比最高（斜率最大）；其次，每次增加单位数量备件能够保证得到的备件方案为最优方案。因此，上述目标函数可以用边际效应法进行求解。

(2) 限制投资约束条件下确定每一种产品的库存使备件总库存最优。

在能保障战斗机备件满足其正常维修使用的前提下,由于经费上的约束,还应尽可能地减少不必要的费用。在考虑费用约束时,成附件备件库存量优化问题等价于求解如下所示模型:

$$\begin{cases} \min \sum_{i=1}^{n} \text{EBO}_i \\ \text{S. t. } c_i s_i \leqslant c \end{cases} \quad (7-23)$$

式中:n 为成附件类别数,i 为成附件类别编号,EBO_i 为第 i 类成附件的 EBO(可通过式(7-18)计算得到),c_i 为第 i 类成附件的单价,s_i 为第 i 类成附件的库存量,c 为总费用约束。

对于式(7-23)所示模型,可以通过图 7-20 所示的流程进行求解。

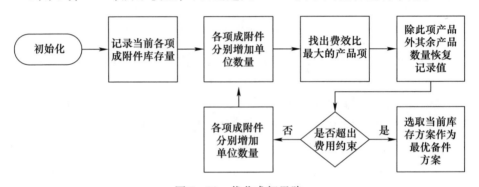

图 7-20 优化求解思路

图(7-20)所示流程中将用到边际分析法,此方法是一种基于费用分析的方法,它的基本思路如下:

第一步,针对每个成附件设定初始库存量为 0,记为 $s_i = 0(i = 1, 2, \cdots, n)$,计算此时的总延期交货量 E_{10} 和备件费用 C_{10};

第二步,依次针对单个成附件增加一个库存量并保持其余部件库存量不变,分别计算出 E_{11} 和 C_{11}、E_{12} 和 C_{12}、$\cdots$、E_{1n} 和 C_{1n} 等;

第三步,计算总延期交货量的减少量 $\Delta E_{1k} = E_{10} - E_{1k}(k = 1, 2, \cdots, n)$,以及费用增加量 $\Delta C_{1k} = C_{1k} - C_{10}(i = 1, 2, \cdots, n)$,找出 $\Delta E_{1k}/\Delta C_{1k}(i = 1, 2, \cdots, n)$ 的最大值,把对应成附件的库存量加 1(最大值对应的成附件就是增加备件量后能够得到最大费效比的成附件,也就是增加备件量时应最先考虑的成附件),记此时的库存方案为 S_1;

第四步,在第三步得出的备件库存方案 S_1 基础上,返回继续执行第二步。依次类推,可以得出库存方案 S_2、S_3、$\cdots$、S_m。那么最终得到的库存方案 S_m,就是满足费用约束的优化得到的成附件库存方案。

7.8.4 备件供应链管理

备件供应链管理主要是实现备件从订购、验收入库、贮存、供应和回收入库等过程的管理,其核心内容是备件库存控制策略。

备件贮存的数量称为库存量,或简称库存。对库存量的大小进行控制的技术,叫库存控制技术。库存控制的目的是满足装备使用与维修工作对备件的要求,并以最低的费用在合适的地点保存恰当数量的备件。

1. 库存控制过程

库存控制过程包括订货、进货、保管、供应等环节。这个过程从理论上讲比较简单,但它受诸多因素影响,如装备使用与维修备件需求的波动、备件供货的时间间隔、备件生产周期、仓储环境、地理位置、运输条件、备件贮存寿命以及备件的价格等。因此,确定合理库存量成为极其复杂的问题。

平时周转贮存可利用各种库存模型确定其库存量,目标是满足使用费用最低,既不积压资金,又要保证需求。模型中要根据供需情况作必要的假设和简化,只要假设和简化是合理的,按模型确定的库存量就有参考价值。

衡量备件库存量合理与否的主要指标是储备定额。对平时周转贮存来说,有经常储备定额和保险储备定额。经常储备定额是指在两次进货的间隔期内,为保证正常供应的需要而规定的储备标准数量;保险储备定额是为补偿意外需求,以及换件修复与重复利用时间、运输时间及订货至交货时间等不可预见的延误而需附加的库存量。对各级维修机构备件储备的品种、数量与贮存期限要分别作出规定。保险储备定额,可以用附加储备天数计算,或根据不同备件的实际情况加以修正。图7-21 所示为保持备件储备的备件理论库存供货、发放、订购及运送循环过程。实际上备件需求量并非总是保持不变的,有时供货可能高于额定的储备标准,有时发放大于储备,因而供货周期也应随之改变,如图7-22 所示。

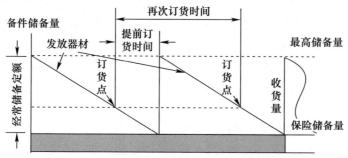

图7-21 理论的库存循环过程

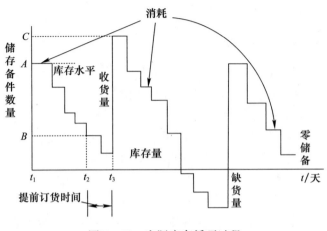

图 7-22　实际库存循环过程

2. 库存控制的一般原理

库存控制是将备件的贮存量控制在适当的水平上,既要以一定备件可用概率满足使用与维修的需求,又要使备件的费用尽可能低。根据备件的消耗规律,合理地选择订货方法,控制进货数量,可以达到控制库存的目的。下面仅简要介绍库存控制的一般原理和经济批量订购法。泊松备件模型给出了按项目的故障率、使用基数、工作时间及备件可用概率确定备件的数量原则,这是从需求的角度控制库存的数量。然而,对于战斗机来说,需要备件的品种及数量是很多的,由于各种备件的需求率、价格及对任务成败的关键性不一样,因此对不同的备件应有区别地进行库存控制。

战斗机的备件中有一类数量并不大,但其单价很高,甚至超过数以百计的其他备件的总价格。对于这类高价格备件,采取重点控制,严格按可用概率控制其库存量,可凭消耗量一对一单独订购新件。对于任务成功的关键件也应采取重点保障,按高的可用概率保持其库存量。对订货期长、严重缺货的和需国外订购的备件,可以采取一次大批量订购,并适当地保持较高的库存水平。对于消耗量大且价格低廉的配件,可在就近市场采购。对于大多数一般性备件,采用经济订购批量法确定贮存定额。

经济订购批量法是以某种备件一次进货数量(批量)作为确定该种备件储备定额的方法。采用这种方法以总库存费用最低确定订购批量,即经济订购批量。经济订购批量理论广泛地运用于各种库存模型,包括确定型和随机型。比较常用的确定型库存模型如下:

(1) 按备件供货时间划分的库存模型,如不允许缺货、瞬时进货;不允许缺货、边进货边消耗;允许缺货、瞬时进货等几种模型。

（2）随机型库存模型，通过备件需求量的不同概率分布（如二项分布、正态分布或泊松分布）来确定库存量的模型。

（3）供应期库存模型，这种模型所考虑的主要问题不仅是备件需求，更多的是根据备件生产周期、供货周期、订货发货的制约以及运输限制而制定的。

备件的总库存费用 C 决定于订货费 C_A、库存管理费 C_B 与购置费 C_K。一般认为，每次订货花费大致相近，取平均订货费 c_1，则一个计划期（如一年）内的订货费 C_A 与订货次数 n 成比例。库存管理费 C_B 是从备件发运、检验入库、保管与保养到出库整个库存过程的费用，包括损失与损耗所发生的费用，简单的计算可用每项备件的价格乘以某百分数 c_2 得到每件备件的该项费用。在一个计划期内购置费 C_K 只与备件的单价 c_k、计划期内的需求量 R 有关；在物价稳定的情况下，购置费是与每次采购批量无关的一个常数。可见，经济订购批量法的原理是在订货费与库存管理费之间求得最佳平衡，如图 7-23 所示。用数学关系式描述总的库存费用为

$$C = C_A + C_B + C_K = \frac{c_1 R}{Q} + \frac{c_2 R}{Q} + c_k R \qquad (7-24)$$

式中：C 为总库存费用；C_A 为订货费；C_B 为库存管理费；c_1 为每次平均订货费；c_2 为单间备件库存管理费，以该备件的单价乘以某百分数；R 为备件的年需求量；Q 为订购批量。

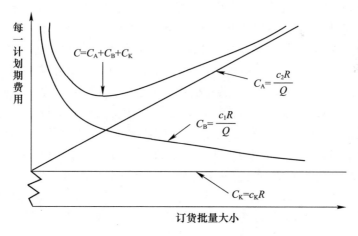

图 7-23 经济订购批量原理图

根据经济批量订购法的原理，将式中的 C 对 Q 求导求极值，则有

$$\frac{dC}{dQ} = \frac{1}{2} c_2 - \frac{c_1 R}{Q^2} = 0 \qquad (7-25)$$

解得库存费用最小的经济订购批量 Q_0 为

$$Q_0 = \sqrt{\frac{2c_1 R}{c_2}} \tag{7-26}$$

可以进一步导出每年订货次数 n 为

$$n = \frac{R}{Q_0} = \sqrt{\frac{2c_2 R}{c_1}} \tag{7-27}$$

库存控制与供应体系有着极为重要的关系,其中,供货的范围、直接供货或中转供货、供货网点远近、运输条件以及管理要求等均对库存量影响较大。因此,在研制阶段,除了提出备件供应的品种与数量外,还需在部署战斗机之后通过技术保障工作做好备件保障。

7.9 包装、装卸、贮存和运输保障

包装贮运(PHS&T)是指在战斗机的全寿命周期内,根据战时和平时使用需求,为保证战斗机及其保障设备、备件等得到良好的包装、装卸、贮存和运输所需的程序、方法和资源等;也可认为是产品通过物流运输的方式,由工业部门送至用户所需的各种活动,是保障供应链的具体实现方式。

包装贮运是战斗机的设计特性,取决于战斗机、机载设备及保障设备设计。科学合理的包装贮运方案是降低有效保障规模的重要实施途径。因此,在战斗机研制初期就需提出包装贮运约束要求和运输规模,并与战斗机的使用保障方案协调统一、权衡分析,形成最优的包装贮运方案;同时开展相关物资、运输载体的设计和资源调配,以保证保障供应链的正常运行,满足战斗机持续使用需求。

保障活动很大程度上制约着装备的战备完好性和任务执行,装备保障已经成为影响装备战斗力的重要因素。维修保障资源是开展装备维修保障工作的前提条件,是实现装备价值的重要保证。未来如果发生战争,为了保证战争中的战斗机转场执行任务,更需要快速确定为战斗任务配套的维修保障资源的运输装载方案,从而快速有效地转运到位,做好战斗保障工作。因此,合理高效地设计维修保障资源运输和装载方案,无论从提高保障能力还是对提高装备保障的效益都有着十分重要的意义。

7.9.1 约束条件

战斗机在部署、异地战训中,均需涉及大量的转场、运输项目,既有整机运输,如静力试验机、专项测试试验机等的运输,也有大量成附件、保障设备等的运

输,这些产品均具有高价值、易损、外形复杂等特点,因此用户通常会提出初始约束要求。

针对不同运输方式的转场限制条件,通常需分析运输对象的包装、运输项目清单和包装尺寸,对比在不同运输方式下(主要是空运和公路运输)的运输规模,给出最优的包装运输方案建议。下面针对包装贮运的四个方面分别进行说明。

1. 运输方式

战斗机的运输方式通常包括空运、公路运输、铁路运输、水运。运输规模不超过 n 节火车车皮,或不超过 n 架次运输机的运输量,其约束条件主要是环境、体积、重量、重心等。

1)空运运输要求

选用空运运输方式,通常需考虑各类运输机的装载体积、重量、装卸方式等。以典型的伊尔-76TD 运输机为例(图 7-24),全增压货舱容积 $186m^3$,能装载标准的空运集装箱,钛合金地板配备了可收放的滚轮输送系统,地板边缘有货物系留凹槽。货舱顶部的四台吊车能帮助向货舱内运输货物,吊车可以移动至尾舱门下方,吊起货物后再牵引进货舱。尾部坡道能当成升降机使用。

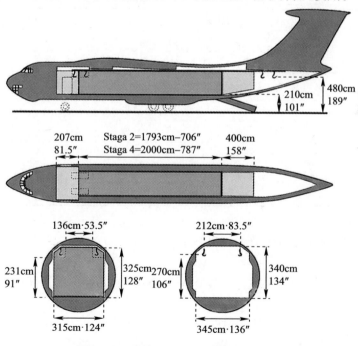

图 7-24 伊尔-76TD 的货舱几何尺寸

表7-6给出了部分运输机的几何尺寸和载重量,可供参考。

表7-6 部分运输机的几何尺寸和载重量

运输机机型	货舱尺寸/mm			实用数据/mm			货舱大门/mm		最大载重/t	货舱大门离地高度/mm
	长	宽	高	长	宽	高	宽	高		
伊尔-76TD	24540	3450	3400	22500	3150	3000	3450	3400	50	2200
安-12	13500	3000	2400	12500	3000	2150	7760	2610	20	1410
运-8	13500	3000	2400	12500	3000	2150	7760	2660	20	1410
安-26	11100	2780	1910	10700	2190	1470	3150	2400	5.5	1460
运-7	11100	2400	1910	10700	2190	1470	3050	2400	4.7	1760

2) 公路运输规定

根据交通运输相关规定,在规划公路运输方式时,需考虑车辆的外廓尺寸及载重。

(1) 外廓尺寸规定。

公路运输包括常规运输和超限运输,常规运输外廓尺寸规定见表7-7,超限运输外廓尺寸规定见表7-8。

表7-7 常规运输外廓尺寸界限(公路)

运输方式	通用运输工具最大外廓尺寸/mm			专用运输工具最大外廓尺寸/mm		
	长	宽	高	长	宽	高
公路运输	3540	1600	1650	12160	2500	装车后4000

表7-8 超限运输外廓尺寸界限(公路)

运输方式	专用运输工具最大外廓尺寸/mm		
	长	宽	高
公路运输	载重卡车<12000 半挂车<16000 平板车<20000	3000	装车后4500

(2) 载重规定。

载重卡车:4~8t;半挂车:8~20t;平板车:20t。

3) 铁路运输规定

根据铁路运输相关规定,在规划铁路运输方案时,需考虑铁路超限运输外廓尺寸及运输载荷等。

(1) 铁路超限运输外廓尺寸规定。

铁路超限运输规定,在火车装车后,其外廓界线不能超出二级超限限界,如图7-25所示。

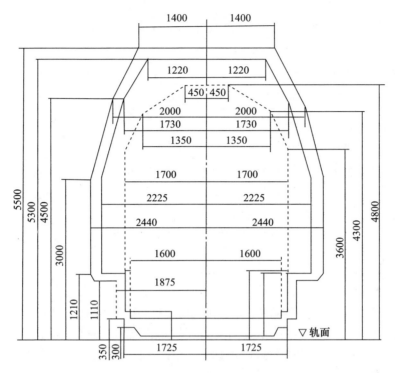

图 7-25 铁路超限运输外廓尺寸规定

(2) 铁路运输载荷规定。

由于火车在运行过程中产生的各个方向上的惯性力较大,在规划铁路运输时,需考虑产品结构能否承受各个方向上的惯性力,以防产品结构损伤。

4) 水路运输规定

水路运输分为海上运输和内河运输。由于水路运输可选船的类型较多,选用不同的船,其运输规模也不同。大多数的杂货船、滚装船、驳船、海军运输船的舱口长与宽、舱内体积、甲板负荷,均能满足战斗机装载运输要求,本书不进行赘述。

5) 标准集装箱运输规定

集装箱运输是指以集装箱这种大型容器为载体,将货物集合组装成集装单元,以便在现有物流领域中使用大型机械和大型载运车辆进行装卸、搬运,完成运输任务,是一种可以实现货物"门到门"运输的高效率和高效益的运输方式。

国内标准集装箱的型号、尺寸和额定载重见表 7-9。

表7-9 国内标准集装箱的型号、尺寸和额定载重

集装箱型号	外部尺寸/mm			最小内部尺寸/mm			最小箱门开口		额定载重/kg
	高	宽	长	高	宽	长	高	宽	
1AA	2591	2438	12192	2350	2330	11998	2261	2286	30480
1A	2438	2438	12192	2197	2330	11998	2134	2286	30480
1AX	<2438	2438	12192	<2197	2330	11998	—	—	30480
1CC	2591	2438	6058	2350	2330	5867	2261	2286	20320
1C	2438	2438	6058	2197	2330	5867	2134	2286	20320
10D	2438	2438	4012	2197	2330	3823	2110	2286	10000
5D	2438	2438	1968	2197	2330	1780	2110	2286	5000

注：5D和10D型集装箱主要用于国内运输，1CC、1C和1AA、1A、1AX型集装箱主要用于国际运输。

2. 环境条件

战斗机、机载设备及保障设备在装卸、贮存、运输过程中均会受到各类环境条件短期或长期（数月）的影响，进而影响其各项功能和性能指标，因此环境因素也是影响包装贮运方案的重要因素。环境条件通常包括但不限于以下类型：低气压（高度）、温度、湿度、振动、加速度、太阳辐射、霉菌、盐雾、砂尘、噪声等环境因素条件。

本书针对温度、湿度、振动等几种典型的环境因素进行介绍。

1）高温

高温会改变装备所用材料的物理特性或尺寸，因而会暂时或永久性地降低装备的性能。产品在装卸贮运过程中，可能会处在以下几种高温环境中：

（1）没有任何保护性遮蔽，直接暴露在太阳下暴晒；

（2）不通风的罩壳中；

（3）封闭的车体内；

（4）具有经受日晒加热的飞机舱段内；

（5）帐篷内；

（6）密封的防水油布下；

（7）周边有人为发热装置（电动机、发动机、电源、高密度电子封装件等），通过辐射、对流或排出气流，使周边局部温度显著升高。

高温贮存试验用于评价高温条件对产品的安全性、完整性和性能的影响，考核产品在高温或低温环境下贮存和工作的适应能力。产品在高温条件下通常会出现以下典型问题：

（1）不同材料膨胀不一致使得零部件相互咬死；

（2）润滑剂黏度变低或润滑剂外流造成连接处润滑能力降低；

（3）材料尺寸全方位改变或有方向性的改变；

（4）包装材料、衬垫、密封垫、轴承和轴发生变形、咬合或失效，引起机械故障或者完整性损坏；

（5）衬垫出现永久性变形；

（6）外罩和密封条损坏；

（7）固定电阻的阻值改变；

（8）温度梯度不同和不同材料的膨胀不一致使电子线路的稳定性发生变化；

（9）变压器和机电部件过热；

（10）继电器以及磁动或热动装置的吸合/释放范围变化；

（11）工作寿命缩短；

（12）有机材料褪色、裂解或龟裂纹；

（13）复合材料放气等。

2）低温

低温几乎对所有的基体材料都有不利影响。对于暴露在低温环境的装备，由于低温会改变其组成材料的物理特性，因此可能会对其工作性能造成暂时或永久性的损害。

产品在装卸贮运过程中，可能会处于低温环境中，表7-10列出了世界典型的低温循环温度范围。

表7-10 世界低温环境摘要

类型	地理位置	自然环境空气温度/℃
微冷（C0）	主要受海洋影响的西欧海岸区、澳大利亚、新西兰的低洼地	-6～-19
基本冷（C1）	欧洲大部分地区；美国北部边境区；加拿大南部；高纬度海岸区（阿拉斯加南部海岸）；低纬度地区的高原地带	-21～-31
冷（C2）	加拿大北部、阿拉斯加（其内陆除外）；格陵兰岛（冷极除外）；斯卡迪那威亚北部；北亚；高海拔地区（南北半球）；阿尔卑斯山；喜马拉雅山；安第斯山	-37～-46
极冷（C3）	阿拉斯加内陆，尤卡（加拿大），北方岛的内陆；格陵兰冰帽；北亚	-51

低温一般有以下典型环境效应：

（1）材料的硬化和脆化；

（2）相应的温度瞬变，不同材料产生不同程度的收缩，不同零部件的膨胀率

不同,引起零部件相互咬死;

（3）由于黏度增加,润滑油的润滑作用和流动性降低;

（4）电子器件(电阻器、电容器等)性能改变;

（5）变压器和机电部件的性能改变;

（6）减振架刚性增加;

（7）破裂与龟裂、脆裂、冲击强度改变和强度降低;

（8）受约束的玻璃产生静疲劳;

（9）水的凝结和结冰等。

3）温度冲击

温度冲击通常对靠近产品外表面的部分影响更严重,离外表面越远温度变化越慢,影响越不明显。运输箱、包装等还会减少温度冲击对封闭产品的影响。急剧的温度变化可能会暂时或永久性地影响产品的工作。

产品在装卸贮运过程中,可能会处于以下温度冲击的场景:

（1）空运飞行暴露:暴露在沙漠或者热带地区的热环境中,并可能直接受到日晒加热;起飞后,又暴露在与飞行高度相对应的极端低温环境中。

（2）空运－沙漠暴露:飞机在飞行中货舱不加热,长时间暴露在空中的低温环境中,降落在沙漠地区又暴露在热环境中。

（3）陆运或空运－寒冷暴露:在寒冷地区进出具备加热条件的仓库、维修场所或其他设施,或进出具备加热措施的货舱。

（4）空中投放:运输机在高空中投放产品。

温度冲击一般有以下典型环境效应:

（1）典型的物理效应:玻璃容器和光学器件的碎裂;运动部件的卡紧或松弛;不同材料的收缩或膨胀率、或诱发应变速率不同;零部件的变形或破裂;表面涂层开裂;密封舱泄漏;绝缘保护失效。

（2）典型的化学效应:各组分分离;化学试剂保护失效。

（3）典型的电效应:电气或电子元器件的变化;快速冷凝水或结霜引起电子或机械故障;静电过量。

4）振动

振动会导致产品及其内部结构的动态位移,这些动态位移和相应的速度、加速度可能引起或加剧结构疲劳以及结构、组件、零件的机械磨损。另外,动态位移还能导致元器件的碰撞/功能的损坏。

产品在装卸贮运过程中,可能会经受以下振动条件的场景:

（1）产品通过卡车、拖车、履带车运输,没有固定安装在运输工具上,一般是散装产品;

（2）产品通过卡车、拖车、履带车运输,固定安装在运输工具上,一般是紧固产品;

（3）大型组装件产品,可以整体安装在车辆上,产品和车辆可以看成一个柔性系统进行振动;

（4）产品安放在喷气式飞机、螺旋桨飞机、直升机的货舱进行运输;

（5）产品通过水面舰船进行运输;

（6）产品通过火车进行运输。

由振动问题导致的一些典型现象如下:

（1）导线磨损;

（2）紧固件/元器件松动;

（3）断续的电气接触;

（4）电气短路;

（5）密封失效;

（6）元器件失效;

（7）光学上或机械上的失调;

（8）结构裂纹或断裂;

（9）微粒和失效元器件的移位;

（10）微粒或失效元器件掉入电路或机械装置中;

（11）过大的电气噪声;

（12）轴承磨蚀。

以上仅列出了几种典型的环境条件,在实际环境条件中,还有盐雾、湿热、霉菌等环境条件,对包装、运输、贮存和运输方式提出了更加复杂的要求。

7.9.2 包装、装卸、贮存和运输需求分析

1. 转运资源需求分析

战斗机转场转运资源主要分为4类,如图7-26所示。

战斗机及飞行员可直接飞至目的机场,油料、弹药通过目的机场提前储备,维护人员可通过军用运输机或民航运送。因此,战斗机保障设备、工具、备件及技术资料为转运的主体。其中技术资料可携带交互式电子技术资料(IETM),相对于整体转运规模较小,因此战斗机的保障设备、工具、备件为转运资源的主体。

2. 包装需求分析

包装是在流通过程中为保护产品、方便贮运,按一定技术方法而采用的容器、材料及辅助物等的总称。在战斗机、机载设备和保障设备研制时,应对产品的特性和贮存期以及产品到达用户单位前可能遇到的运输、装卸和贮存条件进

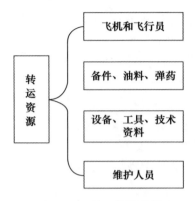

图 7-26 转运资源分类

行分析,确定其包装要求和包装形式,从而保证产品能够承受装卸、运输、贮存过程中可能受到的冲击、振动、湿度、静压力等要求。

确定产品的包装方案一般需考虑 3 个因素:防护包装等级、装箱等级和包装标示等。

根据产品的特性、贮存环境条件和贮存期,防护包装等级分为 3 级:

(1) A 级防护包装,产品易生锈、变质、污损、破损等,应能保证在高低温、高湿度、强光、盐雾或有害气体等环境长期贮存。

(2) B 级防护包装,产品耐环境性能较好,贮存环境条件较好,有遮盖运输,贮存期适中。

(3) C 级防护包装,产品耐环境性能好,贮存环境条件好,贮存期短。

根据产品的运输、装卸、贮存条件和贮存期限,装箱等级分为 3 级:

(1) A 级装箱,运输期间需经受多次装卸,且装卸条件差;运输过程中,会承受较大的冲击、振动或静压力,贮存条件差。

(2) B 级装箱,运输期间需经受数次装卸,且装卸条件较好;运输过程中,承受冲击、振动或静压力,但产品耐环境性能较好,贮存条件适中。

(3) C 级装箱,运输期间装卸次数少,且装卸条件好;运输过程中,承受冲击、振动或静压力较小,贮存条件好。

军用包装标志分为文字标志和图示标志,详见表 7-11。

表 7-11 军用包装标志分类

分类	序号	项目	含义
文字标志	1	名称	包装容器内的物资名称及其规格、型号
	2	数量	包装容器内装的物资数量
	3	总质量	包装容器内装的物资质量与包装材料质量之和

续表

分类	序号	项目	含义
文字标志	4	体积	包装件外形尺寸:长×宽×高
文字标志	5	生产单位	生产该物资的单位名称
文字标志	6	生产日期	物资生产的年、月
文字标志	7	有效期限	物资从生产日期到能有效使用的年限,或指包装的有效年限
文字标志	8	箱号	包装箱编号,包括总箱号或分箱号
文字标志	9	批号	物资生产批号
文字标志	10	防护等级	包括防护包装等级和装箱等级,均分为 A、B、C 级
图示标志	11	物资图示	识别物资的图形
图示标志	12	危险物资图示	表明不同类别和性质的危险品的图形
图示标志	13	包装贮运图示	表明包装件在运输、装卸、贮存和使用中对存放和搬运有规定要求的图形

为满足上述要求,包装容器通常采用五种材质,并辅以相应材料的标志牌:

(1) 木质包装容器,配套金属、塑料、木质纤维板材料标志牌,钉在包装容器上;

(2) 金属包装容器,配套压敏胶纸标志牌,粘贴在包装容器上;

(3) 塑料包装容器和纸质包装容器,配套压敏胶纸标志牌,粘贴在包装容器上;

(4) 各种袋和包,配套牛皮纸、塑料、铝箔纸、布标志牌,粘贴、拴挂或缝在包装容器上;

(5) 花格箱、框架、捆扎件,配套金属、塑料、压敏胶纸、木质纤维板材料标志牌,粘贴、拴挂或缝在包装容器上。

除上述要求外,包装标志的颜色、文字和图形也需要满足《军用物资包装标志》(GJB 1765—1993)标准要求规范,本书不再赘述。

3. 装卸需求分析

运输载荷和环境等相关运输要求更高,相应的包装运输系统更为复杂,需设计高效、低成本的安全包装运输装备,以完成产品运输。

按照《防护包装规范》(GJB 145A—1993),防护包装方法主要有以下分类:

(1) 物理和机械防护包装(不涂防锈剂)。

(2) 涂敷防锈剂的包装(按要求涂防锈剂):防潮包装;防水耐油包装。

(3) 可剥性塑料涂层。

(4) 充氮包装。

(5) 带干燥剂的防潮包装等。

7.9.3 包装贮运规划

1. 包装贮运规划

包装贮运规划需要在初步系统设计阶段开始制定,经过修订与完善,在详细设计与研制阶段完成。它是以规划战斗机、保障设备及器材交付时,从生产厂家到部队用户的包装贮运工作,其主要内容包括:

(1) 需运输的特殊类型产品清单。

(2) 推荐的运输方式。该运输方式是以预期的需求率、适用的路线、产品的重量与尺寸、费用效果准则为依据,并考虑到产品交付计划中的首次运交地点要求和根据维修需求的再次运输要求。

(3) 建议装运产品的包装方法,如集装箱类型:可重复使用的、非重复使用的、有安全措施的与有环境保护装置的。

(4) 关于器材装卸、贮存与保管中的安全准则、注意事项和规定。

2. 包装贮运大纲要求

1) 管理要求

(1) 在整个研制阶段,对包装贮运大纲进行多次评审,并作为战斗机评审的组成部分加以安排,将反馈意见作为改进设计的依据。

(2) 包装贮运设备的研制和生产进度应与战斗机的研制和生产进度协调一致,并随装备一起按《军工产品定型工作条例》的规定进行定型。

2) 流通和交货要求

包装贮运大纲应符合研制新装备的《战术技术指标要求》或合同中所规定的流通和交货要求。

3) 特殊的贮存要求

在确定空调场所(温湿度要求)、保持深度冷冻等特殊的温度控制、维持贮存场所真空和压力水平、确定隔离设施、采取特殊安全防护措施等特殊贮存要求时应慎重考虑。

4) 其他要求

(1) 复用包装容器,通过分析研究,确定包装容器是否需要重复使用,以及重复使用的程度。

(2) 保障分析,依据后勤技术保障分析,确定备件包装设计的基本准则。其中包括:每一单元包装中备件的数量;包装容器重复使用的程度;供包装设计用的贮存空间和装卸约束条件;易碎品及其装卸约束条件;通用的包装方式。

所设计的包装应便于运输、装卸、贮存、使用和管理。如果需要设计专用包装容器、装卸设备,则应确定其设计约束条件。

3. 包装贮运保障方案

根据保障资源总体规划和包装、运输计划或指令，以及产品的结构、特性，制定飞材和地面保障设备、工具等的包装和运输方案及规划。

1）包装方案

（1）战斗机的包装方案：一机一箱包装、一机多箱包装和软包装。

（2）地面保障设备（工具）的包装方案：专用包装箱整体包装、组合包装、集装箱包装和捆扎包装。

（3）备件及其他物品的包装方案：专用包装箱包装和通用包装箱包装。

2）运输方案

（1）运输方式：铁路、公路、航空和水上（轮船）运输。

（2）运输堆码。

（3）运输编码及运输清单，当运输单元（包装箱）较多时，应对运输单元进行运输编码。

3）装卸方案

（1）装卸方式：机械装卸和人工装卸。

（2）装卸顺序。

（3）装卸堆码原则：节省空间、保证安全和检查通道。

（4）装卸固紧和防护。

4）贮存方案

（1）露天贮存。

（2）库房贮存。

7.9.4　制定包装贮运方案

制定包装贮运方案，需根据转场任务类型、任务时间等任务需求，对应不同的目标机场约束条件，通过建立装载对象、运载工具模型以及装载规划模型，采用人机交互或自动的方式进行个性化、基于任务的保障资源选择和确定，并应用计算机图形化技术及三维装载优化算法对保障资源的装载进行虚拟仿真和优化，通过人工拖拽或自动的方式生成最优的包装、装载和运输方案。

军事运输保障过程通常为三级库存，包括工厂级、中心级和本地级，其运输过程如图7-27所示，需完成的主要工作项目如下：

（1）转场保障资源的快速确定：依据转场任务剖面和战斗机实际保障需求，快速计算自动生成所需转场运输资源清单。

（2）转场运输策略设计与规划：依据转运保障资源特点，设计并规划转运策略，包括零散资源打包、转运方舱及货架设置等，便于进行快速装载。

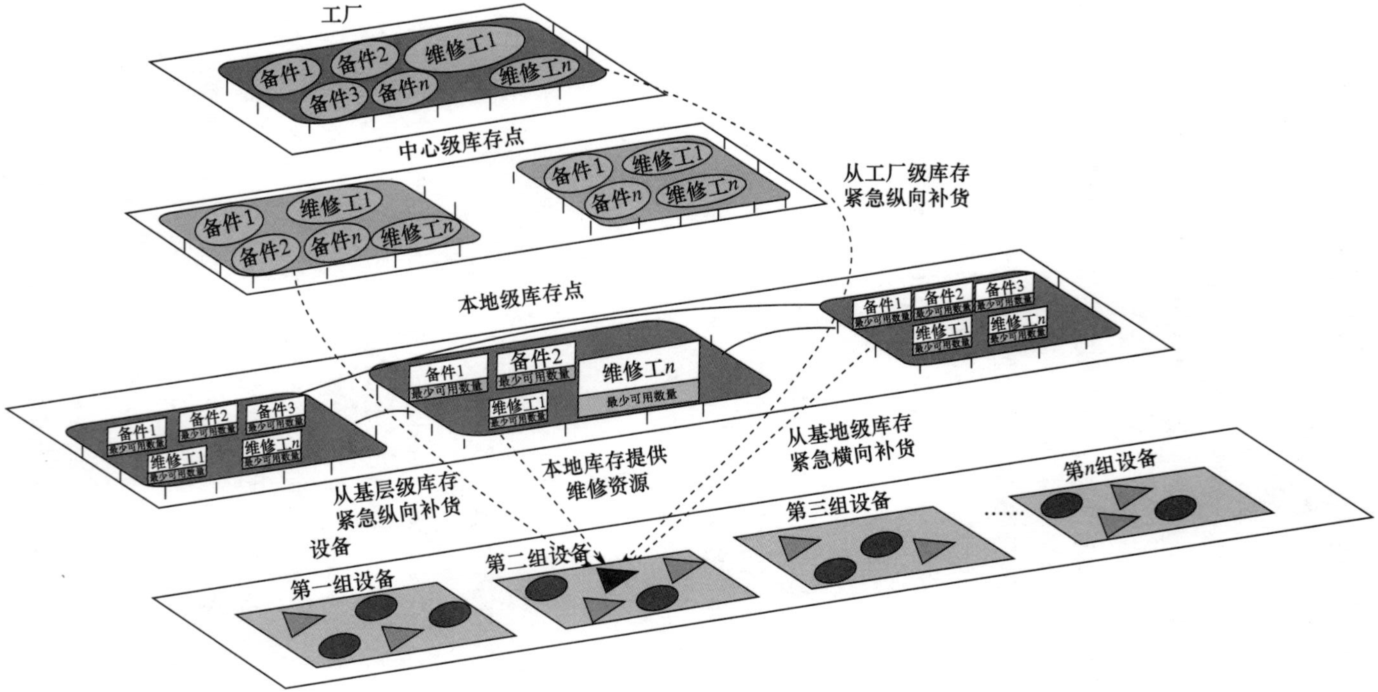

图 7-27 三级运输保障过程

（3）装载工具及转运工具基础数据库建立：常用装载工具（方舱、货架）及转运工具（运输机、火车、汽车、轮船）等基础装载数据库（重量、体积、装载容量、重心限制、开口尺寸）构建。

（4）装载计算及仿真：依据运输优先级、运输策略设定、接机保障需求等限制条件，进行资源装载分配和装载计算仿真。

（5）转运及装载方案输出：可输出装载方案报告并进行三维装载过程演示，指导转场运输装载。

1. 构建基础数据库

转场运输通常通过空运（军用运输机）、铁路（专列）、公路（汽车）及海运（轮船）等运输方式进行，也可以根据任务需求采用组合运输方式进行。为了便于后续进行运输计算和仿真，需构建相应运输工具的基础运输数据库。如军用运输机、火车棚车及敞车、汽车/轮船集装箱的运输参数，主要参数包括：运输类型（飞机、火车、汽车、轮船）；最大载重量；内部尺寸；重心限制；开口方向。

运输工具/方式通常根据任务紧急程度、运输规模以及运输工具本身任务饱和度等因素，统一调配。任务急、周期短、运输规模小的情况通常采用空运的方式；任务紧急程度低、任务周期长、运输规模大的情况通常采用铁路或公路的运输方式；任务急、任务周期长、运输规模大的情况通常采用空运加铁路或公路的组合运输方式。

2. 装卸运输策略

装卸运输策略由转场任务需求决定，各类转场任务要求由于任务紧急程度不同、运输方式不同，要求也不相同。其中，机动转场部署能力对转场运输的要求最为严苛。因此，转场运输策略以机动转场部署要求的目标进行研究设计，同时也可以兼容普通转场任务的要求。

装卸运输策略通常可以从时间和空间两方面进行考虑。下面以空运为例进行详细解读。

1）时间排序

对空运转场过程时间进行分解：

（1）运输规划及装载方案生成；

（2）运输前准备（资源打包）；

（3）运输机等待；

（4）装载；

（5）运输过程；

（6）卸载。

以上过程中，运输过程时间可控。要缩短转场时间可以通过在运输机到来之前,完成运输规划及装载方案的快速生成,依据装载方案快速完成运输前准备工作,并且提升装载及卸载效率。

2)空间统筹

机动转场要求运输规模小,装载空间利用率高。而现实是,战斗机的保障资源种类多、形状不规则、堆码不便、尺寸不同,因此在进行装载时零散资源多、装载不规则,造成装载空间利用率低,给装载带来较高的挑战。

为了实现安全、快速、高效机动转场,通常采取集装箱(集装方舱、网笼集装箱)+货盘+大件散装物资组合方式。其中,以集装方舱、网笼集装箱为主,货盘为辅,对保障资源进行运输集装,小型、中型物资布置在方舱、网笼集装箱中,大件物资单独包装后直接布置于运输载机,使用模式示意图如图7-28所示。

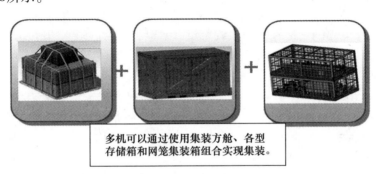

多机可以通过使用集装方舱、各型存储箱和网笼集装箱组合实现集装。

图7-28 运输集装使用模式示意图

(1)集装方舱。

集装方舱适用范围:①电子、电气、测试、仪表类地面保障设备;②外形尺寸较小、体积较小、重量较轻、防护等级不高的机械类设备。

集装方舱示意图如图7-29所示。

图7-29 集装方舱示意图

（2）网笼集装箱。

网笼集装箱适用范围：①外形尺寸较大、体积较大、重量较重、防护等级不高，不规则、有棱角的机械类设备，如工作梯、千斤顶、托架等；②外形尺寸较大、体积较大、重量较重、外形比较规则的机电类设备，如发动机专用油泵车等。

网笼集装箱示意图如图 7-30 所示。

图 7-30　网笼集装箱示意图

（3）货盘。

货盘适用范围包括外形尺寸相同、数量较多、可堆码的贮运箱、工具柜等，如技术资料、随机备件采用储运箱二次包装后，再通过标准货盘进行集装。货盘使用模式示意图如图 7-31 所示。

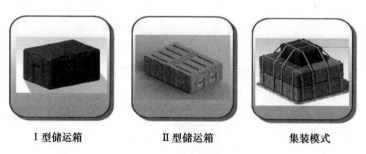

Ⅰ型储运箱　　　　　Ⅱ型储运箱　　　　　集装模式

图 7-31　货盘使用模式示意图

3）装载顺序

确定了转场运输的保障资源、运输方式及运输策略后，开始资源的装载，包括资源装载至方舱/集装箱，方舱/集装箱及保障资源装载至运输工具。装载前需进行装载策略研究及确定，首先确定资源的装载排序，主要内容如下：

（1）保障资源优先运输的排序问题；

(2) 装载容器(方舱、集装箱、运输工具)装载排序;

(3) 保障资源装载排序;

(4) 考虑机动转场时,接机保障资源装卸载。

保障资源优先运输排序问题来自于空运(运输机)数量及运载能力限制,保障规模较大情况下采取组合运输或多批次空运完成转场运输任务组合的方式。组合运输时,哪些资源优先空运以及空运分多个批次时,保障资源运输批次规划和保障资源空运排序按资源使用需求紧迫程度的原则决定,保障资源使用紧迫程度高的优先空运,紧迫程度低的陆运或后续批次空运。按保障资源类型,飞行保障类资源优先级最高,其次为任务保障类资源、综合监控资源,最后为维修保障类资源。优先保障优先级别高的保障资源装载,未装满时依次按优先级进行装载,直至装满为止。

容器的装载排序问题包括多个方舱/集装箱装载保障资源的排序以及多个运输工具装载的优先排序。容器的装载排序原则为装载限制条件多的容器优先装载,如飞行保障方舱指定装载飞行保障资源并且不允许装载其他资源;维修保障方舱优先保障装载维修保障资源,若有剩余空间可装载其他保障资源;集装箱不限制装载资源,在这种情况下,容器的排序为飞行保障方舱、维修保障方舱、集装箱。运输工具排序与方舱/集装箱排序原则一致。

保障资源的装载排序包括不同限制条件的保障资源装载排序和同等限制条件下的保障资源装载排序。不同限制条件的保障资源装载排序原则为限制条件多的优先装载,如飞行保障类资源只允许装载至飞行保障方舱;备件不限制装载条件,在这种情况下,飞行保障资源优先装载。而同等装载限制条件下保障资源的装载排序参照国际货运装载排序管理,采用体积重+重量进行衡量和排序,资源的体积重+重量值大的资源优先装载,计算公式如下:

$$P = \frac{L \times W \times H}{6000000}(\mathrm{mm}^3) + G(\mathrm{kg}) \tag{7-28}$$

机动转场至目标机场,有接机保障需求以及战斗机快速进入作训任务状态能力的要求时,需考虑接机保障/飞行保障资源到达目的机场后能快速卸载,用于接机保障及飞行保障。因此,此种情况下,运输工具不满足所有资源装载时,优先保证使用紧迫程度高的装载,并且最后装载接机保障资源/飞行保障资源,以保证其最先卸载。

确定了装载资源和装载容器及装载限制条件后,进行装载计算。装载计算过程就是一个组合优化问题,目的是在各类限制条件下,进行各种排列组合装载,以实现最大装载空间利用率的装载求解。组合最优化问题的求解是通过对数学方法的研究去寻找离散事件的最优编排、分组、次序或筛选等,是一个具有复杂约束条件的组合优化问题,求解最优解极为困难。常用的装载算法包括精确算法、启发式算法、随机算法及近似算法4类。

(1) 精确算法:主要包括动态规划、回溯法、分枝定界法等算法。

(2) 启发式算法:主要包括贪心算法、局部搜索、现代启发式算法(禁忌搜索、遗传算法、模拟退火算法、蚁群算法、神经网络、DNA)等。

(3) 近似算法:多项式时间内返回近似解的算法,具有可证的性能界限。

(4) 随机算法:主要包括拉斯维加斯算法和蒙特卡罗算法两类随机算法。

精确算法虽然能给出最优解,但实践表明,它们只能求解小规模问题,对于大规模的问题就无能为力了。这是由问题的难度决定的,随着问题规模的增大,计算时间肯定会发生组合爆炸。因此,这类算法只适用于求解需要最优解但是规模又比较小的问题。

跟精确算法相比,启发式算法计算速度快,能够处理规模比较大的问题,以满足实际问题的需要。启发式算法是一种技术,这种技术使得在可接受的计算费用内去寻找最好的解,但不一定能保证所得解的可行性和最优性。在某些实际工程问题中,最优算法的计算时间使人无法接受或因问题的难度使其计算时间随着问题规模的增加以指数速度增加,此时通过启发式算法求得问题的一个可行解是常采用的手段。但是启发式算法的时间复杂度比较难分析,而且不能保证解的质量。因此,启发式算法只适合求解规模很大、非常难处理且不一定需要最优解的一类问题。

近似算法具有多项式时间复杂度,且有一个性能界。因此,近似算法不仅计算速度快,而且能保证任一个实例的近似解与精确解不会相差太多。但是要找到一个有效的近似算法并不乐观,甚至存在一些困难的问题,似乎连"合理"的近似算法都可能不存在。

与解决同一问题的最好的确定性算法相比,随机算法所需的运行时间或空间通常更小一些,而且自然、简单、易于理解和实现。因此,对解决某些问题来讲,随机算法不失为一个有效的算法。

通过对以上算法的分析,结合转场运输的实际装载问题,可以看出单一算法无法满足复杂装载需求,转场装载计算需结合各类算法优点,结合转场装载实际需求,采用组合算法来进行装载局部最优解的计算求解。

3. 运输装载流程设计及仿真

运输装载总体流程依据转场任务确定转场资源及运输方式,配置运输策略和装载策略,依据运输策略和装载策略进行装载计算,得出运输及装载规划方案,如图7-32所示。

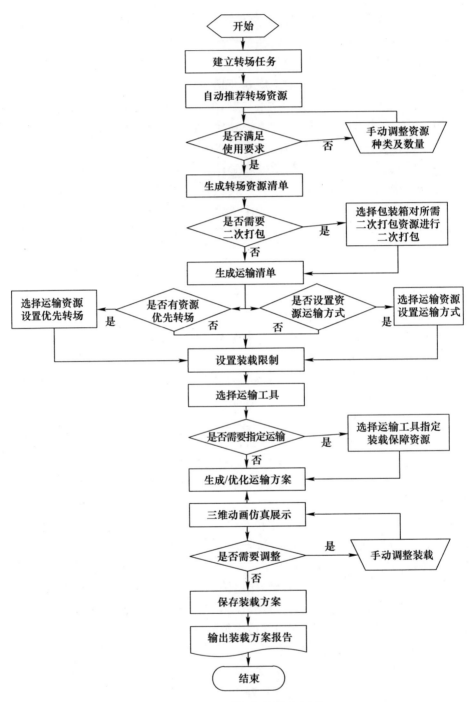

图 7-32 运输规划整体流程图

装载计算及仿真流程如图 7-33 所示。

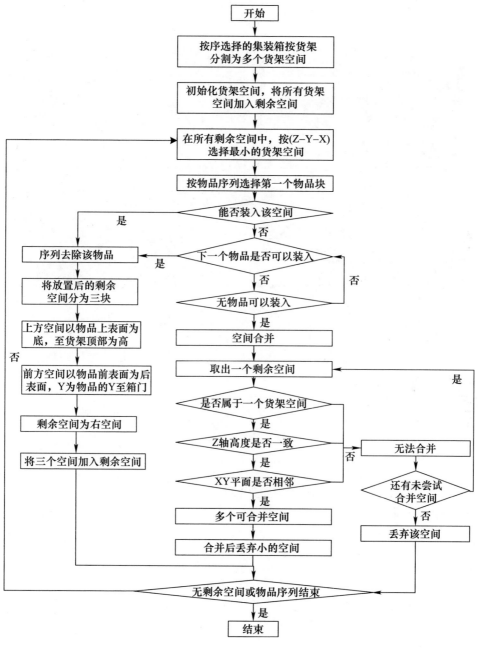

图 7-33 装载计算流程图

对战斗机转场运输方案进行仿真,运输及装载仿真结果见图 7-34。从图中可以看出,经装载仿真,转场运输方案满足机动转场要求,装载方案满足装载设计,后续可按此进行实际装载试验验证。

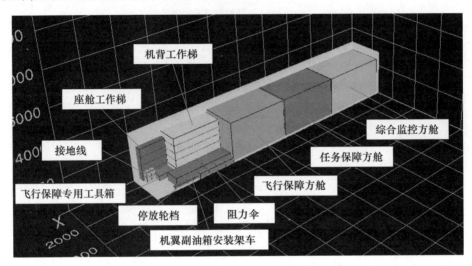

图 7-34 转场资源运输仿真装载方案

通过运输及装载仿真,可为装载工作提供切实可行的装载指引,同时能最大限度提升运输工具的装载空间利用率,缩小转场运输规模,提升转场效率。

4. 装卸运输保障成本

装载运输保障的成本主要包括采购费用和贮存费用。

若 c_i 为第 i 类备件的采购费用,s_i 为第 i 类备件的数量,则备件的采购费用为

$$C_1 = \sum_{i=1}^{I} c_i s_i \qquad (7-29)$$

式中:C_1 为保障备件采购费用;I 为备件的类别数。

另一方面,备件贮存费用的计算如下

$$C_2 = \sum_{i=1}^{I_1} s_i^{(1)} d_i^{(1)} + \sum_{i=1}^{I_2} s_i^{(2)} d_i^{(2)} \qquad (7-30)$$

式中:$s_i^{(1)}$ 为存放在本地级的第 i 类备件的数量;$d_i^{(1)}$ 为存放在本地级的单位备件贮存费用;I_1 为存放在本地级的备件类别数;I_2 为存放在中心级的备件类别数;C_2 为保障备件贮存费用。

保障备件总费用为

$$C = C_1 + C_2 \qquad (7-31)$$

7.10 保障系统建立和运行

为了有效建立与战斗机保障方案相协调的保障系统,确保战斗机定型时达到规定的保障性要求,必须在战斗机研制时同步对战斗机及其系统、设备开展保障性设计。

随着战斗机复杂程度的日益提升,战斗机的战备完好性和经济可承受性越来越受到各国军方的关注,在战斗机全寿命周期费用中使用保障费用占比越来越大。因此,利用新技术减少战斗机外部保障设备、缩小保障规模势在必行,建立敏捷、准确和经济的战斗机保障系统迫在眉睫。

7.10.1 保障系统技术特性及影响因素

战斗机保障系统是使用与维修战斗机所需的所有保障资源及其管理的有机组合,包括为满足战斗机执行任务要求的能力,使用保障和各级别维修所需要的配套保障资源、保障工作程序和人力编配等。因此,战斗机保障系统主要由保障资源、保障组织和保障功能三方面要素组成,如图7-35所示。这三方面要素相互作用、影响,共同构成战斗机保障系统,缺一不可。

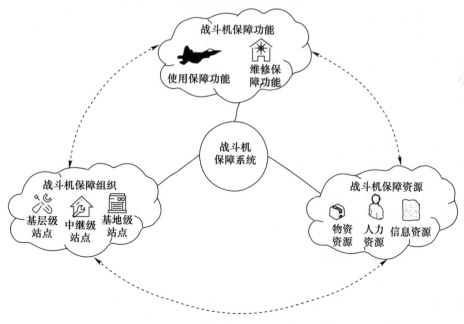

图7-35 战斗机保障系统组成要素

其中,战斗机保障资源是构成战斗机保障系统的物质基础,是为保证战斗机使用保障和维修应考虑的各种物资、人力、信息资源和条件,包括保障战斗机过程中需要使用或消耗的各类设备、工具、设施、备件、消耗品(如武器弹药、火工品、油料、油品、隐身材料、耗材);参与保障战斗机过程的各类人员,如维修人员、管理人员、训练人员等;保障战斗机过程中产生的相关信息及使用的技术资料等。

战斗机保障组织是指保障战斗机的相关组织机构的设置情况和具体组织形式等。通常,战斗机保障组织由不同层级的战斗机保障站点组成,各保障站点又进一步包括维修车间、使用外场、设备间等场所或机构。不同层级保障站点的人员组成和保障能力不同。

战斗机保障功能是指保障系统为使用保障、维修战斗机而需要实现的功能。它要求战斗机保障资源和保障组织之间有机结合、共同作用,才能实现。按照战斗机所处阶段的不同,战斗机保障功能可进一步分为战斗机使用保障功能和战斗机维修保障功能。

1. 技术特性

战斗机保障系统作为一类特殊的工程技术系统,具备其自身的系统特性,具体包括快速响应性、层次性、继承性、经济适用性、战时生存性等。

1) 快速响应性

战场态势瞬息万变,战斗机的维修保障需求也随之不断变化。因此,为了保障战斗机的作战能力,战斗机保障系统必须具有快速响应性。在得到维修保障需求后,战斗机保障系统应在规定时间范围内开始提供维修保障服务,并在规定时间范围内完成维修保障任务。

2) 层次性

战斗机保障性工程是一项非常复杂的系统工程,其具体的维修保障需求也随战斗机作战任务、作战规模等而变化。若为了使保障系统具备快速响应能力,盲目地为所有的战斗机使用、维修单位配置功能齐全的维修保障资源,形成超扁平化的组织结构,显然会产生巨大的耗费,同时也将造成巨大的资源浪费。因此,合理的战斗机保障系统在组织结构上往往具有层次性,按照战斗机保障能力或保障任务发生频率的不同,为各保障站点配置不同规模的保障资源。例如,设置数量较多的基层级保障站点,并为其配置较少的保障资源,以完成那些发生频率高、维修保障难度低的战斗机保障任务;设置数量较少但保障资源丰富的基地级维修保障站点,以完成那些发生频率低但保障难度高的战斗机保障任务。

3）继承性

战斗机保障系统通常都具有继承性。战斗机保障系统是一个涵盖人力、物力等多方面因素的典型的复杂大系统,在设计或构建这样复杂的大系统时,完全从零开始,脱离现有的技术手段是极具风险的。因此,在设计或构建新的战斗机保障系统时,通常都会或多或少继承现有的保障资源与保障组织,这不仅能降低设计开发风险,还能有效地缩短保障系统研制周期,并降低研发费用。

4）经济适用性

经济适用性是战斗机保障系统的一个重要特性。由于战斗机保障系统具有保障周期长、保障需求复杂、保障要求高等特点,所以战斗机的保障是十分耗费财力的。只有具有经济适用性的战斗机保障系统才能长期稳定地运行,才能保证战斗机的战斗力。如何在满足保障功能需求的前提下降低全寿命周期费用,是设计或改进战斗机保障系统的重要工作内容。越来越多的国内外研究表明,在战斗机设计过程中即进行保障性设计,能有效地减少战斗机保障需求、降低其保障难度和对维修保障资源的要求,进而极大地提高保障系统的经济适用性。

5）战时生存性

不同于其他产品对象的保障系统,战斗机保障系统天生就是为战争而服务的。当战斗打响时,战斗机保障系统也将面临威胁,如果不具备战时生存性,那么必将很快失去维修保障能力,无法为战斗机提供及时有效的保障服务,这将极大地影响战局发展,其后果不堪设想。因此,战斗机保障系统需要具有一定的战时生存性,以保证在面临威胁时仍能为战斗机提供保障能力。战斗机保障系统的战时生存性具体可体现在机动性、隐蔽性、抗打击能力等方面。

2. 影响因素

战斗机保障系统受多方面因素的影响,具体可分为外部影响因素和内部影响因素两大部分。其中:外部影响因素包括作战任务、指挥体系和法规制度等;内部影响因素则包括战斗机自身特性、保障系统组织结构等。

1）作战任务

战斗机保障系统由作战任务驱动,不同的作战任务对战斗机保障系统有不同的功能要求和保障资源要求。具体来说,对战斗机作战任务的描述包括作战任务类型、任务时长、任务地点、参与任务的战斗机数量等多个维度,其中每一个维度上的差别,都会对战斗机保障系统提出不同的要求、造成不同的影响。例如,相比短时长的作战任务,任务时长更长的作战任务要求保障系统为战斗机提供更多的燃油等耗材;作战任务类型为对敌攻击和空中加油的战斗机,其对保障系统的要求也有差别,前者要求保障系统提供攻击武器如挂载导弹等,而后者要求保障系统挂载副油箱等。

2）指挥体系

实际作战时的指挥体系结构也是影响战斗机保障系统的重要因素。为了充分发挥战斗机保障系统的作用，在作战时，战斗机保障系统的组织结构应与指挥体系的组织结构相对应，当取消或新增某一层次的指挥机构后，也应当对应取消或新增某一层次的保障组织结构，否则可能会出现保障组织脱离指挥范围等情况。例如，若在实际作战时，考虑任务需求取消了集团军作战指挥层次，即将作战指挥体系按照统帅部、战区级指挥结构、联合战术兵团指挥机构三级模式构建后，相应在集团军作战这个指挥层次上就不应再设计一层保障级别。

3）法规制度

战斗机保障系统同时也受到相应法规制度的影响。相关法规制度具体包括战斗机保障时必须遵照的操作手册、调用保障资源时必须遵循的规章制度以及其他不得违背的条令条例或法律法规等。这些条例法规既为参与保障的各类人员提供了操作指南、保证其安全，为他们划清责任边界，也保证了战斗机保障系统的高效、有序运行。

4）战斗机自保障特性

被保障战斗机的自保障特性包括其自身的可靠性、维修性和保障性，对战斗机保障系统有着巨大影响。可靠性高的战斗机故障发生频率低，相应的保障活动次数少，对保障资源的规模需求小，设计构建保障系统时更简单便捷。而可靠性低的战斗机故障发生频率高，要求大量的保障资源，其保障花费也巨大，将显著降低保障系统的经济适用性。维修性、保障性高的战斗机由于在设计时考虑的维修需求更多，其在实际维修时对维修工具或维修人员的要求低，保障工作更加简单、时间更短，可以大大简化保障流程，提高战斗机保障系统的工作效率。

5）组织结构

战斗机保障系统的组织结构及其具体的地域分布直接影响保障系统的整体保障能力、保障效率和费用等。如战斗机保障系统基层级维修站点设置较少，则会很容易出现战斗机等待维修的情况，大大降低维修保障效率；若上一层级维修站点与对接的下一层级维修站点在地域分布上不均匀、不相近，则在跨层级的保障时，要花费相当多的时间在转运过程中，也会显著降低保障效率并增加保障费用。

7.10.2 保障系统基本设计要求

战斗机保障系统设计的基本要求，一般包括功能要求、适应性要求、效率要求和经济性要求等，其具体含义如下。

1. 功能要求

构建战斗机保障系统的目的是对战斗机进行有效的保障,使其能够尽快重新拥有战斗力。因此,在设计战斗机保障系统时,首先应考虑功能要求,保证其能满足保障任务需求。面对不同的功能要求,构建的战斗机保障系统也不尽相同。理想情况下,战斗机保障系统的任务需求是使所有战斗机都时刻保持完好可用的状态,然而这在现实中是无法实现的。事实上,根据实际需要或实际条件,战斗机保障系统的功能要求从高到低可分为三个不同层级。

第一层级功能要求是实现作战任务需要的所有战斗机都得到足够的维修保障,即维持可用的战斗机始终不小于战场实际需要的战斗机数量。这一层级的功能要求可以保障战斗任务的顺利完成。

第二层级功能要求是实现战场上所有的可作战人员时刻拥有完好可用的战斗机。这一层级的功能要求可以维持战斗部队的基本作战能力。

第三层级功能要求是保持可用战斗机数量能够让战斗部队拥有战斗能力,否则战斗部队失去战斗力,将会导致战斗任务的失败。这一层级的功能要求是战斗机保障系统的最低要求。通常来讲,当战斗部队的战斗数量损失 60% 及以上时,可以认为战斗部队失去了战斗能力。

保障系统的功能要求也可以通过一些定量参数来表述,例如使用可用度、能执行任务率、出动率等战备完好性参数。其中,使用可用度既可用于平时,也可用于战时,而能执行任务率和出动率主要用于衡量战时战斗机的出动强度。

2. 适应性要求

在现代战争中,部队的作战体系包括组织结构体系、指挥体系、兵力空间部署情况等,这些都是时刻变化的。相应地,设计构建的战斗机保障系统也应保持与部队的作战体系相适应。当前,在我国空军现行的保障组织结构中,各建制部队通常都有自己的保障组织,同时还能得到上一级保障组织的支援,这有助于划分各保障组织的保障任务与职责,同时还能让部队以不同规模进行一些独立作战任务。因此,设计构建战斗机保障系统时,应该在一定程度上适应现有的保障体系。此外,还要考虑到战斗机的作战任务要求、作战区域的地理信息、使用部队的编成部署和可能的战场敌我态势等,对战斗机保障系统进行设计构建,使其与部队的作战体系相适应、与指挥体系相协调、与作战任务相匹配。

3. 效率要求

保障的效率要求是设计、构建战斗机保障系统时需要考虑的一个重要因素。一个合理的保障系统应该具备较高的维修保障效率,能够保障战斗机的保障需求在规定时间范围内得到满足。保障系统的效率具体体现在保障过程能否及时开始并及时完成,也就是产生保障需求到保障需求被满足之间的耗费时间,越短的耗费时间代表着越高的保障效率,也在一定程度上代表着越强的部队战斗力。高效率的保障系统要求对保障组织的空间部署情况、资源分配、维修保障工具与手段等进行统筹优化,同时还要考虑到不同保障需求的发生概率、保障难度等。

同样地,战斗机保障系统的效率要求也可以通过一些定量指标来衡量,具体包括战斗准备时间、再次出动准备时间、平均维修时间等。其中,战斗准备时间是战斗机从接收到任务命令时至投入战斗的准备时间,或者战斗中的前次任务结束返回至再次出动、投入战斗的准备时间。对于战斗机而言,一般的战斗准备工作包括:保养和检查、更换吊舱、补充消耗品(如燃油和氧气)等。

4. 经济性要求

战斗机保障系统的经济性是指对战斗机全寿命周期过程进行保障所需要的费用,费用越少的保障系统经济性越高。一个设计良好的战斗机保障系统应该在保证满足保障需求的基础上,尽可能提高其经济性。具体地,提高保障系统的经济性可以通过合理部署不同层级的保障组织、科学设置备件数量和规模、尽量减少保障工具种类和数量,尽可能提高零部件通用性等措施来实现。

7.10.3 保障系统的建立过程

战斗机在通过地面试验、试飞、作战试验评估等各阶段的使用考核评估后,即使满足了用户的保障性要求,达到了可交付状态,但距离其形成初始作战能力和保障能力还有一定的差距。根本原因是未建立战斗机的保障系统,无法使保障对象、保障资源及管理形成有机组合。战斗机必须在部署过程中建立保障系统,才能形成有效的保障能力。

战斗机部署是一个由研制生产向使用转移的过程,需要大量的费用和人力,是一个能力逐步形成的过程,不能简单地理解为移交。战斗机部署过程非常复杂,必须事先制定部署计划,在管理部门和工业部门的有效协作下,建立保障体系。用户在完成场站设施建设、训练、实操、接装等一系列准备工作后,形成使用保障能力和维修保障能力,才可转入执行常规训练和作战任务。

1. 制定部署保障计划

按照管理部门制定的战斗机部署计划,用户需制定战斗机部署保障计划。

部署计划是由军方机关按照订货合同、作战计划等,对新型战斗机的部署安排,其中包括了新型战斗机的简要说明、部署地区、防卫区域、部署数量、部署周期安排等。部署计划是制定部署保障计划的必要条件。

部署保障计划是对战斗机部署保障工作的详细安排,一般包括工作目的、内容、方法、责任单位、起始和完成时间等,并规定工业部门与用户的协调沟通方式和途径。

部署保障计划的主要内容包括:
(1) 保障组织的组成、职责以及相互间的协作方式;
(2) 战斗机接收和训练的初始人员和人力要求,工作安排;
(3) 保障设施建设,包括机库、维修车间、跑道、武器库房、训练教室等;
(4) 保障设备、工具的采购和培训;
(5) 备件种类、数量的保障筹划,以及供应链管理;
(6) 技术资料配套;
(7) 战斗机保障信息收集和综合评价系统;
(8) 费用使用计划;
(9) 部署进度安排,如逐年小规模接装还是一次性全部接装;
(10) 其他需说明的问题。

部署保障计划应在战斗机研制初期开始制定,并随着战斗机研制的深入不断细化,一直到工程研制阶段基本细化完成,给出详细的部署保障计划。在建立保障系统过程中,应做好工业部门和用户的保障交接工作。

2. 部署实施,建立保障系统

部署实施是指将具备交付技术状态的战斗机及保障资源,按照规定的数量交付给用户,从用户人员培训、接装、部队试用,直至形成初始保障能力的过程。

战斗机部署阶段的任务包括:接装前培训;用户接装试用,保障资源的使用验证;用户评价战斗机保障性,发现并提出保障问题,并提出纠正缺陷建议;保障系统的调整完善。

战斗机的部署可按照接装前准备、初始部署或部队试用、战备完好性评估和保障系统完善等 3 个步骤进行。

1) 接装前准备

(1) 接装前用户派人到工业部门进行首装训练(详细训练规划见第 7.5.2 节内容),通常情况有理论培训、模拟器培训和实物操作培训等。

(2) 用户根据新型战斗机综合保障建议书,对照现有的设施、设备、工具等,提出相应的建设、采购和调试需求。

(3) 用户在接装战斗机的同时,对工业部门提供的全套保障设备、资料、备件等完备性、齐全性进行验证。

(4) 用户对照新型战斗机的特点,对现有的组织机构、规章制度、人员能力进行适应性调整,以适应其使用和维修要求。

2）初始部署或部队试用

由于现代战略局势的急迫需要,新型战斗机往往还未进行定型就交付用户使用。因此,部队试用和初始部署工作通常是结合进行的。

(1) 用户在初始部署时,通过战斗机及保障资源的试用,可对前期研制阶段的使用和保障问题的解决措施有效性进行验证,确保其交付的所有保障资源是满足用户实际使用要求的。

(2) 用户结合日常作战训练任务,通过一定强度的使用和保障,记录、收集和评价战斗机的作战使用适应性和战备完好性,为新型战斗机达到稳定的技术状态奠定基础。用户使用保障人员也通过试用战斗机进一步提升了能力。

3）战备完好性评估和保障系统完善

该阶段是对新型战斗机及保障资源试用总结和提高的过程,主要工作如下:

(1) 用户进行试用过程中数据的收集整理和统计分析,评估其战备完好性水平。

(2) 用户评价训练、使用、测试、维修所需设备、设施、资料的完备性、适用性等,提出改进建议。

(3) 用户评价调整后的保障组织运行情况和适用性,提出改进建议。

(4) 用户评价备件预置方案的合理性以及调整建议。

(5) 工业部门应根据用户的反馈信息对战斗机及保障资源出现的问题进行处理或改进。

3. 保障系统运行中常见的问题

保障系统运行过程中常见的问题及解决方式如下:

(1) 保障系统是在保障特性分析和设计的基础上建立的,由于大量新技术应用以及人的认知局限,无法在研制阶段就能识别出所有的故障模式,采取设计改进或使用补偿措施,所产生的问题会导致保障系统部分功能缺失。因此,用户在保障系统运行期间,应重点关注战斗机实际使用中技术资料未涉及的情况,并及时向工业部门反馈以便采取必要的限制使用措施。

(2) 保障信息数据收集整理难度大,在保障特性分析过程中(例如 FMECA、RCMA、FTA 等),均使用了产品故障率、故障判据、故障检测方法、修复时间和费用等信息。但是在实际工作中,用户以完成作战训练任务为工作重心,重点关注战斗机的战备完好性,对产品故障率、检测方法、修复时间并不关注,导致实际采集的数据有效性难以保证。因此,更应重视新型战斗机保障信息系统的研发使用,直接从战斗机健康管理系统和飞行记录系统中读取飞机状态信息、飞机故障信息等,降低人为因素对数据准确性和有效性的影响。

(3) 故障率预计值和实际值有较大差异。预防性维修工作和修复性工作以及配套的保障资源都来源于故障,而在研制过程中,故障率多采用预计和类比的方法获取,战斗机在试验、试飞过程中的验证具有局限性,故障率预计值和实际值会有较大的差异。由于战斗机配套的保障设备、工具、备件等是根据故障率进行规划和研制的,会导致保障资源不能完全满足实际需求。因此,随着战斗机的不断部署,工业部门需不断收集用户实际使用信息,摸清楚战斗机故障规律,不断对保障系统进行调整和改进,以适应战斗机的实际作战使用需求。

第 8 章　保障性试验与评价

保障性试验与评价是考核和验证战斗机满足保障特性及保障系统要求的程度,通过对战斗机及其保障系统进行试验,分析试验结果,将试验结果与设计要求进行比较,从而评价战斗机保障特性及保障系统设计水平及使用效果,并提出改进措施。

战斗机保障性是战斗机的设计特性和计划的保障资源满足平时战备完好性和战时利用率要求的能力。因此,战斗机保障性试验与评价的对象是战斗机的保障特性、保障资源特性、战斗机和保障系统构成的战斗机装备系统特性三个方面,属性维度主要围绕反映战备完好性和利用率相关的定性、定量要求。

保障特性试验与评价过程主要涉及环境应力筛选试验、可靠性仿真试验、可靠性强化试验、可靠性增长试验、可靠性鉴定试验、可靠性验收试验、维修性核查、维修性验证、测试性试验与评价等。

保障资源试验与评价过程主要涉及保障设备、保障设施、技术资料、供应保障、人力人员、训练与训练保障、包装贮运、计算机资源保障等验证和评价。

作战使用保障评估过程主要涉及战备完好率评估、再次出动能力评估、等级转进评估、出动架次率评估、使用可用度评估。

8.1　保障特性试验与评价

战斗机保障特性试验与评价是针对可靠性、维修性、测试性等设计特性的试验与评价,目的是发现产品在设计、材料或工艺方面的缺陷和问题,并验证其是否符合保障能力技术规范,为开展作战使用保障能力评估提供信息。

战斗机保障特性试验与评价可按目的、内容和进行方式,将所要进行的试验与评价归纳为研制阶段试验与评价和使用阶段试验与评价两类。

保障特性研制阶段试验与评价主要验证的是战斗机达到保障特性要求的程度。该阶段试验与评价工作由承制方负责,属于工程试验范畴,在试验过程中可以改变产品的技术状态,通常在试验室内加速或模拟实际工作条件和环境条件开展试验。其特点是试验条件和试验周期可控,试验结果具备重现性和可比性,但对环境和其他使用条件的模拟往往受到设备能力的限制。

保障性使用阶段试验与评价是对战斗机在实际使用条件下进行现场试验，验证战斗机的使用效能和使用适用性的程度。该阶段试验与评价工作由第三方试验鉴定机构负责，属于统计试验，在试验过程中不能改变产品的技术状态。其特点是产品可在真实的使用条件(包括负载、接口、操作和维修等)和环境条件下进行试验，试验结果能反映出产品的实际保障特性水平；但由于环境条件不可控，要保障在使用现场试验期间经受的环境条件能代表产品寿命内的各种典型环境条件及其相应的持续时间十分困难，且试验周期时间长，试验过程管理复杂。

8.1.1 可靠性试验与评价

可靠性贯穿于产品从设计、生产、服役到其寿命终止的整个过程。对于战斗机而言，其经历的研制阶段、生产阶段和使用阶段都会出现可靠性问题。可靠性试验与评价是对战斗机的可靠性进行评价并获取相关数据的活动，可靠性评价则是判定其性能是否达标的过程。

对战斗机开展可靠性试验的主要目的如下：

(1) 发现其在设计、材料和工艺方面的缺陷；

(2) 确认战斗机的可靠性指标是否符合可靠性定量要求；

(3) 为后续对其战备完好性、任务成功性、维修人力费用和保障资源费用等指标评价提供信息。

可靠性评价是根据战斗机的结构、系统、设备寿命分布模型、试验结果以及已有与战斗机可靠性相关的所有其他信息，利用概率统计方法，对其可靠性所达到的水平进行分析和确认的过程。

产品的可靠性是设计和制造出来的，但必须通过试验进行增长和验证。在产品的研制阶段，为了保证产品具有一定的可靠性水平或提高产品的可靠性，可以通过试验暴露产品的缺陷，进而对故障进行分析，并采取有效的纠正措施，使产品的可靠性得到保证或提高。在设计定型前，要对产品进行鉴定试验，验证产品是否达到规定的指标。在产品的生产阶段，为了保证产品具有应该达到的可靠性水平，要进行各种质量控制、工艺制造及试验。例如，为了暴露不良元器件的各种缺陷，以及排除使用中的早期故障，需要进行环境应力筛选，环境应力筛选一般用于元器件、部件、组件或者整机。对批生产的产品在交付使用前，要通过验收试验来对产品的可靠性进行验证；对用户而言，合格的接收，不合格的拒收。在产品的使用维护阶段，为了解产品在使用现场的可靠性水平，要进行外场试验和可靠性的统计和评估，等等。下面对常见的可靠性试验进行简要介绍。

1. 环境应力筛选试验

通过设计使产品达到了一定的固有可靠性,并不意味着投产后生产的产品就能具有这一可靠性水平。实际上由于制造过程可能会有各种缺陷,使产品可靠性低于设计固有的可靠性水平。

环境应力筛选试验的作用就是为了剔除早期故障,通过筛选发现和排除不良元器件、制造工艺和其他原因引入的缺陷造成的早期故障。在环境应力筛选试验中,通过对产品施加一定的环境应力,使产品的潜在缺陷提前在出厂交付前暴露并加以排除,从而使交付的产品达到或接近设计固有的可靠性水平。环境应力筛选试验是一种工艺手段。

环境应力筛选通常采用常规筛选、定量筛选和高加速应力筛选三种方式。

(1) 常规筛选是指不要求筛选结果与产品可靠性目标和成本阈值建立定量关系的筛选,所用的方法是凭经验确定的。筛选时不估计产品中引入的缺陷数量,也不知道所用应力强度和检测效率的定量值,对筛选效果好坏和费用是否合理不作定量分析,仅以能筛选出早期故障为目标。筛选后产品的故障率不一定能到达偶发故障期阶段,如图 8-1 所示,常规筛选的结果,产品的故障率不可能到达 F 点。

(2) 定量筛选是指筛选结果与产品可靠性目标和成本阈值建立定量关系的筛选,但是由于缺乏必要的数据,在实际操作中基本没有采用。

(3) 高加速应力筛选(highly accelerated stress screening,HASS)是近年来在高加速寿命试验(highly accelerated life testing,HALT)基础上发展起来的一种新的筛选。这种方法的特点是使用的应力大,需要的时间短。例如,温度变化速率可高达 60℃/min,随机振动的加速度均方根值高达 $20g$ 以上,温度循环总时间小于2h。与常规筛选和定量筛选不同,高加速应力筛选的应力要根据研制阶段应用 HALT 得到的产品工作极限和破坏极限来确定。

由于高加速应力筛选试验的应力大,若参数设置过大,超过材料的损伤容限,则会造成产品的损伤。因此,战斗机机载设备环境应力筛选通常采用常规筛选,主要适用于电子产品,也可用于电气、机电、光电和电化学产品,但不适用于机械产品。

环境应力筛选试验的效果主要取决于施加的环境应力、电应力水平和检测仪表的能力。施加应力的大小决定了能否将潜在缺陷激发为故障;检测能力的高低决定了能否将已被应力加速变成故障的潜在缺陷找出来,通过纠正措施准确加以排除。因此,环境应力筛选可看作是质量控制检查和测试过程的延伸,是一个问题析出、识别、分析和纠正的闭环过程。

战斗机机载设备通过了可靠性鉴定试验,仅说明其设计的固有可靠性达到

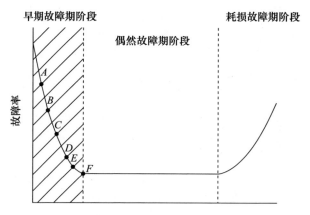

图 8-1 筛选剔除寿命期浴盆曲线早期故障部分示意图

了规定的要求,可以投入批生产,但不能保证批生产中生产的产品均具有这一可靠性水平。产品样本通过了可靠性验收试验,并不能表明该批产品中所有其他产品均具有与其相同的可靠性,因为生产中引入的缺陷是随机的,产品样本中的缺陷情况不能代表其他产品中引入的缺陷情况。因此,环境应力筛选一般不抽样,而应 100% 进行。

环境应力筛选试验适用于战斗机机载设备的研制、生产和使用阶段,其在研制各阶段的应用如图 8-2 所示。

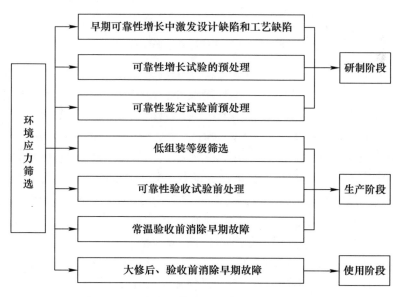

图 8-2 环境应力筛选在寿命期各阶段的应用

2. 可靠性仿真试验

可靠性仿真试验是针对战斗机机载电子产品、机电产品电子部分的数字样机开展的可靠性研制试验。它以产品的设计参数、使用环境条件为基础，应用应力损伤原理，通过数值计算，分析潜在的故障信息，找出产品设计的薄弱环节，并预计产品的平均首发故障时间，评价产品的可靠性水平。

可靠性仿真试验的目的是通过建立产品的数字样机，将产品所经历的温度、振动、电等载荷分解到产品的基本模块上，进行应力分析和故障分析，对产品的可靠性水平进行评估，从而发现产品可靠性薄弱环节，以指导改进设计并提高产品的可靠性水平。

可靠性仿真试验共有5个步骤：产品设计信息采集、产品数字样机建模、应力分析、故障预计、可靠性仿真评估，其试验流程如图8-3所示，各步骤具体说明如下：

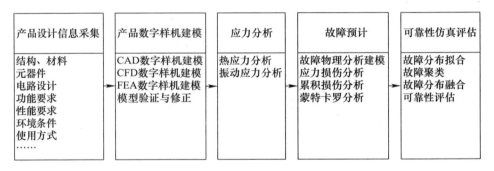

图8-3 可靠性仿真试验流程图

（1）产品设计信息采集。收集产品相关的数据信息，包括结构、材料、元器件、电路设计、功能要求、性能要求、环境条件和使用方式等。

（2）产品数字样机建模，包括 CAD 数字样机、计算流体动力学（computational fluid dynamics，CFD）数字样机和有限元分析（finite element analysis，FEA）数字样机。先建立 CAD 数字样机，描述产品的结构几何特性；然后建立 CFD 数字样机和 FEA 数字样机，分别描述产品的热特性和振动特性。

（3）应力分析，包括振动应力分析和热应力分析，见图8-4和图8-5。在已建立的数字样机上施加产品预期的工作和环境条件，分析相应的应力分布。

（4）故障预计包括故障物理分析建模、应力损伤分析、累计损伤分析和蒙特卡罗分析。应用合适的故障物理模型，以设计模型和应力分析结果作为输入，分析产品在预期环境下的可靠性。还可以使用蒙特卡罗仿真方法进行分析，以考虑材料属性和制造工艺等的影响。

图8-4 可靠性仿真振动应力分析

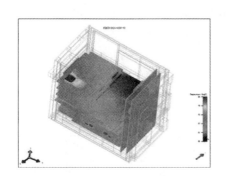 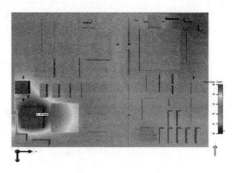

图8-5 可靠性仿真热应力分析

(5)可靠性仿真评估包括故障分布拟合、故障聚类、故障分布融合以及可靠性评估。对产品的可靠性进行预计,为产品的设计迭代提供参考和依据。

战斗机机载设备的可靠性仿真试验一般在设备初步设计阶段开始,一直持续到详细设计阶段,一般应至少完成两轮可靠性仿真试验,并且最后一轮的产品状态应为定型/鉴定状态。每轮仿真试验后,给出该版本状态下的产品可靠性薄弱环节、主要故障机理。产品承制单位根据仿真结果对产品改进设计,并再次进行仿真试验,通过多次迭代设计方案,验证改进效果,优化设计方案。

3. 可靠性强化试验

可靠性强化试验(reliability enhancement testing,RET)是在产品的研制阶段,采用比技术规范极限值更加严酷的试验应力,加速激发产品的潜在缺陷,并进行不断地改进和验证,提高产品的固有可靠性。它是一种研制试验,又称加速应力试验(accelerated stress test,AST)。

可靠性强化试验的目的是使产品设计得更为"健壮",基本方法是通过施加步进应力,不断地加速激发产品的潜在缺陷;并进行改进和验证,使产品的可靠性不断提高,使产品耐环境能力达到最高,直到现有材料、工艺、技术和费用支撑能力无法作进一步改进为止。

由于机械产品的寿命大多数呈非指数分布,其故障多发区一般集中在耗损阶段。因此,对其安排强化试验意义不大。电子产品寿命基本上服从指数分布,且试验环境易于模拟。因此,可靠性强化试验的对象主要是电子产品。对于电气、机电及光电产品,如果试验条件允许,也可安排可靠性强化试验。

可靠性强化试验具体实施过程分为试验设备温控能力测试、产品温度分布测试、低温步进应力试验、高温步进应力试验、快速温变循环试验、振动步进应力试验和综合环境应力试验等几个步骤。其中,快速温变循环试验的温度应力极限通过低温步进应力试验和高温步进应力试验确定。低温步进应力试验、高温步进应力试验和振动步进应力试验确定的应力极限也是作为确定环境应力试验应力条件的依据。可靠性强化试验的实施程序如图8-6所示。

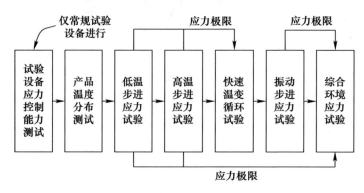

图8-6 可靠性强化试验实施程序

可靠性强化试验使用的试验设备是以液氮制冷技术和通过风管直接将气流吹向产品,来实现超高降温的高温变速率的温度循环环境;以气锤连续冲击多向激励技术来实现三轴六自由度的全轴振动环境;以上述两种环境应力与温度应力综合来实现强化应力的综合环境。

可靠性强化试验的高温和低温步进试验示意图详见图8-7和图8-8。

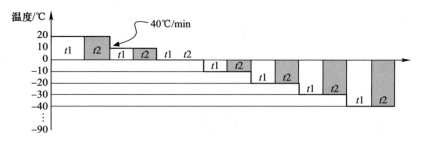

图8-7 典型低温步进试验剖面图

$t1$—温度稳定时间;$t2$—功能性能检测时间。

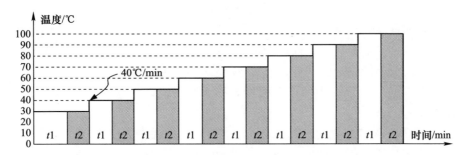

图 8-8　典型高温步进试验剖面图

4. 可靠性增长试验

可靠性增长试验是《装备可靠性工作通用要求》(GJB 450A—2004)的一个工作项目,其目的是通过对产品模拟实际使用环境的综合环境应力,暴露产品中的潜在缺陷并采取纠正措施,使产品的可靠性达到规定的要求。《可靠性增长试验》(GJB 1407—1992)规定了可靠性增长试验的要求和方法,它是一种特定的可靠性研制试验。

可靠性增长试验要激发出产品内的设计缺陷,采取纠正措施,并验证纠正措施的有效性,使产品的固有可靠性得到切实增长。同时,可靠性增长试验还需评估出产品的实际可靠性水平。因此,可靠性增长试验的试验剖面必须模拟真实的使用环境,其使用的环境条件与可靠性验证试验相同,通常按《可靠性鉴定和验收试验》(GJB 899A—2009)的规定来制定。

可靠性增长试验的重要目的是使产品的可靠性达到鉴定时的可靠性要求,以便产品的可靠性鉴定试验能够顺利通过,或以成功的可靠性增长试验来代替可靠性鉴定试验。因此,正式的可靠性增长试验应在成功地完成环境鉴定试验之后、进行可靠性鉴定试验之前、将要完成全面研制时进行。为此,要求用于可靠性增长试验的样机或试生产产品的技术状态必须能代表预期批生产产品的技术状态和生产工艺。若在环境鉴定试验之前进行可靠性增长试验,如果产品不能满足环境适应性要求而需要更改设计,那么就会导致可靠性增长试验需要重新进行。

鉴于此,当产品进行专门的可靠性增长试验时,应完成环境鉴定试验,而且增长试验应在可靠性鉴定试验之前结束,并将全部有效的纠正措施用于受试产品。

可靠性增长试验通常使用杜安和 AMSAA 两种模型,详细介绍和应用说明见《可靠性增长试验》(GJB 1407—1992)的附录 A、附录 B 以及何国伟、戴慈庄主编的《可靠性试验技术》一书。

（1）杜安模型适用于对受试产品连续不断地进行可靠性改进工作的过程，因而产品的可靠性是逐步提高的，不允许有多个故障集中改进而使产品的可靠性突然有较大幅度提高。它通过图解的方法来分析可靠性增长数据，根据杜安模型绘制的可靠性参数曲线图，可以反映受试产品可靠性参数的变化，并能得到可靠性参数的估计值。为使杜安模型具有坚实的统计学基础，可用 AMSAA 模型作为补充。

（2）AMSAA 模型把可修复产品在可靠性增长过程中关联故障的累积过程建立在随机过程理论上，认为关联故障的累积过程是一个特定的非齐次 Poisson 过程。它利用非齐次 Poisson 过程建立的可靠性增长模型，既可用于可靠性以连续尺度度量的产品，也可用于在每个试验阶段内试验次数相当多且可靠性相当高的一次性使用的产品。AMSAA 模型仅能用于一个试验阶段内，而不能用于跨阶段对可靠性进行跟踪；能用于评估在试验过程中引进了改进措施而得到的可靠性增长，而不能用于评估在试验阶段结束时引入的延缓改进措施而得到的可靠性增长。

杜安模型的通用表达式为 $\lambda_\Sigma(t) = kt^{-m}$，它认为增长是确定的。而 AMSAA 模型则给出了描述增长过程的随机特性，它允许对数据进行统计处理，为达到评估目的可进行统计估计，并找出置信度界限，对数据可进行客观的拟合优度检验。杜安模型与 AMSAA 模型的比较见表 8-1。

表 8-1 杜安模型与 AMSAA 模型的比较

模型名称	优点	缺点
杜安模型	① 具有值得重视的经验依据，特别是在电子硬件研制方面。 ② 模型参数的物理意义容易理解，参数 m 与故障的改进程度相关。 ③ 模型曲线在双对数坐标纸上为一直线。因此，可靠性增长曲线的图解说明非常直观、简单，便于制定增长计划，增长过程跟踪简便。 ④ 应用广泛，可用于电子、机械等所有产品。	① 需要在试验之前制定计划，此时确定的起始点、增长率均凭经验确定，故存在一定误差，对计划的精确性有较大的影响。 ② 跟踪是由累积的故障数作图来完成的，其准确性取决于对画出的各点是否接近于一条直线的主观判断。要找到最优的拟合曲线，有时就成为问题，因为故障的趋势呈束状。 ③ 杜安模型中未考虑随机现象，对最终结果不能提供依据数理统计的评估。
AMSAA 模型	AMSAA 模型最大的优点就是具有随机特性，可对数据进行统计处理。因此，它经常被用于评估产品可靠性增长试验的结果，为增长试验提供带有置信度的统计数值，即为增长试验替代鉴定试验提供有力的依据。	由于 AMSAA 模型的前提假设是在产品的改进过程中，故障服从非齐次 Poisson 过程。因此，限制了 AMSAA 模型的使用范围，即只能用于故障具有指数分布的产品，且一旦发生故障就应及时改进。虽然在 AMSAA 模型中也介绍了分组数据和强度函数不连续的情况，但在实际应用中仍很困难。

5. 可靠性鉴定试验

可靠性鉴定试验与可靠性验收试验都属于统计验证试验,是验证产品是否达到规定的可靠性要求而采取的试验方式。按照《可靠性维修性保障性术语》(GJB 451A—2005)定义,可靠性鉴定试验是"为验证产品设计是否达到规定的可靠性要求,由订购方认可的单位按选定的抽样方案,抽取有代表性的产品在规定的条件下所进行的试验。"

可靠性鉴定试验是《装备可靠性工作通用要求》(GJB 450A—2004)的一项工作(工作项目 404),该要求明确"可靠性鉴定试验的目的是向订购方提供合格证明,即产品在批准投产之前已经符合合同规定的可靠性要求。可靠性鉴定试验必须对要求验证的可靠性参数值进行估计,并做出合格与否的判定;必须事先规定统计试验方案的合格判据,而统计试验方案应根据试验费用和进度权衡确定。可靠性鉴定试验是工程研制阶段结束时的试验,应按计划要求及时完成,以便为设计定型提供决策信息。"

由于可靠性鉴定试验是要验证研制产品的可靠性水平,所以试验条件要尽量真实,采用能够提供综合环境应力的试验设备进行试验,或者在真实的使用条件下进行试验。试验采用的综合环境试验条件应经订购方认可,试验应按指定的可靠性验证试验程序进行。可靠性鉴定试验剖面与可靠性增长试验剖面相同,通常按《可靠性鉴定和验收试验》(GJB 899A—2009)的规定来制定。

验证试验条件是可靠性验证试验方案中的重要内容。试验条件应尽可能模拟真实使用情况,一般验证试验所施加的环境应力类型包括:温度(高、低温)、湿度和振动(随机)应力;必要时还可施加低气压应力。确定应力量值的优先顺序如下:

(1)实测应力:受试产品在实际使用中,执行典型任务剖面时,在其安装部位测得的数据,经过分析处理后确定的应力。

(2)估计应力:根据与受试产品处于相似位置,具有相似用途的产品在执行相似任务剖面时测得的数据,经分析处理后确定的应力。只有在无法得到实测应力的情况下才可使用估计应力。

(3)参考应力:采用 GJB 899A—2009 给出的应力量值或按该标准提供的数据、公式和方法导出的应力。只有在无法得到实测应力或估计应力的情况下才可使用参考应力。

可靠性鉴定试验剖面的环境条件不同于环境试验的极值条件,它按时序模拟受试设备在使用中经历的最主要应力以及其动态变化过程。按确定应力的优先次序来制定可靠性鉴定试验剖面,作为参考应力,GJB 899A—2009 附录 B 中规定了一套根据任务剖面确定环境剖面,再将环境剖面简化为试验剖面的方法,使所得到的试验剖面基本上能反映产品在执行任务中遇到的主要应力及其随时间变化的动态情况。可靠性鉴定试验的应力选取在产品寿命周期内,对产品可靠性有较重要影响的主要环境应力,包括气候环境中的温度应力、湿度应力,力学环境中的振动应力,并将电压波动和通、断电作为电应力纳入试验条件,四种应力按照一定时间顺序综合施加。典型产品的可靠性鉴定试验剖面示意图如图8－9所示。

试验中出现的故障应予以分析、分类和记录。性能参数超出规定容许限时即认为是出现故障。如果可靠性验证试验的结论为拒收,承制方则应对试验中出现的故障采取有针对性的有效纠正措施后,重新进行可靠性验证试验。试验时间主要取决于验证的可靠性要求和选用的统计试验方案。

6. 可靠性验收试验

可靠性验收试验与可靠性鉴定试验都属于统计验证试验,按《可靠性维修性保障性术语》(GJB 451A—2005)定义,可靠性验收试验"为验证批生产产品是否达到规定的可靠性要求,在规定条件下所进行的试验"。即可靠性验收试验是验证批生产期间按批生产的工艺及流程、工装、生产管理生产的产品,其可靠性是否保持了规定的可靠性水平。

可靠性验收试验是《装备可靠性工作通用要求》(GJB 450A—2004)中的一项工作(工作项目405)。根据可靠性验收试验的目的,试验必须反映实际使用情况,并提供要求验证的可靠性参数的估计值。《可靠性鉴定和验收试验》(GJB 899A—2009)规定了可靠性验收试验的要求,提供了验证试验的统计试验方案(指数分布)与参数估计、确定综合环境条件的方法和可靠性验证试验的实施程序。

可靠性验收试验的主要内容包括确定可靠性验收试验剖面、统计方案、检测内容、故障判据、故障分类、故障统计原则,以及样件的抽样方法。

1)确定可靠性验收试验环境条件

可靠性验收试验环境条件的确定方法,可参照可靠性鉴定试验剖面确定方法进行,也可以直接采用该产品可靠性鉴定试验的试验剖面。

2)可靠性验收试验统计方案

可靠性验收试验一般采用 GJB 899A—2009 推荐的定时试验方案,也可以采用序贯截尾试验方案进行;统计方案的选择可参考可靠性鉴定试验相关内容,也可以直接采用该产品在进行可靠性鉴定试验时的统计方案,或采用经订购方批准的其他统计方案。

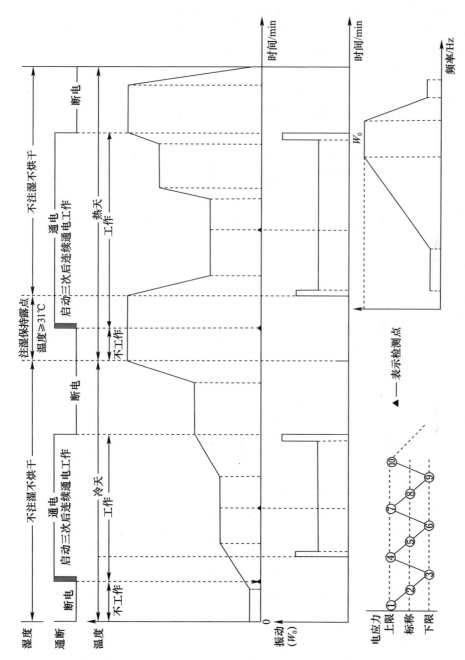

图 8-9 可靠性鉴定试验剖面示意图

3）可靠性验收试验的样本

可靠性验收试验的样本受试产品应由订购方从批生产产品中随机抽取。若订购方无其他规定,每批产品至少应有 2 台接受试验。推荐的样本大小为每批产品的 10%,但最多不超过 20 台。仅在特殊情况(如安全或完成任务要求)下才采用全数试验。

4）工作要点

(1) 可靠性验收试验是验证产品的可靠性是否随批生产期间工艺、工装、工作流程、零部件质量等因素的变化而降低。

(2) 应根据产品使用情况、重要程度和生产过程中可靠性控制情况等因素确定进行可靠性验收试验的产品。例如,某型战斗机机载雷达在进行可靠性验收试验时,从整批产品中由使用方抽取 1 套样件进行可靠性验收试验。此次可靠性验收试验大纲直接采用了该雷达在设计定型可靠性鉴定试验时所用的《设计定型可靠性鉴定试验试验大纲》有关要求。试验在使用方监控下由有资质的第三方实施。试验中受试产品出现一次责任故障,该故障通过分析确定为焊接质量问题。根据试验大纲中试验统计原则、故障判据、故障分类等有关规定,该产品通过此次可靠性验收试验。

7. 可靠性试验与评价准则

故障是指战斗机及其系统、设备中止工作或其性能下降超出了允许范围或战斗机出现了异常现象。在评价时出现下列事件或状态应计为故障(含软件引起的故障):

(1) 战斗机或发动机、功能系统、机载设备(不含所携带的武器,下同)不能完成规定的功能。

(2) 战斗机或发动机、功能系统、机载设备性能降级,超出了有关的技术条件或规范规定的性能降级极限要求。

(3) 引起计划外更换或维修的事件。

故障分为关联故障和非关联故障,关联故障又分为责任故障和非责任故障,故障分类如图 8-10 所示。

责任故障用于平均故障间隔飞行小时(MFHBF)、平均严重故障间隔时间(MTBCF)和平均故障间隔时间(MTBF)的计算;非责任故障不被用于可靠性参数的评价,但所有非责任故障都应加以记录,并按 FRACAS 的规定进行报告。下列故障为非责任故障:

(1) 由于误操作而造成的故障。

(2) 可证实是由于检查或维修人员引入的人为故障以及由于检测设备故障而造成的故障。

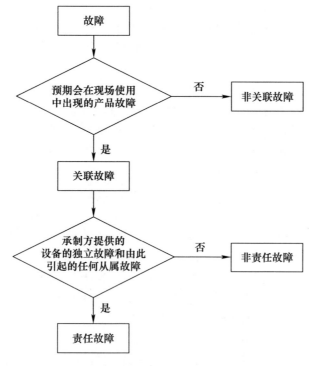

图 8-10 故障分类示例

（3）有限寿命零部件在超过规定寿命期限之后出现的故障。
（4）可直接归因于非正常外界环境造成的故障。
（5）明显可归因于超出设计要求的过应力条件造成的故障。
（6）从属故障。
（7）早期故障。
（8）按规定需定期更换的产品，其更换作为非关联故障。
（9）通过门限调整克服的故障和计算机软件超过维护期限引起的故障。
（10）在同一单元（部位）第二次及相继出现的同一间歇故障。
（11）专门用于试飞参数测试的改装设备发生的故障或由其引起的故障。
除非责任故障外，其他故障均为责任故障，主要包括：
（1）由于设计缺陷或制造工艺不良造成的故障。
（2）由于元器件潜在缺陷致使元器件失效而造成的设备故障。
（3）有限寿命的零部件在规定寿命结束之前出现的故障。
（4）第一次出现的某种间歇故障，计作一次故障。
（5）由于嵌入式软件的缺陷引起的故障。

（6）因故障引起的离位调整计为一次故障。

此外,在评价阶段,责任故障数量统计原则如下:

（1）当可证实多种故障模式是由同一原因引起时,整个事件计为一次责任故障。

（2）已经报告过的由同一原因引起的故障由于未能真正排除而再次出现的,应和原来报告过的故障合计为一次责任故障。

（3）战斗机或其部件计划的拆卸事件不计入责任故障次数。

（4）不影响维修人力费用的轻微缺陷,通过飞行前、飞行后和定期检查的调整、保养即可解决的问题,不计入责任故障次数。

（5）评估对象本身以外的因素引起的从属故障不计入故障次数。

（6）当故障采取了纠正措施,并在战斗机上得到了贯彻落实,同时向评估方提供了由使用方签字或批准的更改文件,到试飞结束时,同类故障再未发生,则纠正措施贯彻落实前发生的责任故障可合计为一次责任故障。

如果战斗机出现下列故障或故障组合,均计为严重故障:

（1）使战斗机不能完成规定任务的故障或故障组合。

（2）导致人或物重大损失的故障或故障组合。

（3）灾难性事故。

战斗机出现以下情况时,应按照实际情况进行鉴别:

（1）提前返航或提前着陆,应计入严重故障次数;但是若设计状态允许继续执行任务而提前返航的,按设计状态不计入严重故障。

（2）任务中断或被迫改变飞行任务,应计入严重故障次数;但是按放飞清单可以继续执行任务,实际因排故未执行任务的不计入严重故障。

工作时间统计原则如下:

（1）战斗机飞行时间按照飞机履历本中记录的飞行时间进行统计。

（2）发动机工作时间按照发动机履历本中记录的发动机空中工作时间、地面工作时间之和进行统计。

（3）系统、设备的工作时间按照鉴定试飞期间实际的空中工作时间、地面工作时间之和进行统计。

8.1.2 维修性试验与评价

维修性是战斗机的重要质量特性,它反映了对战斗机的使用保障需求,直接与战斗机的战备完好率、任务成功概率、维修人力以及保障资源有关。战斗机维修性试验要花费大量人力、物力和时间,通过多种工程试验或现场试验才能完成。维修性评价则是在确定了维修性参数和指标后,对维修性数据进行验证,它关系到战斗机能否通过定型和验收要求,对于战斗机的保障特性以及在为未来作战任务中发挥最大效能至关重要。

维修性试验与评价是对系统和设备的维修性设计结果进行验证和评价,其目的是验证系统和设备的设计和安装特性是否达到了规定的维修性定性和定量要求,并及时地对设计进行反馈。通过对维修对象的可达性、可视性、维修人员的工作姿态、操作简便程度、维修时间、环境因素等维修性参数的考察,给出分析评价结果和修改建议。

合理的维修性设计应使维修人员在任何时刻观察、操作都很方便,并且在较长时间维持某种作业姿势时,不会产生或尽可能少地产生不适和疲劳。对于较为简单的系统,实现设计的合理性可能比较容易;然而对于战斗机这类大型复杂系统,很难将所有需要拆卸、修复、更换的零部件都布置在最优位置。因此,对于维修性验证,不能单纯地验证各个分系统或零部件的维修性,而应从系统的角度验证整机的维修性,从零部件的角度验证分系统的维修性。

战斗机系统及其设备的维修性试验,根据试验的目的和要求可分为定性演示和定量试验。定性演示是按规定的维修性定性要求,对系统和设备的维修性特性设计进行判断;在受试产品上(或样机)演示维修的可达性、测试的方便性与快速性、零部件标准化及互换性、维修操作空间及维修的安全性等;分析维修操作程序的正确性;审查操作过程中维修资源的完备程度和适用性。定量试验是在模拟或实际的操作条件下,根据试验中维修作业的观测数据验证系统和设备的维修性指标是否达到要求。

根据系统和设备在研制过程中维修性试验的时机和目的,维修性试验可划分为维修性核查、维修性验证和维修性评价三个阶段,如图 8-11 所示。

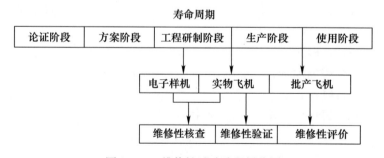

图 8-11 维修性试验阶段划分图

当进行战斗机系统和设备的维修性试验时,可按上述三个阶段开展。下文将对维修性核查、维修性验证和维修性评价进行简单介绍。

1. 维修性评价要素

根据战斗机维修性设计的相应要求,维修性指标评价应当包括三个层次:可达性与可视性评价、维修过程的干涉和碰撞评价、维修人员工作姿态评价。

1) 可达性与可视性评价

可达性与可视性是战斗机维修性必须满足的最基本要求,其设计必须满足如下基本准则:维修作业空间应根据人体尺寸设计,作业空间大于人体最小作业空间;维修人员在维修过程中应能够看到自己的操作动作,如在目视情况下进行的视觉定位动作、反复动作、连续动作和逐次动作等。

可达性(可视性)定性评估可通过虚拟维修过程直接判断,定量评估则由可达(可视)系数 K_π 衡量,K_π 的取值范围为 $[0,1]$,K_π 值越接近 1 越具备较好的可达(可视)性。

$$K_\pi = 1 - \frac{n_\pi}{n_0 + n_\pi} \qquad (8-1)$$

式中:n_0 为维修工作的基本作业数;n_π 为附加工作的基本作业数(如拆卸干扰部件额外增加的作业)。工程实际中,K_π 值在 0.75 以上可以认为具有较好的可达(可视)性。

2) 碰撞和干涉分析

碰撞和干涉分析的主要内容是检验维修人员在维修过程中是否与维修对象发生干涉,作业空间能否为操作者创造舒适的工作环境等。碰撞和干涉的定性评估同样可通过虚拟维修过程直接判断,定量分析则用作业空间比 r 来评估。

$$r = \frac{V}{V_{\min}} \qquad (8-2)$$

式中:V 为作业空间;$V_{\min}$ 为最小作业空间,当操作部位和维修工具确定时,$V_{\min}$ 为定值。

3) 工作姿态分析

工作姿态分析的内容是判断维修人员是否能够处于最佳作业姿势,运用最佳作业动作进行维修作业,维修作业是否会引起维修人员工作效率下降和疲劳,同时还必须判断维修操作中的举起、推拉、提起及转动等作业能否控制在人的体力限度以内等。此项工作可以利用计算机辅助三维交互式应用(computer aided three dimensional interaction application,CATIA)软件中的姿态评分分析功能来完成,通过建立最优人体作业姿态库,评价作业姿态接近最优姿态的程度,以判断工作姿态是否合理。

2. 维修性核查

维修性核查的目的是检查与修正用于维修性分析的模型与数据,鉴别设计缺陷、确认对应的纠正措施,以实现维修性增长,促使满足规定的维修性要求,并为维修性验证奠定基础。

维修性核查内容主要包括三个方面:飞机维修、维护口盖,飞机日常性检查维护点,飞机外场可更换单元。

维修性核查工作可在电子样机上进行,常用的核查方式有两种:

(1) 利用 CATIA 软件,以目视检查为主,辅以数字化企业互动制造应用(digital enterprise lean manufacturing interactive application, DELMIA)软件的测量工具/仿真分析工具等进行检查。

(2) 利用洞穴状自动虚拟(cave automatic virtual environment, CAVE)系统进行演示验证式的核查,对关键舱段在 CAVE 系统的三维(three dimensional, 3D)显示环境下进行演示验证并目视检查。

维修性核查内容以维修性定性要求为主,主要包括以下三项工作。

1) 飞机维修、维护口盖

(1) 口盖的位置是否合适;

(2) 口盖的大小能否满足维修与维护操作需要;

(3) 口盖的打开方式是否合理。

2) 日常性检查维护点

(1) 维护点的位置是否合适;

(2) 在进行维护、维修工作时维护点是否可视;

(3) 维护点的设置能否为维修操作和工具提供足够的空间;

(4) 操作人员进行维修作业时是否舒适。

3) 外场可更换单元检查

(1) 外场可更换单元的位置是否合适,LRU 在舱位内的位置是否合适,是否考虑了 LRU 的维护流程,是否考虑了"维修频率高的产品应布置在能够很容易看到和可优先达到的位置"因素等;

(2) 在进行维护、维修工作时外场可更换单元的操作点是否可视;

(3) 外场可更换单元的布局能否为维修操作和工具提供足够的空间;

(4) 外场可更换单元的安装、连接方式是否合理;

(5) 把手设置是否合理;

(6) 操作人员进行维修作业时是否舒适。

3. 维修性验证

维修性验证的目的是全面考核系统是否达到规定的要求,其结果作为战斗机指标评价的依据。因此,维修性验证的环境条件应尽可能与战斗机实际使用环境一致或相近,使用的保障资源应尽可能与规划的需求一致。

维修性验证试验通常在规定的试验机构(试验场、基地)进行,并按规定进行专项维修试验,可参见《维修性试验与评定》(GJB 2072—1994)。维修性验证和保障资源适用性试验可以结合进行,即利用规划的保障设备、工具对指定舱位的机载设备进行拆装、更换、修复等维修作业,同时评价所提供的保障资源要素是否满足日常使用维护需求。

维修性验证主要包括定性评价和定量试验两个方面:

1) 维修性定性评价

(1) 对战斗机各舱位的可达性、标准化与互换性、检测诊断的方便性与快速性、维修安全性、防差错措施与识别标记、人素工程要求等进行核对,评定其满足定性要求的程度。

(2) 有重点地进行维修性演示,在实体模型、样机或产品上演示发生频率高的拆装、检测、调校等操作,重点判断人体、观察通道及工具的可达性,验证操作的安全性与快速性,测量动作的时间,评定维修技术难度(单项维修作业所需人力和人员技能要求)。

(3) 评定现有的人员、保障设备、工具、资料、备件等保障资源的品种、数量、质量能否保证完成维修任务。

2) 维修性定量试验

对有定量考核要求的机载设备(合同指标),需通过维修性专项试验统计计算维修性参数,并进行判决。维修性专项试验的一般流程见图 8-12。

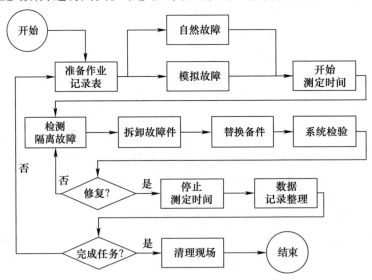

图 8-12 维修性专项试验的一般流程

维修性试验的维修作业分为两类:自然故障及模拟故障产生的维修作业。

(1) 自然故障产生的维修作业,结合机载设备在实际的使用维护条件开展,若能保障产生足够次数的维修作业,则优先采用这种方法。

(2) 模拟故障产生的维修作业,可通过故障件代替正常机载设备,接入或拆除零件、元器件、功能单元、电路,故障造成失调等方法,产生模拟故障。存在某种潜在危险或不安全的故障,不得模拟,如电源短路,可能造成局部电缆产生电弧,造成起火。故障模拟时,参试人员应回避,使其不能预先获取模拟的故障状态,待完成故障注入直至发生故障或故障征兆时,参试人员再到现场进行故障检测、隔离和排故工作。

4. 维修性试验与评价准则

维修性试验的统计样本同可靠性试验,需将责任故障引起的维修工作纳入统计样本。由以下几种情况引起的非责任故障维修不应计入:

(1) 不是由于承制方提供维修方法或技术文件造成的维修差错和使用差错;

(2) 意外损伤的修复;

(3) 明显超出承制方责任的供应与管理延误;

(4) 使用超出正常配置的测试仪器的维修;

(5) 在维修作业实施过程中发生的非正常配置的测试仪器安装;

(6) 产品改进工作。

结合实际的维修性试验评估工作,在上述准则的基础上,评价过程中还需关注以下几点:

(1) 外场级平均修复时间评估样本统计范围不包括内场级维修工作,内外场维修工作划分依据相关用户资料中的规定执行。例如,发动机拆装工作属于专项工作,需要有受过专业培训的人员、设备、工具等,应在基层级内场实施,通常会借用外场的机库/机棚,则拆装时间不应计入外场级平均修复时间评估样本。

(2) 对于战斗机鉴定/定型状态时已取消产品的历史故障样本,不再纳入战斗机鉴定/定型评估统计范围。

(3) 对于战斗机鉴定/定型状态时已改型产品的历史故障样本,可按改型后产品的实际故障率对历史样本进行修订。

(4) 对于已完成维修性改进的历史故障样本,可按改进后的状态对原历史数据进行修订。

8.1.3 测试性试验与评价

随着电子技术的发展,战斗机各系统复杂度日益增加,如何快速准确地检测和隔离装备的故障是一个亟待解决的问题。从目前机载设备研制进程来看,其测试性工作相对落后于可靠性工作,具体表现为机内自检测设计不够完善、故障诊断时间长、虚警率较高、测试性指标没有得到有效验证等。因此,测试性试验问题已经成为影响战斗机战备完好性和作战适用性的重要因素。通过在型号产品上开展测试性试验技术研究和应用,对机载设备的战备完好性、任务成功性、维修费用等都有着重要意义。

对战斗机开展测试性试验和评价的目的是识别测试性设计缺陷,评价测试性设计工作的有效性,确认是否达到规定的测试性要求,为产品定型和测试性设计与改进提供依据。

按照战斗机的研制阶段,分阶段开展测试性试验与评价可以实现以下几点作用:

(1) 研制阶段开展测试性分析、测试性验证:分析、确定诊断方案的可行性;检验系统、机载设备测试性设计的有效性;及早发现系统、机载设备的测试性设计缺陷,采取改进措施,实现测试性增长;验证系统、机载设备的测试性水平,判断其是否满足规定的测试性设计要求。

(2) 使用阶段开展测试性评价:对战斗机在试飞、使用期间测试性信息进行收集,为测试性评价进行数据积累;评价系统、机载设备的实际测试性水平,提出并落实测试性改进措施,实现使用阶段的测试性增长。

下面对测试性分析、测试性试验和测试性评价分别进行介绍。

1. 测试性分析

测试性设计分析的目的是将成熟的测试性设计与分析技术应用到战斗机系统及其产品的研制过程,为战斗系统及其产品提供迅速准确的故障诊断能力,以满足战斗机系统及其产品的测试性要求。

(1) 确认各系统测试性设计的有效性。

(2) 判断各系统的设计是否满足规定的测试性要求。

(3) 将定量分析值(预计值)与测试性指标进行比较,量化评估系统、产品的测试性水平,发现测试性薄弱环节,采取设计改进措施,迭代完善系统的测试性设计,使其设计满足测试性要求。

测试性分析着重在工程研制阶段早期开展,与设计的迭代过程同时进行,随着设计的进展和更改进行反复迭代,不断细化与完善。在重要的设计决策或设计节点之前应完成一轮新的测试性分析,以便进行技术状态控制并为设计决策提供依据。

测试性分析包括定性分析与定量分析,分析流程如图 8-13 所示。

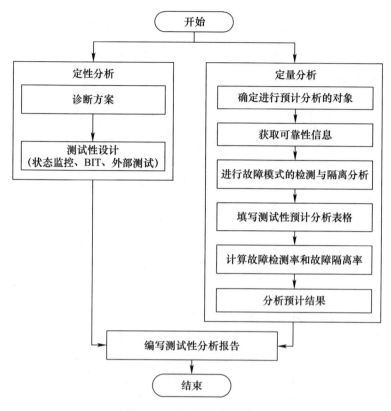

图 8-13 测试性分析流程

1）测试性定性分析

定性分析主要是固有测试性分析,包括系统诊断方案、测试性设计、测试性设计准则及符合性检查。

(1) 系统诊断方案分析。

系统诊断方案是针对战斗机系统及其产品的诊断需求而对各种诊断要素(见图 8-15)进行选取、组合与综合,以提供包括 BIT 和每个维修级别上的测试诊断能力。对于特定的系统或设备,需通过比较分析,按照实际需求选取诊断要素的组合,构成诊断方案。确定系统测试性要求和诊断方案的工作流程如图 8-14 所示。

诊断方案权衡主要考虑诊断能力和费用。确定最佳诊断方案的方式主要包括三种:最小费用方案;最大诊断能力方案;最佳费效比方案。

(2) 测试性设计。

测试性设计应考虑的影响因素包括:设备 BIT、系统级 BIT 与其他信息

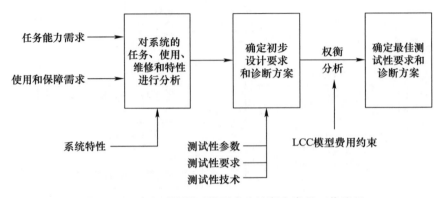

图 8-14 确定系统测试性要求和诊断方案的工作流程

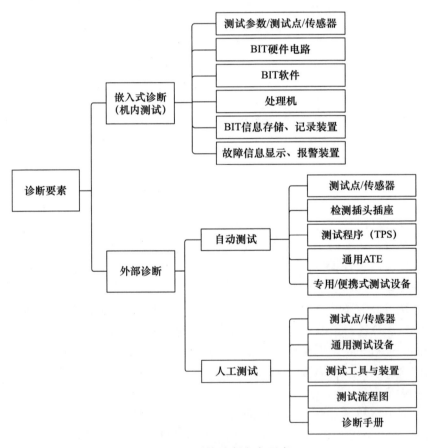

图 8-15 系统诊断方案要素

系统的综合;脱机测试产品与外部测试设备的兼容性;综合诊断的需求;预测与健康管理系统的需求等(BIT、状态监控为 PHM 处理提供信息数据源)。

(3)测试性设计准则及符合性检查。

测试性设计准则是测试性定性设计的重要依据,通过测试性设计准则及符合性检查工作指导工程设计人员把产品的测试性设计到产品中去,提高产品的固有测试性。其内容含通用条款和专用条款:通用条款指的是系统划分要求、测试点设计要求、传感器要求、嵌入式诊断设计要求、减少 BIT 虚警的设计要求、测试容差设计要求等方面的内容;专用条款是根据系统特点总结的适应特定系统的专用测试性设计要求。

设计人员需要完成的测试性设计准则及符合性检查报告内容一般应有系统的功能描述、符合性说明及结论。符合性说明采用表格的形式进行,符合性检查表中的条款内容应采用带"是否""应否"及"?"等疑问的形式,并且只能使用"是"或"否"确定设计措施对准则条款的符合性。对于符合的条款,在"符合否"项目中填"是",并在"采取的设计措施"项目中详细列出产品本身符合准则条款的设计方法和工艺技术;不符合的条款在"符合否"项目中填"否",说明不符合的原因、建议并详细列出不符合的影响。测试性设计准则及符合性检查表见表8-2。

表8-2 测试性设计准则及符合性检查表

序号	准则条款内容	是否符合	采取的设计措施	不符合的原因、意见	不符合的影响
1	系统划分要求	……	……	……	……
	系统是否按功能进行划分,且每个 LRC/LRM 一般包括一个逻辑上完整的功能?	……	……	……	……
	是否反馈环越少,测试性越好?反馈环是否尽量避免与可更换单元交叉?	……	……	……	……
2	测试点设计要求	……	……	……	……
……	……	……	……	……	……

2)测试性定量分析

定量分析主要对系统的测试性参数进行预计分析,评价系统和设备的测试性水平,定量分析的主要参数为故障检测率 FDR 和故障隔离率 FIR。

测试性定量分析的基本假设如下:

(1) 与被分析系统有接口的其他系统工作正常。

(2) 某一时刻只发生一个故障。

(3) 电源供电正常。

(4) 对于多通道部件,每个通道的故障率与其他通道无关,并等于部件故障率除以通道数。

测试性定量分析是一个按系统组成自下而上的过程。系统或子系统测试性预计分析,是根据系统设计的可测试特性,基于系统 FMECA 来估计可达到的故障检测能力和故障隔离能力。对组成系统的设备(LRU/LRC)进行测试性预计分析,以评定系统及组成 LRU/LRC 通过 BIT、外部测试设备、人工检测等方法检测故障和隔离故障到 LRU/LRC 的能力,具体流程见图 8 – 13 的定量分析部分。

2. 测试性试验

测试性试验通过在受试设备上实施故障注入,并按规定的方法进行测试,发现产品测试性设计缺陷,促进测试性设计改进,初步评估其测试指标;通过对改进结果进行回归测试,评估其测试性指标,给出是否满足指标要求的结论。主要的检测手段包括:

(1) BIT,包括上电 BIT(start – up BIT,SBIT)、连续/周期 BIT(continuous built – in test,CBIT)、飞行前 BIT(pre – flight BIT,PBIT)、启动 BIT(initiated BIT,IBIT)、维护 BIT(maintenance BIT,MBIT)。

(2) 外场人工,指维护人员在外场不需要分解产品、不需要专业设备,仅通过目视/触摸等手段即可判断故障指示的检测方式。如针对显示器类产品、灯光类产品的目视检测。

(3) 外场测试设备,指必须是战斗机基层级保障设备/工具项目清单中的项目。

(4) 内场人工,与外场人工的区别是维修级别不同。

(5) 内场测试设备,例如综合自动检测设备(IATE)。

测试性试验大纲是受试产品进行测试性试验的依据,所有的测试性试验应严格按照相应的测试性试验大纲中规定的条件和要求执行。测试性试验大纲的编制流程如图 8 – 16 所示。

试验程序的主要内容包括:任务依据,试验性质,试验目的,试验时间和地

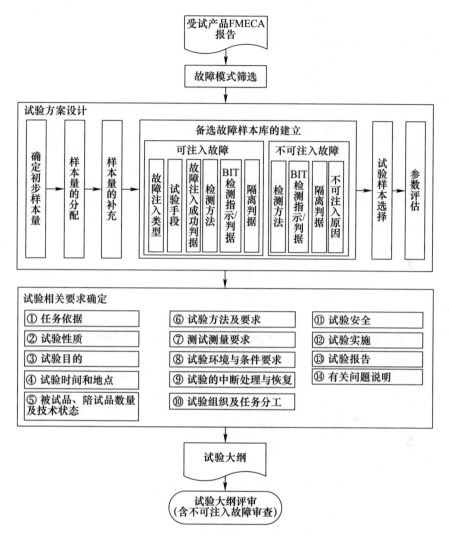

图 8-16 测试性试验大纲编制流程

点,被试品、陪试品数量及技术状态,测试测量要求,试验环境与条件要求,试验工作组,试验实施(重点是试验用例和试验用例执行顺序说明),以及有关问题说明(含试验准备情况说明)等。测试性试验实施流程如图 8-17 所示。

测试性试验完成后,需开展问题分析,应结合产品使用维护特点进行,包括测试性设计问题分析以及测试性设计问题导致的飞机外场使用维护问题分析。

测试性设计问题分析从以下几个方面进行:

(1) 没有进行 BIT 设计。

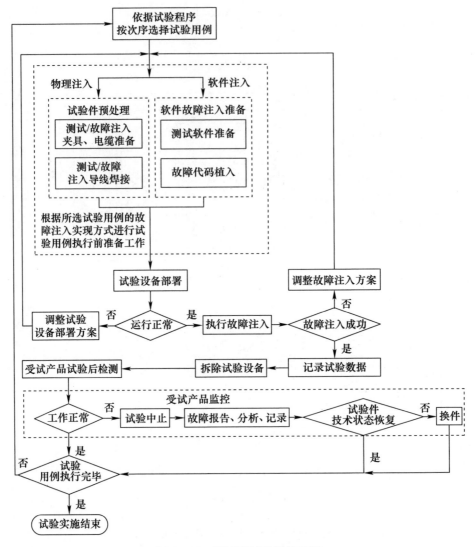

图 8-17 测试性试验实施流程

(2) BIT 设计不完善,即由于 BIT 软、硬件设计原理不合理导致不报故或报错。

(3) 实际检测方式与 FMEA 分析不符。

(4) 隔离问题,即不能正确隔离,隔离模糊组大于 3。

(5) 产品功能设计缺陷。

(6) 其他。

3. 测试性评价

测试性评价工作是确定战斗机在实际使用条件下达到的测试性水平，它的评价内容包括两方面：一是测试性指标的参数值，如故障检测率、关键故障检测率、故障隔离率、虚警率、故障检测时间、故障隔离时间、不能复现率、台检可工作率和重测合格率等；二是是否存在不符实际使用要求的测试性缺陷、与可靠性和维修性是否相协调、测试费用等，如存在不可测试故障。在具体实施的过程中，可根据研制阶段的测试性试验评估结果适当调整评估内容，以提高工作效率。

测试性评价方法分两部分：一是测试性指标评价方法；二是定性要求评价方法。其中，测试性指标评价方法主要是利用统计分析方法，对待评价指标给出估计结果，结果形式可分为点估计、区间估计等。目前常用的统计分析方法有点估计、单侧置信下限估计和置信区间估计等。定性要求评估方法主要有简单分析评价方法和加权评分方法。简单分析评估方法是指对定性要求逐条进行检查，判定其是否适用于当前战斗机的使用测试环境，在统计不适用条数 K 和定性要求总条数 N 之后，给出测试性评分为

$$T_1 = \frac{(N-K)}{N} \times 100\% \tag{8-3}$$

加权评分方法是指对每一条定性要求依据其是否适用情况给出基础得分，再乘以一个加权系数作为该条要求的得分，加权系数的确定主要是根据该条定性要求对战斗机测试性的影响程度来确定的。

根据评价内容，评价准则和判据分为定量要求和定性要求。定量要求主要是针对测试性指标（如 FDR、FIR 和 FAR 等），通过选定的统计分析方法评估出各参数值，与事先制定的门限值比较来评估当前战斗机的测试性水平。其中，门限值的确定，一是参考验收阶段的接收/拒收判据，二是经验值方法，由专家综合各个方面的因素，给出合理的评价阈值。定性要求主要根据测试性设计准则和实际使用要求给出，对列出的各项测试性要求落实情况进行检查并评分，以总分代表战斗机实际使用的测试性水平，并与事先制定的门限值比较，从而评价当前测试性水平的好坏。在使用阶段的测试性定性要求更偏向于任务可靠性、测试操作和成本费用。

4. 测试性试验与评价准则

测试性试验与评价的统计样本与可靠性试验相同，需将责任故障引起的检测、隔离工作纳入统计样本，由以下几种情况引起的故障不应计入：

（1）产品鉴定/定型后不再使用的功能电路对应的故障模式。

（2）产品当前技术状态没有包含的功能对应的故障模式。

(3) 产品多余未使用的针、管脚对应的故障模式。

结合实际的测试性试验与评价工作,在上述准则的基础上,评价过程中还需关注以下几点:

(1) 应剔除定型状态已取消的软、硬件产品。

(2) 应剔除人为非责任故障。

(3) 应剔除裂纹、线缆磨损等机械故障。

(4) 严重故障的评估阶段应为飞行中。

(5) 设计上 BIT 可检测,由于未通电只是通过目视发现的故障,应计入 BIT 检测故障。

(6) 对已改型,并原位替换以及可靠性改进后的产品,可按新状态产品实际故障率进行样本修订。

(7) BIT 不可检测样本经设计改进后可检测,经验证有效后计入可检测样本。

(8) 有退化和恶化趋势,但还未发展为故障,不作为测试性评估样本。

需要特别关注的是,由于战斗机系统日益复杂,软件设计缺陷较多,通常表现为控制软件 BUG、软件控制逻辑缺陷、报故门限不合理、误置软件参数、调用底层函数出错等。工程实践不会专门设计软件程序的 BIT 检测能力,通常通过软件内部测评,甚至第三方测评,尽早暴露软件 BUG,使在工程研制阶段从根本上消除软件缺陷。但是,由于软件规模庞大,以及版本更新较快,很难完全消除软件缺陷。因此,在工程研制阶段,设计者应更加重视软件缺陷导致的系统/设备故障。

8.2 保障资源的试验与评价

开展保障资源试验和评价,可以查找保障资源规划中存在的问题,为组织实施战斗机使用维护活动和优化资源配置提供决策依据,提高资源的保障效率,从而提高装备技术保障能力。

保障资源试验与评价一般在工程研制阶段后期进行,各项保障资源的评价应尽可能地综合进行,通常会与作战使用保障评估活动结合进行,从而最大程度地结合实际使用对保障资源的满足程度进行客观详实的评价,以此预测其在真实环境下的使用效果。

下面分别对第 7 章所描述的战斗机保障资源八大要素的试验与评价进行概述。

8.2.1 保障设备的试验与评价

保障设备的试验与评价,主要验证保障设备的种类和数量规划是否合理,各项功能能否满足战斗机使用维护需求。原则上,保障设备之间不应有功能重叠,除非其使用场合和工作时机有较大的差异。例如,在机库内需完成武器挂架的通路功能检查,在中继级基地需要完成武器挂架的控制单元深度功能和性能检查,分别由不同的保障设备完成检查工作。

开展战斗机保障设备试验与评价时,主要评价要点如下:

(1) 保障设备与战斗机的设备接口是否匹配。
(2) 保障设备对战斗机或空、地勤人员是否存在安全隐患,是否设计有警告标识或防护措施。
(3) 保障设备的标牌、说明书内容是否齐全,是否可以指导操作人员使用和维护。
(4) 在预定场景下,保障设备能否保证使用与维修工作迅速、快捷和可靠地开展。
(5) 保障设备的配套比例是否能够满足战斗机在不同维修级别的使用需求。
(6) 检测与诊断设备中的软件开发是否贯彻了软件工程系统设计要求。
(7) 保障设备自身的保障问题是否进行了规划和考虑。
(8) 保障设备的包装方式是否满足装卸、贮存和运输要求。
(9) 是否优先考虑现役战斗机的保障设备。
(10) 是否为标准化、系列化和通用化的保障设备,尽量考虑多型飞机通用。

详细的保障设备检查要求主要包括:外观检查、功能检查、性能检查、可靠性检查、维修性检查、安全性检查、可操作性检查、人素工程检查、配套性检查等。

1) 外观检查

(1) 产品标牌、设备/工具名称及图号(型号)应符合要求;
(2) 外观应无机械损伤;
(3) 紧固部位应牢固可靠;
(4) 活动部位应有润滑,轮子、滚轮、滚珠应转动灵活;
(5) 液压系统、气动系统应无渗漏现象。

2) 功能检查

根据保障设备的用途,检查其功能是否满足战斗机使用、维修的需要,同时检查与战斗机的接口匹配是否良好。

3）性能检查

通过在规定范围内的各种状态下使用,检查保障设备各种性能的设计指标是否满足实际使用要求。

4）可靠性检查

根据保障设备多次使用的实际情况,判定保障设备在使用中是否可靠。

5）维修性检查

检查保障设备是否满足简单、快速、准确、安全、经济、有效的维修要求,主要包括:

(1) 检查保障设备维修部件(部位)的可达性、可见性是否良好;

(2) 维修操作空间能否满足操作需要;

(3) 拆装(调整)是否简便。

6）安全性检查

检查保障设备是否满足安全性要求,主要包括:

(1) 保障设备是否安全可靠;

(2) 是否能够确保战斗机及机载设备的安全和操作人员的安全;

(3) 是否采取了避免危及人机安全的防差错措施及设置警告标志;

(4) 是否在操作具有危险性的部件上标出明确且醒目的警告标志和注意事项。

7）可操作性检查

根据保障设备的使用情况,检查保障设备是否满足操作方便的要求。

8）人素工程检查

检查保障设备是否满足人素工程要求,主要包括:

(1) 设计时是否考虑了使用人员所能承受的工作负荷、难度、持续工作时间;

(2) 在设计眼位观察时,标识字符是否清晰可辨,显示亮度是否合适可调;

(3) 显示器、开关、把手的布局是否符合人体的生理要求;

(4) 保障设备工作时引起的噪声、振动等因素是否影响人员的正常工作;

(5) 造型及表面防护设计是否合理。

9）配套性检查

检查保障设备是否满足配套性要求,主要包括:保障设备的随机资料是否齐全、备件配套是否合理,能否满足使用维护的需要。同时根据该设备的使用频率,提出配套数量的建议。

10）保障设备评价记录表

保障设备适用性检查表应包括的要素如表8-3所列。

表8–3 保障设备适用性检查表

填表单位：			承制单位：			
名称			型号(图号)		专业	
机型		批号	检查周期		地点	
用途						
检查内容	外观是否完好		完好	基本完好	损坏	
	功能是否满足飞机维护的需要		满足	基本满足	不满足	
	性能是否满足使用要求		满足	基本满足	不满足	
	使用中是否可靠		可靠	基本可靠	不可靠	
	是否满足维修性要求		满足	基本满足	不满足	
	是否满足安全性要求		满足	基本满足	不满足	
	是否满足操作方便要求		满足	基本满足	不满足	
	是否满足人素工程要求		满足	基本满足	不满足	
	是否满足配套性要求		满足	基本满足	不满足	
(预)适用性检查结论			适用	基本适用	不适用	
问题和建议						(可续空白页)
处理意见						(可续空白页)
检查者签字				处理者签字		
单位(盖章)	职务	姓名	日期	单位(盖章)	职务	姓名	日期
备注							

注：在检查内容相应栏中用"√"标识；检查者签字栏由承检单位填写，处理者签字栏由战斗机设计单位填写。

8.2.2 保障设施的试验与评价

保障设施属于战斗机保障物质资源,是实施战斗机保障的物质基础,在技术保障中占有十分重要的地位。物质资源为技术保障提供备件、工具和平台等,它的数量和种类能否满足保障需求,对保障活动的进行有着重要影响。

保障设施的试验与评价,主要验证战斗机使用与维修保障工作需要的空间、能源、环境、永久性或半永久设备及公共设施的要求是否得到满足。

保障设施试验与评价的要点如下:

(1) 保障设施是否与使用和维修方案相协调,支持战斗机完成滑行、起飞、巡航、作战、着陆、停放、定期检查、深度维修等任务。

(2) 保障设施能否满足备件、油料的贮存要求。

(3) 保障设施能否满足保障设备、工具能源需求和存放保养需求。

(4) 保障设施是否配置有防火、防触电等安全设施。

(5) 保障设施的建设是否通过了国家安全生产标准体系认定。

8.2.3 人力和人员的试验与评价

战斗机保障资源中的人力和人员主要指从事装备保障活动的技术人员。人力和人员是实施战斗机保障的主体,是保障活动中的能动性因素。当某一新型战斗机投入使用后,总需要有一定数量的、并具有一定专业技术水平的人员从事装备的技术保障工作。技术保障人员素质的高低、数量的多少和结构的优劣,已经成为装备技术保障现代化的关键因素之一。

人力和人员的试验与评价要点如下:

(1) 使用和维修战斗机所需的各维修级别配备人员的数量、专业、技术等级等是否合理。

(2) 现有的人员编制、技术水平、文化程度等是否满足实际需求。

(3) 人员配置方案是否满足平时和战时的需求。

8.2.4 训练与训练保障的试验与评价

在人力和人员建设中应考虑训练水平,组织人员进行保障训练,形成保障能力。人员的训练是其胜任岗位要求的必备条件,人员训练水平主要考虑训练制度合理性、训练方法先进性和训练的针对性。

训练与训练保障的试验与评价要点如下：

（1）空勤、地勤训练大纲的项目和计划是否合理。

（2）训练教材（含讲义、多媒体课件等）的内容编排是否合理、全面，能否辅助学员完成对各项使用和维护任务的了解。

（3）各专业教员数量配备及其教学能力是否满足要求。

（4）训练设备（含虚拟培训系统）能否辅助学员学习，具备相应的工作能力。

（5）训练器材（含半实物模拟训练系统）能否辅助学员开展实际操作掌握技能，并通过重复性训练提高其工作能力。

8.2.5 技术资料的试验与评价

技术资料必须与用户需求完全吻合，在安全性、内容适用性和精确性等方面符合体系规划，确保内容正确性和工程可操作性。技术资料的试验与评价是由用户或由用户授权的第三方单位评价和证明技术资料准确、充分、安全、可用的正式过程，根据用户提出的并结合战斗机的培训、日常使用和维护要求进行验证。该过程并不是一次性的，当战斗机的硬件或软件技术状态发生变化，引起技术资料内容更改，均需完成相关试验验证，并通过用户审查后，方可提供用户使用。

因此，战斗机技术资料的试验与评价，通常按照保障性要求核对表（表8-4），通过检查类方法开展，即对设计图样、技术文件、产品模型、样件、样段和产品进行审核、检查，必要时进行简单测量，以确定其保障性要求是否落实并符合要求，详细要求如下：

（1）配套性检查。检查技术资料配套种类、数量是否合理，是否符合随机资料配套目录要求，是否满足战斗机在外场正常使用和一级维护的需求。

（2）正确性检查。检查技术资料内容是否与战斗机技术状态相符，内容表达是否准确，是否能够确保战斗机正常使用和正确维修，并提出修改、完善意见。

（3）合理性检查。检查技术资料内容和章节编排是否合理，根据使用情况提出随机资料合理化建议。

（4）使用性检查。检查技术资料使用是否方便。

（5）维护需求检查。检查技术资料是否能够满足战斗机正常使用和正确维修需要。

表 8-4 技术资料适用性检查表

填表单位：								
名称		机型		批号		地点		
编号		册		章节号		工作卡号		
用途								
检查内容	配套种类、数量是否合理	合理		基本合理		不合理		
	内容是否与飞机技术状态相符	相符		基本相符		不相符		
	内容表达是否准确	准确		基本准确		不准确		
	内容、章节编排是否合理	合理		基本合理		不合理		
	使用是否方便	方便		基本方便		不方便		
	是否满足使用和维护需求	满足		基本满足		不满足		
	适用性检查结论	适用		基本适用		不适用		
问题和建议								
处理意见								

检查者签字				处理者签字				
单位(盖章)	职 务	姓 名	日期	单位(盖章)	职 务	姓 名	日期	
备注								

注：在检查内容相应栏中用"√"标识。检查者签字栏由承检单位填写，处理者签字栏由战斗机总设计师单位填写。

8.2.6 计算机资源保障的试验与评价

计算机资源保障的试验与评价要点如下：
(1) 保障计算机类机载设备的硬件、软件、设施等的适用性。
(2) 操作类和说明性文档的正确性和完整性。
(3) 使用维护人员数量、技术等级是否满足规定的要求。
(4) 软件持续性升级是否方便。

8.2.7 备件保障的试验与评价

备件保障的试验与评价要点如下：
(1) 评价各维修级别配备备件品种和数量的合理性,能否满足平时和战时的需求。
(2) 评价备件保障方案是否满足规定的备件满足率和利用率。
(3) 评价备件清单和供应建议的可行性。

8.2.8 包装贮运试验与评价

包装、装卸、贮存和运输(PHS&T)试验与评价要点如下：
(1) 评价战斗机及其保障设备等产品的实体参数(长、宽、高、重量、重心)。
(2) 评价振动、冲击、挠曲、载荷等动力学极限参数对设备的影响。
(3) 评价温度、湿度、气压、清洁度等环境极限参数对设备的影响。
(4) 评价误操作、射线、静电、弹药、生物或微生物等对设备的影响。
(5) 评价设备的包装等级是否满足 PHS&T 运输方案的要求。

8.3 作战使用保障要求评估

战斗机作战使用保障要求评估是实现战斗机系统综合技术保障和保障性目标重要且有效的科学决策手段,有效地进行保障性评估已成为提高战斗机保障能力的重点工作。

战斗机保障性评估是以一定的目标和目的为准绳的价值判断过程。一般情况下,目标、目的很难直接作为评估的指标,应该将其分解为若干具体的指标。在整理收集有关指标的基础上,建立战备指标体系的层次结构,对被评估对象进行评估,并提出改进意见;参照过去的例子或试验进行比较后,再反复修改,最后确定指标体系结构。

因此,一般的战斗机保障性评估方法应包含以下三个步骤:

(1) 确定战斗机保障指标。
(2) 确定各项战备指标细则的权重和计算方法。
(3) 进行指标筛选和动态平衡。

除此之外,为挖掘战斗机的保障性指标,可以通过以下四个步骤对战斗机保障性要求进行分析。

(1) 进行任务范围分析,确定任务需求。

在战斗机任务开始之前应进行任务范围分析,确定战斗机的任务需求,研究其在平时和战时任务范围内如何保障和使用的问题,找出任务范围内相似或有参考价值的现役系统在保障方面存在的问题,以确定更好完成规定任务的途径,并为战斗机保障性初定目标的确定打下基础。

(2) 建立基准比较系统,进行比较分析。

根据任务范围分析所确定的任务需求,利用若干相似或有参考价值的现役系统及部件组成的模型,建立一个能代表战斗机各种特性和特征的基准比较系统,以明确与保障性有关的设计因素,确定战斗机保障性的主要影响因素。通过与基准比较系统进行对比分析,评估基准比较系统的各种保障性设计参数值,并考虑战斗机与基准比较系统在设计、使用和保障方面的差别,为战斗机保障性初定目标的确定提供依据。

(3) 进行战斗机的标准化分析,确定其标准化的设计约束。

为使战斗机能最大限度地利用现役战斗机的软硬件和现有的及已规划的保障资源,以便减少备件的种类与数量,减少通用及专用的保障设备,降低系统的设计风险,从而显著地降低寿命周期费用和提高战斗机的保障性及战备完好性。因此,需要重视对战斗机的标准化分析,确定战斗机标准化的设计约束,包括战斗机选用哪些与现役设备兼容的标准分系统、部件、软件和保障设备,有哪些强制性的标准化和共用性要求。

(4) 确定战斗机保障性的初定目标。

战斗机保障性的初定目标包括系统保障性参数、有关保障性设计参数、保障系统参数的初定目标值与门限值以及使用与保障费用的估计值(或作为约束值)。系统保障性参数初定目标值与门限值可根据任务需求分析确定。系统级的有关保障性设计参数的初定目标值与门限值,一般可以根据基准比较系统得到的使用参数量值和预计的技术进步因素推导出来,然后根据备选设计方案,将系统级的有关保障性参数的初定目标值分配给战斗机分系统,初步确定分系统级的相应保障性设计参数的初定目标值与门限值。同样,根据备选保障方案对现有基准比较系统的保障系统进行性能分析和评价,并考虑技术上的改进,估计出技术上可行的保障系统参数的初定目标值与门限值。最后,将战斗机系统保障性参数的初定目标值与门限值、有关保障性设计参数的初定目标值与门限值、保障系统参数的初定目标值与门限值放在一起进行综合,使其彼此协调。

8.3.1 战备完好性评估

战备完好性评估是指对战斗机在平时和战时使用条件下能随时开始执行预定任务能力的评估。

目前,战斗机通常采用的战备完好性指标包括:战备完好率;再次出动能力评估;等级转进能力评估;出动架次率;使用可用度等。

通过综合评估工作,可预测作战单元应对任务的能力,也在不同程度上为上级机关进行任务部署及预算开支提供参考,并对应采取一些有效提高装备战备完好性或防止战备完好性下滑的措施和手段。

作为影响战斗机作战效能的关键保障性综合参数,战备完好性是评价战斗机可靠性、维修性、保障性以及作战使用保障实施效率的一个综合性指标。

《GJB 451A—2005》中将装备完好性定义为装备在平时和战时使用条件下,能随时开始执行预定任务的能力。对于战斗机的作战使用保障,对其战备完好性进行评估的目的是为满足执行任务和作战要求而进行的准备过程。

战备完好性的度量是由作战任务对战备完好性的内在要求决定的,其概率度量表达了战备完好性水平,用战备完好率表示。战备完好性模型考虑了系统的使用、维修保障能力,系统在非任务时间(包括维修时间、检测时间、空闲时间和贮存时间等)保持其可靠性的概率,以及任务命令与任务持续时间分布密度特性。

通过战备完好性模型的建立,可以定量地分析各影响要素与战备完好性的关系,为制定战斗机作战使用保障方案和优化保障资源配置提供重要的理论依据。

8.3.2 战备完好率评估

战备完好性的概率度量称为战备完好率。它表示当要求战斗机系统投入作战任务时,战斗机能执行任务的概率。

战备完好率计算公式为

$$P_{OR} = R(t) + Q(t) \cdot P(t_m < t_d) \quad (8-4)$$

式中:$R(t)$为在前一项任务中无故障的概率;$Q(t)$为在前一项任务中发生故障的概率;t为任务持续时间,单位 h;$P(t_m < t_d)$为维修所需的时间小于到下一项任务开始所需时间的概率。

对战备完好率进行建模仿真的原理是基于蒙特卡罗仿真和排队论的分析方

法,仿真流程如图 8-18 所示。采用离散事件驱动对任务周期内执行飞行任务、开展维修保障任务的过程进行推演,模拟战斗机系统(包含飞机和保障系统)在任务周期内执行计划的飞行任务;根据任务执行情况和战斗机自身的可靠性、维修性水平,模拟战斗机各组成单元的实时状态,触发在不同地点开展的维修保障活动;保障系统实时地响应运作,产生保障资源的利用与消耗,根据规定的时间完成维修保障活动,使战斗机在执行飞行任务、执行维修保障任务、待命和延误等各个状态之间转换。

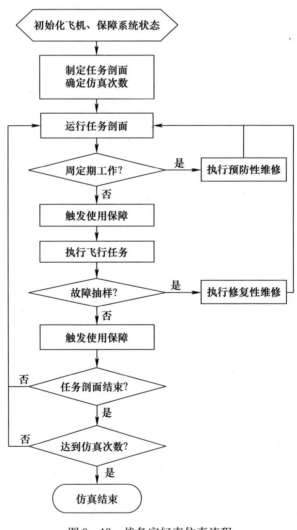

图 8-18 战备完好率仿真流程

通过多次运行仿真模型,获得各架战斗机在任务周期内处于各种状态的平均情况,进而对战备完好率水平进行分析评估。

通常,战备完好率的因素有以下几种:

(1) 战斗机系统故障,执行排故任务。

(2) 战斗机系统故障检测和隔离后,缺乏机载设备、发动机等备件替换。

(3) 战斗机执行定期检查任务。

(4) 战斗机执行大修、专检、损伤后修复等任务。

(5) 战斗机技术状态变化,软件、硬件升级。

(6) 战斗机执行完排故、定检、升级后需试飞验证。

8.3.3 再次出动能力评估

再次出动准备是指在战斗机前一次出动结束后,为下一次能立即出动而按预定的准备方案进行的一系列活动。战斗机再次出动能力评估是指按照飞机再次出动准备方案对其再次出动能力进行评估,并给出评估结果的过程。再次出动的时限越短,战斗机出动强度就越高。

评估目的:

(1) 检查战斗机再次出动准备各项工作的可行性、方便性和安全性。

(2) 战斗机符合再次出动准备的定性和定量要求。

评估内容:

(1) 确保再次出动准备的工作项目最优,可同时进行,并能保证安全,每项工作的实施程序最少。

(2) 所有的充填加挂工作都应有良好的可达性和足够的空间,所用的全部电、液、气接口都应是快接、快卸的。

(3) 射击类武器弹箱、悬挂物、挂弹设备进出通道的畅通性。

(4) 挂点周围空间容纳弹箱、悬挂物、挂弹设备和操作人员的可行性。

(5) 各挂点和接口处的可达性和操作空间。

(6) 战斗机、悬挂物装置和悬挂物的相容性。

评估实施条件:

(1) 战斗机再次出动准备使用单架战斗机验证,在昼间晴天,各项工作在规定的停机坪进行,验证过程中战斗机不转移场地。

(2) 地面设备(检测仪器、梯架、挂弹车、补弹车、电源车、加油车、补氧车、冷气车等)已经预先准备好,并停放在战斗机附近的适当位置。

(3) 器材(阻力伞、警告标志灯)、弹药(炸弹、导弹、弹箱、干扰弹等)、悬挂物已经预先准备好,并放置于规定的位置。

（4）操作人员已经位于战斗机附近指定位置。

对操作人员的要求：

（1）操作人员应从参加过战斗机再次出动准备的人员中选取。

（2）操作人员应经过培训，熟悉战斗机状态，并达到中等操作水平。

评估过程：

战斗机再次出动准备时间从下达"准备开始"指令计起，到战斗机所有准备工作完毕为止，主要包含以下工作项目：

（1）战斗机外观检查。

（2）座舱内各系统检查。

（3）进气道检查。

（4）安装阻力伞。

（5）补充氮气、氧气、燃油。

（6）按照逻辑顺序挂装弹药，并进行挂弹后检查。

（7）战斗机上电检查，进行故障代码判读。

（8）对准惯导、航姿。

（9）起动发动机，完成各系统检查。

（10）撤除轮挡、接地线、安全销等。

（11）战斗机滑出起飞，现场清理工具。

8.3.4 等级转进评估

战备等级转进是指部队的战备由一个等级到另一个等级的转换。战备等级转进能力评估是对战备等级由低级向高级的转换过程、转换时间的综合评估。

部队的战备程度是有等级的，最低一级是"日常战备"，最高一级是"一级战备"。不同级别的战备代表了部队当前处于何种战备状态。战备等级之间的转换是战备的重要工作之一，也是战备的重要战备措施，是部队根据下一步任务需要和准备时间轻重缓急，由一般戒备状态转入不同级别战备状态的过程。有时是逐级转换、步步升级，紧急情况下也可能转入最高级别的战备状态。

对各级、各类部队的战备等级转换工作都有统一的标准和要求，其中最关键的转进能力评估指标是"完成时间"，其次是工作内容齐全、完整。

目前我国的战备等级分为四级：

（1）四级战备，即国外发生重大突发事件或者我国周边地区出现重大异常，有可能给我国安全和稳定带来较大影响时，部队所处的战备状态。部队的主要工作包括:进行战备教育和战备检查;调整值班、执勤力量;加强战备值班和情况研究,严密掌握情况;保持通信畅通;严格边境管理;加强巡逻警戒。

(2)三级战备,即局势紧张。周边地区出现重大异常,有可能对我国构成直接军事威胁时,部队所处的战备状态。部队的主要工作包括:进行战备动员;加强战备值班和通信保障;密切注视敌人动向和技术掌握情况;停止休假、疗养、探亲、转业和退伍;控制人员外出,做好收拢部队的准备,召回外出人员;启封、检修、补充武器装备器材和战备物资;必要时启封一线阵地工事;修订战备方案;进行临战训练,开展后勤、装备等各级保障工作。

(3)二级战备,即局势恶化,对我国已构成直接军事威胁时,部队所处的战备状态。部队的主要工作包括:深入进行战备动员;战备值班人员严守岗位,指挥通信顺畅,严密掌握敌人动向,查明敌人企图;收拢部队;发放战备物资,抓紧落实后勤、装备等各种保障;抢修武器装备;完成应急扩编各项准备,重要方向的边防部队按战时编制齐装满员;抢修工事、设置障碍;做好疏散部队人员、兵器、装备的准备;调整修订作战方案;抓紧临战训练;留守机构展开工作。

(4)一级战备,即局势极度紧张,针对我国的战争症候十分明显时,部队所处的战备状态。部队的主要工作包括:进入临战装备动员;战备值班人员昼夜坐班,无线电指挥网全时收听,保障不间断指挥,运用各种侦察手段,严密监视敌人动向;进行应急扩编,战备预备队和军区战备值班部队按战时编制满员,所需装备补充能力优先保障;完成阵地配系;落实各项保障;部队人员、兵器、装备疏散隐蔽伪装;留守机构组织人员向预定地区疏散;完善行动方案,完成一切临战准备,部队处于待命状态。

评估目的:评估战斗机在不同构型、不同类型等级转进的标准、流程、时间是否满足实际需求。

评估内容:战斗机的二等战备向一等等级转进,需从座舱盖有蒙布,进气道、尾喷口有堵盖,已经完成充填加挂任务的初始状态开始,战斗机需完成通电检查、惯导对准,发动机未起动,飞行员进入座舱待命。

评估实施条件:战斗机状态完好,座舱盖有蒙布,进气道、尾喷口有堵盖,机内油量符合规定,任务数据已加载,已按照任务构型挂装导弹或炸弹。

对操作人员的要求:飞行员和地勤人员均在停机位等候。

战斗机二等转一等的等级转进主要评估过程,如图8-19所示。

(1)取下座舱盖蒙布及进气道、尾喷口堵盖。

(2)完成座舱检查。

(3)完成惯导对准。

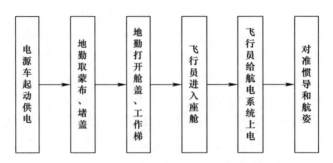

图 8-19 战斗机二等转一等的等级转进流程图

8.3.5 出动架次率评估

作为针对战斗机保障的保障性参数,出动架次率也属于战备完好性参数。其含义是在规定的使用及维修方案下,每架战斗机每天能够飞行的架次数,也称单机出动率或战斗出动强度。一次出动过程是指战斗机自起飞点移动开始,到飞行结束返回地面终止。

出动架次率(sortie generation rate,SGR)是衡量战斗机在作战环境下连续出动能力的重要指标,是一个静态输出变量,其评估公式为

$$R_{SG} = \frac{T_{FL}}{T_{DU} + T_{GM} + T_{TA} + T_{CM} + T_{PM} + T_{AB}} \quad (8-5)$$

式中:T_{FL}为战斗机每天能飞行的小时数;T_{DU}为战斗机平均每次飞行的小时数;T_{GM}为战斗机平均每次任务地面滑行时间;T_{TA}为战斗机再次出动准备时间;T_{CM}为战斗机每出动架次的平均修复性维修时间;T_{PM}为战斗机每出动架次的平均预防性维修时间;T_{AB}为战斗机每出动架次的平均战斗损伤修理时间。

出动架次率为统计平均值,但开展高强度出动能力专项试验的成本和风险均较高,在研制阶段由于周期和经费限制,不具备重复多次开展具有统计学意义的高强度出动能力专项试验的条件。因此,战斗机出动架次率在研制阶段主要采用专项试验结合建模仿真的方式进行评估,主要包括:建模仿真摸底评估;专项试飞试验评估;结合试飞数据的分析评估。

评估目的:

(1) 评估战斗机的可靠性、维修性、测试性和保障性的综合能力。

(2) 评估战斗机在不同作战计划和使用方案下的保障项目、流程、任务持续时间的合理性。

(3) 评估保障人员能力、保障设备配备数量、现场维修任务组织、备件供应体制等实际保障能力是否满足需求。

评估实施条件：

（1）试验实施前机务保障短周期工作清零，战斗机处于完好状态，试验过程中不执行有寿件更换、周定期工作。

（2）按照任务构型要求，战斗机携带副油箱、导弹或炸弹等。

（3）保障设备、备件按照初始配套数量进行配备。

（4）场站保障车辆均在战斗机着陆前于停机坪附近等待，确保战斗机着陆即可进行保障工作，尽量减少保障设备工具对试验的影响。

对操作人员的要求：

飞行员和地勤人员均采用轮班制度，根据相应架次飞行任务进行调换。

评估过程：

出动架次率根据战斗机处于各个状态的时间进行计算，因此通常通过模拟战斗机使用和维修保障过程，统计战斗机处于各个状态时间的平均情况，计算出动架次率。详细的飞行任务安排示例见表8-5。

表8-5 飞行任务安排

出动架次	飞行科目	飞行员	地勤人员	时间统计
第1架次	空空构型1	A	D+E+F	T_1
第2架次	空空构型2	B	D+E+F	T_2
第3架次	空空构型2	C	D+E+F	T_3
第4架次	空地构型1	A	G+H+I	T_4
第5架次	空地构型2	B	G+H+I	T_5
……	……	……	……	……

1. 建模仿真摸底评估

专项试验之前，结合系统设计方案和外场数据，采用建模仿真进行摸底评估，为制定出动架次能力专项试验方案及试验实施提供支撑。

1）仿真模型校核

根据出动架次率定义和模型可以看出，出动架次率根据战斗机处于各个状态的时间进行计算，可以通过模拟战斗机使用和维修保障过程，统计战斗机处于各个状态时间的平均情况，计算出动架次率。这与本书使用可用度分析评估采用的建模仿真原理类似，区别仅限于执行的任务剖面不同、仿真数据后处理统计口径不同。因此，采用使用可用度分析评估验证仿真模型的准确性，并以试飞期间统计数据为基础运行仿真模型，对比仿真结果与实际情况的误差，完成仿真模型校核。

2）摸底评估

摸底评估的输入数据包括：①战斗机构型按设计技术状态 PBS 产品分解结构细分到维修单元级；②可靠性、维修性水平以试飞评估结果为准；③保障系统包含的站点组织、资源配套、活动及保障方案以综合保障建议书为准；④周定期工作所需时间采用外场统计数据；⑤任务剖面按研制要求规定的任务剖面，不间断连续安排飞行任务。

通过摸底评估，可以初步判断战斗机装备系统的出动架次率水平，为组织开展高强度出动能力专项试验提供决策支持。同时，仿真模型中的保障系统、任务剖面情况，也为制定专项试飞试验方案及试验实施提供支撑。

2. 专项试飞试验

以建模仿真摸底评估结果为依据和输入，制定专项试飞试验方案。

试飞科目：结合出动试飞试验，同步安排其他试飞科目，进行昼夜不间断连续多架次、长时间的高强度试飞。试飞项目以结合鉴定试飞科目为主，分为昼间试飞和夜间试飞。昼间试飞结合任务系统非风险试飞科目，夜间试飞结合夜视镜、夜航编队、夜视兼容等试飞科目。适当安排单机试飞科目作为备份计划，以保证完成高强度出动试飞试验的出动架次和总飞行时间目标。

试验状态说明：专项试验在气象条件稳定的情况下进行。试验实施前，机务保障短周期工作清零，战斗机处于完好状态，试验过程中不执行有寿件更换、周定期工作规定。试验实施前完成发动机短周期检查工作并更换滑油。同时，按研制要求规定和试飞资源情况确定任务构型、备件和保障设备、人力人员等。加强备件保障或增加整机备份，确保备件、保障设备满足率。地面保障车辆均在战斗机着陆前于停机坪附近等待，确保战斗机着陆即可进行保障工作，尽量减少保障设备工具对试验的影响。人力人员方面，地勤人员采用多组轮班制度，飞行员执行完一架次飞行任务后即更换。

3. 结合试飞数据的分析评估

出动能力专项试验收集的实际试飞数据，包括总试验时间、出动架次、总飞行时间、地面滑行时间等飞行任务相关数据，以及飞行前准备时间、再次出动准备时间、飞行后准备时间、发动机滑油取样及化验时间、排故时间等使用和维修保障时间，还包括完成各项保障任务所需的人员和设备工具等信息。利用收集的实际试飞数据，结合建模仿真方法对高强度出动条件下的出动架次率进行建模仿真。根据少量高强度专项试飞数据，通过设计参数与试飞数据融合的建模仿真分析评估，最终完成对出动架次率的综合评估。

8.3.6 使用可用度评估

保障能力在研制要求中用使用可用度进行度量。使用可用度是与能工作时间和不能工作时间有关的一种可用性参数,其计算公式为

$$A_O = \frac{T_U}{T_U + T_D} = \frac{T_O + T_S}{T_O + T_S + T_{CM} + T_{PM} + T_{OS} + T_{ALD}} \quad (8-6)$$

使用可用度受战斗机保障特性、保障系统以及执行任务情况等多方面因素影响,且相互影响关系复杂,不便于进行解析方法的分析计算。同时,在研制阶段,由于评估条件限制,统计并计算使用可用度模型中多阶段、多类型时间数据的难度较大。因此,战斗机使用可用度在研制阶段主要采用建模仿真手段进行分析评估。

1. 建模仿真评估思路

对使用可用度进行建模仿真评估的思路是:通过建模仿真模拟战斗机装备系统(包括战斗机、保障系统)使用和维修保障过程,统计战斗机处于各个状态的情况,计算使用可用度。战斗机常见的使用和维修保障流程如图 8-20 所示。

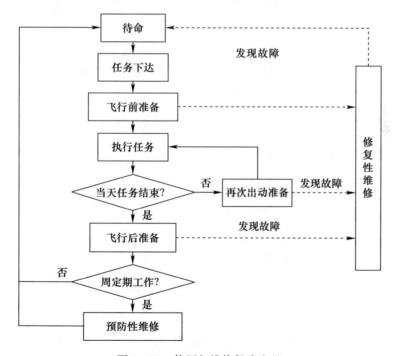

图 8-20 使用与维修保障流程

通过模拟使用与维修保障流程,针对使用可用度开展建模仿真和分析评估的一般流程如图8-21所示,主要环节包括:根据评估所需的输入对相关数据进行收集和处理,建立战斗机、保障系统模型和任务模型,并执行作训任务,进而触发相关的使用和维修保障任务;根据仿真运行情况,计算战斗机处于各种状态的平均情况,进而得出使用可用度评估结果。

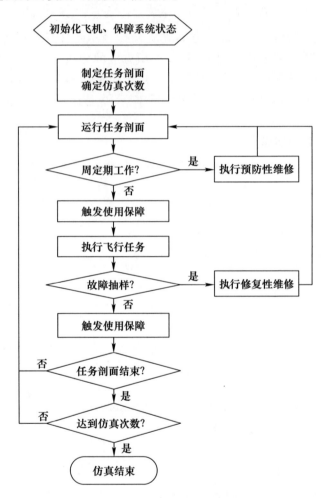

图8-21 建模仿真评估流程

2. 评估所需输入

开展使用可用度评估,需要考虑在任务周期内对执行飞行任务、开展使用和维修保障任务产生影响的因素,进行建模与仿真所需的输入涵盖影响保障性的战斗机保障特性、保障系统以及任务剖面三个方面。

1) 战斗机保障特性

战斗机保障特性,可以分为两类:一类是与战斗机故障有关的维修保障特性,主要受可靠性、维修性、测试性等影响;另一类是与战斗机使用有关的使用保障特性,用于度量维持战斗机正常使用功能的保障特性,主要有使用保障的及时性、自保障特性等。

此外,由于战斗机保障特性与战斗机构型直接关联,因此还需要先获取战斗机构型作为基础。完整的战斗机构型按照产品分解结构,应包括飞机、系统、分系统、成品、维修单元等各个层次。

2) 保障系统

保障系统可以看成是一个由保障活动、保障资源和保障组织构成的相互联系的有机整体,通过保障方案对保障活动、保障资源、保障组织相互之间的关系进行总体描述。因此,从保障系统角度出发,开展建模仿真所需的输入考虑,从保障组织、保障资源、保障活动以及保障方案四个方面进行分析。

保障组织由保障站点组成,保障站点是完成保障活动的场所。对于使用和维修保障任务,常见的两级保障组织结构是部队级和基地级。站点又可以分为若干个子站点,如部队级由机库(部队级外场)、维修车间(部队级内场)、航材股、油料股、军械股、设备/工具仓库等保障子站点构成。开展建模仿真需要明确保障组织中的保障站点组成,将其作为输入。

保障资源包括保障战斗机所需的人力人员、备品备件、工具和设备、训练器材、技术资料、保障设施,嵌入式计算机系统所需的专用保障资源(如软、硬件系统),以及包装贮运装备所需的资源等八大资源。开展建模仿真需要明确各类保障资源的种类、数量和配套方案,将其作为输入。

保障活动主要包括使用保障、维修保障、供应保障、训练与训练保障以及包装贮运等。开展建模仿真需要明确开展各项保障活动的活动项目、活动时间,将其作为输入。

保障方案是保障系统完整的总体描述,是对构成保障系统的保障组织、保障资源、保障活动之间相互关系的完整说明。保障方案包括使用保障方案、维修保障方案、供应保障方案、训练及训练保障方案四方面。开展建模仿真需要明确保障方案,包括使用保障的程序、方法、实施时机,维修保障采用的维修策略、维修体制、维修组织以及每项维修工作的程序与方法,备品备件的供应方式,训练战斗机使用和维修人员的活动和所需的程序、方法等;此外,还需要明确开展各项保障活动的地点、所需的保障资源,形成在不同的保障组织利用保障资源开展保障活动的完整输入。

3) 任务剖面

作战行动与保障能力由战斗机装备系统的保障性决定,但使用可用度的具体表现还受任务剖面直接影响。开展建模仿真需要不同任务条件下的任务剖面,明确任务周期的起始点和终止点,单次飞行任务的持续时间,前后任务之间的关联关系等。

收集完成评估所需输入后,即可开展战斗机系统建模仿真,对使用可用度进行评估。建模仿真的步骤如图 8-22 所示。

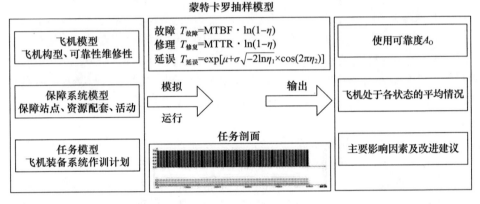

图 8-22 建模仿真步骤

3. 建模步骤

开展使用可用度评估,需要建立的模型包括战斗机模型、保障系统模型和任务模型三类。

1) 建立战斗机模型

首先,根据战斗机产品分解结构建立战斗机构型,建立的战斗机构型包括飞机、系统(含分系统)、成品三个层次。其次,根据可靠性、维修性预计情况,在成品层次建立各成品的维修保障特性,即可靠性参数 MTBF 和维修性参数 MTTR,飞机和系统层次的可靠性、维修性由成品的属性决定,不需要在飞机和系统层面赋予可靠性、维修性数值。

通过建立战斗机模型,明确战斗机构型及修复性维修任务的产生和完成时间。

2) 建立保障系统模型

首先,建立保障组织模型,形成包含机库(部队级外场)、维修车间(部队级内场)和航材股三个保障站点的保障组织。

其次,建立保障资源模型,确定使用和维修保障人员的种类以及在机库和维修车间的编配方案;将备件按成品层次明确其种类和数量,均存放于航材股;确定设备工具的种类,并明确放置在机库和维修车间的配套方案。

随后,建立保障活动模型,建立使用保障任务的飞行前准备、再次出动准备和飞行后准备三个环节,并明确所需的时间;建立所有成品的修复性维修任务;预防性维修任务方面,定义有寿件控制的维修任务,建立按飞行小时、日历时间、起落次数确定的周定期工作,并确定各个工作时机按机械、军械、特设、航电、结构五个专业划分的预防性任务,明确各个任务所需的时间。

最后,完善保障方案,确定使用保障任务的地点为机库,定义使用保障任务三个环节的执行时机,并关联三个环节所需的保障资源;维修保障方面,明确成品的修复性维修任务、有寿件控制的维修任务在机库完成,定义周定期工作各个工作时机的开展地点,并关联各项周定期工作所需的保障资源。最终形成完整的保障系统模型,清晰地描述在不同的保障组织利用各类保障资源开展各项保障活动的总体情况。

3)建立任务模型

对作战训练任务建立任务模型,确定各个任务条件下的任务周期起始点、终止点以及单次飞行任务的持续时间,定义前后任务之间的关联关系。

通过建立任务模型,明确战斗机装备系统的任务计划。

4. 仿真步骤

运行任务模型,安排机队中所有战斗机执行计划的飞行任务,并触发必要使用和维修保障任务。正常情况下,机队中所有战斗机根据任务模型执行完所有的计划飞行任务或达到任务周期终止点时,即完成一次仿真。

在一次仿真中,考虑使用保障方案确定的时机,根据飞行任务执行情况触发使用保障任务,并相应地在保障资源模型中调用飞行准备保障人员和设备工具,按规定的时间完成使用保障任务。完成使用保障任务后,根据任务模型,战斗机返回执行计划飞行任务的状态。

同时,考虑维修保障方案。在修复性维修任务方面,根据执行飞行任务的持续飞行小时数,以各成品的 MTBF 为基础,按指数分布进行蒙特卡罗抽样,决定每次飞行任务发生故障的情况,进而触发修复性维修任务,同时关联备件模型,调用航材股中的备件对故障件进行更换,并将备件库存减少。修复性维修任务所需的时间以各成品的 MTTR 为基础,按指数分布进行蒙特卡罗抽样确定。完成修复性维修任务后,根据任务模型战斗机返回执行计划飞行任务的状态。在预防性维修方面,根据执行飞行任务的飞行小时、日历时间及起落次数触发预防性维修任务,若进行周定期工作则调用保障资源模型中的人员和设备工具执行周定期检查,所需时间由保障活动模型规定。若进行有寿件更换则关联备件模型,调用航材股中的备件对到寿件进行更换,并将备件库存减少,更换所需时间以各成品的 MTTR 为基础按指数分布进行蒙特卡罗抽样确定。完成预防性维修任务后,根据任务模型战斗机返回执行计划飞行任务的状态。

当任何一架战斗机产生使用和维修保障需求时,将立即触发相关的使用和维修保障任务,且在保障资源满足的条件下立即开展相关使用和维修保障任务。同时,当使用和维修保障任务完成后,即认为战斗机达到可执行任务状态,并根据任务模型,战斗机立即返回执行计划飞行任务的状态。

当不同的保障任务对相同的保障资源提出需求,但保障资源数量不满足要求时,根据排队论的原理,按任务产生的先后顺序获取资源,需等待上一任务完成,结束对该资源的使用后,后续任务才能获得该资源的使用权。

通过反复多次运行仿真模型,得到机队中每架战斗机在任务周期内各个时刻处于各种状态(执行飞行任务、待命、开展使用和维修保障任务、延误)的平均情况(仿真结果示意图如图 8 - 23 所示),经统计处理,即可得出使用可用度分析评估结果。

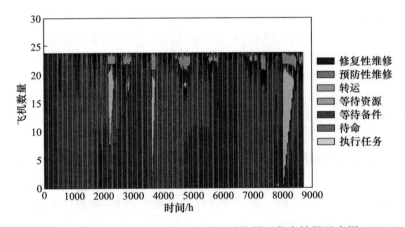

图 8 - 23　战斗机处于各种状态的平均情况仿真结果示意图

第 9 章　保障性工程管理

高性能战斗机研发是一项集多学科交叉、多因素权衡于一体的复杂系统工程,其过程需要作战需求与技术实现反复迭代,具有技术难度大、研制周期长、研发投入多等显著特点,完整的研发体系涵盖需求分析、设计研发、工艺材料、试验验证和使用维修保障等关键内容,覆盖总体气动、结构强度、飞行控制、航空电子、综合保障、项目管理等学科领域。

战斗机保障性工程是高作战效能战斗机研发的重要组成部分,其研制与管理贯穿于战斗机研制全过程,强调将战斗机及其使用维修保障作为一个装备系统进行整体考虑,同步规划、同步设计、同步交付,尽可能全面地考虑保障问题,确保把容易保障、便于保障的特性设计到战斗机中,保证在战斗机交付的同时交付一个完整的保障系统。因此,保障性工程研制必须依靠军方和工业部门,研制全线强有力的组织与管理,通过统筹规划与协调管理,建立组织机构和运行机制制度,按照研制程序做好与其他工程学科问题之间的协调综合,并对各项工作实施有效控制,以确保战斗机保障性工程需要完成的所有工作均高质量完成,实现战斗机保障性工程的研制目标。

9.1　保障性工程管理组织机构及职责

保障性工程是为提高战斗机的保障性,在研制、生产与使用过程中所进行的各项工程技术和管理活动的一门学科。为了能以合理的全寿命周期费用实现战斗机装备系统战备完好性要求,战斗机保障性工程管理的普遍做法是战斗机订购方与承制方各司其职,成立各自的保障性工程管理机构以及联合的保障性工程管理组,在战斗机研制、生产、部署等全寿命周期合理有效地规划、实施、监督和评价保障性工程的各项工作。

战斗机订购方主要负责:在战斗机立项论证或研制要求中提出保障性要求和约束条件;制定、完善并实施保障性工程计划;根据合同要求向承制方提供必要的信息;对承制方的保障性工程工作实施有效的监督与控制。

战斗机承制方主要负责:根据战斗机订购方的要求制定并实施保障性工程工作计划;将保障性要求纳入战斗机设计,规划与战斗机匹配的保障资源并提出设计改进建议;根据合同要求提供保障资源和保障服务;对转承制方的保障性工程工作实施有效的监督与控制。

随着战斗机的作战使用要求越来越高,战斗机保障性工程要求"一次规划、分段实施"的趋势越来越明显。战斗机保障性工程工作的复杂性日益增大,为了在费用、进度等条件约束下,把保障性工程工作做得更有成效,更应加强战斗机保障性工程管理,将其作为战斗机型号系统工程管理的重要组成部分,运用系统工程的理论方法,通过建立多部门协同合作的、高效的保障性工程管理组织机构,监督和控制保障性工程的各项活动,制定和实施科学的管理计划,保证保障性工程的各个要素与战斗机研制中涉及到的其他工程有序地集成,以最少的资源实现战斗机预定的保障性工程研制目标。

从世界范围来看,战斗机的订购方主要以各国空/海军为主,少数国家还包括海军陆战队,虽然各个国家军兵种及其国防工业系统的管理体制不同,战斗机保障性工程组织机构的结构形式也不尽相同,但是战斗机保障性工程的目标基本一致。为了加强战斗机型号研制中的保障性工程管理工作,世界各国战斗机研制均通过不同形式在空/海军装备主管部门、战斗机总体设计单位建立了联合管理组、工作系统等管理机构,确保战斗机达到规定的战备完好性和任务成功性要求,保证飞机系统在预期的寿命周期内具有高的保障性水平。

9.1.1 空/海军与总体设计单位成立保障性工程联合管理组

成功地实施战斗机保障性工程需要空/海军装备主管部门与战斗机总体设计单位的紧密合作,因此建立由空/海军装备主管部门和战斗机总体设计单位代表组成的联合管理组是十分必要的。保障性工程联合管理组是战斗机研制、使用期间空/海军装备主管部门与战斗机总体设计单位协调保障性工程工作的联合组织机构,管理组由来自空/海军装备主管部门负责保障性工程管理的主管代表和总体设计单位负责保障性工程研制的专业代表组成,并由空/海军装备主管部门派代表出任组长,总体设计单位派代表出任副组长。为了保证保障性工程工作的连续性,联合管理组的成员应相对稳定,主要活动形式包括但不限于定期或不定期地召开联席会议、检查保障性工程工作等,联合管理组的领导关系、工作方式和活动频度应在战斗机研制有关的保障性工程要求合同文件中明确,其组成如图 9-1 所示。

联合管理组的主要职责包括:

(1) 加强军方、工业部门在保障性工程方面的联系,研究空/海军装备主管部门提出的各项保障性工程要求和初始保障方案,协调实现保障性工程要求的解决方案与途径。

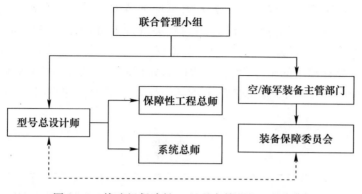

图 9-1　战斗机保障性工程联合管理组组成示例

（2）协调解决涉及军方、工业部门双方的工作问题,互相通报实施战斗机保障性工程和技术保障工作的进展情况,管理与协调保障性工程存在的不足与改进方式,及时交换和交流保障性工程研制与技术保障工作亟待解决的问题与处置措施。

（3）管理、监督与控制保障性工程和技术保障工作成果,对战斗机保障性工程工作进行审查,为战斗机研制的转阶段决策提供依据。

9.1.2　空/海军装备主管部门保障性工程管理小组

战斗机保障性工程与战斗机研制的其他系统工程的显著不同在于,其面向战斗机全装备系统,着眼于战斗机系统效能和作战能力,且许多保障性工程工作需要空/海军装备主管部门承担或直接参与。

在战斗机研制早期,除了提出作战使用保障要求之外,还需要根据各军种现役作战飞机的维修保障、保障设施要求,向总体设计单位提供初始保障方案等保障信息,用于约束战斗机保障设计,以确保新研战斗机保障不会对各军种已建立的战斗机保障体系造成颠覆性改变,使新研战斗机更易于和更便于保障。因此,战斗机保障性工程特别强调空/海军装备主管部门的主导作用,如果没有空/海军装备主管部门的参与和支持,总体设计单位就难以较好地完成保障性工程工作。

为了加强战斗机研制中保障性工程和技术保障工作的管理,空/海军装备主管部门应当组织设立相应保障性工程管理小组,全面负责空/海军的战斗机保障性工程和综合技术保障的管理工作。管理小组成员一般由军种装备部主管装备综合计划、科研、试验监督、订购、外场保障、航材备件、武器弹药、油料油品、修理等管理机关的代表以及代表军方装备管理的军种研究院、军事代表和代表战斗机使用部队的战区军种保障部的专业技术人员,成员可以专职或兼职,但兼职人员也应保持相对稳定。机构的负责人由军种装备部机关指派,通常在战斗机研制与生产期间由装备部主管科研订购的机关管理人员担任;在战斗机的使用阶段移交由主管技术保障的机关管理人员担任。管理小组指定人员参加战斗机保障性工程联合管理组的工作,其负责人同时兼任联合管理组的空/海军装备保障性工程管理负责人。空/海军装备主管部门保障性工程管理小组机构如图9-2所示。

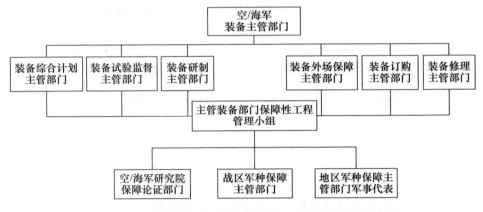

图9-2 空/海军装备主管部门保障性工程管理小组机构示例

空/海军装备主管部门保障性工程管理小组的主要职责包括:

(1) 全面负责战斗机保障性工程和技术保障工作的决策与管理。

(2) 负责对战斗机总体设计、制造单位及成品配套单位保障性工程和技术保障工作(包括对经费预算计划的执行情况)进行监督与控制。

(3) 组织制定战斗机立项论证和研制要求中的保障性工程要求,制定与实施保障性工程计划。

(4) 组织与管理空/海军战斗机的初始保障方案,并为总体设计单位的保障性工程设计和技术保障工作提供输入信息。

(5) 组织制定战斗机鉴定试验、定型试验、作战试验的保障性试验方案,并负责组织实施。

(6) 组织战斗机立项论证、方案设计、详细设计、鉴定定型和生产及部署后的保障性工程审查。

(7) 负责订购、筹措与管理战斗机部署所需的保障资源,建立与战斗机作战使用需求相一致的保障系统。

(8) 负责规划与建设战斗机部署后使用与维修保障信息收集系统,组织收集、修订、反馈与管理各种保障数据,持续跟踪战斗机保障特性发展趋势。

(9) 负责管理全寿命周期战斗机保障性工程研制、使用经费。

(10) 主持战斗机部署使用阶段保障性工程方面的重大技术改进。

9.1.3 总设计师系统成立保障性工程工作系统

总体设计单位保障性工程专业负责与战斗机系统设计专业同步开展保障特性设计与分析，确定保障资源需求，并研制提供相应的保障资源，按照研制要求实施必要的保障工作。因此，在总体设计单位内部需要建立与其承担责任相适应的组织机构，普遍做法是在总设计师系统组建专门管理保障性工程的专业和工作系统，任命一名保障性工程总设计师负责战斗机研制全线的保障性工程和技术保障工作。

保障性工程工作系统是战斗机总体设计单位开展保障性工程研制工作的决策与支持机构，是在型号总设计师的领导下，由保障性工程总设计师协调各系统总设计师协助型号总设计师，带领保障性工程专业、系统保障性工程主管设计和成品主管，管理总体设计单位内部，并监督与控制成品配套单位的保障性工程和技术保障工作。工作系统应指派专业人员，代表总体设计单位参加战斗机保障性工程联合管理组。由于保障性工程的设计离不开战斗机系统硬件与软件的具体设计，因此战斗机各系统及成品配套单位也应当配备开展保障性工程工作的专业人员，以确保将保障性工程要求同步设计到系统、成品硬件或软件中。总设计师系统保障性工程工作系统机构如图9-3所示。

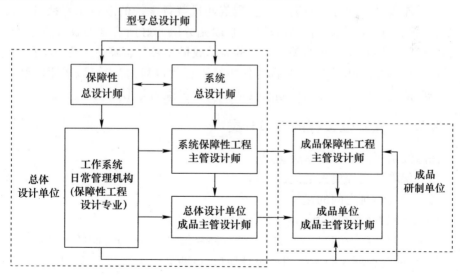

图9-3 总设计师系统保障性工程工作系统机构示例

总设计师系统保障性工程工作系统的主要职责包括:

(1) 负责配合空/海军主管装备立项论证部门开展战斗机保障性工程要求论证,配合战斗机初始保障方案制定。

(2) 主持制定战斗机保障方案设计,制定并组织实施保障性工程工作计划。

(3) 全面负责总体设计单位(含成品配套单位)战斗机研制与生产中的保障性工程工作规划、实施与管理。

(4) 组织战斗机系统及其成品研制与生产期间的保障性工程设计与分析工作,并按研制要求规定向空/海军装备主管部门提供保障性工程方面的研制资料。

(5) 负责对成品配套单位的保障性工程研制、技术保障工作进行监督与控制。

(6) 主持制定战斗机鉴定、定型、作战试验与评价中的保障性试验方案,并配合实施。

(7) 承担战斗机研制与生产期间的保障性工程审查工作。

(8) 按规定履行战斗机全寿命周期装备维修保障技术支持工作。

(9) 参加战斗机部署后的保障能力评估等。

9.2 保障性工程接口关系

为了能以最低的寿命周期费用实现战斗机装备系统的战备完好性目标,在实施保障性工程的技术与管理活动中,必须充分协调好所有参与保障性工程活动的单位和学科专业之间的关系。这种表示或描述参与保障性工程活动的各单位、各学科专业之间的相互关系称为保障性工程的接口,接口可以采用图纸、图表、数据、使用程序、方程式、计划及其他文字资料说明等形式表达。

9.2.1 保障性工程的接口分类

保障性工程的接口由 4 类组成:
(1) 保障性工程要素之间的接口。
(2) 工程学科之间的接口。
(3) 承制方(主机厂所)内部的接口。
(4) 承制方(主机厂所)与订购方(军种装备主管部门)之间的接口。

其中,前两类属于技术接口或设计接口,后两类属于组织管理接口。保障性工程的接口组成如图 9-4 所示。战斗机保障性工程管理的一个重要任务是协调好这些接口,保证保障性工程的各项活动正常、有序地开展。

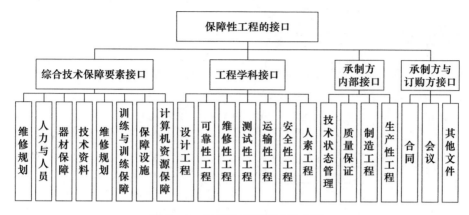

图 9-4　保障性工程接口组成图

9.2.2　保障性工程要素之间的接口

保障性工程要素之间的接口极其复杂,有时很难鉴别哪一个专业能准确地提供所需的输入,或将分析结果提交给适用的地方。在实施保障性工程设计的过程中,有时需要多项工作同时发生作用来满足某一工作的要求,而这些工作又是互相依赖的,因此应特别强调对接口的管理与控制。

维修规划是为制定维修方案和确定维修工作而进行的规划工作,是保障性分析过程中起决定性作用的环节。因此,维修规划与保障性工程的所有专业(要素)都有直接关系,它为保障设备、保障设施、技术资料、供应保障、人力和人员、训练与训练保障、包装贮运以及计算机资源保障等保障资源提供输入需求信息;同时,以上保障资源在确定自身配套状态时要及时地向维修规划反馈信息,以便考虑各资源相关技术问题对维修方案的影响。维修规划与其他各保障要素之间的接口是保障性工程工作内部最复杂但又最重要的接口,此外,维修规划还必须同装备设计的技术状态密切协同。

同时,战斗机保障设备配套的数量及类型是根据使用与维修工作的间隔和辅助支持需求确定的,它既要求能辅助完成使用与维修保障任务,又要求尽量减少保障设备需求。它们之间是输入与输出的双向接口,如图 9-5 所示。保障设备需求分析的结果还应提供给技术资料、训练和备件供应等作为输入,技术资料应包括保障设备的使用和维修说明与要求,训练工作应包括对保障设备的使用与训练、维修操作与训练以及模拟训练设备的研制要求,保障设备在使用与维修中所需备件通常也包括在备件保障中。此外,保障设备要求的任何更改将影响其他保障资源要求。其他综合技术保障要素之间也有与保障设备相类似的接口。

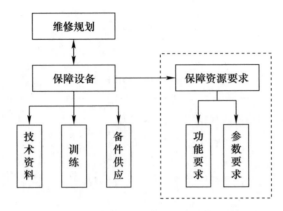

图 9-5　保障设备与其他要素之间的接口

9.2.3　工程学科之间的接口

工程学科之间的接口是指战斗机保障性工程与其他专业工程之间的关系，这些接口比上述保障性工程要素间的接口更难于建立和协调。这是因为传统的设计观点往往不重视在设计中考虑保障问题，而保障性工程既要使设计满足作战性能要求又要满足保障效能要求。专业工程的每一种设计都将影响到保障性工程与保障能力，为此，要依赖承制方内部接口进行有效的控制与管理，以保证各工程学科之间信息交流和对话的渠道畅通。

下面重点介绍保障性工程与设计工程、可靠性工程、维修性工程、测试性工程之间的接口。

1. 设计工程

设计工程是形成战斗机功能的主要活动。设计工程的变更和有关决策对保障性工程影响很大，必须在各种设计工程活动与战斗机保障工作之间建立起一个完整的工作接口。保障性工程除了研究考虑总体、结构强度、机电、飞行控制、航空电子等主体设计工程专业外，还必须研究考虑与战斗机使用和维修保障工作密切相关的可靠性、维修性、测试性、安全性、人素工程等专业工程，以保证研制的战斗机具有良好的保障性及保障能力。通常，从功能上将设计工程分为硬件设计、软件设计和系统综合，并由此讨论其接口要求。

1）硬件设计

硬件设计工作结果是产品的物理特性（实体形状及尺寸、安装配合及硬件功能）。硬件设计工程与保障性工程之间的接口，主要从两方面考虑：一是保障性工程设计过程需硬件设计提供最新和最准确有用的设计信息；二是为使保障性工程影响设计，需要建立一个交流与解决保障性问题的接口。

2）软件设计

对于硬件、软件高度综合集成的战斗机,需要考虑保障性工程与软件设计工程之间的接口。利用软件或启动硬件的软件,大多数的设计能完成战斗机的自检、故障检测与报告的功能,并由此开始战斗机的维修过程。因此,必须利用保障性工程给出的维修决策输出反映战斗机的测试能力。保证维修的测试要求必须通过保障性工程和软件工程之间的持续性接口来联系,当设计成熟时,保障性工程向软件设计者提供有关驱动战斗机测试软件能力方面的重要输入和反馈信息。

3）系统综合

在战斗机研制的早期阶段,系统综合负责定义从整机、分系统到底层零件以及内外部联系的要求。当前述各主体工程专业完成各自的设计部分时,系统综合的责任是将这些设计部分搭配在一起,形成一套完整的战斗机装备。系统综合并不是任何时候都进行,而仅发生在设计成熟阶段。这就是为什么保障性工程与系统综合之间必须是一个闭环接口的缘故。系统综合工作提供给保障性工程专业一个接触、影响整个战斗机设计的必要环节,以便确定有关设计、性能或保障性之间的相互影响,提出与保障性有关的问题,建立适当的接口并加以解决。

2. 可靠性工程

保障性工程通过保障性分析与可靠性工程之间建立接口,以规划和研制战斗机的保障资源,因而该接口是极其重要的接口。《装备可靠性工作通用要求》（GJB 450A—2004）中规定的工作项目几乎全部与保障性分析有关。

可靠性模型用于研究战斗机及其组成部分的技术状态与整机可靠性的关系,以及设计中可靠性预计与分配等。其分析结果也用于保障性分析,作为维修权衡和其他早期维修工作探索研究的辅助手段。利用该模型,还可以在战斗机研制过程中建立可靠性与保障性分析的联系。

可靠性工程中的故障率分配可以作为保障性分析在早期预测保障资源要求的基础。利用故障率分配估计保障资源,可以确定设计中影响战斗机维修与保障费用的主宰因素,以便推荐应进行的设计更改,降低寿命周期费用。

可靠性预计是确定保障资源数量的关键输入,由于战斗机可靠性是影响寿命周期费用的重要因素,必须在可靠性预计与保障性分析之间不断保持最新的信息交换,即使可靠性数值的改变很小,也可能对保障费用和维修方案产生重要影响。

FMECA 是保障性分析十分重要的输入,因为它是确定战斗机维修工作类型和进行维修工作分析必不可缺少的分析方法,其分析结果是保障性分析记录的重要组成部分。紧密地跟踪FMECA,是可靠性工程和保障性分析接口间的重要工作,它关系着保障性分析的成败。

潜在通路分析、电子元器件与电路容差分析,这两项分析工作对保障性分析的接口主要表现在这些分析的结果会导致装备设计的更改,从而引起对保障资源要求的影响。

元器件控制工作能提供控制标准和非标准元器件的信息,它是保障性分析中决定备件供应和技术手册的重要输入。

可靠性关键件和重要件的信息必须提供给保障性分析利用,以便确定这些信息对保障资源和保障方案的影响。

战斗机的功能测试、包装贮运及维修等将对其可靠性产生不同程度的影响,同时也会影响保障资源的提供。因为机载设备生产出来后往往并非直接进入实际使用,相当多的机载设备在使用前有较长的贮存期,在此期间需要进行包装、装卸、运输以及定期测试与维护等活动。如果预测到这些活动将使可靠性降低到某一水平,则保障性分析必须利用这些信息提出备件或相应的包装贮运要求。各种可靠性试验主要是评价产品的可靠性,以便为提高可靠性水平提出改进设计的途径。当试验所得的实际可靠性水平比预计的低时,除了再次改进设计外,还需要在整个使用期间提供附加的保障资源。

3. 维修性工程

保障性工程和维修性工程需要协调活动,以共同完善战斗机的最终维修能力。维修性工程的特点是通过维修性指标分析、分配、预计、设计直至试验等活动参与装备设计,保证装备设计符合维修性要求。保障性分析则是通过研究维修具体的实际要求、制定维修方案和确定维修保障资源要求,以及建立最终保障系统等工作,来影响战斗机设计,保证保障能力符合要求。它们研究的过程与活动内容不同,但目标都是提高战斗机的战备完好性、减少维修人员及降低维修费用。成功的维修性设计将会减少由于不能满足维修要求而造成的设计更改,从而也缩小了由此产生的保障性分析工作范围与内容。因此,维修性分析与保障性分析在设计过程中必须建立紧密的接口关系,否则将会导致维修规划不完善和保障资源的短缺或浪费。《装备维修性工作通用要求》(GJB 368B—2009)中的不少工作项目与可靠性大纲相似,也都与保障性分析有关。

在战斗机设计中,早期的维修性设计与分析通常采用维修性模型来说明装备的某些部分(直到最低层次需维修的重要零部件)之间的相互关系,以便用于计算有关的维修性指标。当设计成熟时,该模型可以反映最终设计的技术状态的维修性情况。在选择符合预期的维修性要求的最佳备选设计方案时,该模型还可以作比较与权衡分析之用,避免造成分析结果与设计更改的混淆和矛盾。

维修性分配是将维修性指标从上而下分配到最低维修层次,这种分配方式是保障性分析过程的最初输入,作为确定初始维修要求之用。

维修性预计包括对装备每一部件故障的维修时间加以估计,这种估计值往往超过或至少等于上面所确定的分配值。从维修性预计得到的分析结果是保障性分析的重要输入。

当战斗机某一部分的维修性预计值与分配值不符时,需要进行维修性分析。这种分析实际上是改进维修能力的一种最有效方法,因为战斗机研制早期的设计更改,将会以最少的设计费用提供最佳的维修工作。这种设计更改应作为保障性分析中对维修工作影响的输入。

维修性设计准则是指导设计人员在设计中达到维修性要求的指南。例如,对经常维修部位要求可达性好、尽量减少专用工具和测试设备、采用快速联接装置与标准化的紧固件等,这些准则可以使战斗机设计得容易维修,能提高战斗机的维修性。而保障性分析也将利用这些准则将维修能力的要求与保障资源相联系,最终简化保障工作。

维修性大纲中通过专门规定的工作项目,将所需的数据资料连续地传递给保障性分析,作为制定详细的维修保障计划和其他分析工作的输入。维修性工程与保障性分析的信息接口,应有专门的文件规定,说明传递数据的内容、审查和修改的职责以及有关管理职能等。

维修性验证不仅能评估装备的维修性,同时也能评估整个保障包的准确程度与有效性。因此,维修性验证结果是保障性分析中有关保障性评估的重要输入,两者有时是同时进行的,只有利用接近实用的样机进行的验证才能说明保障性分析的结果是否满足维修保障的要求。

需要指出的是,除了上述保障性分析与可靠性、维修性的接口外,保障性分析还要根据战备完好性目标值在可靠性、维修性定量或定性要求与保障性要求之间进行权衡分析,以满足战斗机战备完好性或费用要求,这实际上是它们之间的一项重要接口。

4. 测试性工程

保障性工程通过保障性分析与测试性工程建立接口的方式,和可靠性与维修性工程的接口相似,如测试性计划、测试性审查、数据收集与分析、设计准则、详细设计以及试验与评价等均应制定接口,在接口工作中应注意尽量利用现有测试设备与技术规范。只要有可能,对于新的测试设备、测试人员技能及有关测

371

试规程等的统一要求,在战斗机研制早期应加以拟定或说明,以便评定它们对保障资源的影响。

9.2.4 承制方内部的接口

在实施保障性工程的活动中,承制方内部各单位、各部门之间的专业工作也有许多接口关系,因此必须协调与管理好这些接口。由于承制方的管理组织结构不同,接口的组织方式也会有差异。但最常见的接口关系主要表现在技术状态管理、质量保证、生产制造等方面。

1. 技术状态管理

由于战斗机及其保障系统的设计是一个动态过程,其技术状态也随之不断变化。因此,技术状态管理部门必须向保障性工程管理部门输出技术状态管理程序和技术状态数据项目,保障性工程根据动态变化的最新信息,将保障性要求、分析工作和保障资源的确定与设计过程协调一致。技术状态管理与保障性工程的接口应提供两者一致的明确的问题,以保证保障性工程师掌握所需的战斗机物理特性和功能特性的变化,确定设计是否符合规定的保障性要求,以及保障方面的工作是否与战斗机设计相匹配。技术状态管理是战斗机在技术特性、生产性、使用适应性、试验性和保障性之间做出有关设计、工程和费用综合权衡的决策性管理,战斗机符合保障性要求是技术状态管理的主要成果之一。如果保障性接受了过时的技术状态信息,则由此而做出的保障性分析将是无效的。从战斗机能否符合保障性要求而论,这样的设计会带来隐患。因此,技术状态控制必须与保障性分析紧密结合,对提出的问题给予解决,并在合同中予以规定。

2. 质量保证

质量管理部门负责战斗机整个研制和生产过程的连续监控,以保证产品符合合同要求和制造规范。保障性工程部门向质量管理部门输出保障性与保障性设计要求、保障(维修)要求,质量管理部门则对保障性设计特性、保障系统的设计与研制,以及对各成品厂的产品进行监控与检测,其结果又可作为战斗机保障性设计要求和保障要求的输入。质量管理工作内容大体上分为质量保证工作和质量检验工作,它们都能为保障性分析提供信息。质量保证工作负责审查整个产品是否符合研制要求,其中包括设计规格审查、图纸审查与批准、零件规格与采购文件审查、材料审查、故障审查、测试规程审查以及质量一致性审查等方面的工作。这些工作可及时提供产品是否符合要求的最新信息,如某个零件在使用时不被接受,其原因可能是不符合性能要求或图纸、规程有错误,这些都将影响保障性分析工作。如果质量保证工作与保障性工程的接口十分有效,就会及时反映出这些问题,并提醒保障性分析人员进行应急分析与更改。这些信息的及时输入,比事后去寻找这些需要更改的输入要有效得多。质量检验工作的责任是监督产品制造全过程,包括生产线上的制造检验、性能监控、零件检验、最终产品试验以及验收与鉴定试验等,所有这些检验工作特别是试验(如故障现象及原因、排除方法与需要的手段等)能为战斗机的维修要求提供输入信息。

3. 生产制造

保障性工程与生产制造的接口主要包括两方面:一是将维修时的拆卸与分解看作是制造时的装配与组合过程的逆过程;二是制造时组合装配的试验同样可用于维修时组合装配的试验。维修是将战斗机及其分系统拆卸或分解,更换其中的单元或零件,或是对某些部件加以调整,维修保障人员以制造时组合与装配的规程为基础,制定维修时拆卸、分解及其装配的规程,其中包括所需的工具、设备、工艺规程与技术文件以及人员技能要求等。制造过程中的性能试验规程也可作为审核维修装配过程中每一重要步骤是否符合要求的参考。制造的试验规程,特别是用于查找和隔离故障的规程可作为拟定维修试验规程的输入,其中测试设备和工艺步骤均有可借鉴之处。总之,维修过程中的有关信息可以从制造过程获得,从而大大节省制定维修规划的人力与费用。

9.2.5 承制方、订购方的接口

实施保障性工程需要承制方与订购方(包括使用单位)相互间的密切合作。订购方的信息是保障性分析的重要输入,承制方在保障性分析中的输出有时还需要订购方的认可,以保证符合实际保障要求。这些信息的交换与传递需要有明确的规定,可以按合同要求或有关规定以会议或文件形式交换。在《装备保障性分析》(GJB 1371—1992)中,对订购方应提供的信息在有关工作项目的输入已有规定。其中,文件交换的信息包括订购方在早期的研制任务书中提出的信息交换要求,在执行保障性分析工作项目时,还需要在有关文件中制定信息提供的时间和补充要求,该信息交换方式有时可能不够及时;会议交换信息不仅可以包括数据资料,还可讨论所需研究的问题,如获得解决问题的信息,此种信息交流比较及时。不论采取什么形式,都必须对信息流进行跟踪与控制,以保证信息输入及时、准确并且是可用的。

保障性工程各有关组织的接口关系如图9-6所示,从图中可以看出,必须做好订购方、承制方所建立的保障性工程组织之间的接口管理(通常用文件规定),以保证必要信息的交流畅通无阻。

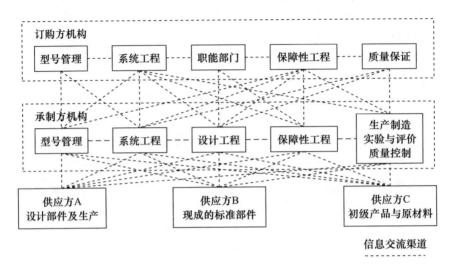

图 9-6 承制方、订购方的接口关系

9.3 保障性工程计划与工作计划

为了加强战斗机保障性工程的管理,需要对战斗机保障性工程工作进行规划,由订购方和承制方分别制定战斗机保障性工程计划和保障性工程工作计划,以明确各研制阶段战斗机保障性工程的总体计划和实施计划。

9.3.1 保障性工程计划

保障性工程计划是一份为实现战斗机装备系统保障性目标而进行各项工作的简明指南,也是保障性各专业工程工作协调活动的总指导。它集中反映了订购方对于保障性工程工作的总要求,经批准的保障性工程计划是参与保障性工程工作的所有专业开展设计工作的指导性文件。

1. 制定保障性工程计划的目的

订购方制定战斗机保障性工程计划的目的主要包括以下5个方面:

（1）向承制方提出战斗机保障性指标要求和保障性工作要求;

（2）提出战斗机装备系统初始保障方案,并在权衡确定后作为规划保障资源和建立保障系统的依据;

（3）明确战斗机保障性工作及其型号管理的关系;

（4）向承制方和决策人员提供有关的保障性研制输入信息,以保证战斗机系统研制与生产的顺利进行并做出正确决策;

(5）为编制成套战斗机研制文件（如工作说明、选择承制方、制定评价准则等）的保障性部分提供依据。

2. 保障性工程计划的制定过程

战斗机保障性工程计划的制定贯穿战斗机全寿命周期。在战斗机论证阶段即着手制定初步的保障性工程计划，在方案阶段制定正式的保障性工程计划，随着战斗机研制工作的进展不断扩充和修订。在工程研制阶段，随着有关保障性工作的进展，以及技术状态的更改、保障要素的细化，保障性工程计划仍需不断修改、充实和完善。在使用阶段，评估战斗机装备系统保障性水平的同时应考核其符合使用要求的程度，并随着保障系统的改进，继续修订保障性工程计划，以保持战斗机的持续保障和高效的使用。因此，保障性工程计划是一个动态文件。

3. 保障性工程计划的内容

保障性工程计划的内容应与战斗机的具体使用要求和设计相适应，主要包括战斗机说明、使用方案、组织机构及其职责、指导文件、初始保障方案、影响系统战备完好性和费用的关键因素、保障性分析工作的要求和安排等方面的内容，其具体内容如下：

(1）战斗机说明。说明的内容主要是研制战斗机所需的输入信息，包括：战斗机的主要作战使命和所要应付的主要威胁；战斗机的功能和性能指标及其功能框图；订购方直接采购的设备的性能指标及软硬件接口要求。对于直接使用的非研制品，应详细列出有关内容，特别是软硬件接口的情况；如果是研制产品，则应在合同中说明该设备规定的软硬件接口要求。

(2）使用方案。详细说明战斗机的使命任务、使用强度、持续时间和机动要求，战斗机的主要部署地域、数量以及服役期限等，描述装备的寿命剖面和任务剖面。

(3）订购方保障性工程组织机构及其职责。战斗机研制、生产和使用过程中，订购方的保障性管理机构组成与职责、活动方式以及订购方与承制方保障性工作组织的相互联系。

(4）完成保障性工程计划的指导文件或准则，主要是在战斗机研制过程中应执行的对战斗机总体或对战斗机保障系统有重大影响和制约的法规、标准等。

(5）初始使用保障方案和维修保障方案。其中，使用保障方案主要说明与战斗机使用保障相关的约束条件和基本要求，包括战斗机使用准备方案、运输方案、贮存方案、加注充填方案等，还应给出与使用保障工作相关的保障资源方面的约束条件；维修保障方案主要说明战斗机维修级别的划分、维修原则，包括诊断方案和检查方案等,并给出各维修级别的维修范围和与维修工作相关的已知的或预计的保障资源方面的约束条件。

(6) 影响系统战备完好性和费用的关键因素。该部分主要是根据保障性分析结果,列出对战斗机系统战备完好性和费用具有重大影响的关键因素,同时根据针对这些关键因素的相关参数进行灵敏性分析的结果,提出在新战斗机研制过程中控制这些关键因素的原则和要求。

(7) 保障性分析工作的要求和安排。该部分是对战斗机寿命周期中所需进行的保障性分析工作做出的安排,主要包括:订购方对战斗机保障性分析工作的安排,明确工作项目、目的范围、输入输出要求、分析方法、负责单位以及进度要求;要求承制方进行的保障性分析工作要求,明确工作项目要求、输出数据要求和进度要求;说明双方开展的保障性分析工作之间的相互协调关系,各项工作之间的输入输出关系。在确定保障性分析工作项目和进度要求时,应充分注意双方的协调,明确及时通报和传递保障性信息及更改的措施。

(8) 规划保障要求。保障规划主要由承制方通过实施保障性分析完成,包括进度要求、输出要求和保障资源间的权衡分析要求,说明规划保障时可以利用的数据源。

(9) 保障性评审要求及安排。包括订购方内部评审和对承制方工作评审的要求与安排。

(10) 保障性试验与评价要求。包括订购方应开展的保障性试验与评价的内容、方法、进度要求等,以及对承制方进行的保障性试验与评价工作要求。

(11) 部署工作的安排。拟订战斗机系统部署计划,主要包括工作目的、内容、方法、负责单位或人员、完成时间等,用于指导装备系统的部署工作。

(12) 现场使用评估计划。包括对战斗机系统战备完好性初始使用评估和后续使用评估工作的详细安排。

(13) 停产后的保障计划。说明由于战斗机生产线关闭对装备保障的考虑,其中主要是备件供应的策略和安排。

(14) 退役报废处理的保障工作安排。针对战斗机的退役报废过程,说明报废处理工作要求、安排、程序、负责单位及其职责等。

(15) 保障性工作经费预算。保障性工作经费预算是战斗机型号经费预算的一个有机组成部分,应对每一阶段的保障性工作所需费用做出预算,并根据装备采购进展情况适时调整。

(16) 保障性工作的进度安排。绘制保障性工作进度图,通过图示标明保障任务和事件与整个型号研制进度的关系,以及它们内部的相互关系。

9.3.2 保障性工程工作计划

保障性工程工作计划由承制方制定,是一份如何实施合同中规定的保障性工程工作的指导文件。该计划应与保障性工程计划相协调,需经订购方认可,并随着研制工作的进展不断补充完善。

保障性工程工作计划的主要内容包括:

(1) 战斗机说明及保障性要求和保障性工作要求。直接引用保障性工程计划中的相关内容和有关合同中的要求,说明开展保障性工作的目标、基本途径,列出必须执行的法规、文件、标准等。

(2) 承制方保障性工程组织机构及其职责。规定承制方内部有关装备保障性的组织机构、人员职责等,说明参与保障性管理组的人员及工作安排。

(3) 影响系统战备完好性和费用的关键因素的改进。说明影响战斗机系统战备完好性和费用的关键因素以及改进途径、方法等。

(4) 保障性分析计划。根据订购方的要求编制保障性分析计划,主要规定承制方进行战斗机保障性分析的工作项目、负责单位和人员、完成进度,以及与订购方保障性分析、其他专业工程分析的协调和输入输出关系,还包括对主要转承制方保障性分析工作的要求。

(5) 规划保障。详细规定通过保障性分析规划使用保障、维修保障和保障资源的工作程序、负责单位、进度和结果的提交形式和时机。

(6) 保障性工作评审计划。对承制方保障性工作的评审,引用保障性工程计划中的有关内容,做出承制方内部保障性工作评审的安排,详细规定承制方内部进行保障性工作评审的项目、目的、评审内容、主持单位、参加人员、评审时间、评审意见处理等方面的要求和安排。对成品单位保障性工作评审要求,规定对成品单位保障性工作评审的项目、目的、内容、主持单位、参加人员、评审时间、评审意见处理等方面的要求和安排。

(7) 保障性试验与评价计划。根据保障性工程计划和合同要求,制定战斗机研制阶段的保障性试验与评价计划。

(8) 保障交接工作的安排。根据保障性工程计划拟订部署工作计划,说明需要承制方配合订购方进行的工作,同时还要说明协调的方式和途径。

(9) 停产后保障工作的安排。根据保障性工程计划中的总体安排,说明承制方需要配合订购方开展的工作,包括有关停产后保障策略和建议。

(10) 提出退役报废处理保障工作建议。根据保障性工程计划中退役报废处理的保障工作安排,说明有关技术要求,提出相关工作安排的详细建议。

(11) 对转承制方和供应方综合保障工作的监督和控制。说明对转承制方和供应方进行监督与控制的方式和方法等,本部分的有关内容应在有关转承制合同或订货合同中规定。

(12) 保障性工作的经费预算。说明承制方开展保障性工作所需的经费概算。

(13) 工作进度表。与保障性工程计划的进度表相协调,用图表的形式规定在研制阶段所有应完成工作的进度。

9.4 保障性工程研制程序

随着战斗机的跨代发展,新一代战斗机研制全面贯彻系统工程理念,立足作战效能与经济可承受性,实行全寿命管理;采用自上而下设计、自下而上综合,保证需求的逐级分解、相互关联、可追溯,保证验证的充分、贴近实际,实行全过程管理,如图 9-7 所示;统筹考虑装备系统、战斗机、系统、子系统、机载设备、零部件/元器件等各层级工作,坚持设备服从系统、系统服从总体,实行全系统管理;综合考虑战斗机作战效能、体系适用性、可制造性、可持续采购性、保障有效性等要素,实行全要素管理。按照系统工程和并行工程思想理念,结合战斗机研制实际,战斗机全寿命周期分为论证阶段、方案阶段、工程研制阶段、列装定型阶段(含批产/服务保障)四个阶段。

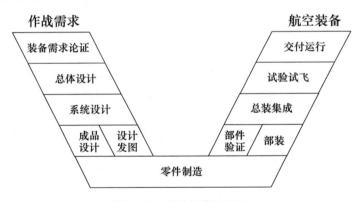

图 9-7 战斗机研制过程

战斗机保障性工程研制过程涉及众多人力人员、保障设备、技术资料等,是一个多学科交叉、权衡优化的复杂设计过程。为了使战斗机保障性工程研制工作协调统一、高效有序地开展,保证以最少的资源满足装备系统的保障性要求,必须在战斗机全寿命周期的四个阶段按照一定的研制程序开展战斗机的研制工作。

具体的战斗机保障性工程研制程序如图9-8所示。

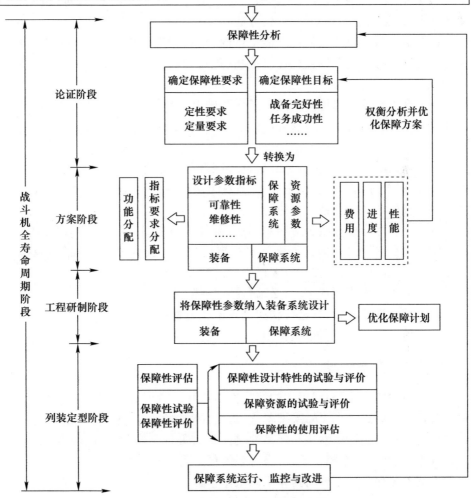

图9-8 战斗机保障性工程研制程序

9.4.1 论证阶段

在战斗机论证的早期阶段,根据任务需求进行保障性分析,进而确定保障性目标和要求,为系统设计和保障系统设计提供设计依据和约束。论证阶段的主要任务是在明确寿命剖面和任务剖面、初步确定总体技术方案的基础上,提出装备初步的保障性定量、定性要求。

论证阶段保障性工程的具体研制工作包括:

(1) 开始保障性规划,拟订初始的保障性工程计划。

(2) 在作战使用论证中,明确战斗机作战任务和寿命剖面、任务剖面,开展使用研究,论证确定战备完好性、任务成功性和经济承受性的初步要求。

(3) 进行战斗机作战使用性能论证时,对相关现役战斗机和类似飞行器的保障性状况及存在的问题进行比较分析,拟订初始保障方案,包括保障策略、保障约束等。

(4) 在确定使用与保障的约束条件基础上,探讨改进保障性的技术途径,提出初步的保障性目标,主要包括战备完好性、任务成功性、可部署性、经济可承受性等。

(5) 进行战术技术指标论证时,选择战斗机系统保障性参数,经与性能、进度和费用等因素综合权衡后,初步确定系统保障性使用指标(如系统战备完好性参数的目标值和门限值),并进行评审。

(6) 立项综合论证报告应当包括:保障性定量、定性要求,指标确定的依据及科学性、可行性分析,国内外同类飞行器可靠性与维修性水平和保障状况分析,指标考核和保障要素评定方案设想,经费需求分析。

(7) 战术技术指标评审时,必须包括对保障性要求的评审。

(8) 建立功能基线,并进行相应的技术状态管理。

(9) 建立保障性工程组织机构。

9.4.2 方案阶段

在方案阶段中,要根据确定的保障性目标和保障约束,为战斗机系统设计的每个备选方案制定多个保障系统备选方案,并参与各设计备选方案的权衡分析,以便确定在费用、进度、性能和保障性之间达到最佳平衡的途径,确保保障方案与设计方案、使用方案相协调,以满足系统任务需求。

方案阶段保障性工程的具体研制工作包括:

(1) 进行任务需求分析,明确战斗机及其机载装备的用途、任务,使用与维修环境,运输、贮存与保管条件,对操作与维修人员的要求等;并进一步确定使用要求,包括战备完好性要求、任务成功性要求以及相应的费用和保障方面的约束条件。

(2) 在性能、进度、费用权衡中确定保障性目标,包括战备完好性、任务成功性参数指标以及费用指标。保障性目标应写入研制总要求。

（3）将保障性目标转化、分解为可靠性、维修性等保障性设计参数、保障系统及资源参数。这些参数指标应相互协调,判明其可行性,确定阶段目标和关键的影响因素;评价从设计上改进装备保障性的技术途径,最后确定保障性的定量要求,并作为设计要求纳入合同和研制任务书。

（4）研制总要求论证报告和研制合同包括:保障性定量与定性要求,保障性关键指标考核验证方法、试验剖面、试验统计准则、保障性经费预算等。

（5）根据工程研制招标和签订合同的需要,订购方提出明确的保障性工程计划,包括保障性的定量、定性要求,试验项目要求和基本的保障性工作项目要求。

（6）研制单位根据合同要求和保障性工程计划编制相应的保障性工程工作计划和保障性分析计划,以保证保障性工作成为设计过程的一个有机组成部分。

（7）保障性工程工作计划包括:为达到保障性指标及其相关要求所需采取的技术方案,与技术方案相适应的保障性工作项目和工作程序及其他重要保证措施,按进度安排的保障性组织机构及其职责,保障性经费预算及依据等。

（8）研制总要求论证评审中,必须把系统保障性要求、保障性工程计划、保障性工程工作计划、保障性分析计划及初样机的保障性状况作为重要内容进行评审。

（9）建立故障报告、分析与纠正措施系统及信息系统。

（10）建立分配基线,并进行相应的技术状态管理。

9.4.3 工程研制阶段

在战斗机研制过程中应进行保障性分析和设计。在工程研制阶段,将可靠性、维修性要求纳入战斗机设计,同时规划保障方案和保障资源,建立初始的保障系统,使系统设计全面达到保障性目标。对战斗机每项使用与维修保障工作的要求进行详细分析,以确定在使用环境中的保障资源要求。在保障性设计中应制定一套能够用于采办保障系统各要素的技术数据和保障规划,以便交付研制和提供需采购的保障资源清单,并使其达到能够用于实际试验的程度;确定和计划怎样取得所需的保障资源,同时考虑在战斗机停产后的剩余寿命期内仍能得到有效的保障。

工程研制阶段保障性工程的具体研制工作包括:

（1）为保证保障性工程计划的实施,承制方进一步修改、细化和实施保障性工程工作计划,明确工作任务、进度、保障条件、评审要求等,纳入战斗机研制计划,保证把保障性要求作为战斗机系统性能要求的一部分进行研制。

（2）保障性组织机构制定《型号保障性设计准则》,把有关保障性要求转化为设计中能够直接操作的具体要求,并在研制过程中不断予以完善。

(3)工程技术人员在装备技术设计过程中必须按照保障性工程计划和工作计划、研制规范以及有关标准、规定等,开展各项保障性分析与设计活动,包括可靠性、维修性建模、分配、预计,贯彻《型号保障性设计准则》,制定和贯彻元器件大纲,发挥"故障报告、分析与纠正措施系统"及信息系统的作用,组织保障性工程试验,实现可靠性、维修性的增长;并按照合同或其他技术文件对成品单位的产品保障性工作实施监控。

(4)开展保障性分析,优化和细化保障方案并确定保障资源要求,对保障性设计特性与各保障资源进行权衡分析,并同步进行保障资源的规划与研制;将保障性与战斗机系统的作战使用性能、进度和费用进行综合权衡,以优化装备系统。

(5)承制方在完成战斗机试制任务后,进行试验和鉴定时应结合进行保障性的试验与评价,并对各保障资源进行评估。

(6)承制方初步拟订战斗机生产交付计划,准备保障资源。

(7)承制方按照规定程序和计划组织阶段评审时,包括对战斗机系统达到的保障性水平以及实施保障性总要求和工作计划的情况进行评审。

(8)建立产品基线,并进行相应的技术状态管理。

9.4.4 列装定型阶段

列装定型阶段需开展保障性试验与评价工作,验证保障性设计特性是否满足合同规定的要求,验证保障资源与装备的匹配性及保障资源之间的协调性,对系统战备完好性进行初步评估。保障性试验与评价工作是战斗机综合保障工作的重要组成部分,贯穿于战斗机寿命周期的各个阶段,保障性试验与评价的基本目的是评估战斗机是否达到了规定的保障性要求,判明偏离预定要求的原因,根据保障要求的分类确定纠正缺陷的方法。

保障性试验与评价是通过试验考察战斗机系统、整机或部件是否满足规定的技术要求和产品规范,评估战斗机的保障性水平,检查保障系统是否与主装备相匹配,是否使装备达到预定的战备完好性水平。重点研究寿命周期各阶段的保障性试验与评价方法、保障性定量和定性要求的试验与评价方法。保障性试验与评价分为保障性设计特性的试验与评价、保障资源的试验与评价和保障性的使用评估。保障性的最终测定在战斗机系统部署后的实际工作环境里完成,通过现场使用维修信息收集系统收集数据,来全面评估战斗机系统满足使用要求的程度和保障状况。

在战斗机列装期间应保持和提高保障性水平,保证对战斗机装备实施经济有效的保障。收集并分析关于装备可靠性、维修性和保障方面的数据资料,研究保障的效果,从而对战斗机使用与保障状况进行评价与分析,必要时对保障的策略、计划进行修改。

列装定型阶段保障性工程的具体研制工作包括：

（1）承制方根据列装定型试飞所获取的数据进行保障特性预计,并使预计值大于或等于目标值,以保证战斗机系统在保障性试验验证中以高概率通过;并根据列装定型试飞飞机的技术状态,按照有关要素的要求提供相对完整的初始保障系统和人员培训。

（2）列装定型试验大纲明确保障性鉴定试验项目、试验剖面、试验方案、故障判据、试验的保障条件以及试验的实施方法等。

（3）保障性试验将各合同指标、保障演示以及各保障资源的评定科学地组合在一起,并与其他试验项目结合进行。试验期间,研制单位应按预定计划提供保障资源,并保证初始保障系统的正常运行。

（4）在整机层面无法充分地对保障性指标进行鉴定或条件不具备的情况下,经批准,可以用低层次产品的试验、工程试验或分析结果进行评估,但必须同时严格审查其保障性大纲的实施情况。

（5）对列装定型试飞过程中以及小批生产飞机试用中发生的故障、缺陷进行分析,采取有效的纠正措施,并修改有关文件。严格控制对定型战斗机系统的技术状态更改,并按有关规定履行报批程序。

（6）根据实际情况修订战斗机系统生产交付计划,检查保障资源准备情况。

（7）列装定型申请报告包括保障性指标达到的程度、保障性工作存在的问题以及解决办法与纠正措施等。

（8）列装定型审查时,对战斗机装备系统保障性是否满足研制总要求和研制合同要求进行审查。列装定型审查报告中包括保障性鉴定试验或评估结果、各保障资源评定结论以及保障性工程计划与工作计划实施情况等内容。

（9）依据维护规程,科学、适时、有效地组织对战斗机进行维修保障。

（10）协调好各部门、各环节的工作,做好维修保障组织、计划、技术和质量的管理,以保持、恢复和改善装备的固有可靠性水平,使战斗机经常处于良好的技术状态。

（11）收集、整理战斗机在使用过程中的可靠性、维修性等的实际数据,通过战斗机维修管理部门及时反馈给设计生产单位,提出对战斗机和维修大纲的改进要求和建议。

（12）在战斗机列装阶段,使用部门树立以可靠性为中心的维修思想,不断改进保障系统。组织维修单位收集战斗机使用中发生的故障,保证故障报告、分析与纠正措施系统的正常运行,不断修订、完善预防性维修大纲;建立岗位责任制,保证预防性维修大纲的实施;发展、推广与应用检测、维修新技术,改进维修手段;运用各种装备管理手段,提高战斗机战备完好性水平。

(13)通过合理的方式督促、监督设计生产部门及时解决使用、维修部门反馈的意见与建议,不断提高战斗机的可靠性、维修性与保障性。

缩 略 语

缩略语	英文	中文
3D	three dimensional	三维
ACAMS	aircraft condition and management system	飞机状态监测和管理系统
ACMS	aircraft condition monitoring system	飞机状态监测系统
ACO	ant colony optimization	蚁群优化
AFMSS	air force mission support system	空军任务支援系统
AHMS	aircraft health monitoring system	飞机健康监测系统
AI	artificial intelligence	人工智能
AL	autonomic logistic	自主式保障
ALDT	administrative and logistic delay time	管理和保障延误时间
ALGS	autonomic logistics global sustainment	自主后勤全球支持
ALIS	autonomic logistics information system	自主式保障信息系统
AMSAA	Army Materiel Systems Analysis Activity	（美国）陆军装备系统分析局
AMSEIS	aviation maintenance support equipment information system	战斗机保障信息系统
ANN	artificial neural network	人工神经网络
AO	operational availability	使用可用度
APU	accessory power unit	辅助动力装置
ARINC	Aeronautical Radio Inc.	（美国）航空无线电公司
ARMA	auto-regressive and moving average	自回归移动平均
ASIP	aircraft structural integrity program	飞机结构完整性大纲
AST	accelerated stress test	加速应力试验
ATA	Air Transport Association	美国航空运输协会
ATC	air traffic control	空中交通管制
ATE	automatic test equipment	自动测试设备
ATS	automatic test system	自动测试系统
AV	all view	全景视图
AV	air vehicle	航空器,飞机
AVPHM	air vehicle prognostic and health management	飞机故障预测与健康管理器

续表

缩略语	英文	中文
BIT	built-in test	机内自检测,机内测试
BITE	built-in test equipment	机内自检设备
BM	breakdown maintenance	事后维修
BMU	best matching unit	最佳匹配单元
BOM	bill of material	物料清单
BOS	before operations servicing	作训前检查
BP	back propagation	反向传播
C^4ISR	command, control, communications, computer, intelligence, surveillance and reconnaissance	指挥、控制、通信、计算机、情报、监视与侦察
CAD	computer aided design	计算机辅助设计
CALS	commerce at light speed	光速商务
CALS	computer-aided acquisition and logistic support	计算机辅助采办及后勤保障
CALS	computer aided logistic support	计算机辅助后勤保障
CALS	continuous acquisition and life-cycle support	持续采办和后勤保障
CAMS	core automated maintenance system	核心自动化维修系统
CASEE	comprehensive aircraft support effectiveness evaluation	飞机综合保障效能评估
CATIA	computer aided three dimensional interaction application	计算机辅助三维交互式应用
CAVE	cave automatic virtual environment	洞穴状自动虚拟
CBIT	continuous built-in test	连续自检测
CBM	condition based maintenance	基于状态的维修
CBT	computer-based training	基于计算机的训练
CDBN	continuous deep belief network	连续深度信念网络
CDU	control display unit	控制显示单元
CEMS	comprehensive engine management system	发动机综合管理系统
CFD	computational fluid dynamics	计算流体动力学
CFDR	critical fault detection rate	严重故障检测率
CFIR	critical fault isolation rate	严重故障隔离率
CGS	CMS ground station	CMS地面站
CI	common infrastructure	通用基础架构
CL	check list	检查单
CM	configuration management	技术状态管理
CM	corrective maintenance	事后维修,修复性维修

续表

缩略语	英文	中文
CMM	common mode monitor	标准模式监控器
CMMS	computerized maintenance management	计算机维修管理系统
CMS	central maintenance system	中央维护系统
CNDR	can not duplicate rate	不能复现率
CNN	convolutional neural network	卷积神经网络
CO－MOK	computerized mockup	计算机模型
COTS	commercial off the shelf	商用货架产品
CPE	center entry point	中心入口点
CS	cutset	割集
CS	customer support	客户支持
CSDB	common source database	公共来源数据库
CV	confidence value	健康度
DBN	deep belief network	深度信念网络
DDBN	discriminative deep belief network	判别深度信念网络
DDV	direct drive valve	直接驱动阀
DELMIA	digital enterprise lean manufacturing interactive application	数字化企业互动制造应用
DM	data module	数据模块
DMMH/FH	direct maintenance man-hours per flight hours	每飞行小时直接维修工时
DoDAF	Department of Defense Architecture Framework	（美国）国防部架构框架
DP	discarded parts	报废零件
DTC	data transfer cartridge	数据传输卡
DTU	data transfer unit	数据传输单元
DU	discarded unit	报废单元
EBO	expected back orders	备件延期交货量
EF	entity framework	实体框架
EFR	expected fill rate	期望备件满足率
EMD	engineering manufacturing development	工程与制造研制
EMS	engine monitoring system	发动机监测系统
FAA	Federal Aviation Administration	美国联邦航空管理局
FAR	false alarm rate	虚警率
FARP	forward arming and refueling point	前沿弹药与加油点
FCAS	Future Combat Air System	（欧洲）未来空战系统

387

续表

缩略语	英文	中文
FCF	acceptance and functional check flight procedures	验收或功能检查飞行程序
FDR	fault detection rate	故障检测率
FEA	finite element analysis	有限元分析
FI	fault isolation	故障隔离
FIR	fault isolation rate	故障隔离率
FIT	fault isolation time	故障隔离时间
FMCR	full mission – capable rate	能执行满任务率
FMEA	failure modes and effects analysis	故障模式与影响分析
FMECA	failure modes, effects and criticality analysis	故障模式、影响及危害性分析
FMS	full mission simulators	全任务模拟器
FMT	full mission trainer	全任务训练器
FR	fault report	故障报告
FSI	functionally significant item	重要功能产品
FoS	family of systems	系统族
FOS	flight operations service	飞行作战保障
FRACAS	failure reporting, analysis and corrective action system	故障报告、分析与纠正措施系统
FTA	fault tree analysis	故障树分析
GA	genetic algorithm	遗传算法
GANS	generative adversarial networks	生成对抗性网络
GE	General Electric Co.	通用电气公司
GE	general equipment	通用设备
GMM	Gaussian mixture model	高斯混合模型
GRU	gate recurrent unit	门控循环单元
GS	general system	通用系统
GTN	global transportation network	全球运输网络
HALT	high accelerated life test	高加速寿命试验
HASS	high accelerated stress screening	高加速应力筛选
HUD	head up display	平视显示器
HUMS	health and usage monitoring system	健康与使用监测系统
IATE	integrated automatic test equipment	综合自动检测设备
ICAS	integrated condition assessment system	综合状态评估系统

续表

缩略语	英文	中文
ICP	integrated core processor	综合核心处理机
IDPS	integrated diagnostics and prognostics system	综合诊断预测系统
IETM	interactive electronic technical manual	交互式电子技术手册
ILS	integrated logistics support	综合后勤保障
IMA	integrated modular avionics	模块化综合航空电子系统
IMIS	integrated maintenance information system	综合维修信息系统
IOS	inter operations servicing	作训间检查
IPT	ingegrated product team	综合产品组
ITAA	Information Technology Association of America	美国信息技术协会
ITS	integrate training system	综合培训系统
IVHM	integrated vehicle health management	飞行器综合健康管理(系统)
JDIS	joint distributed information system	联合分布式信息系统
JG	job guide	工作指导
JSF	joint strike fighter	联合攻击战斗机
LCC	life cycle cost	寿命周期成本,全寿命费用
LCD	liquid crystal display	液晶显示器
LCOM	logistics composite model	后勤复合模型
LOAP	list of applicable publications	出版物清单
LORA	level of repair analysis	修理级别分析
LRC	line replaceable component	外场可更换部件
LRM	line replaceable module	外场可更换模块
LRU	line replacement unit	外场可更换单元
LSA	logistics support analysis	保障性分析
LSTM	long short – term memory	长短时记忆
LVDT	linear variable differential transformer	线性可变差动变压器
MADT	mean accumulated downtime	平均管理延误时间
MBIT	maintenance BIT	维护自检测
MCAS	maneuvering characteristics augmentation system	机动特性增强系统
MCFHBM	mean captive flying hours between maintenance	平均维修间隔挂飞小时
MCR	mission completion rate	能执行任务率
MCS	minimal cutset	最小割集
METRIC	multi – echelon technique for recovery item control	可修复备件多级供应技术
METS	mobile electronic test set	活动式电子测试设备
MFD	multifunction display	多功能显示器
MFHBF	mean flight hours between failures	平均故障间隔飞行小时

续表

缩略语	英文	中文
MFIT	mean fault isolation time	平均故障隔离时间
MFTD	mean failures time to detection	平均故障检测时间
MIT	massachusetts institute of technology	麻省理工学院
MLDT	mean logistics delay time	平均保障延误时间
MM	maintenance management	维修管理
MMH/FH	maintenance man-hours per flight hour	每飞行小时维修工时
MNS	mission need statement	任务需求书
MPD	maintenance planning document	维护计划文件
MQE	minimum quantization error	最小量化误差
MRO	maintenance, repair and overhaul	维护、修理和大修
MSC	maitenance and support cabin	维修保障方舱
MSG	maintenance steering group	(航空公司之间的)维修指导小组
MSISS	maintenance support Information support system	维修保障信息支持系统
MTBCF	mean time between critical failure	平均严重故障间隔时间
MTBF	mean time between failures	平均故障间隔时间
MTBFA	mean time between false alarm	平均虚警间隔时间
MTBM	mean time between maintenance	平均维修间隔时间
MTS	maintenance training system	维修训练系统
MTTF	mean time to failure	平均故障时间
MTTR	mean time to repair	平均修复时间
MTTRS	mean time to restore system	平均系统修复时间
MWS	maintenance work station	维修工作站
NASA	National Aeronautics and Space Administration	美国国家航空航天局
NDI	nondestructive inspection	无损检测
NFSI	non-functionally significant item	非重要功能产品
NMCR	no mission-capable rate	不能执行任务率
NS	noise sensitivity	噪声敏感度
NSSI	non-significant structure item	非重要结构项目
O&MTA	operations and maintenance task analysis	使用与维修任务分析
O&MT.O	operations and maintenance technical order	使用和维修技术规程
O&SC	operations and support cost	使用与保障费用

续表

缩略语	英文	中文
OBIGGS	on board inert gas generating system	机载惰性气体发生系统
OBPHM	off-board prognostic and health management	机下预测与健康管理
OBOGS	on board oxygen generation system	机载氧气发生系统
OC	overall confidence	总体置信度
OCS	onboard CMS	机上 CMS 系统
ODIN	operational data integrated network	运行数据集成网络
OFP	operational flight program	作战飞行规划
OMS	off-board mission support	机下任务支持
OODA	observation, orientation, determinant and action	观察-判断-决策-行动，即博伊德循环法
ORD	operations requirement document	使用要求文件
ORM	object relational mapping	对象关系映射
OTA	operation task analysis	使用保障工作分析
OV	operation view	作战视图
PBIT	pilot initiated built-in test	飞行前自检测
PBIT	periodic BIT	周期自检测
P-BIT	power up BIT	加电机内自检测
PBL	performance-based logistic	基于性能的后勤
PBS	performance-based supportability	基于性能的保障性
PCR	prognostication coverage rate	预测覆盖率
PDM	product data management	产品数据管理
PHAM	prognostication and health area manager	预测与健康区域管理器
PHM	prognostics and health management	预测与健康管理
PHS&T	packaging, handling, storage and transportation	包装、装卸、贮存和运输，简称"包装贮运"
PM	preventive maintenance	预防性维修
PMA	portable maintenance aid	便携式维修辅助设备
PMAT	portable maintenance access terminal	便携式维护访问终端
PMCR	partial mission-capable rate	能执行部分任务率
PMD	portable memory device	便携式存储设备
POS	post operations servicing	作训后检查
PSC	propulsion system contractor	推进系统承包商
PTS	pilot training system	飞行员训练系统
QFD	quality function deployment	质量功能展开

续表

缩略语	英文	中文
R&M	reliability & maintenance	可靠性与维修性
RAM	random access memory	随机存取存储器
RBCP	regional base cluster prepositioning kits	基于区域的集群预置工具包
RBF	radial basis function	径向基函数
RCMA	reliability centered maintenance analysis	以可靠性为中心的维修分析
RET	reliability enhancement test	可靠性强化试验
RGT	reliability growth test	可靠性增长试验
RIA	rich internet applications	富互联网交互应用
RMS	reliability, maintainability, supportability	可靠性、维修性、保障性
RMS	root mean square	均方根
RMTSS	reliability, maintainability, test, supportability, safety	可靠性、维修性、测试性、保障性、安全性
RNN	recurrent neural network	循环神经网络
ROPS	runway overrun prevention system	跑道超限保护系统
RQT/RAT	reliability qualification test/reliability acceptance test	可靠性鉴定与验收试验
RSC	Rockwell Science Center	罗克韦尔科学中心
SaS	software-as-a-service	软件即服务
SBSS	standard base supply system	标准基地维修供应系统
SCM	supply chain management	供应链管理
SD	schematic diagrams	系统原理图
SDA	stacked denoising auto encoder	堆栈去噪自动编码器
SE	support equipmen	保障设备
SEFR	support equipment fulfillment rate	保障设备满足率
SEUR	support equipment utilization rate	保障设备利用率
SFR	spares fulfillment rate	备件满足率
SGR	sortie generation rate	出动架次率
SM	scheduled maintenance	计划维修
SOA	service-oriented achitecture	面向服务的架构
SOAP	simple object access protocol	简单对象访问协议
SOM	self-organizing maps	自组织映射
SOP	standard operation procedure	标准操作程序
SoS	systems of systems	系统的系统
SRU	shop replaceable unit	内场可更换单元

续表

缩略语	英文	中文
SSRU	sub-shop replaceable unit	内场可更换子单元
ST	standby time	待命时间
SUR	spares utilization rate	备件利用率
SV	system view	系统视图
SWP	son work package	子工作包
TAT	Air Transport Association	(美国)航空运输协会
TAT	turn around time	再次出动准备时间
TBM	time based maintenance	定时维修
TCM	time to corrective maintenance	修复性维修时间
TER	total engine removal	更换发动机(时间)
TMS	training management system	训练管理系统
T.O.	technical order	技术规程、技术指令
TP	test program	测试程序
TPM	time to preventive maintenance	预防性维修时间
TPS	test program sets	测试程序集
TPSD	test program sets document	测试程序集文档
TS	training system	训练系统
TSSC	Training System Support Center	训练系统保障中心
TV	technical view	技术视图
UDDI	universal description, discovery and integration	统一描述、发现与集成协议
UR	utilization rate	利用率
UUT	unit under test	被测试单元
VMC	vehicle management computer	飞机管理计算机
VR	virtual reality	虚拟现实
WAN	wide area network	广域网
WC	work card	工作卡
WD	wiring data	布线资料
WP	work package	工作包
WS	work sheet	工作单
WSDL	web service description language	互联网服务描述语言
WSEIAC	Weapon System Efficiency Industry Advisory Committee	美国工业界武器系统效能咨询委员会
WTI	weapon and tactics instructor	武器与战术训练器

参考文献

[1] 军事科学院外国军事研究部. 海湾战争(上、中):美国国防部致国会的最后报告[R]. 中国国防科技信息中心,译. 1992.

[2] 王自力,孙宇锋,等. 可靠性维修性保障性要求论证[M]. 北京:国防工业出版社,2011.

[3] 康锐. 可靠性维修性保障性工程基础[M]. 北京:国防工业出版社,2012.

[4] 曾胜奎,赵廷弟,张建国,等. 系统可靠性设计分析教程[M]. 北京:北京航空航天大学出版社,2001.

[5] 吴正勇,宋占成,等. 飞机设计手册第21册产品综合保障[M]. 北京:航空工业出版社,2000.

[6] 马麟. 保障性设计分析与评价[M]. 北京:国防工业出版社,2012.

[7] 李志学,霍天明,等. 工程装备保障性工程[M]. 北京:兵器工业出版社,2000.

[8] 张宝珍,李想,韩峰岩. 国外新一代战斗机综合保障工程实践[M]. 北京:航空工业出版社,2014.

[9] 任弈,王自力,杨德真,等. 基于模型的可靠性系统工程[M]. 北京:国防工业出版社,2021.

[10] 翁兴中. 机场道面设计[M]. 北京:人民交通出版社,2017.

[11] 李光元,楼设荣,许巍. 机场地势设计[M]. 北京:人民交通出版社,2014.

[12] 宋太亮. 装备保障性工程[M]. 北京:国防工业出版社,2002.

[13] 徐宗昌. 保障性工程[M]. 北京:兵器工业出版社,2005.

[14] 徐宗昌,黄益嘉,杨宏伟. 装备保障性工程与管理[M]. 北京:国防工业出版社,2006.

[15] 单志伟,等. 装备综合保障工程[M]. 北京:国防工业出版社,2007.

[16] 冯静. 装备可靠性与综合保障[M]. 长沙:国防科技大学出版社,2008.

[17] MARK G,CARL R,JACOB C,et al. An Air Force for an Era of Great Power Competition[M]. Washington,DC:Center for Strategic and Budgetary Assessments,2019.

[18] LU H,WANG Z. Rolling Bearing Health Status Assessment Based on ITD – GMM Method[J]. Vibroengineering PROCEDIA,2017,16:46 – 50.

[19] Y PAN,HONG R,CHEN J,et al. Performance Degradation Assessment of Slewing Bearings Based on Deep Auto – encoder and Optimized Particle Filtering[J]. Journal of Vibration and Control,2019,25(17):2380 – 2394.

[20] HOCHREITER S,SCHMIDHUBER J. Long Short – Term Memory[J]. Neural Computation,1997,9(8):1735 – 1780.

[21] HONG J,WANG Z,YAO Y. Fault Prognosis of Battery System Based on Accurate Voltage Abnormity Prognosis Using Long Short – term Memory Neural Networks[J]. Applied Energy,2019,251:113381 – 113381.

[22] CHUNG J,GULCEHRE C,CHO K H,et al. Empirical Evaluation of Gated Recurrent Neural Networks on Sequence Modeling[J]. EprintArxiv,2014,abs/1412. 3555.

[23] ZHAO R,WANG D,YAN R,et al. Machine Health Monitoring Using Local Feature – Based Gated Recurrent Unit Networks[J]. IEEE TRANSACTIONS ON INDUSTRIAL ELECTRONICS,2018,65(2):1539 – 1548.

[24] 袁胜发,褚福磊. 支持向量机及其在机械故障诊断中的应用[J]. 振动与冲击,2007(11):29 – 35 +

58+181.
- [25] 周奇才,刘星辰,赵炯,等. 旋转机械一维深度卷积神经网络故障诊断研究[J]. 振动与冲击,2018,37(23):31-37.
- [26] 姜万录,李金虎,李振宝,等. 基于改进的堆叠降噪自动编码器深度模型的转子-转轴系统故障诊断方法[J]. 机床与液压,2020,48(21):182-188+196.
- [27] 侯安生,平本红,薛萍. 航空装备维修保障发展研究[J]. 航空维修与工程,2018(10):20-24.
- [28] 徐杰. 武器装备发展的可靠性、维修性和保障性[J]. 船电技术,2012,32(03):45-46.
- [29] 陈叶菁. 装备维修保障设计方案评估方法研究[D]. 长沙:国防科学技术大学,2006.
- [30] 谢斌,蔡忠春,李晓明. 航空装备保障方案的确定流程研究[J]. 科技资讯,2012(03):216-217.
- [31] 王军延,杨健,刘洋. 武器装备保障性论证指标体系构建与评估[J]. 舰船电子工程,2016,36(07):120-123+180.
- [32] 郦能敬,王被德,沈齐,等. 对空情报雷达总体论证理论与实践[M]. 北京:国防工业出版社,2008.
- [33] 陈跟东. 反水雷装备RMSST定量要求论证方法探讨[J]. 电子世界,2013(16):105-106.
- [34] 刘颖,严军. 基于时间序列ARMA模型的振动故障预测[J]. 化工自动化及仪表,2011,38(07):841-843.
- [35] 熊泽涛,邱雷,刘彬. 飞机结构PHM及其关键技术[J]. 测控技术,2012(31):5.
- [36] 付康,于永利. 基于二级维修体制的装备固有可用度试验方案[J]. 装备学院学报,2013,24(05):112-115.
- [37] 张志明. 装备综合保障工程技术与方法研究[J]. 舰船电子工程,2011(05):29-33.
- [38] 王静,王立旭,刘轻骑,等. 装备研制阶段综合保障性能的实现策略[J]. 质量与可靠性,2016(5):10-13.
- [39] 王军延,杨健,刘洋. 武器装备保障性论证指标体系构建与评估[J]. 舰船电子工程,2016,36(07):120-123+180.
- [40] 张路兵. 武器装备保障性工程研究[D]. 济南:山东大学,2007.
- [41] 朱石坚. 舰船装备综合保障工程管理研究[J]. 中国工程科学,2015,17(1):96-102.
- [42] 段宗武,王心亮,陈虹,等. 舰船装备综合保障工程顶层设计初步研究[J]. 舰船科学技术,2011,033(002):3-9.
- [43] 宋太亮. 舰船装备保障性系统工程的新观点[J]. 中国舰船研究,2010,5(001):43-47.
- [44] 宋太亮. 舰船保障性工程概述[C]//中国造船工程学会修船技术学术委员会年会. 中国造船工程学会,2003.

内 容 简 介

战斗机保障在现代作战体系中发挥着关键作用,保障效能是作战效能的重要组成部分,是能打胜仗的重要基础。本书突出战斗机这一特殊的航空武器装备,重点介绍自主研制的战斗机及其保障性采用的先进理念、技术及工程实现方法,主要内容包括保障性要求确定、保障特性分析和设计、保障方案规划、预测与健康管理系统研制、保障信息化及系统实现、保障资源规划研制与保障系统建立、保障性试验与评价,以及保障性工程管理。本书内容丰富,理论与实践并重,可供从事装备维修与保障工程管理、研究、应用的读者阅读,亦可作为相关高等院校和科研院所维修、保障工程等相关专业师生与技术人员的参考用书。

Abstract

Fighter support plays a key role in the modern combat system, and support effectiveness represents an essential part of combat effectiveness and a solid pillar to ensure victory. This book focuses on fighter – the special aviation equipment, and introduces the leading concepts, technologies and engineering implementation methods adopted on the home – grown fighter and its supportability design. The main contents include supportability requirement determination, analysis and design of support characteristics, support scheme planning, development of prognostics and health management(PHM) system, information – based support and system implementation, planning and development of support resources and establishment of support system, supportability test and evaluation, and supportability engineering management. This book is informative in content, with equal emphasis on theory and practice. It is intended for the readers engaged in management, research and application of materiel maintenance and support engineering. It can also be used as a reference book for teachers and students in colleges and universities as well as technical staff in research institutes in the fields such as maintenance and support engineering.